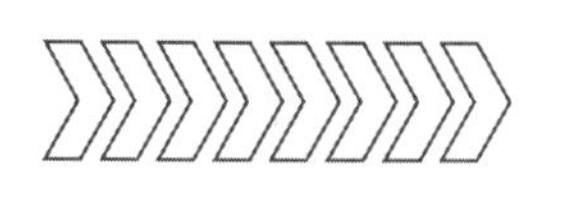

图解挖掘机结构原理与维修

TUJIE
WAJUEJI JIEGOU
YUANLI
YU WEIXIU

瑞佩尔 ◎ 主编

化学工业出版社

·北京·

内容简介

本书根据挖掘机的系统结构特性，分六章编写挖掘机的构造原理及保养维护、维修诊断技术。第1章简要介绍挖掘机基本类型、总体结构、技术参数，以及基本的使用维护与维修方法。第2章主要讲解柴油发动机的构造原理、机械维修及故障排除，随着新能源技术的普及，电动化系统也开始取代传统动力而出现在挖掘机上，因此，本章也介绍了电动挖掘机的结构特点与相关维修技术。第3章讲述回转装置与行走装置。第4章介绍工作装置，包括常见的铲斗与破碎装置。第5章重点介绍挖掘机液压系统的工作原理及故障排除。第6章讲述了挖掘机电气及电控系统的工作原理与故障诊断。

该书由浅入深，图文并茂，并且配套有动画演示与视频讲解，随书附送大量知名品牌主流机型的液压油路图，电路原理图，维修、拆装、检测、诊断等技术资料。既可作为广大挖掘机行业从业人员（包括但不限于挖掘机销售人员、挖掘机驾驶员、挖掘机维修工等）了解挖掘机结构原理及维修技术的入门读物，也可供工程机械专业的师生作为自学与教辅资料选用。

图书在版编目（CIP）数据

图解挖掘机结构原理与维修 / 瑞佩尔主编. -- 北京 ：化学工业出版社，2025. 3. -- ISBN 978-7-122-47016-4

Ⅰ. TU621-64

中国国家版本馆CIP数据核字第2025H9E168号

责任编辑：周　红　　　　文字编辑：袁　宁
责任校对：宋　玮　　　　装帧设计：王晓宇

出版发行：化学工业出版社
（北京市东城区青年湖南街13号　邮政编码100011）
印　　装：河北鑫兆源印刷有限公司
787mm×1092mm　1/16　印张17½　字数453千字
2025年4月北京第1版第1次印刷

购书咨询：010-64518888　　　　售后服务：010-64518899
网　　址：http://www.cip.com.cn
凡购买本书，如有缺损质量问题，本社销售中心负责调换。

定　　价：108.00元

前言
PREFACE

挖掘机在工程机械市场中占据着重要的地位。根据相关数据，2021 年工程机械产品销售结构中，挖掘机、装载机、起重机等产品的销量占据了主要地位。其中，挖掘机的销量占比达到了 56.97%，这一数据反映了挖掘机在工程机械领域中的重要性和市场需求。

挖掘机维修行业具有广阔的市场前景和发展潜力。随着基础设施建设的不断推进和环保政策的加强，挖掘机维修行业的需求将持续增加。政府对基础设施建设的投资，如公路、桥梁、水利工程等，需要大量的挖掘机进行施工，这将直接推动挖掘机维修行业的发展。同时，随着环保政策的加强，对挖掘机的排放要求将不断提高，促使企业加大对挖掘机的维修和改造，以满足环保要求，这也为挖掘机维修行业提供了新的发展机遇。

此外，科技的不断进步将促使挖掘机的智能化程度提高，未来挖掘机将会更加智能化、高效化、精准化。这就需要挖掘机维修行业的技术人员具备更高的技术水平，企业需要加大对技术人员的培训和教育，以适应市场的需求。

挖掘机是一种结构复杂的机械产品，在它的身上，集合了机械、液压与电气等多种专业技术。随着电动化与智能化的高度融合，应用在挖掘机上面的新技术只会越来越多，越来越先进。为了满足挖掘机行业相关从业者对学习机械构造原理与掌握售后维护与维修技术的需求，我们特地编写了本书。

既然是图解，必然强调以“图”说话，于是，3D 透视图、部件分解图、剖视图、实物图、原理图、流程图、示意图、方框图悉数登场，目的就是让内容更直观，更易懂，使读者一眼看明白是什么（名称），在哪里（位置），做什么（作用），怎么动的（原理）。不仅如此，一些复杂的结构和运行原理，还配备了演示动画与讲解视频。

对相对复杂的液压系统与电气系统，本书在编写时用了不少的篇幅介绍液压基础与电子电气基础知识，为的是让读者能够真正做到零起点上路，零基础入门。

传统燃油汽车已逐渐呈现被新能源汽车替代的趋势，这股能源革新之风也已吹到了挖掘机领域。本书也介绍了电动挖掘机的结构特点与维修技术，以便读者开拓技术视界，了解更前沿的专业知识。

本书由瑞佩尔主编，参加编写的人员还有朱如盛、周金洪、刘滨、陈棋、孙丽佳、周方、彭斌、王坤、章军旗、满亚林、彭启凤。在编写过程中，参考了大量建筑机械厂商的文献资料，在此，谨向这些资料信息的原创者们表示由衷的感谢！

囿于编者水平，及成书匆促，书中疏漏在所难免，请广大读者批评指正。

编　者

技术资源

目录

CONTENTS

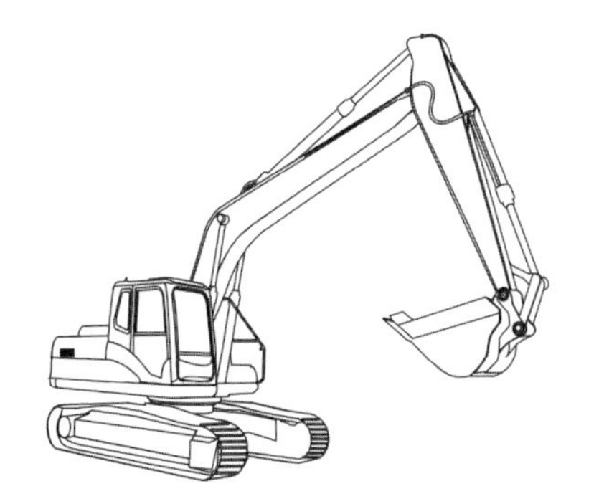

第1章 概述

第1节 挖掘机类型与构造

1.1.1 挖掘机基本类型

1.1.1.1 按驱动方式分类

常见的挖掘机按驱动方式分有内燃机驱动挖掘机和电力驱动挖掘机（电动挖掘机）两种，见图1-1。其中电动挖掘机主要应用在高原（缺氧）与地下矿井和其它一些易燃易爆的场所。

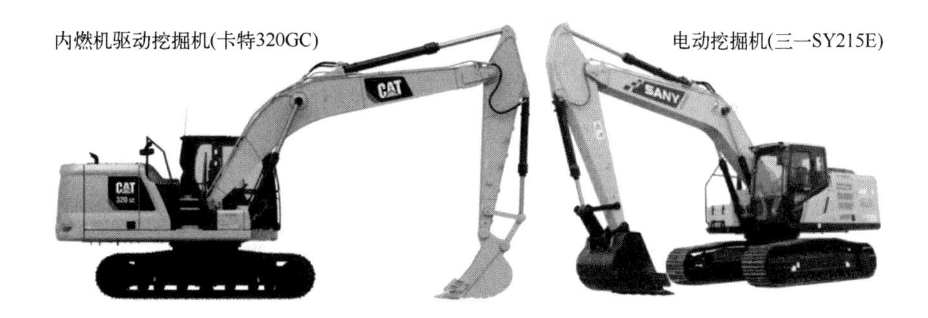

图1-1 内燃机驱动挖掘机与电动挖掘机

电动挖掘机又可分为四种：内置式电动挖掘机、移动式电动挖掘机、拖电式电动挖掘机、混动式电动挖掘机。以上四种挖掘机类型示例如图1-2所示。

1.1.1.2 按规模大小分类

按照规模大小的不同，挖掘机可以分为大型挖掘机、中型挖掘机和小型挖掘机。15t以下为小型，其中5t以下被定位为微型挖掘机，小型挖掘机以5～8t为主流机型；小型挖掘机主要用于市政、厂区、园林等需要细致操作的工况。15～35t为中型，以20～25t为主流机型，也是所有机型中应用面最广的，除场地受限工况（如室内）无法运转外，几乎可以运用于所有工况，如市政、采矿、开荒等。35t以上为大型，可根据斗容需求来选择机型，吨位越大斗越大，一般用于大型土方工程及露天采矿等工况；其中100t以上被定位为特大型挖掘机。不同规模类型的挖掘机示例机型如图1-3所示。

图 1-2　电动挖掘机类型

图 1-3　挖掘机规模类型

1.1.1.3　按行走方式分类

按照行走方式的不同，挖掘机可分为履带式挖掘机和轮式挖掘机，见图 1-4。

履带式挖掘机如同坦克一样使用履带作为移动装置，其底盘由履带组成，能够适应更为复杂的地形条件，如泥泞土地和湿地的作业。轮式挖掘机像汽车一样由四个轮胎支承，可以在各种道路上自由行驶，且操作时不需要额外安装输送带。前者在野外工程、深度挖掘以及其他恶劣地形条件下表现出色，因为它能够在松软的地面上正常工作，不易陷入，并且能在矿山等地方应用。后者适合用于城市道路建设、装卸货以及一些简单工程作业。

图 1-4　挖掘机的行走类型

1.1.1.4　按传动方式分类

按照传动方式的不同，挖掘机可分为液压挖掘机和机械挖掘机，见图 1-5。

图 1-5　挖掘机的传动类型

液压挖掘机是一种使用液压系统驱动的挖掘机，它利用液压能量来实现各种作业功能。可以配备各种不同的工具和附件，如铲斗、抓斗、破碎锤等，以适应挖掘、装载、破碎、夯实等多种作业需求。机械挖掘机是指由钢丝绳操作上部结构的挖掘机，主要用拉铲、正铲或抓斗进行挖掘作业，用夯板夯实物料，用钩或球进行破碎作业，以及用专用的工作装置及附属装置进行物料的搬运。机械挖掘机主要用在一些大型矿山上。

1.1.1.5　按铲斗类型分类

按照铲斗类型，挖掘机又可以分为正铲挖掘机、反铲挖掘机、拉铲挖掘机和抓铲挖掘机。正铲挖掘机多用于挖掘地表以上的物料，反铲挖掘机多用于挖掘地表以下的物料。

(1) 反铲挖掘机

反铲式是最常见的液压挖掘机形式，外观如图 1-6 所示。它可以后退向下，强制切土。这种机型主要用于停机作业面以下的挖掘，基本作业方式有沟端挖掘、沟侧挖掘、直线挖掘、曲线挖掘、保持一定角度挖掘、超深沟挖掘和沟坡挖掘等。

图 1-6　反铲挖掘机示例机型

(2) 正铲挖掘机

正铲挖掘机的铲土动作形式特点是“前进向上，强制切土”，挖掘机外观如图 1-7 所示。正铲挖掘力大，能开挖停机面以上的土，宜用于开挖高度大于 2m 的干燥基坑，但须设置上下坡道。正铲的挖斗比同当量的反铲挖掘机的斗要大一些，可开挖含水量不大于 27%的一至三类土（在建筑施工中，按土石坚硬程度、施工开挖的难易将土石划分为八类，分别是松软土、普通土、坚土、砂砾坚土、软石、次坚石、坚石、特坚石），且与自卸汽车配合完成整个挖掘运输作业，还可以挖掘土丘等。根据开挖路线与运输车辆的相对位置的不同，正铲挖掘机挖土和卸土的方式有以下两种：正向挖土，侧向卸土；正向挖土，反向卸土。

(3) 拉铲挖掘机

拉铲挖掘机也叫索铲挖掘机，机型外观如图 1-8 所示。其挖土特点是：后退向下，自重切土。宜用于开挖停机面以下的一、二类土。工作时，利用惯性力将铲斗甩出去，挖得比较远，挖土半径和挖土深度较大，但不如反铲灵活准确。尤其适用于开挖大而深的基坑或水下挖土。

图 1-7 正铲挖掘机示例机型

图 1-8 拉铲挖掘机示例机型

(4) 抓铲挖掘机

抓铲挖掘机也叫抓斗挖掘机，其外观如图 1-9 所示。其挖土特点是：直上直下，自重切土。宜用于开挖停机面以下的一、二类土，在软土地区常用于开挖基坑、沉井等。尤其适用于挖深而窄的基坑，疏通旧有渠道以及挖取水中淤泥等，或用于装载碎石、矿渣等松散料。开挖方式有沟侧开挖和定位开挖两种。如将抓斗做成栅条状，还可用于装载矿石块、木材等。

图 1-9 抓铲挖掘机示例机型

1.1.1.6 按用途类型分类

按照不同用途，挖掘机又可以分为普通挖掘机、矿用挖掘机、船用挖掘机、特种挖掘机等不同的类别，见图 1-10。

普通挖掘机适用于各种土方工程、水利、公路、建筑、耕田等领域。矿用挖掘机则适用于矿山、采石场等领域。船用挖掘机主要用于水上或海上工程，比如港口航道的疏浚、堤防建设等。它的底盘为浮船式结构，可以在水面上航行，具有良好的稳定性和航行能力。特种挖掘机是可在特殊环境工作或针对不同物料采用特殊装置的一类挖掘机。如水陆两用挖掘机，加长臂挖掘机，配备抓管器、梅花抓斗、抓钳器、贝壳斗、裂土器、液压剪等装置的挖掘机。

图 1-10　不同用途的挖掘机

1.1.2　挖掘机总体构造

1.1.2.1　液压挖掘机组成与构造

现今的挖掘机占绝大部分的是全液压全回转挖掘机。液压挖掘机主要由发动机、液压系统、工作装置、回转与行走装置和电气系统等部分组成。液压系统由液压泵、控制阀、液压缸（油缸）、液压马达、管路、油箱等组成。电气系统包括监控器、发动机控制系统、泵控制系统、各类传感器、电磁阀等。

工作装置是直接完成挖掘任务的装置。它由动臂、斗杆、铲斗等三部分铰接而成。为了适应各种不同施工作业的需要，液压挖掘机可以配装多种工作装置，如夹钳、推土铲、冲击锤、旋钻等多种作业机具。

回转与行走装置是液压挖掘机的机体，转台上部设有动力装置和液压系统。发动机是液压挖掘机的动力源，大多采用柴油，在方便的场地也可改用电动机。

液压系统通过液压泵将发动机的动力传递给液压马达、液压缸等执行元件，推动工作装置动作，从而完成各种作业。

据其构造和用途，液压挖掘机可以分为履带式、轮胎式、步履式、全液压、半液压、全回转、半回转、通用型、专用型、铰接式、伸缩臂式等多种类型。

常见的挖掘机主要部件及总成分布如图 1-11 所示。

1.1.2.2　动力系统

挖掘机的动力系统主要包括动力装置即发动机本体（见图 1-12）、燃油系统、冷却系统、换向器、变速箱等。其中，燃油系统提供燃油，冷却系统对发动机进行降温，换向器和变速箱为驱动轮提供动力。这些系统的各个组成部分共同协作，为挖掘机提供强有力的动力，使其能够快速、高效地完成各种工作任务。

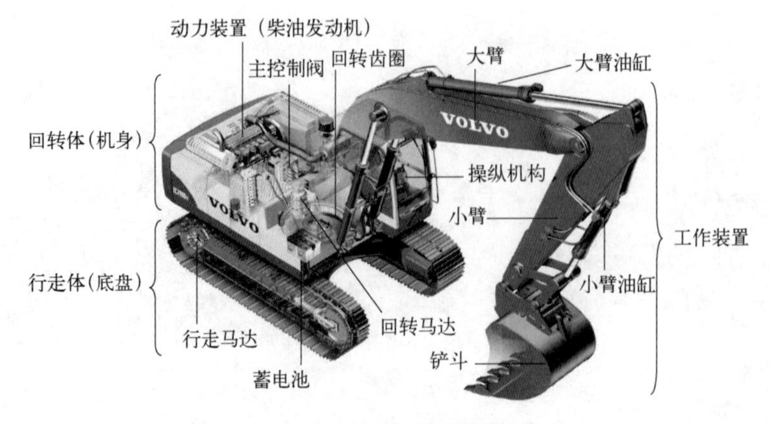

图 1-11　挖掘机内部结构

图 1-12　挖掘机用柴油发动机

1.1.2.3　液压系统

液压系统也即挖掘机的动力传动机构，传动机构通过液压泵将发动机的动力传递给液压马达、油缸等执行元件，推动工作装置动作，从而完成各种作业。

液压系统使用液体传输能量，因此能够提供高效而可靠的动力。液压系统的组成部分如图 1-13 所示。液压泵为液压系统提供压力和流量，液压马达（回转马达、行走马达）将液压能转换成机械能，油缸通过液压系统各部分不断推拉，完成挖掘机各项动作。

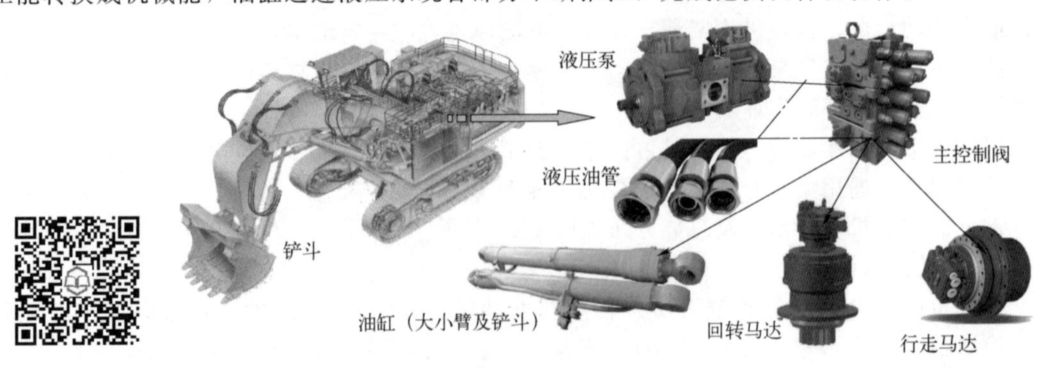

图 1-13　挖掘机液压系统

1.1.2.4 底盘系统

行走装置即底盘，包括履带架和行走系统，主要由履带架、行走马达＋减速器及其管路、驱动轮、引导轮、托链轮、支重轮、履带、张紧缓冲装置组成，常说的“四轮一带”装置即如图 1-14 所示的结构，其功能为支承挖掘机，并把驱动轮传递的动力转变为牵引力，实现整机的行走。

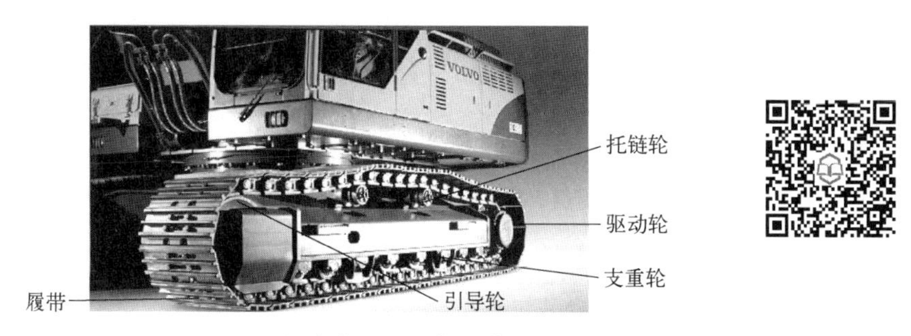

图 1-14 行走装置（四轮一带）

车架总成（即履带行走架总成）为整体焊接件，采用 X 形结构，其主要优点是具有高的承载能力。车架总成由左纵梁（即左履带架）、主车架（即中间架）、右纵梁（即右履带架）三部分焊接而成，如图 1-15 所示。

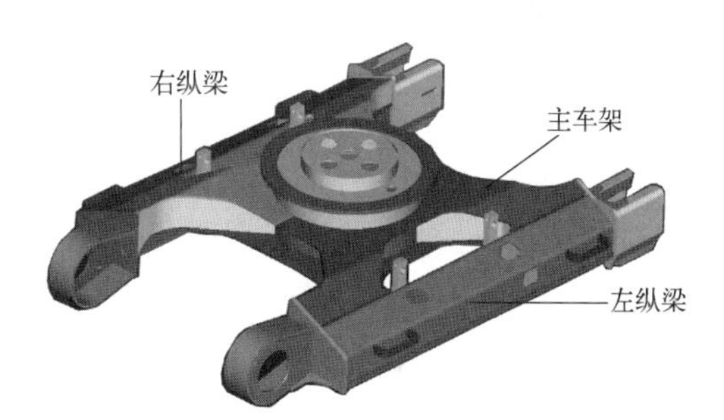

图 1-15 车架总成

回转机构可分为半回转与全回转两种形式。回转支承实际上就是一个带内圈的、放大了的滚动轴承，如图 1-16 所示。内圈固定在行走架上，外圈固定在转台上，安装在转台上的液压马达和减速器驱动小齿轮带着回转转台转动。

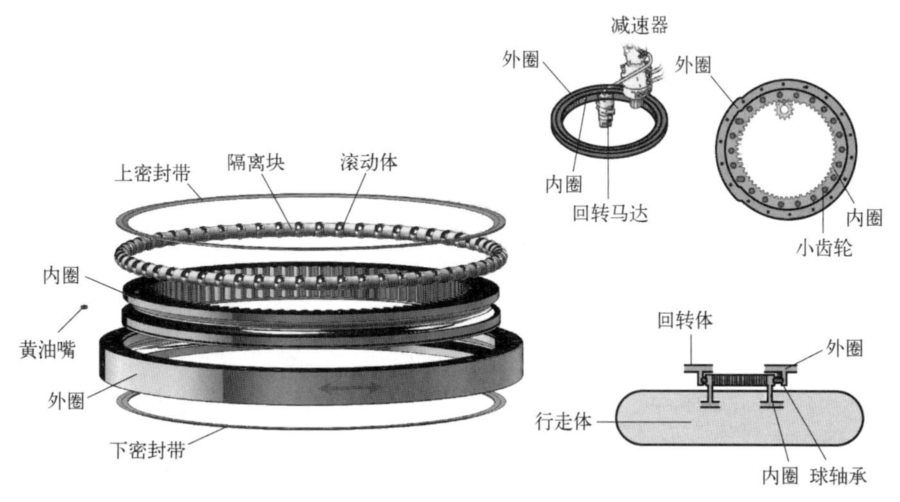

图 1-16 回转机构与回转支承

1.1.2.5 工作装置

工作装置是液压挖掘机的主要组成部分，绝大多数挖掘机配置的是反铲工作装置，它主要用于挖掘停机面以下的土壤，但也可以挖掘最大切削高度以下的土壤，除了可以挖坑、开沟、装载外，还可以进行简单的平整场地工作。挖掘作业适合开挖一至四级土，五级以上宜

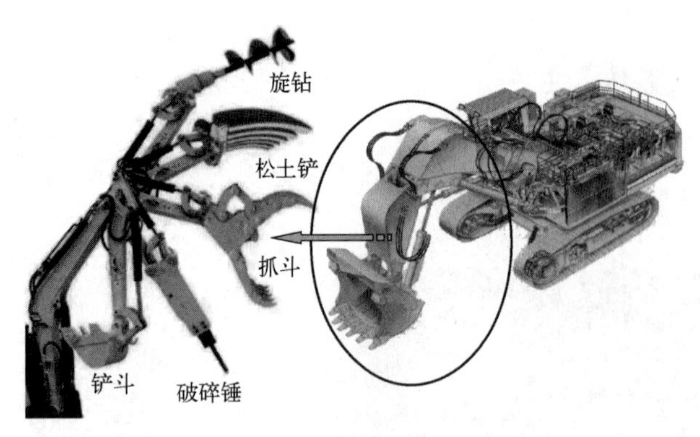

图 1-17　挖掘机工作装置

用液压锤或爆破手段。

反铲工作装置由动臂、斗杆、铲斗、摇杆、连杆及包含动臂油缸、斗杆油缸、铲斗油缸在内的工作装置液压管路等主要部分组成。

除铲斗以外，挖掘机还可以配置破碎锤、抓斗、松土铲、旋钻等工作装置，如图 1-17 所示。

反铲工作装置的液压挖掘机工作时，其动力传输路线见表 1-1。

表 1-1　反铲工作装置的动力传输路线

动作	动力传输路线
行走运动	柴油发动机→联轴器→液压泵(机械能转化为液压能)→分配阀→中央回转接头→行走马达(液压能转化为机械能)→减速箱→驱动轮→轨链履带→实现行走
回转运动	柴油发动机→联轴器→液压泵(机械能转化为液压能)→分配阀→回转马达(液压能转化为机械能)→减速箱→回转支承→实现回转
动臂运动	柴油发动机→联轴器→液压泵(机械能转化为液压能)→分配阀→动臂油缸(液压能转化为机械能)→实现动臂运动
斗杆运动	柴油发动机→联轴器→液压泵(机械能转化为液压能)→分配阀→斗杆油缸(液压能转化为机械能)→实现斗杆运动
铲斗运动	柴油发动机→联轴器→液压泵(机械能转化为液压能)→分配阀→铲斗油缸(液压能转化为机械能)→实现铲斗运动

1.1.2.6　电气系统

挖掘机电气系统分为电器系统和电控系统。电器系统包括蓄电池、配电器、发电机、起动机、喇叭、雨刮器、监控器、空调器等电器部件与总成，电控系统包括发动机电控系统（见图 1-18）、整机控制系统（见图 1-19）等电子控制机构。

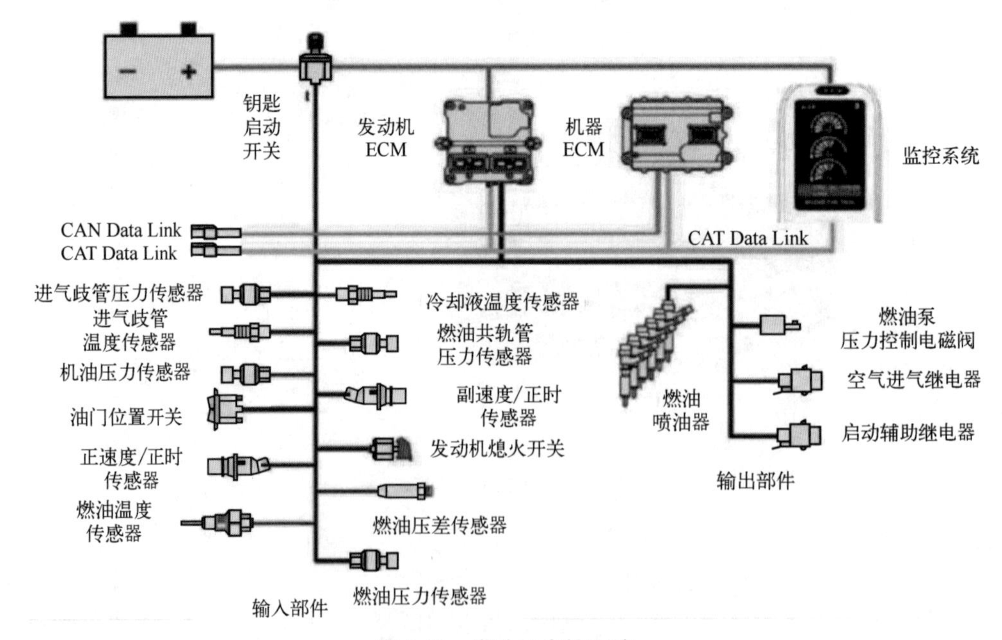

图 1-18　发动机电控系统

1.1.3 挖掘机技术参数

1.1.3.1 运输尺寸

运输尺寸指挖掘机在运输状态的外形尺寸。运输状态一般是指挖掘机停在平坦的地面上，上、下车体纵向中心面相互平行，铲斗油缸、斗杆油缸伸出最长长度，放下动臂直至工作装置接触地面，所有可打开的部件处于关闭状态的挖掘机状态。各种可标示的尺寸项目如图1-20所示。

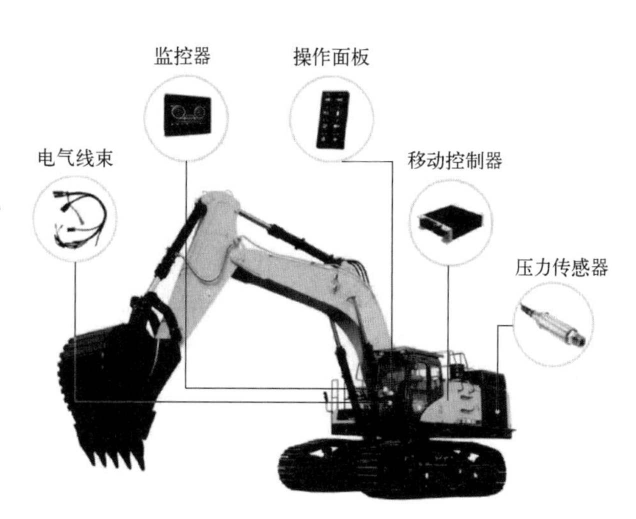

图1-19 整机控制系统

1.1.3.2 工作范围

工作范围指挖掘机在不回转的情况下，铲斗斗齿齿尖所能达到的极限位置点连线的内部区域，如图1-21所示。挖掘机经常利用图形来形象地表达工作范围。挖

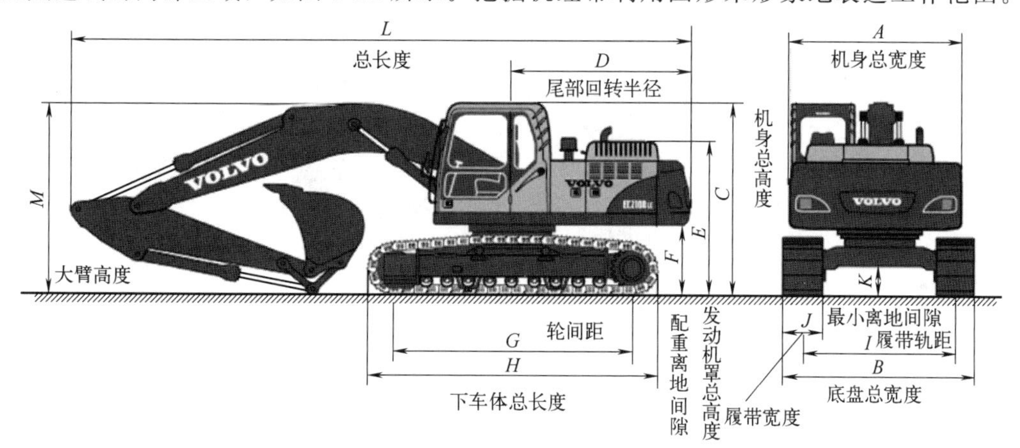

图1-20 挖掘机运输尺寸

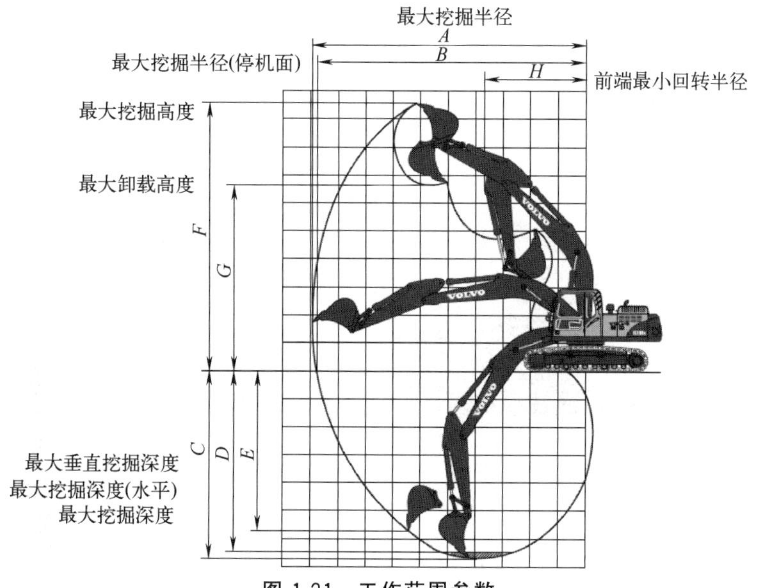

图1-21 工作范围参数

掘机工作范围通常用最大挖掘半径、最大挖掘深度、最大挖掘高度等参数表示。

1.1.3.3 操作重量

操作重量是挖掘机三个重要参数（发动机功率、铲斗容量、操作重量）之一，是指挖掘机带标准工作装置、驾驶员并且加满燃油的总重量，如图 1-22 所示。操作重量决定了挖掘机的级别，决定了挖掘机挖掘力的上限。

图 1-22 挖掘机操作重量标准示意图

1.1.3.4 铲斗容量

铲斗容量（简称“斗容”）是挖掘机三个重要参数之一。斗容一般分为堆装和平装两种，挖掘机常用标定斗容为堆装。

铲斗堆装容量有两种计算标准。SAE、PCSA、ISO、GB 标准：1∶1 堆装；CECE 标准：1∶2 堆装；如图 1-23 所示。

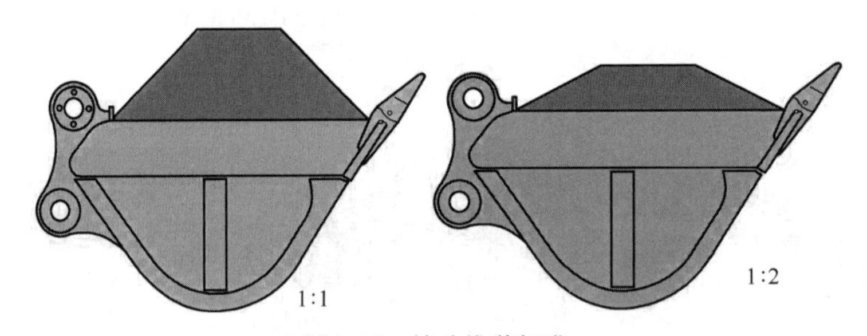

图 1-23 铲斗堆装标准

1.1.3.5 接地比压

接地比压的大小决定了挖掘机适合工作的地面条件。

接地比压指机器和地面接触的单位面积上所承受的垂直载荷，用下面的公式表示（如图 1-24 所示）：

$$\text{接地比压}=\text{工作重量}\div\text{全部与地面接触的面积}$$

$$\text{接地比压}=\frac{\text{工作重量}}{2\times B\times(L+0.35H)}(\mathrm{kg/cm^2})$$

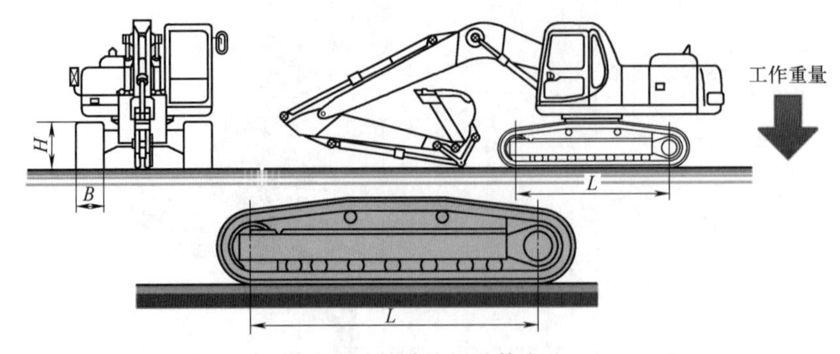

图 1-24 接地比压计算方法

给机器装上合适的履带板是很重要的。对履带式挖掘机来说，选择履带的标准是：只要有可能，尽量使用最窄的履带板。常用履带板类型有齿履带板和平履带板，如图 1-25 所示。

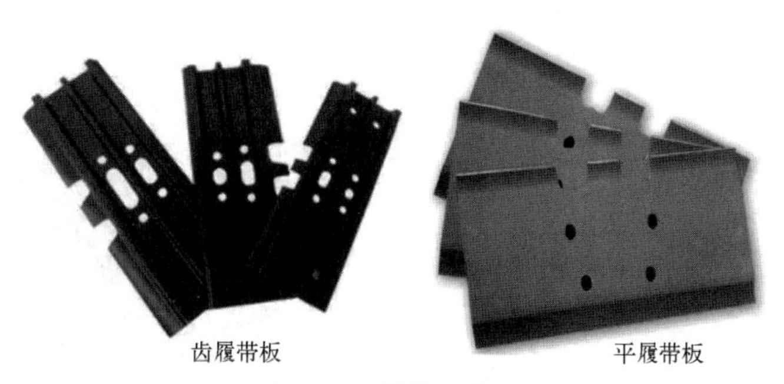

图 1-25 履带板类型

1.1.3.6 行走速度

对于履带式挖掘机而言，行走时间大概占整个工作时间的十分之一。

一般而言，两速可以满足挖掘机的行走性能。

1.1.3.7 挖掘力

挖掘力主要分为小臂挖掘力和铲斗挖掘力，如图 1-26 所示。

两个挖掘力的作用点均为铲斗的齿根（铲斗的唇边），只是动力不同，小臂挖掘力来自小臂油缸，而铲斗挖掘力来自铲斗油缸。

$$挖掘力 \leqslant \mu \times 工作重量$$

式中，μ 为地面和履带间的附着力系数。

如果挖掘力超过这个极限，在反铲的情况下，挖掘机将打滑，并被向前拉动，这非常危险。在正铲情况下，挖掘机将向后打滑。

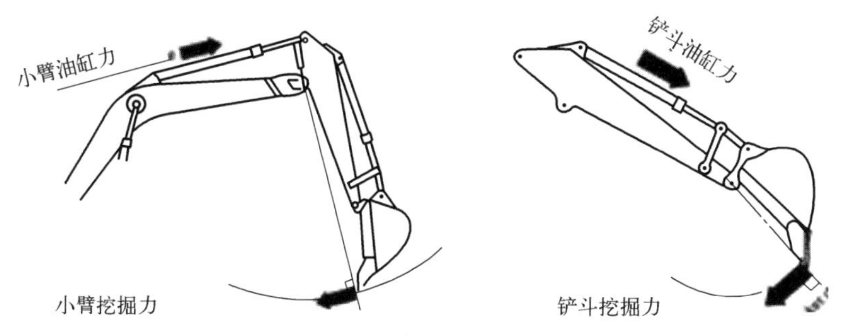

图 1-26 挖掘力示意图

1.1.3.8 牵引力

牵引力是指挖掘机行走时所产生的力，主要取决于挖掘机的行走马达。

牵引力和爬坡能力表明了挖掘机行走的机动灵活性及其行走能力。在各个厂家的样本中均能体现。

1.1.3.9 爬坡能力

爬坡能力是指挖掘机爬坡、下坡，或在一个坚实、平整的坡上停止的能力。坡度有两种表示方法：角度、百分比。爬坡角度 θ 一般为 35°。$\tan\theta = b/a$，一般为 70%。如图 1-27 所示。

1.1.3.10 提升能力

提升能力是指挖掘机额定稳定提升能力或额定液压提升能力中较小的一个。

额定稳定提升能力：75%的倾翻载荷。

额定液压提升能力：87%的液压提升能力。

提升能力比例如图 1-28 所示。

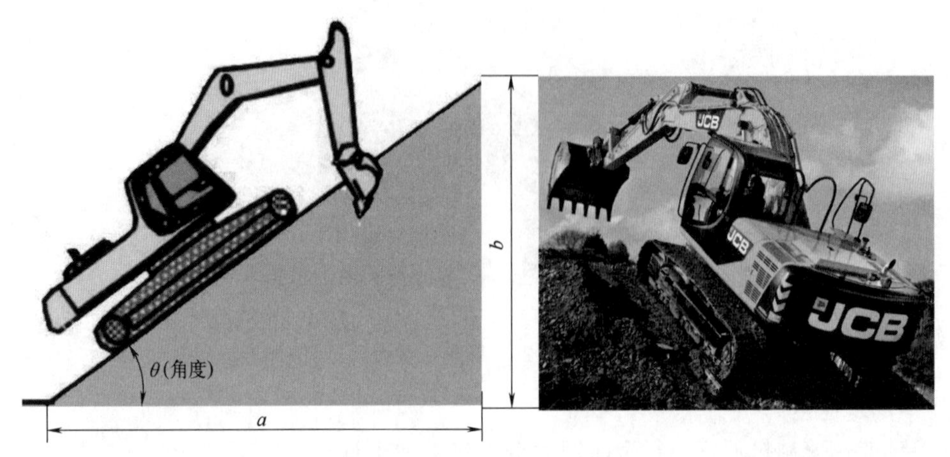

图 1-27 挖掘机的爬坡能力

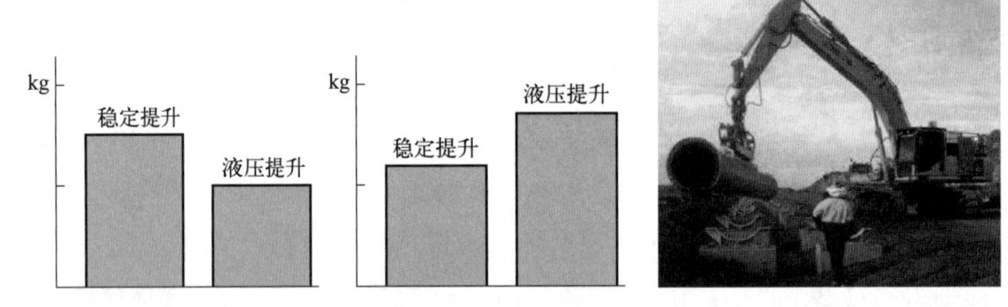

图 1-28 挖掘机提升能力比例

1.1.3.11 回转速度

回转速度是指挖掘机空载时，稳定回转所能达到的平均最大速度，回转动作如图 1-29 所示。

这意味着定义的回转速度，既不是指启动时的，也不是指制动时的；也就是说，不是加速或减速的回转速度。对于一般的挖掘工作来说，这种挖掘机在 0°到 180°的范围内工作时，回转马达有加速或减速，当转到 270°到 360°范围内时，回转速度达到稳定。

因此，在实际的挖掘工作中，上面定义的回转速度是不切实际的。也就是说，需要的实际回转性能是可用回转扭矩表示的加速/减速。

1.1.3.12 发动机功率

总功率（gross horsepower）指在没有消耗功率附件，如消声器、风扇、交流发电机和空气滤清器的情况下，在发动机飞轮上测得的输出功率。

有效的功率（net horsepower）指在装有全部消耗功率附件，如消声器、风扇、交流发电机及空气滤清器的情况下，在发动机飞轮上测得的输出功率。发动机的额定功率可在机器铭牌上获取，如图 1-30 所示。

图 1-29 挖掘机回转动作示意图

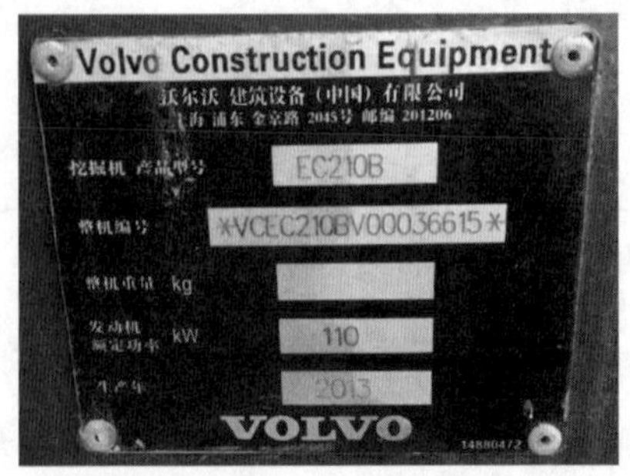

图 1-30 机身铭牌标示的发动机功率

1.1.3.13 噪声的测定

挖掘机的噪声主要来源于发动机。有两种噪声的测定方法：操作人员耳边的噪声测定、机器周围的噪声测定。

第2节 挖掘机使用与维护

1.2.1 挖掘机使用与操作

1.2.1.1 使用注意事项

① 挖掘机是经济投入大的固定资产，为提高其使用年限，获得更大的经济效益，设备必须做到定人、定机、定岗位，明确职责。必须调岗时，应进行设备交底。

② 挖掘机进入施工现场后，驾驶员应先观察工作面地质及四周环境情况，挖掘机旋转半径内不得有障碍物，以免对车辆造成划伤或损坏。

③ 机械发动后，禁止任何人员站在铲斗内、铲臂上及履带上，确保安全生产。

④ 挖掘机在工作中，禁止任何人员在回转半径范围内或铲斗下面停留或行走，非驾驶员不得进入驾驶室乱摸乱动，不得带培训驾驶员，以免造成电气设备的损坏。

⑤ 挖掘机在挪位时，驾驶员应先观察并鸣笛，后挪位，避免机械边有人造成安全事故，挪位后的位置要确保挖掘机旋转半径的空间无任何障碍，严禁违章操作。

⑥ 工作结束后，应将挖掘机挪离低洼处或地槽（沟）边缘，停放在平地上，关闭门窗并锁住。

⑦ 驾驶员必须做好设备的日常保养、检修、维护工作，做好设备使用中的每日记录，发现车辆有问题，不能“带病”作业，并及时汇报修理。

⑧ 必须做到驾驶室内干净、整洁，保持车身表面清洁、无灰尘、无油污；工作结束后养成擦车的习惯。

⑨ 驾驶员要及时做好日台班记录，对当日的工作内容做好统计，对工程外临时用工或临时项目及时办理手续，并做好记录，以备结账使用。

⑩ 驾驶员在工作期间严禁喝酒和酒后驾车工作，如发现，给予经济处罚，造成的经济损失由本人承担。

⑪ 对人为造成的车辆损坏，要分析原因，查找问题，分清职责，按责任轻重进行经济处罚。

⑫ 要树立高度的责任心，确保安全生产，认真做好与建设方的沟通和服务工作，搞好双边关系，树立良好的工作作风，为企业的发展和效益尽心尽责，努力工作。

⑬ 挖掘机操作属于特种作业，需要特种作业操作证才能驾驶挖掘机作业。

⑭ 做保养时必须遵循保养禁忌。

1.2.1.2 操作规则及注意事项

① 作业前进行检查，确认一切齐全完好，大臂和铲斗运动范围内无障碍物和其他人员，鸣笛示警后方可作业。

② 挖掘时每次吃土不宜过深，提斗不要过猛，以免损坏机械或造成倾覆事故。铲斗下落时，注意不要冲击履带及车架。

③ 配合挖掘机作业，进行清底、平地、修坡的人员，须在挖掘机回转半径以外工作。若必须在挖掘机回转半径内工作时，挖掘机必须停回转，并将回转机构制动后，方可进行工作。同时，机上机下人员要彼此照顾，密切配合，确保安全。

④ 挖掘机装载活动范围内，不得停留车辆和行人。若往汽车上卸料时，应等汽车停稳，驾驶员离开驾驶室后，方可回转铲斗，向车上卸料。挖掘机回转时，应尽量避免铲斗从驾驶室顶部越过。卸料时，铲斗应尽量放低，但又注意不得碰撞汽车的任何部位。

⑤ 挖掘机回转时，应用回转离合器配合回转机构制动器平稳转动，禁止急剧回转和紧急制动。

⑥ 铲斗未离开地面前，不得做回转、行走等动作。铲斗满载悬空时，不得起落臂杆和行走。

⑦ 履带式挖掘机移动时，臂杆应放在行走的前进方向，铲斗距地面高度不超过1m，并将回转机构制动。

⑧ 挖掘机上坡时，驱动轮应在后面，臂杆应在上面；挖掘机下坡时，驱动轮应在前面，臂杆应在后面。上下坡度不得超过20°。下坡时应慢速行驶，途中不许变速及空挡滑行。挖掘机在通过轨道、软土、黏土路面时，应铺垫板。

⑨ 在高的工作面上挖掘散粒土壤时，应将工作面内的较大石块和其他杂物清除，以免塌下造成事故。若土壤挖成悬空状态而不能自然塌落时，则需用人工处理，不准用铲斗将其砸下或压下，以免造成事故。

⑩ 挖掘机行走转弯不应过急。如弯道过大，应分次转弯，每次在20°之内。

⑪ 电动挖掘机在连接电源时，必须取出开关箱上的熔断器。严禁非电工人员安装电气设备。挖掘机行走时，应由穿戴耐压胶鞋和绝缘手套的工作人员移动电缆，并注意防止电缆擦损漏电。

⑫ 挖掘机在工作中，严禁进行维修、保养、紧固等工作。工作过程中若发生异响、异味、温升过高等情况，应立即停车检查。

⑬ 臂杆顶部滑轮进行保养、检修、润滑、更换时，应将臂杆落至地面。

1.2.2 挖掘机保养与维护

1.2.2.1 日常检查与维护

对挖掘机进行定期维护保养的目的是：减少机器的故障，延长机器使用寿命，缩短机器的停机时间，提高工作效率，降低作业成本。

只要管理好燃油、润滑油、水和空气，就可减少70％的故障。事实上，70％左右的故障是由管理不善造成的。

(1) 日常检查

目视检查：启动机车前应进行目视检查。按如下顺序彻底检查机车周围环境与底部：

① 是否有机油、燃油和冷却液（冷却水）泄漏。

② 是否有松动的螺栓和螺母。

③ 电气线路中是否有电线断裂、短路和电池接头松动。

④ 是否有油污。

⑤ 是否有泥污积聚。

(2) 启动后检查

① 鸣笛并检查所有的仪表是否完好。

② 发动机的启动状态、噪声与尾气颜色。

③ 是否有机油、燃油和冷却液泄漏。

(3) 燃油的管理

要根据不同的环境温度选用不同牌号的柴油（见表1-2）；柴油不能混入杂质、灰土与水，否则将使油泵过早磨损；劣质柴油中的石蜡与硫的含量高，会对发动机产生损害。每日作业前应打开油箱底的放水阀放水；每日作业后油箱要加满柴油，防止油箱内壁产生水滴。在发动机燃料用尽或更换滤芯后，须排尽管路中的空气。

表 1-2 柴油牌号的选用

最低环境温度	柴油牌号	最低环境温度	柴油牌号
0℃	0#	−20℃	−20#
−10℃	−10#	−30℃	−35#

(4) 其他用油的管理

其他用油包括发动机油、液压油、齿轮油等；不同牌号和不同等级的用油不能混用；不同品种的挖掘机用油在生产过程中添加的起化学作用或物理作用的添加剂不同（见表 1-3）；要保证用油清洁，防止杂物（水、粉尘、颗粒等）混入；根据环境温度和用途选择用油的标号。环境温度高，应选用黏度大的用油；环境温度低，应选用黏度小的用油。齿轮油的黏度相对较大，以适应较大的传动负载；液压油的黏度相对较小，以减小液体流动阻力。

表 1-3 挖掘机用油的选择

容器	外界温度/℃	油液种类	更换周期/h	更换量/L
发动机油底壳	−35～20	CD SAE 5W-30	250	24
	−20～10	CD SAE 10W		
	−20～40	CD SAE 10W-30		
	−15～50	CD SAE 15W-40		
	0～40	CD SAE 30		
回转机构箱	−20～40	CD SAE 30	1000	5.5
减振器壳体		CD SAE 30		6.8
液压油箱		CD SAE 10W； CD SAE 10W-30； CD SAE 15W-40	5000	小松 PC200 型：239 小松 PC220 型：246
终传动箱		CD SAE 90	1000	5.4

(5) 日常维护注意事项

日常检查工作是保证液压挖掘机能够长期高效运行的重要环节，特别是对于个体户而言，做好平时的日常检查工作可以有效降低维护成本。

首先围绕机械转两圈检查外观以及机械底盘有无异样，以及回转支承是否有油脂流出，再检查减速制动装置以及履带的螺栓紧固件，该拧紧的拧紧，该换的及时更换。如果是轮式挖掘机就需要检查轮胎是否有异样，以及气压的稳定性。

查看挖掘机斗齿是否有较大磨损，据了解，斗齿的磨损会大幅增加施工过程中的阻力，将严重影响工作效率，增加设备零部件磨损度。

查看斗杆以及油缸是否有裂纹或漏油现象。检查蓄电池电解液，避免处于低水平线以下。

空气滤清器是防止大量含尘空气进入到挖掘机的重要部件，应该经常检查清洗。

经常查看燃油、润滑油、液压油、冷却液等是否需要添加，并且最好按照说明书的要求选择油液，并保持清洁。

1.2.2.2 液压系统的维护与保养

1）合理选用液压油

(1) 液压油黏度

确定液压油黏度的原则是，在考虑液压回路工作温度和效率的前提下，使液压油（用于泵和马达等元件）黏度处于最佳范围（$16\times10^{-6}\sim36\times10^{-6}mm^2/s$）。与环境最低温度对应的短时间冷启动的黏度≤$1000\times10^{-6}mm^2/s$，对应于短时间允许的最高泄漏油温90℃的黏度≥$10\times10^{-6}mm^2/s$。

（2）黏度指数（VI）

该指标较直接地反映了油品黏度随温度变化而改变的性质（即油的黏温特性）。油的黏度指数较高，表示该种油的黏度随温度变化而改变的程度较小；反之，较大。国外知名厂家（如美孚、壳牌等）的抗磨液压油的黏度指数均为VI≥110，国产高级抗磨液压油的黏度指数VI=95左右。而国外生产的高黏度指数液压油（HV）和多级发动机油的黏度指数均为VI>140。这一点对于使用大型进口液压挖掘机而采用国产液压油（或将发动机油作液压油用）的用户须特别注意。黏度指数降低将使油品所适应的环境温度范围缩小，若非使用不可时，应向油品厂家查询相关资料，须对油品的使用范围做适当调整，必要时还应改变设备的相关设定值（如极限温度等）。

（3）其他综合性能

因现代大型液压挖掘机液压系统的工作压力较高（≥32MPa），允许液压油的最高工作油温也较高（90℃左右），所以为了保证在正常的换油周期内液压系统能正常工作，就要求为系统所选油在润滑性、氧化安定性、抗磨性、防锈防腐性、抗乳化性、抗泡性、抗剪切安定性以及极压负荷性等方面具有良好的品质。

2）良好的液压油散热系统

对于大型液压挖掘机液压油散热系统（更确切地说应为液压油温控制系统）的改善，虽然各厂家采用的具体方式有所不同，但基本思路却是一样的，即既能使液压油温度在连续作业中平衡在较为理想的范围内，又能使液压系统在冷态下投入工作时能迅速升温（达到液压油正常工作温度范围）。在使用了合格的液压油的前提下，当出现液压油过热时，对液压油散热系统的检查步骤如下：

① 查看液压油散热器是否有污物堵塞，导致散热效率下降，必要时清洗散热器。

② 在极端条件下检测风扇转速和系统实际工作压力，以确定该回路的液压件是否有故障、油温传感器或控制电路的工作是否正常。此时风扇转速和系统工作压力均应为最大值；否则，应对系统相应参数进行调整或更换受损元件。

3）系统中相关液压参数的检查

大型液压挖掘机工作泵的控制方式主要有两种：带压力断流功能（即CUT-OFF功能）的极限载荷调节（GLR）和负荷感应调节（LS）方式。而CUT-OFF功能的作用是，当系统工作压力达到调定值时，变量泵的斜盘偏角减小，使泵只能保持在维持该压力所需的“残余”流量状态，以避免溢流阀溢流产生过热。为实现此目的，系统参数匹配至按技术要求使CUT-OFF阀的调定值低于回路中初级压力阀的调定值；否则，初级压力阀打开将会导致溢流过热。

同时，检查次级阀工作是否正常，此项工作一定要严格按照技术要求进行，必要时应对系统相关参数进行恢复性调整。

4）排除非正常内泄

主要指，因系统液压油受污染造成方向阀、压力阀卡咬所引起的非正常内泄。检查的方法：测压力、查功能，或听是否有异常噪声（阀口关闭不严造成的“节流冲刷声”）或触摸检查温度是否局部过高。

5）防止元件容积效率下降

对非正常磨损和正常磨损，都应予以重视。前者可能在很短的时间内发生，可通过检查油的品质并结合系统的功能好坏（如执行元件动作是否正常、速度是否下降等）进行判断；后者则应遵循一定的规律，综合考察，及时采取措施。

6）润滑油（脂）的管理

采用润滑油（脂）可以减少运动表面的磨损，防止出现噪声。润滑油（脂）存放保管时，不能混入灰尘、砂粒、水及其它杂质。推荐选用锂基型润滑脂 G2-L1，其抗磨性能好，适用于重载工况。加注时，要尽量将旧油（脂）全部挤出并擦干净，防止沙土黏附。

1.2.2.3　定期保养项目

（1）滤芯的保养

滤芯起到过滤油路或气路中杂质的作用，阻止其侵入系统内部而造成故障；各种滤芯要按照操作保养手册要求定期更换；更换滤芯时，应检查是否有金属附在旧滤芯上，如发现有金属颗粒应及时诊断和采取改善措施；使用符合机器规定的纯正滤芯，伪劣滤芯的过滤能力较差，会严重影响机器的正常使用。

（2）定期保养的内容

① 新机工作 250h 后就应更换燃油滤芯和附加燃油滤芯，并检查发动机气门的间隙。

② 日常保养。检查、清洗或更换空气滤芯；清洗冷却系统内部；检查和拧紧履带板螺栓；检查和调节履带板张紧度；检查进气加热器；更换斗齿；调节铲斗间隙；检查前窗清洗液液面；检查、调节空调；清洗驾驶室内地板；更换破碎器滤芯（选配件）；清洗冷却系统内部时，待发动机充分冷却后，缓慢拧松注水口盖，释放水箱内部压力，然后才能放水；不要在发动机工作时进行清洗工作，高速旋转的风扇会造成危险；当清洁或更换冷却液时，应将机器停放在水平地面上。

③ 启动发动机前的检查项目。检查冷却液的液面位置高度（加水）；检查发动机油油位（加机油）；检查燃油油位（加燃油）；检查液压油油位（加液压油）；检查空气滤芯是否堵塞；检查电线；检查喇叭是否正常；检查铲斗的润滑；检查油水分离器中的水和沉淀物。

④ 每 100h 保养项目。检查动臂缸缸头销轴，动臂脚销，动臂缸缸杆端，斗杆缸缸头销轴，动臂、斗杆连接销，斗杆缸缸杆端，铲斗缸缸头销轴，半杆连杆连接销，斗杆、铲斗缸缸杆端，铲斗缸缸头销轴，斗杆连杆连接销；检查回转机构箱内的油位（加机油）；检查从燃油箱中排出的水和沉淀物。

⑤ 每 250h 保养项目。检查终传动箱内的油位（加齿轮油）；检查蓄电池电解液；更换发动机油底壳中的油，更换发动机滤芯；润滑回转支承（2 处）；检查风扇皮带和空调压缩机皮带的张紧度，并作调整。

⑥ 每 500h 保养项目。同时进行每 100h 和 250h 保养项目；更换燃油滤芯；检查回转小齿轮润滑脂的高度（加润滑脂）；检查和清洗散热器散热片、油冷却器散热片和冷凝器散热片；更换液压油滤芯；更换终传动箱内的油（仅首次在 500h 时进行，以后每 1000h 一次）；清洗空调器系统内部和外部的空气滤芯；更换液压油通气口滤芯。

⑦ 每 1000h 保养项目。同时进行每 100h、250h 和 500h 保养项目；更换回转机构箱内的油；检查减振器壳体的油位；检查涡轮增压器的所有紧固件；检查涡轮增压器转子的游隙；发电机皮带张紧度的检查及更换；更换防腐蚀滤芯；更换终传动箱内的油。

⑧ 每 2000h 保养项目。先完成每 100h、250h、500h 和 1000h 的保养项目；清洗液压油箱滤网；清洗、检查涡轮增压器；检查发电机、起动机；检查发动机气门间隙（并调整）；检查减振器。

⑨ 4000h 以上的保养项目。每 4000h 增加对水泵的检查；每 5000h 增加更换液压油的项目。

⑩ 长期存放。机器长期存放时，为防止液压缸活塞杆生锈，应把工作装置着地放置；整机洗净并干燥后存放在室内干燥的环境中；如条件有限只能在室外存放时，应把机器停放在排水良好的水泥地面上；存放前加满燃油箱，润滑各部位，更换液压油和机油，液压缸活塞杆外露的金属表面涂一薄层黄油（即润滑脂），拆下蓄电池的负极接线端子，或将蓄电池卸下单独存放；根据最低环境温度在冷却水中加入适当比例的防冻液；每月启动发动机一次并操作机器，以便润滑各运动部件，同时给蓄电池充电；打开空调制冷运转 5～10min。

第 3 节　挖掘机维修概述

1.3.1　维修安全事项

1.3.1.1　日常保养维护安全事项

(1) 理解检查、维护方法

错误的维护不仅会损坏机器，而且在维护过程中将导致人身事故，如被夹住、烫伤等。进行检查、维护前，应熟读使用说明书，同时充分理解维护方法（安全作业所需的工具、资格、重要零件，确定作业指导人员，穿戴防护用品等），注意安全，小心地进行检查、维护。

(2) 作业场所的整理、整顿、清扫

检查维护时，如果工地杂乱无章，有可能导致机器倾翻，或者操作人员被碎片扎伤。应整理破坏工地环境的杂物，清除黄油、机油、涂料及碎片类物质，进行整理、整顿、清扫，以便于安全作业。

(3) 检查、维护时的警告告示牌

在检查、维护机器时，如果有人启动发动机或移动操作杆，可能会导致严重伤害，所以要在操作杆上挂“不准操作”告示牌。如果需要，机器周围也要放置警告标志。

(4) 使用适当的工具

妥善保管维修所需的工具，不要拿工具去做其它用途，而且维护或修理机器应使用适当的工具。

如有物品掉落进机器内部，将导致机器损坏或产生误动作。打开检视窗或油箱的加油口进行检查时，应将零件或工具放置在远离敞口处的地方，避免其掉入设备内部造成不必要的伤害。

(5) 注意高温部位

为防止热水或蒸汽的喷射而引起烫伤，在检查或排放冷却水时，在确认停机后，设备冷却到可用赤手触碰散热器盖时，缓慢旋松该旋盖，待散热器中的内部压力释放以后再将旋盖旋下。

为防止高温机油喷射或接触高温零件而引起烫伤，在检查、排放机油时，在确认停机后，设备冷却到可用赤手触碰旋盖、旋塞之后，缓慢旋松该旋盖、旋塞，待内部压力释放以后再将其旋下。

(6) 注意高压油

液压回路中始终存在内部压力。在内部压力为零之前，请勿进行加油、排油或检查维护作业。即使是从小孔中漏出的高压油，接触皮肤或眼睛也相当危险。应佩戴护目镜和手套，在泄漏部位垫上厚纸或板类物品进行检查。如因接触高压油等而导致高压油进入体内，应立即去医院接受治疗。

在发动机运行过程中，其燃料配管系统内部将产生高压。对燃料配管系统进行检查维护

时，应在关停发动机后过30s以上再进行，以等待内部压力下降。

(7) 注意旋转部件

如果被风扇叶片或皮带等旋转部分卷入，将会酿成重大伤害事故。应等待旋转部分完全停止后方可进行维护等作业。不得已在发动机运行状态下进行维护时，应务必遵照以下所述进行操作：必须有一人坐在挖掘机驾驶座上，确保只要得到其他人传达过来的停机信息，立即关停发动机。

(8) 注意通风

如在室内或通风条件不佳的场所进行维护作业，易导致气体中毒。尤其是发动机尾气，燃料、清洗油、涂料类的易扩散物质的挥发，容易在封闭空间内积聚到一定的有害浓度，所以要充分进行通风。

在室内进行维护或运行时，将排气管延伸至室外，并打开门和窗户使空气流通；或根据需要设置换气扇。

(9) 拆卸工作装置后要保持工作装置妥善存放

事先确定作业指导人员，然后实施工作装置的拆卸或安装。对于有倾倒危险的工作装置，保管时注意使其处于安稳状态而不致倾倒。另外，确保无关人员不得进入保管场所。

(10) 在设备工作装置下方作业时的注意事项

因进行检查维护等作业而必须进入抬起的机器或工作装置的下方时，利用能够承受挖掘机工作装置重量的坚固枕木、支柱等将其支承牢靠。在猛推工作装置使履带腾空的状态下进行的作业，如果无意中操作杆或配管受损，将会导致机器本体或工作装置跌落，非常危险。该场合切勿进入机器下方。

1.3.1.2 高空检查维护注意事项

有跌落的危险，请勿靠近端部，在对脚手架进行检查后再进行高空维护作业。

① 勿让机油、黄油洒落，防止步行时滑倒；勿将工具到处乱放。

② 切勿跳进跳出；上下车时，需借助梯凳、踏脚板、扶手，用手脚确保身体平衡。

③ 根据作业需要佩戴安全带等防护用品。

1.3.1.3 焊接修补作业注意事项

焊接修补时，可能会因电气部件损坏、焊接热量而导致涂层产生有毒气体或引发火灾。焊接作业必须在焊接设备完善的场所由具备焊接资质的人员进行。

焊接作业基本注意事项：

① 为防止电池爆炸应将其拆下。

② 对于焊接部位的涂层，为防止产生有毒气体应将其刮除。

③ 对于电气部件，为防止机器误动作应将其拆下。

④ 直接在焊接部位附近将相同材料接地。

⑤ 接地时，勿在焊接部和接地部之间放入密封垫或轴承等。

⑥ 穿戴防护用品。

⑦ 注意充分通风。

⑧ 将易燃品移至别处，准备好防火设备。

1.3.1.4 其余维修作业安全事项

(1) 调整履带张紧度时注意高压黄油

黄油油缸内呈高压状态，因此突然旋松油嘴将会导致黄油喷射，非常危险。旋松黄油嘴时，控制在一圈以内缓慢旋转。脸、手、脚等勿朝向黄油嘴的安装方向。

禁止拆卸履带张紧机构的反冲弹簧。在引导轮缓冲用反冲弹簧组件中装有强力弹簧，如随意拆卸，将会因弹簧弹出而导致严重的人身事故，所以严禁拆卸反冲弹簧组件。

(2) 锤击作业时注意碎片

锤击作业时销轴的弹出、金属片的飞散将导致严重的人身事故。应务必遵照以下所述：

a. 锤击销轴、棱边、斗齿、轴承等坚硬金属零件时，将导致其成为飞散物而对操作者造成严重人身事故。操作者需穿戴护目镜、手套、头盔、安全鞋等防护用品。

b. 锤击销轴、斗齿等时，将导致碎片等飞散而造成周边人员受伤。确认附近无人后再进行作业。

(3) 注意空调中的冷媒

如果吸进空调中的气态冷媒，将会对人体造成致命伤害。在对空调进行维护等情况下产生气体时，切勿靠近明火。为防止冷媒泄漏至大气中，要利用回收循环系统。如果空调中的液态冷媒进入眼中，或沾到手上，将会导致失明、冻伤，故不要拆卸冷媒回路零件。

(4) 请勿在高压配管或软管附近加热

如果在含高压油的配管或软管附近加热，将产生易燃性蒸气或喷雾而引发火灾，还会导致严重烫伤。在含高压油的配管、软管或其它易燃物的附近，请勿进行焊接或利用焊枪加热。如对高压配管或软管直接加热，将导致其突然断裂。进行焊接时，应对软管或其它易燃物采取防火遮盖措施。勿对含易燃性油的硬管或橡胶管进行焊接或气割。在焊接或气割前，用难燃性溶剂将易燃性油彻底清洗干净。

(5) 维护后的注意事项

维护后，以低速空转方式运行发动机，确认维护部位是否有漏油、漏水现象。缓慢操作各操作杆，确认动作情况。再提高发动机转速，确认有无漏油、漏水等现象。操作各操作杆，确认有无异常。如有异常应进行维护，直至确认机器可正常工作。

(6) 废液等的处理

注意废弃物的处理，以利于环保。务必将废液盛放到油桶等容器中。切勿任其流淌到地面上或排放到河流、下水道、大海、湖泊中。对燃料、油类、冷却水、制动液、溶剂、过滤器、电池等有害物质进行处理时，应遵照相应的法规、规定。

1.3.2 维修一般方法

1.3.2.1 常见故障的维修方法

(1) 发动机转速下降

首先要测试发动机本身输出功率，如果发动机输出功率低于额定功率，则产生故障的原因可能是燃油品质差、燃油压力低、气门间隙不对、发动机的某缸不工作、喷油定时有错、燃油量的调定值不对、进气系统漏气、制动器及其操作杆有毛病或涡轮增压器积炭。如果发动机输出功率正常，就需要查看是否因为液压泵的流量和发动机的输出功率不匹配。

液压挖掘机在作业中速度与负载是成反比的，即流量和泵的输出压力乘积是一个不变量，泵的输出功率恒定或近似恒定。如果泵控制系统出现了故障，就不能使发动机、液压泵及阀体在不同工况区域实现负荷优化匹配状态，从而使挖掘机不能正常工作。此类故障要先从电气系统入手，再检查液压系统，最后检查机械传动系统。

(2) 工作速度变慢

挖掘机工作速度变慢的主要原因是整机各部磨损造成发动机功率下降与液压系统内泄。挖掘机的液压泵为柱塞变量泵，工作一定时间后，泵内部液压元件（缸体、柱塞、配流盘、九孔板、龟背等）不可避免地产生过度磨损，会造成内漏，各数据不协调，从而导致流量不足、油温过高，工作速度缓慢。这时就需要整机大修，对磨损超限的零部件进行修复更换。

但若不是工作时间很长的挖掘机突然变慢，就需要检查以下几方面：先查电路保险丝是否断路或短路，再查先导压力是否正常，然后看看伺服控制阀-伺服活塞是否卡死以及分配器合流是否故障等，最后将液压泵拆卸进行数据测量，确认挖掘机问题所在。

(3) 挖掘无力

挖掘无力是挖掘机典型故障之一，对于挖掘无力可分为两种情况：一种为挖掘无力，发动机不憋车，感觉负荷很轻；第二种为挖掘无力，当动臂或斗杆伸到底时，发动机严重憋车，甚至熄火。

挖掘无力但发动机不憋车。挖掘力的大小由主泵输出压力决定，发动机是否憋车取决于油泵吸收扭矩与发动机输出扭矩间的关系。发动机不憋车说明油泵吸收扭矩较小，发动机负荷轻。如果挖掘机的工作速度没有明显异常，则应重点检查主泵的最大输出压力即系统溢流压力。如果溢流压力测量值低于规定值，表明该机构液压回路的过载溢流阀设定值不正确，导致该机构过早溢流，工作无力。可以通过转动调整螺栓来调整机器。

1.3.2.2 分系统故障维修技巧

1）液压系统故障

(1) 油液泄漏故障

挖掘机的液压系统中，如果出现油液泄漏，容易影响工作效率和安全性。解决油液泄漏问题的方法是，检查液压管路、油管、密封件和连接件等，如有磨损或松动应及时更换或夹紧。

(2) 液压油温过高故障

在挖掘机的使用过程中，如果液压油温过高，会导致液压系统性能下降，进而影响工作效率。同时，高温会导致液压管路老化、密封失效等问题。处理方法是检查散热器、水泵、油泵等设备是否正常，及时更换磨损或老化的元件。

2）电气故障

(1) 电路故障

挖掘机的电路系统容易因为连接不良、电缆老化、钢丝断裂等导致电路故障，此时需要检查电路的连接点、钢丝和电缆是否完整和老化等。如果有问题需及时加以修复和更换。

(2) 发电机故障

挖掘机中的发电机，是电气系统的核心部件之一。如果发电机故障，可能会导致其他电气设备工作受阻。处理方法是检查发电机是否正常运行，同时检查电池线路是否正确接线，如果有问题需要及时更换。

3）机械传动系统故障

(1) 发动机故障

挖掘机的发动机是机械传动系统的核心部件之一。如果发动机故障，挖掘机就不能正常工作。处理方法是检查发动机是否正常运转，如有异常需要及时维修或更换。

(2) 行走机构故障

挖掘机的行走机构是其核心部件之一。如果出现行走机构故障，会导致挖掘机无法正常行驶。处理方法是检查轮胎、履带、传动轴等设备是否老化磨损，如有问题需要及时更换。

1.3.3 故障诊断方法

1.3.3.1 常用故障诊断方法

获取故障信息是进行挖掘机故障诊断与维修的第一步，是人们根据直觉、知识和经验发现问题，运用仪器设施检查并进行初步判断的过程。通常可概括为两种方法，即直观检查法和精密诊断法。

（1）直观检查法

该方法指凭借个人的感觉和经验或利用简单仪表，通过看、听、摸、闻、问等直觉方法对故障进行初步定性分析，如从外观、振动、异响、温升、气味、磨损等现象获得有价值的信息，初步判断故障产生的原因或部位。它是一种最简单也最普遍的传统诊断方法。

（2）精密诊断法

该方法指在直观检查法的基础上，利用精密的测量仪器，采取科学方法对重点部位或项目进行静态、动态测试和定量分析，发现一些疑难的隐藏较深的故障信息，达到准确地判定故障部位和程度的目的。例如振动信号分析法，油液光谱、铁谱分析法等，必要时还可以对某一特定系统或元件进行专项模拟试验或实际试验。

这种方法所用的仪器较精密，成本较高，对获取信号进行分析需要较高的理论水平和技术素养，同时仍然离不开实践经验的指导，目前尚处于研究、提高和完善中。

（3）两种方法的认识论问题

直观检查法与精密诊断法都是获取故障信息的有效方法，但它们在认识问题的层次上是有差别的，所依据的主、客观条件和理论思维程度也相距甚远，具体表现为：从客观方面看，挖掘机种类繁多，结构复杂性不同；故障程度（潜伏期、发展期、损坏期）和排除故障的难易程度不同；所拥有的仪器、工具、维修条件不同。在诊断与维修的过程中必须充分考虑上述因素。从主观方面看，维修人员的技术素质有高有低，实践经验有强有弱，对不同机械的故障或对同一机械的不同故障，其敏感性不一样，在诊断与维修中所需要的信息也不一样。

因为主、客观因素直接影响获取的故障信息的可靠性、充分性和清晰度，所以需要通过不同的理论思维方式，才能得出正确的诊断结论。

上述两种方法互相联系，互为补充，在最终确认故障的性质、部位、原因这一总体目标上是一致的。

1.3.3.2　常用故障分析技巧

故障分析是一个观察、假设、推理、验证、修正假设、再验证……直到准确判定故障的过程，其使用各种哲学方法、逻辑方法和数学方法，对获取的故障信息进行科学论证或演绎推理，以便透过事物的表面现象，揭示其本质。

（1）分析、归纳和逻辑推理法

根据故障信息，首先分析导致某一故障现象（结果）的各种故障假说（原因），然后从可能的故障假说中进行比较、验证，排除虚假成分，寻找真正的原因。

对于因果关系比较复杂的情况，可以借助因果关联图、鱼刺图、故障树等，使思路清晰明了。

归纳法指从个别事实推出一般结论的方法，通常情况下我们只能采用不完全归纳法。例如某台液压挖掘机，其动臂机构不动作，铲斗机构不动作，回转机构也不动作，我们可以通过归纳法得出结论：同时控制这三个机构动作的主泵或先导泵有故障。当然这个结论还需要用其他证据进一步证实。

（2）证明与反驳法

各种故障假说都是试探性的，具有主客观猜测的成分。要达到论证的目的，论据必须真实、充分，而我们获取的个别信息只能对它提供弱支持，寻找否定证据即反驳这个证据将对故障诊断更为有利。

在上述例子中，某液压挖掘机动臂机构不动作，其可能的故障假说之一是液压泵损坏，即主泵损坏——动臂机构不动作，但反过来其逆命题不成立，必须寻找其他否定证据，比如说，主泵损坏——回转机构也不能动作，而现在观察到回转机构工作正常，就可以反证出主泵没有损坏，即主泵损坏的故障假说不成立。

(3) 替换法

替换法指在挖掘机故障诊断与维修实践中，用同一型号的零部件替换怀疑已发生故障的零部件，并对新、旧零部件的工作状况进行对比分析，从而达到确定故障部位的目的，也称为原型置换法。在不具备置换条件时，可对某一局部系统或部件施加相似的模拟信号或载荷（如对液控变量的液压泵施加规定的先导变量压力），再对工况进行比较判断。采用这种方法时应注意新、旧零部件或模拟信号的合适性，不能盲目替换或使故障扩大或产生新的故障。

(4) 演绎法

演绎法是指从一般原理推出特殊情况的思维方法，其主要形式是由大前提、小前提和结论构成的“三段论式”。它是一种必然性推理，形式为：所有 A 具有性质 C（大前提），B 是 A 中的一个（小前提），则 B 一定具有性质 C（结论）。

例如，液压柱塞泵在额定载荷下工作时，其容积效率不低于 80%（大前提），某液压挖掘机使用的是柱塞油泵（小前提），所以在额定载荷下工作时，其容积效率不应低于 80%，则可判断该柱塞油泵可能有故障（但可能不是使该液压挖掘机工作异常的唯一故障原因，因为演绎得出的结论中或许有一些新的东西超出了“大前提的范围”）。

1.3.4 故障处理原则

挖掘机故障诊断与维修是一项艰苦复杂的工作。在故障处理过程中，对各种故障假说进行确认、择优时，应注意以下原则。

1.3.4.1 单一性原则

查找故障时应从简单、易处理的故障入手，从简到繁逐一分析确认。现代挖掘机大多数是机-电-液一体化产品，技术含量高，我们在处理故障时，一般先检查电气系统，再检查液压系统，最后检查机械传动系统。检查液压系统时，应按辅助油路、控制油路、主油路和关键元件的顺序逐步检查。千万不可一遇到故障就乱拆乱卸，以免扩大故障或造成新的事故。

1.3.4.2 概率性原则

它是指根据各种故障假说成立的可能性大小进行择优的原则。根据该机械使用的时空条件、机型结构及相关的致障因素，结合维修经验，优先考虑最有可能的故障假说。对这一原则的掌握情况，直接反映了维修人员的素质和水平。

1.3.4.3 效益优先原则

即优先选择那些能够尽快得以确认的故障假说和确认方法对整台机械或系统损害最小，需要的工具、手段、经费最省的故障假说。

1.3.4.4 谨思慎动原则

要求故障诊断与维修人员勤于思考，充分发挥主观能动性，安全第一，不要随意调整或拆卸不应轻易调整或拆卸的部件，尤其是那些不熟悉、不易确认或调整后不易还原的部件，如液压系统的压力阀、节流阀等。

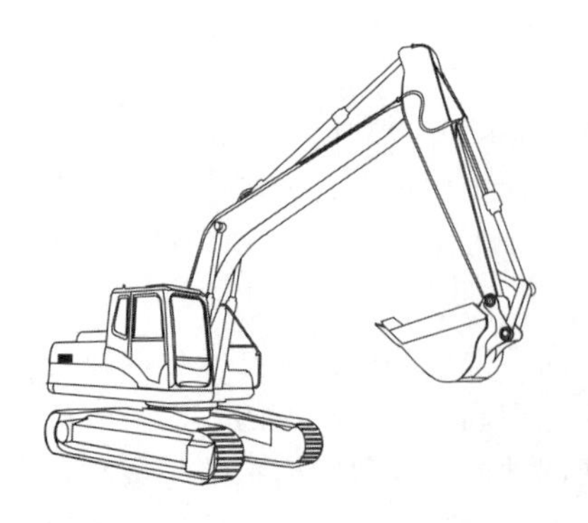

第2章 动力系统

第1节 发动机概述

2.1.1 发动机类型

2.1.1.1 柴油发动机

目前，挖掘机常用的发动机类型是柴油发动机，总成实物如图 2-1 所示。柴油发动机有着很好的经济性、动力性和可靠性，在不同环境下都有着出色的表现。此外，挖掘机使用柴油发动机的成本相对较低，维护和保养也比较容易。

2.1.1.2 油电混合动力系统

油电混合动力系统是一种新兴的技术，挖掘机也开始应用这种发动机类型。油电混合动力系统具有很高的能量转化效率，同时还可有效地减少尾气排放，节能环保的效果显著。

小松于 2008 年研制了世界上首款实用型“搭载混合动力系统的液压挖掘机”，机型外观如图 2-2 所示。该挖掘机采用小松开发的混合动力系统，通过逆变器将回转制动过程中产生的能量转换为电能，存储在电容器中，并用作驱动回转和加速发动机的补充能量。

图 2-1 挖掘机用柴油发动机

图 2-2 小松 HB205 型混合动力挖掘机

2.1.1.3　其他类型发动机

除了常用的柴油发动机和油电混合动力系统，挖掘机还可以使用燃气发动机、汽油发动机等其他类型的发动机。这些发动机拥有自己独特的特点，例如燃气发动机具有很高的经济性和环保性，而汽油发动机则拥有出色的动力性。不过这些发动机的应用比较少见。

总而言之，挖掘机常用的发动机类型包括柴油发动机和油电混合动力系统。柴油发动机是挖掘机的主流，具有高效、可靠、经济等优点；而油电混合动力系统则是一种新兴的技术，具有很高的能量转化效率和很好的节能环保效果。

2.1.2　柴油发动机基本构造

2.1.2.1　柴油发动机特点

柴油发动机是燃烧柴油来获取能量的发动机。它是由德国发明家鲁道夫·狄塞尔（Rudolf Diesel）于 1892 年发明的，为了纪念这位发明家，柴油就是用他的姓 Diesel 来表示，而柴油发动机也称为狄塞尔发动机（Diesel engine）。发明家狄塞尔和他发明的柴油发动机如图 2-3 所示。

图 2-3　狄塞尔和他发明的柴油发动机

柴油发动机的优点是扭矩大、经济性能好。柴油发动机的工作过程与汽油发动机有许多相同的地方，每个工作循环也经历进气、压缩、做功、排气四个冲程。但由于柴油发动机用的燃料是柴油，它的黏度比汽油大，不容易蒸发，而其自燃温度却比汽油低，因此，可燃混合气的形成及点火方式都与汽油发动机不同。不同之处主要有，柴油发动机的气缸中的混合气是压燃的，而非点燃的。因此，柴油发动机无需点火系统。同时，柴油发动机的供油系统也相对简单，因此柴油发动机的可靠性要比汽油发动机好。由于不受爆燃的限制以及柴油自燃的需要，柴油发动机压缩比很高。其热效率和经济性都要好于汽油发动机，同时在相同功率的情况下，柴油发动机的扭矩大，最大功率时的转速低。

2.1.2.2　柴油发动机构造

柴油发动机（简称柴油机）的主要机构组件一般包括：机体、曲柄连杆机构、配气机构、燃油系统、润滑系统、冷却系统、电气系统。常见挖掘机用柴油机剖体结构及组成系统如图 2-4 所示。

机体是柴油机的骨架，由它来支承和安装其它部件，包括：缸体、缸套、缸盖、缸垫、油底壳、飞轮壳、正时齿轮壳、前后脚。

曲柄连杆机构是柴油机的主要运动件，它可以把燃料燃烧产生的能量，通过活塞、活塞销、连杆、曲轴、飞轮转变成机械能传出去。包括曲轴、连杆、活塞、活塞销、活塞销卡簧、活塞销衬套、活塞环、主轴瓦、连杆瓦、止推轴承、曲轴前后油封、飞轮、减振器等。

配气机构是定时把进、排气门开启和关闭的部件，包括正时齿轮、凸轮轴、挺柱、顶杆、摇臂、气门、气门弹簧、气门座圈、气门导管、气门锁夹、进排气管、空气滤清器、消声器、增压器等。

燃油系统是按柴油机的需要，定时、定量地把柴油供给燃烧室燃烧，包括柴油箱、输油管、柴油滤清器、喷油泵、喷油器等。

润滑系统是把润滑油供给各运动摩擦副，包括机油泵、机油滤清器、调压阀、管路、仪表、机油冷却器等。

冷却系统是把柴油机工作时产生的热量散发给大气，包括水箱、水泵、风扇、水管、节温器、水滤器、风扇皮带、水温表等。

电气系统是启动、照明、监测、操作的辅助设备，包括发电机、起动机、蓄电池、继电器、开关、线路等。

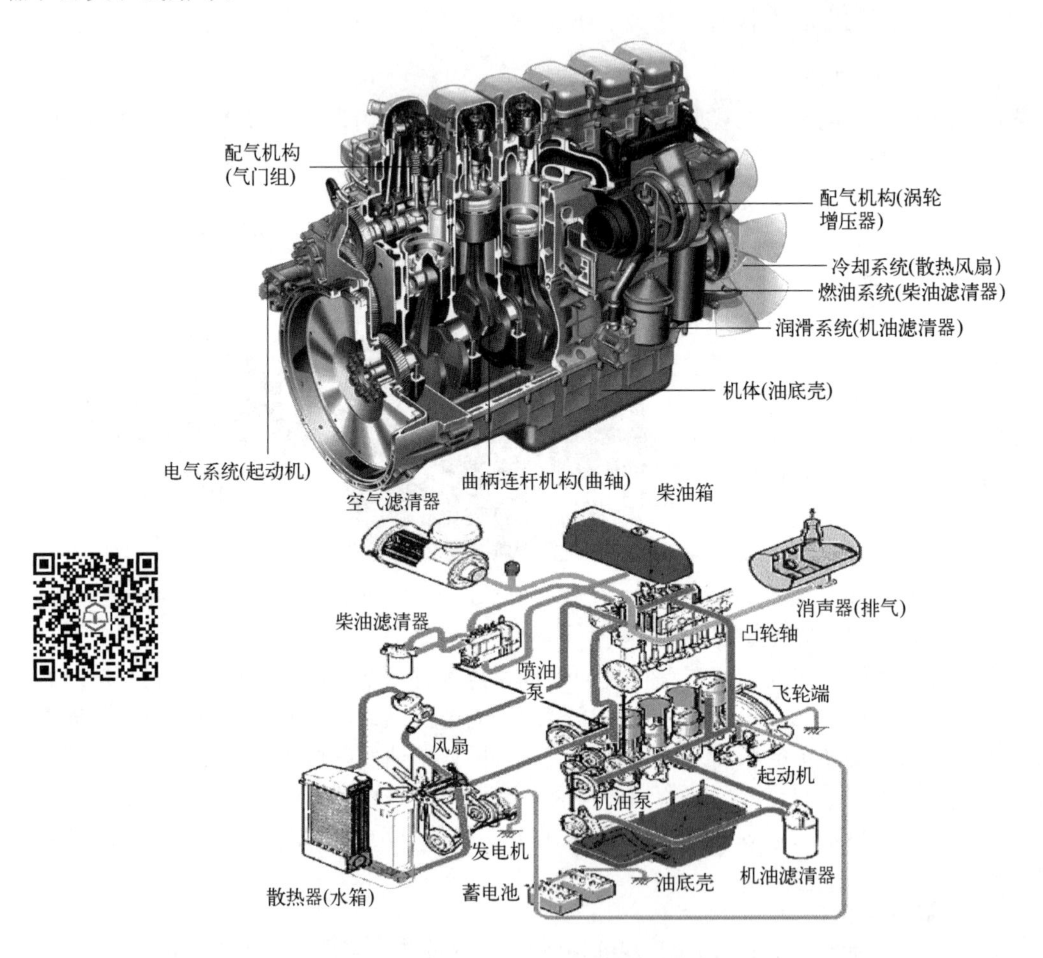

图 2-4 柴油机剖体结构及组成系统

以沃尔沃工业柴油机为例，其生产的 D11F、D13F 和 D16F 发动机属于直列六缸、四冲程、直喷柴油机，部件位置及外部结构如图 2-5 所示。D13F 和 D16F 发动机配备了单个带废气旁通阀的涡轮增压器，而 D11F 发动机的涡轮增压器没有废气旁通阀。它们都配有增压空气冷却系统，带有机械启动、电控单元喷注器，通过 EMS（发动机管理系统）进行控制。

这些发动机有一个整体式气缸盖，每个气缸带有四个气门，同时还有一个顶置凸轮轴。后置的定时齿轮使得发动机变得更短，传动设备更轻。

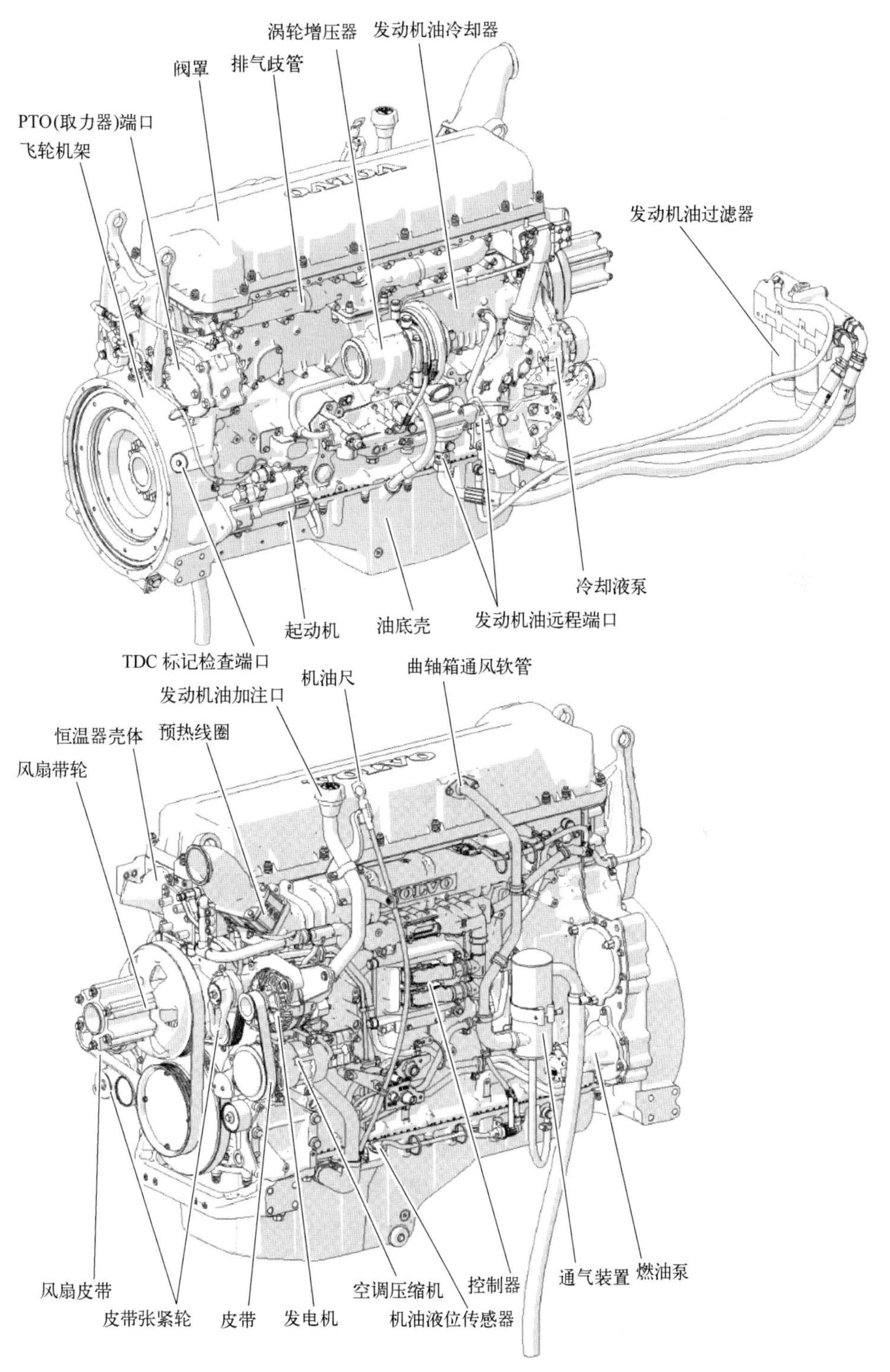

图 2-5　沃尔沃 D13F/D16F 柴油机部件位置及外部结构

2.1.3　柴油发动机工作原理

2.1.3.1　四冲程柴油机

柴油机的工作过程其实跟汽油机（即汽油发动机）是一样的，每个工作循环也经历进气、压缩、做功、排气四个冲程。

柴油机在进气冲程中吸入的是纯空气。在压缩冲程接近终了时，柴油经喷油泵将油压提高到10MPa以上，通过喷油器喷入气缸，在很短时间内与压缩后的高温空气混合，形成可燃混合气。由于柴油机压缩比高（一般为16～22），所以压缩终了时气缸内空气压力可达3.5～4.5MPa，同时温度高达750～1000K（而汽油机在此时的混合气压力为0.6～1.2MPa，温度达600～700K），大大超过柴油的自燃温度。因此柴油在喷入气缸后，在很短时间内与空气混合后便立即自行发火燃烧。气缸内的气压急速上升到6～9MPa，温度也升到2000～2500K。在高压气体推动下，活塞向下运动并带动曲轴旋转而做功，废气同样经排气管排入大气中。四冲程柴油机工作示意图如图2-6所示。

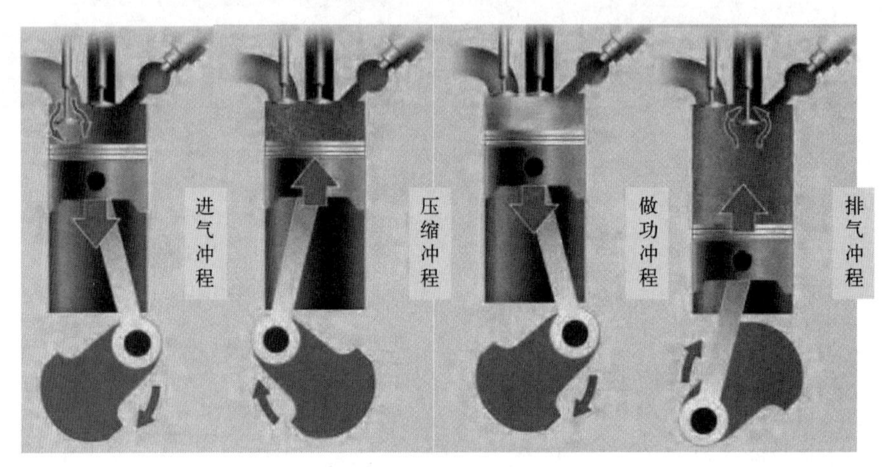

图2-6 四冲程柴油机工作示意图

2.1.3.2 二冲程柴油机

通过活塞的两个冲程完成一个工作循环的柴油机称为二冲程柴油机，柴油机完成一个工作循环曲轴只转一圈。二冲程柴油机与四冲程柴油机基本结构相同，主要差异在配气机构方面。二冲程柴油机没有进气阀，有的连排气阀也没有，而是在气缸下部开设扫气口及排气口，或设扫气口与排气阀机构。同时，专门设置一个由运动件带动的扫气泵及贮存压力空气的扫气箱，利用活塞与气口的配合完成配气，从而简化了柴油机结构。在四冲程柴油机中，活塞走四个冲程才完成一个工作循环，其中两个冲程为进气和排气冲程，此时活塞的功用相当于一个空气泵。在二冲程柴油机中，曲轴每转一圈，即活塞每两个冲程就完成一个工作循环，而进气和排气过程是利用压缩及工作过程的一部分来完成的，所以二冲程柴油机的活塞没有空气泵的作用，为了排出燃烧后的废气，并把新鲜空气充满气缸，必须在柴油机上安装专用的扫气泵（增压器）。二冲程柴油机工作原理如图2-7所示。

第一冲程：活塞从下止点向上止点运动。

当活塞处于下止点位置时，排气门和进气孔早已打开，储气室中的压缩空气便进入气缸内，并冲向排气门，这样可以产生清除废气的作用，同时也使气缸内充满新鲜空气。当活塞由下止点向上止点运动时，进气孔首先由活塞关闭，然后排气门也关闭，空气在气缸内受到压缩。

第二冲程：活塞从上止点向下止点运动。

活塞行至上止点前，喷油器将燃油喷入燃烧室中，压缩空气所产生的高温使雾化的燃油着火，燃烧所产生的压力推动活塞下行，直到排气门再打开时为止。燃烧后的废气在内外压力差的作用下，自行从排气门排出。活塞继续下行，当进气孔被活塞打开后，气缸内又进行扫气过程。曲轴每转一圈，活塞走两个行程就完成一个循环，因此叫二冲程柴油机。

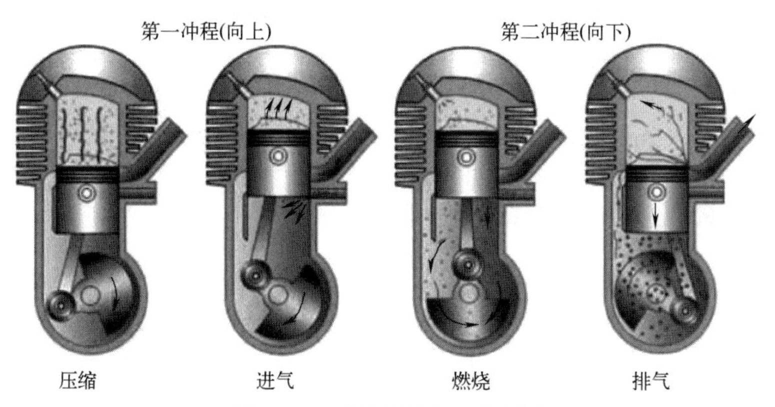

图 2-7　二冲程柴油机工作原理

第 2 节　发动机机械系统

2.2.1　曲柄连杆机构

曲柄连杆机构的功用，是把燃烧燃油产生的热能作用在活塞顶上的力转变为曲轴的扭矩，以向工作机械输出机械能。曲柄连杆机构的主要零件可以分成三组：机体组、活塞连杆组以及曲轴飞轮组。

2.2.1.1　机体组

机体组：气缸盖罩、气缸盖、气缸垫、气缸体、曲轴箱及油底壳，如图 2-8 所示。机体

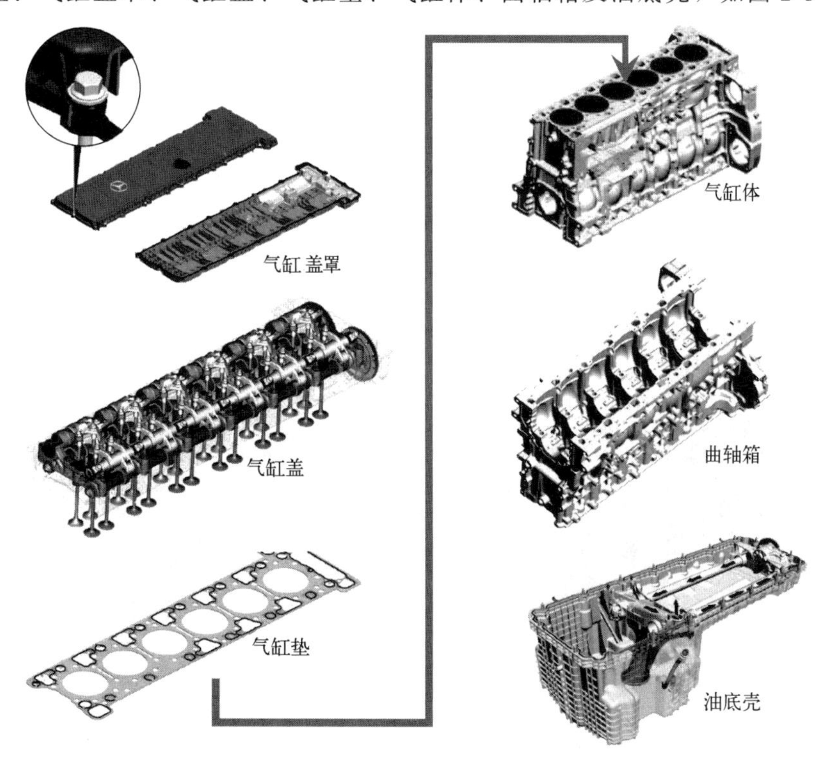

图 2-8　发动机机体组部件

是构成发动机的骨架，是发动机各机构和各系统的安装基础，其内、外安装着发动机的所有主要零件和附件，承受各种载荷。因此，机体必须要有足够的强度和刚度。

水冷发动机的气缸体和曲轴箱常铸成一体，可称为气缸体-曲轴箱，也可简称为气缸体。气缸体上半部有一个或若干个为活塞在其中运动导向的圆柱形空腔，称为气缸；下半部为支承曲轴的曲轴箱，其内腔为曲轴运动的空间。作为发动机各个机构和系统的装配基体，气缸体本身应具有足够的刚度和强度。其具体结构形式分为三种，如图 2-9 所示。

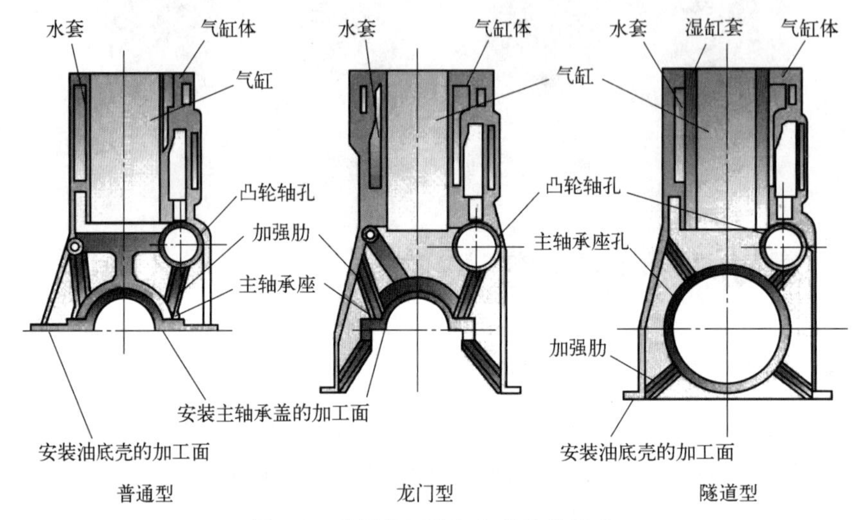

图 2-9 常见的三种气缸体结构形式

挖掘机发动机气缸排列基本上使用单列式（直列式），即发动机的各个气缸排成一列，一般是垂直布置的。单列式多缸发动机气缸体结构简单，加工容易，但长度和高度较大。

气缸体的材料一般是优质灰铸铁，为了提高气缸的耐磨性，有时在铸铁中加入少量合金元素，如镍、钼、铬、磷等；也可采用铝合金材料。缸套可用耐磨性较好的合金铸铁或合金钢制造，以延长气缸使用寿命。采用铝合金气缸体时，由于铝合金耐磨性不好，必须镶缸套。缸套有干式和湿式两种，如图 2-10 所示。干缸套不直接与冷却水接触，壁厚一般为 1～3mm。湿缸套则与冷却水直接接触，壁厚一般为 5～9mm。

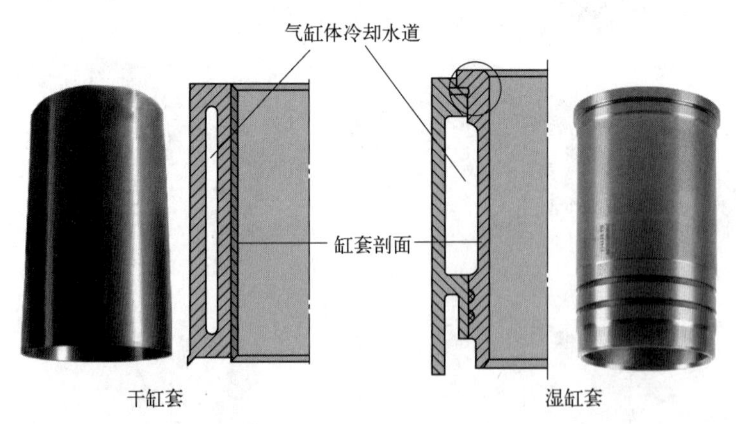

图 2-10 干缸套与湿缸套

气缸盖的主要功用是密封气缸上部，并与活塞顶部和气缸壁一起形成燃烧室。气缸盖内部也有冷却水套，其端面上的冷却水孔与气缸体的冷却水孔相通，以利用循环水来冷却燃烧室等高温部分。

发动机的气缸盖上应有进、排气门座及其导管孔和进、排气通道等。汽油机气缸盖还设有火花塞座孔，而柴油机则设有安装喷油器的座孔。

在多缸发动机的一列中，只覆盖一个气缸的气缸盖，称为单体气缸盖；能覆盖部分（两个及以上）气缸的，称为块状气缸盖；能覆盖全部气缸的气缸盖，则称为整体气缸盖。采用整体气缸盖可以缩短气缸中心距和发动机总长度，其缺点是刚性较差，在受热和受力后容易变形而影响密封，损坏时必须整个更换。这种形式的气缸盖多用于发动机缸径小于105mm的汽油机上。缸径较大的发动机常采用单体气缸盖或块状气缸盖。不同类型的气缸盖如图2-11所示。

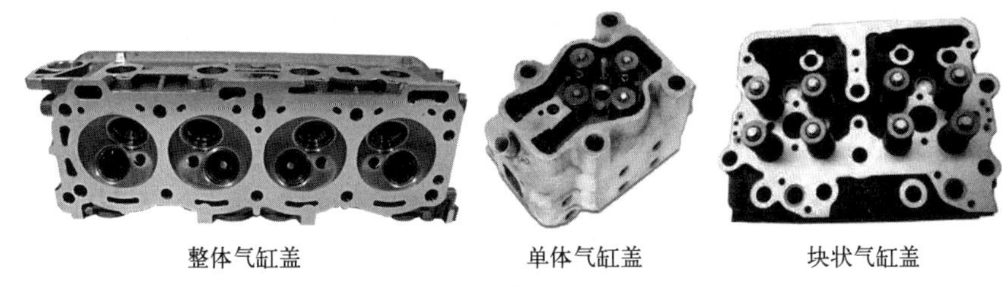

图2-11　气缸盖类型

气缸盖与气缸体之间置有气缸垫，以保证燃烧室的密封。目前应用较多的是金属-石棉衬垫。石棉之间加有金属丝或金属屑，而外覆铜皮或钢皮。水孔和燃烧室孔周围另用镶边增强，以防被高温燃气烧坏。这种衬垫压紧厚度为1.2～2mm，有很好的弹性和耐热性，能重复使用，但厚度和质量的均一性较差。安装气缸垫时，应注意把光滑的一面朝气缸体，否则容易被气体冲坏。气缸盖用螺栓紧固在气缸体上。拧紧螺栓时，必须按由中央对称地向四周扩展的顺序分几次进行。最后一次要用扭力扳手按工序规定的拧紧力矩值拧紧，以免损坏气缸垫和发生漏水现象。

油底壳的主要功用是贮存机油并封闭曲轴箱。油底壳受力很小，一般采用薄钢板冲压而成。其形状取决于发动机的总体布置和机油的容量。在有些发动机上，为了加强油底壳内机油的散热，采用了铝合金制造的油底壳，在壳的底部还铸有相应的散热肋片。

2.2.1.2　活塞连杆组

活塞连杆组由活塞、活塞环、活塞销、连杆等组成，各部件装配位置及外观如图2-12所示。

活塞的作用是与气缸盖、气缸壁等共同组成燃烧室，并承受气缸中的气体压力，通过活塞销将作用力传给连杆，以推动曲轴旋转。

活塞可分为头部、环槽部和裙部三部分，如图2-13所示。

活塞环安装在活塞环槽内，用来密封活塞与气缸壁之间的间隙，防止窜气，同时使活塞往复运动便捷。活塞环分为气环和油环两种，如图2-14所示。

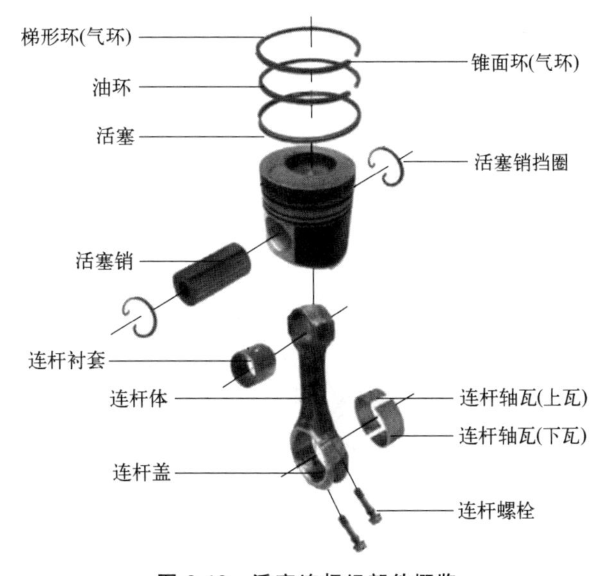

图2-12　活塞连杆组部件概览

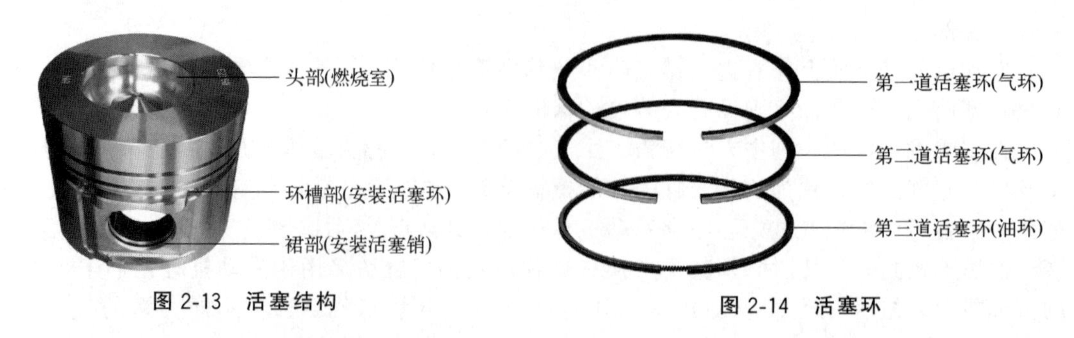

图 2-13　活塞结构

图 2-14　活塞环

活塞销的作用是连接活塞和连杆小头，并将活塞所受的气体作用力传递给连杆。

活塞销通常为空心圆柱体，有时也按等强度要求做成截面管状体结构。

活塞销一般采用低碳钢或低碳合金制造。活塞销与活塞销座孔和连杆小头衬套孔的连接采用全浮式或半浮式。采用全浮式连接，活塞销可以在孔内自由转动；采用半浮式连接，销与连杆小头之间为过盈配合，工作中不发生相对转动，销与活塞销座孔之间为间隙配合。

连杆的作用是将活塞承受的力传给曲轴，并使活塞的往复运动转变为曲轴的旋转运动。

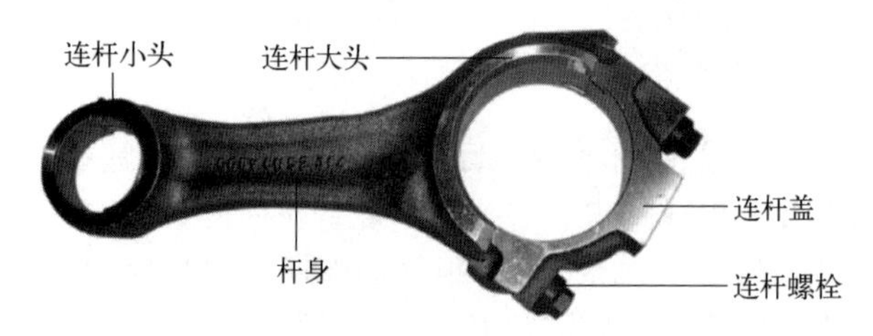

图 2-15　连杆组成

连杆由连杆体、连杆盖、连杆螺栓和连杆轴瓦等零件组成，连杆体与连杆盖分为连杆小头、杆身和连杆大头，如图 2-15 所示。

连杆小头用来安装活塞销，以连接活塞。杆身通常做成“工”或“H”形断面，以便在满足强度和刚度要求的前提下减少质量。

连杆大头与曲轴的连杆轴颈相连。一般做成分开式，与杆身切开的一半称为连杆盖，二者靠连杆螺栓连接为一体。

连杆轴瓦安装在连杆大头座孔中，与曲轴上的连杆轴颈装合在一起，是发动机中最重要的配合副之一。

2.2.1.3　曲轴飞轮组

曲轴飞轮组主要由曲轴、飞轮和一些附件组成，如图 2-16 所示。

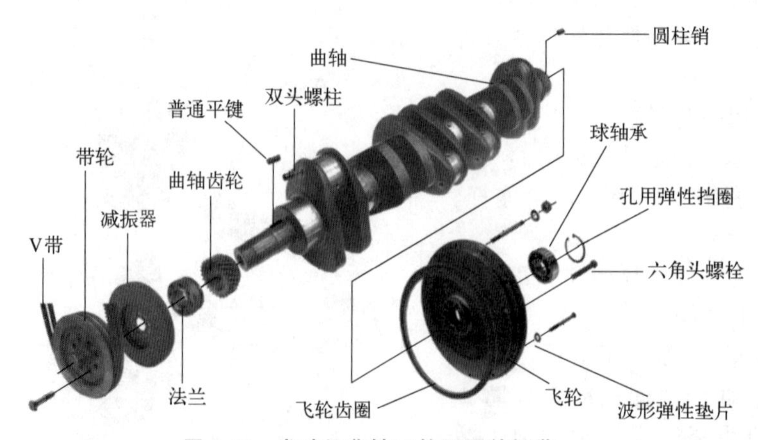

图 2-16　发动机曲轴飞轮组配件概览

曲轴是发动机最重要的机件之一。其作用是将活塞连杆组传来的气体作用力转变成曲轴的旋转力矩对外输出，并驱动发动机的配气机构及其他辅助装置工作。曲轴结构如图 2-17 所示。

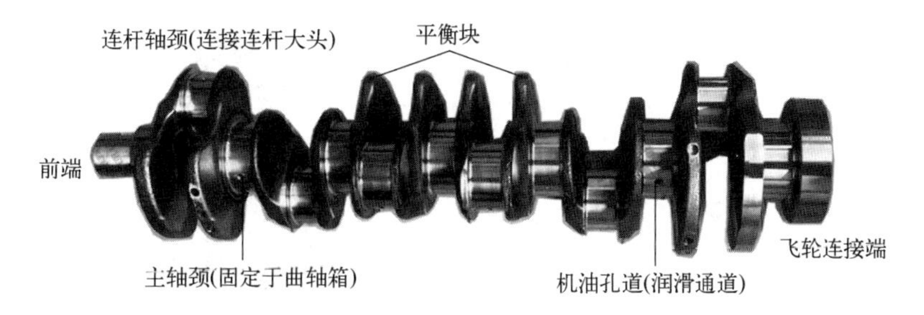

图 2-17　曲轴结构

曲轴前端主要用来驱动配气机构、水泵和风扇等附属机构，前端轴上安装有正时齿轮（或同步带轮）、风扇与水泵的带轮、扭转减振器以及启动爪等。曲轴后端采用凸缘结构，用来安装飞轮。曲轴的轴向定位一般采用止推板或翻边轴瓦，定位装置装在前端第一道主轴承处或中部某轴承处。

连杆装在曲轴的连杆轴颈上，曲轴通过主轴颈固定在曲轴箱上，而连杆轴颈与主轴颈中心保持一定的距离。由于上述两个轴颈不同心，当曲轴旋转时，活塞和连杆的惯性质量使曲轴失去平衡，产生很大的不平衡力（离心力），这种不平衡力作用在主轴颈上，会加大负荷。为了消除这种不平衡，需要在曲轴上安装平衡块，其质量大小、形状和安装位置需进行合理设计，以克服曲轴旋转中产生的离心力，减轻主轴颈负荷。此外，曲轴通过机油进行冷却和润滑，因此在轴体上设计有润滑通道即机油孔道。

飞轮是一个转动惯量很大的圆盘，外缘上压有一个齿圈，与起动机的驱动齿轮啮合，供启动发动机时使用。飞轮安装位置及外部结构如图 2-18 所示。

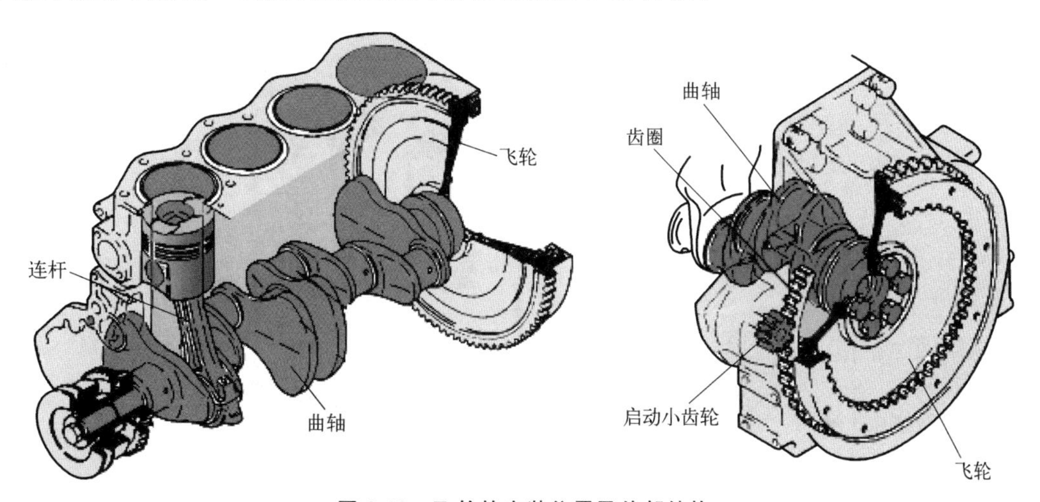

图 2-18　飞轮的安装位置及外部结构

2.2.2　配气机构

配气机构包括气门组与气门传动组。

2.2.2.1　气门组

气门组主要由气门、气门导管、气门油封、气门弹簧、气门弹簧座和气门锁夹等组成，如图 2-19 所示。

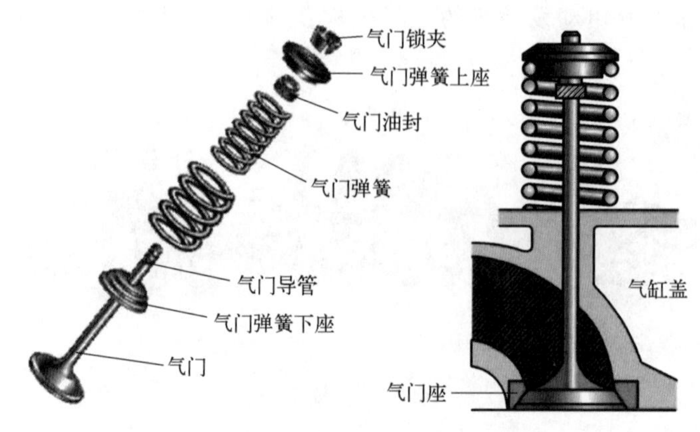

图 2-19 气门组组成

气门用于密封燃烧室，控制发动机内燃料的输入与废气的排出，分为进气门与排气门。

气门导管是发动机气门的导向装置，安装在气缸盖上面。

气门油封用于发动机气门导管的密封，防止机油进入进排气管，造成机油的流失。

气门弹簧保证气门及时落座并紧密贴合，防止气门在发动机振动时发生跳动，破坏其密封性。

气门弹簧座有上座与下座之分，主要作用是将气门弹簧的张力施加给气门机构，保证气门和气门座气密性良好。

气门锁夹的作用是，为了使气门在气门弹簧的作用下回位，就需要气门锁夹卡住气门。

2.2.2.2 气门传动组

气门传动组主要由凸轮轴、气门挺柱、气门顶杯、气门摇臂、摇臂轴、凸轮轴正时齿轮、气门推杆等组成，如图 2-20 所示。

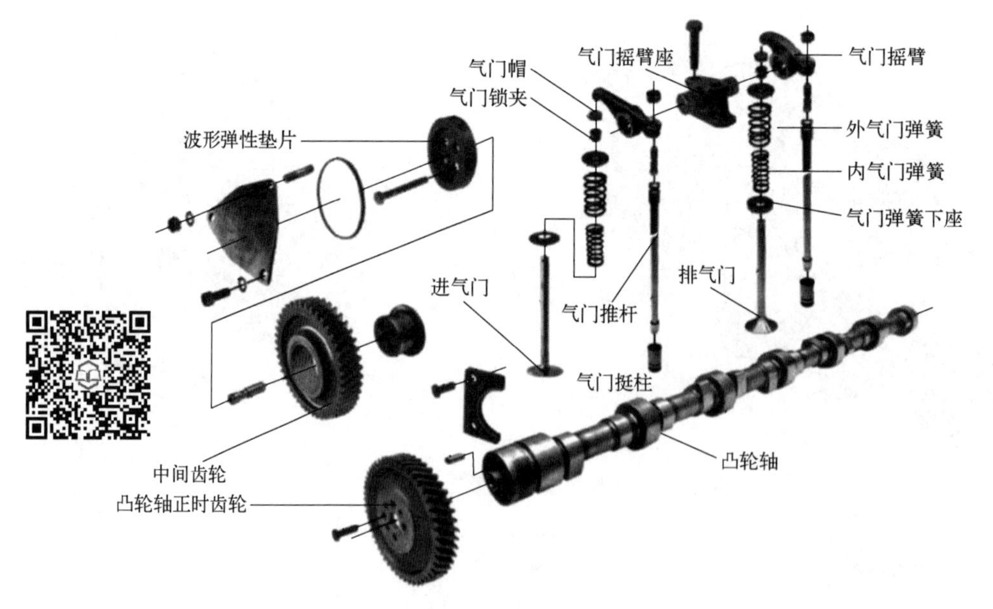

图 2-20 气门传动组

凸轮轴上有凸轮，控制气门的开启和闭合动作。

气门挺柱解决了因有气门间隙而产生的冲击及噪声问题，由机油油压控制。

气门顶杯安装在气门顶端，同样可以调整气门间隙（油压控制），也有减少气门磨损的作用。

气门摇臂传递来自凸轮轴的力，控制气门的开合。

摇臂轴安装气门摇臂，摇臂围绕其转动。

凸轮轴正时齿轮将来自曲轴齿轮的作用力通过中间齿轮传递给凸轮轴，控制气门的正常开合。曲轴与凸轮轴的传动关系如图 2-21 所示。

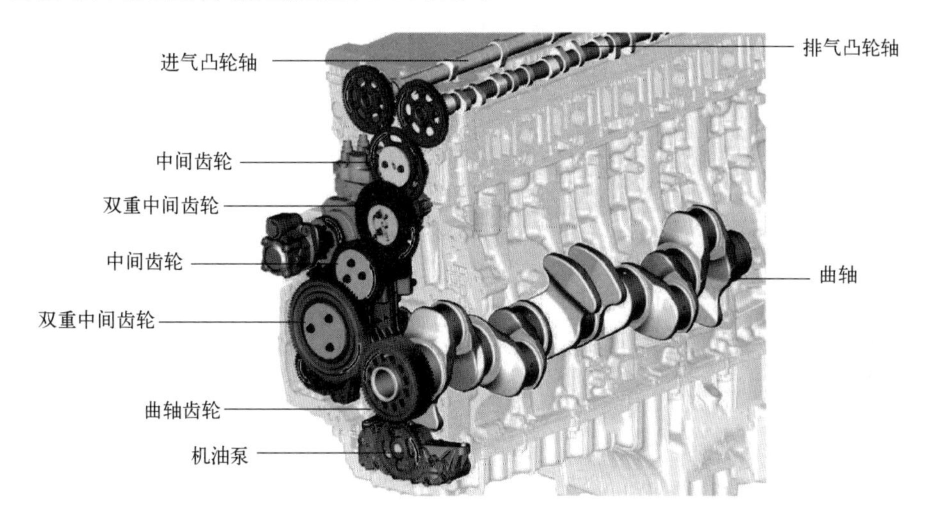

图 2-21　凸轮轴与曲轴正时传动连接

气门推杆将来自凸轮轴的力传递给摇臂（用于凸轮轴中置与凸轮轴下置），以凸轮轴中置为例，传动形式如图 2-22 所示。

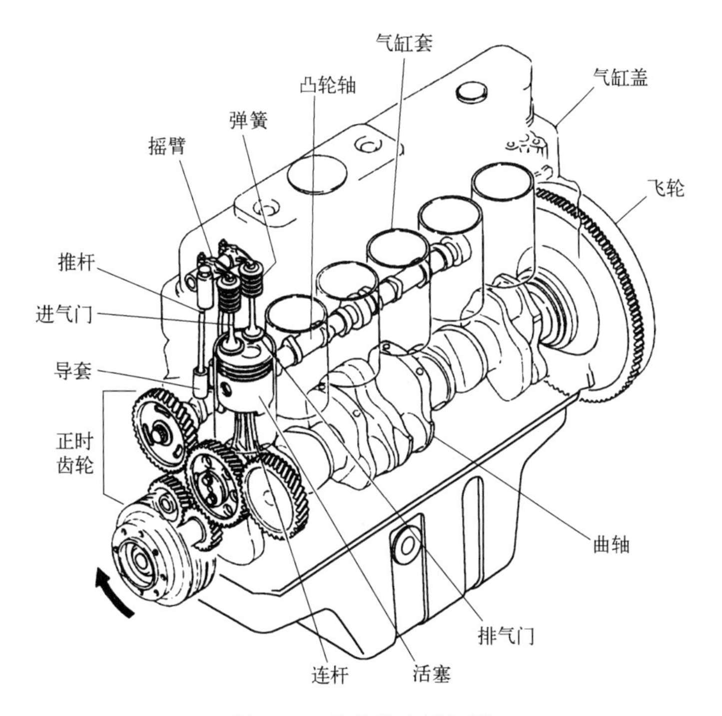

图 2-22　凸轮轴中置机型

第 3 节　发动机附加系统

2.3.1　进排气系统

2.3.1.1　进气系统

柴油机进气系统主要包括空气滤清器总成、涡轮增压器、中冷器、灰尘指示器和进气门等，见图 2-23。

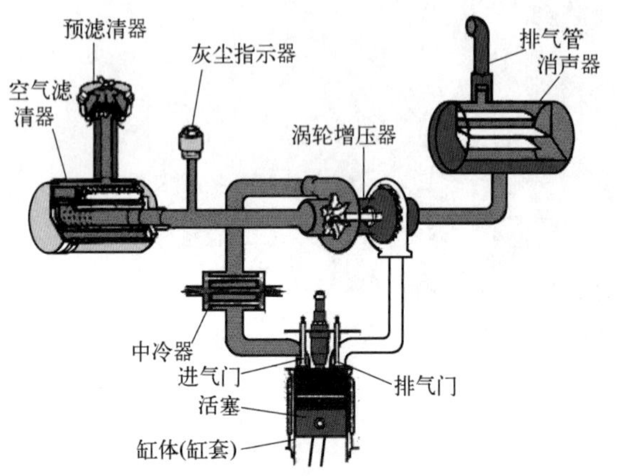

图 2-23　柴油机进气系统组成部件

空气滤清器过滤空气中的杂质，保证进入发动机参与燃烧的空气干净。它通过滤纸的方式将送入发动机的空气过滤净化，滤纸被叠成褶状以扩大空气的流通面积，工程机械多用双层滤芯。当发动机停机负压消失后，真空继动阀自动打开，将集尘箱中积存的灰尘颗粒自动排出。当空气滤清器被堵塞时，灰尘指示器内的红色柱塞则被弹出，以提醒驾驶员清理或更换空气滤芯。部件结构如图 2-24 所示。

涡轮增压器提高进气压力，保证进气量。涡轮增压器结构如图 2-25 所示。

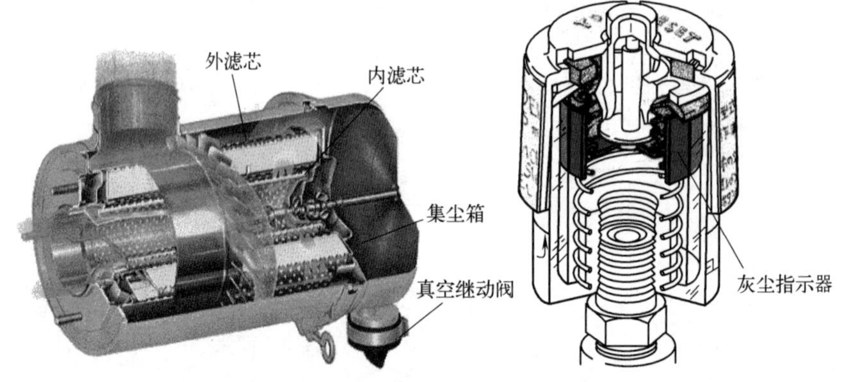

图 2-24　空气滤清器与灰尘指示器

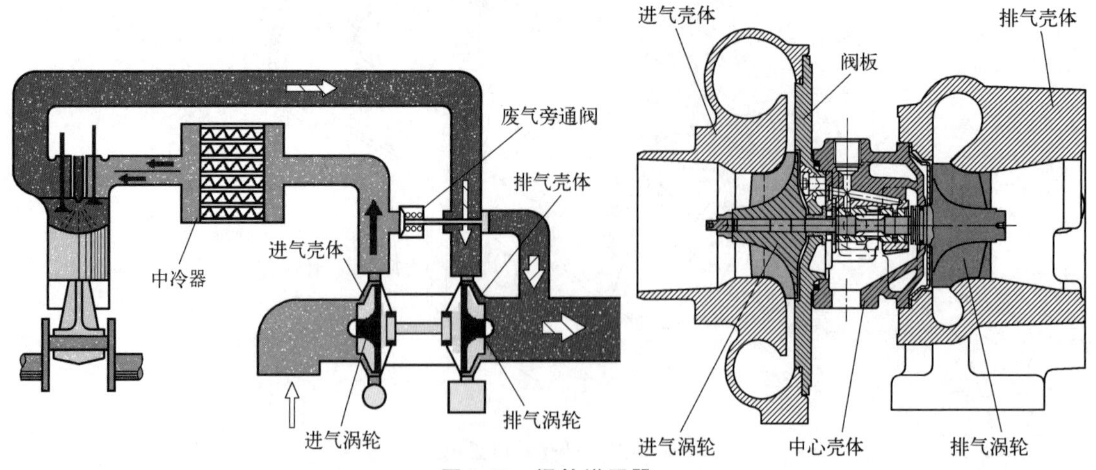

图 2-25　涡轮增压器

中冷器降低进气的温度，保证更多的进气量。进气管连接进气传输管道。通过涡轮增压器在高速区域的过运转，防止超压，并通过排气口使部分废气旁通排至排气管。

2.3.1.2　排气系统

排气系统包括排气歧管、涡轮增压器、消声器和排气管。

排气歧管与发动机气缸体相连，将各缸排出的废气汇合导入排气管。废气如果由排气歧管直接排放到大气中会产生较大的噪声，使用消声器可以减小这种噪声。不同类型的消声器如图 2-26 所示。

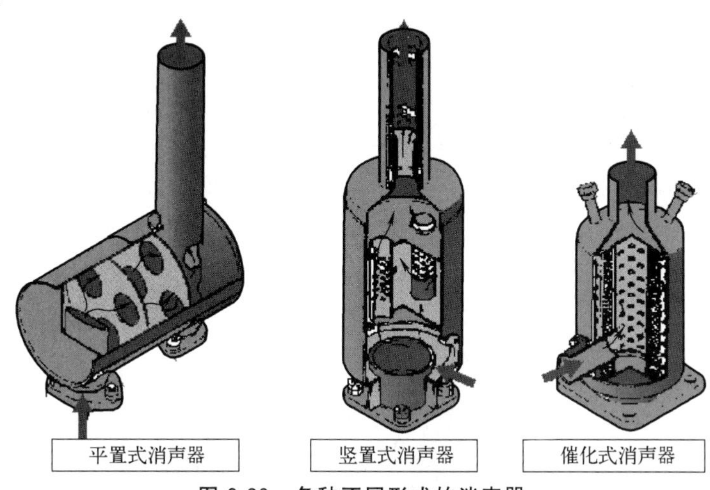

图 2-26　各种不同形式的消声器

2.3.1.3　废气再循环（EGR）系统

EGR 是英文 Exhaust Gas Recirculation 三个单词的缩写，意思是废气再循环。它是针对发动机排气中有害气体之一的氮氧化合物 NO_x 所设置的排气净化装置。

EGR 系统采用外部循环形式。把废气排出后再把部分循环回燃烧室内，用于给燃烧室降温，阻断化学反应 $O+N_2 = NO+N$ 的产生。这个化学反应发生在 1700℃的高温（焰心温度）下，阻断这个反应就能同时阻断后续的两个低温化学反应（$N+O_2 = NO+O$，30℃；$N+OH = NO+H$，30℃），从而最终将 NO（一氧化氮）排放物大幅度降低。EGR 系统结构和原理如图 2-27 所示。

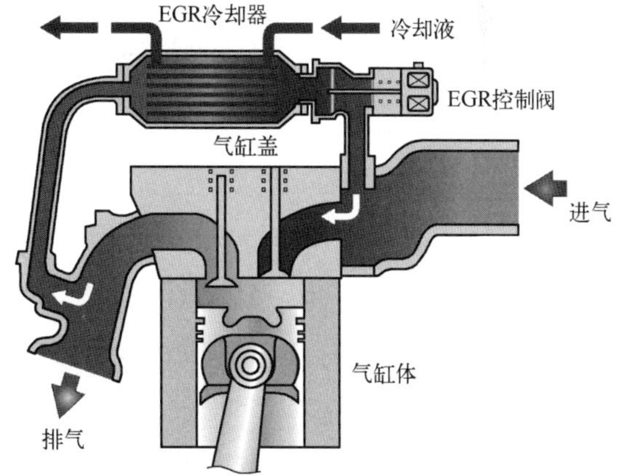

图 2-27　废气再循环系统

2.3.2　燃油系统

2.3.2.1　燃油喷射系统

燃油喷射系统由燃油箱、滤网、输油泵、水分离器、燃油滤芯、喷油泵、喷油嘴等组成。燃油喷射系统结构与燃油回路如图 2-28 所示。

燃油箱用来储存燃油。燃油泵连续不断地把燃油从燃油箱吸出，给燃油喷射系统提供规定压力和流量的燃油。燃油滤清器过滤燃油中的杂质。

喷油泵的作用是形成高压燃油，在压缩冲程的适当时间内喷射。

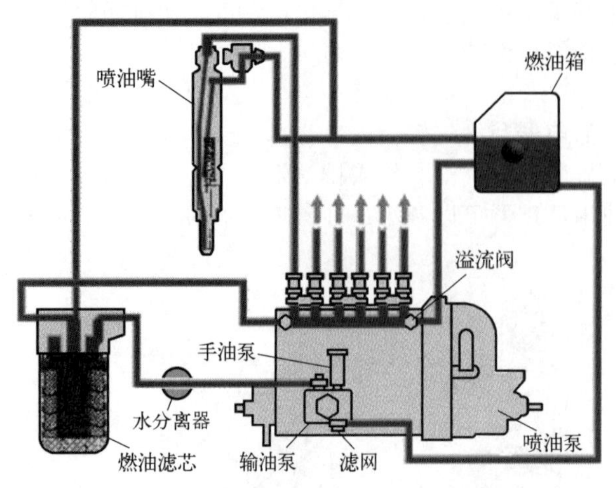

图 2-28　燃油喷射系统组成

柱塞式喷油泵通过调节齿轮调整柱塞斜槽开口的方向，调整柱塞供油的有效行程，从而改变喷油量。喷油泵柱塞与其各自的喷油嘴及气缸相对应。柱塞式喷油泵结构与原理如图 2-29 所示。

燃油油轨通过安装喷油器将高压燃油输送给各个喷油嘴。

喷油器将燃油雾化后喷入各个气缸。喷油嘴针阀靠喷油嘴弹簧压住，关闭燃油出口；当喷油压力达到燃油喷射压力时，针阀被顶起，燃油呈雾状喷出。转动调压螺钉则改变弹簧压力，即调整燃油喷射压力。喷油器结构与原理如图 2-30 所示。

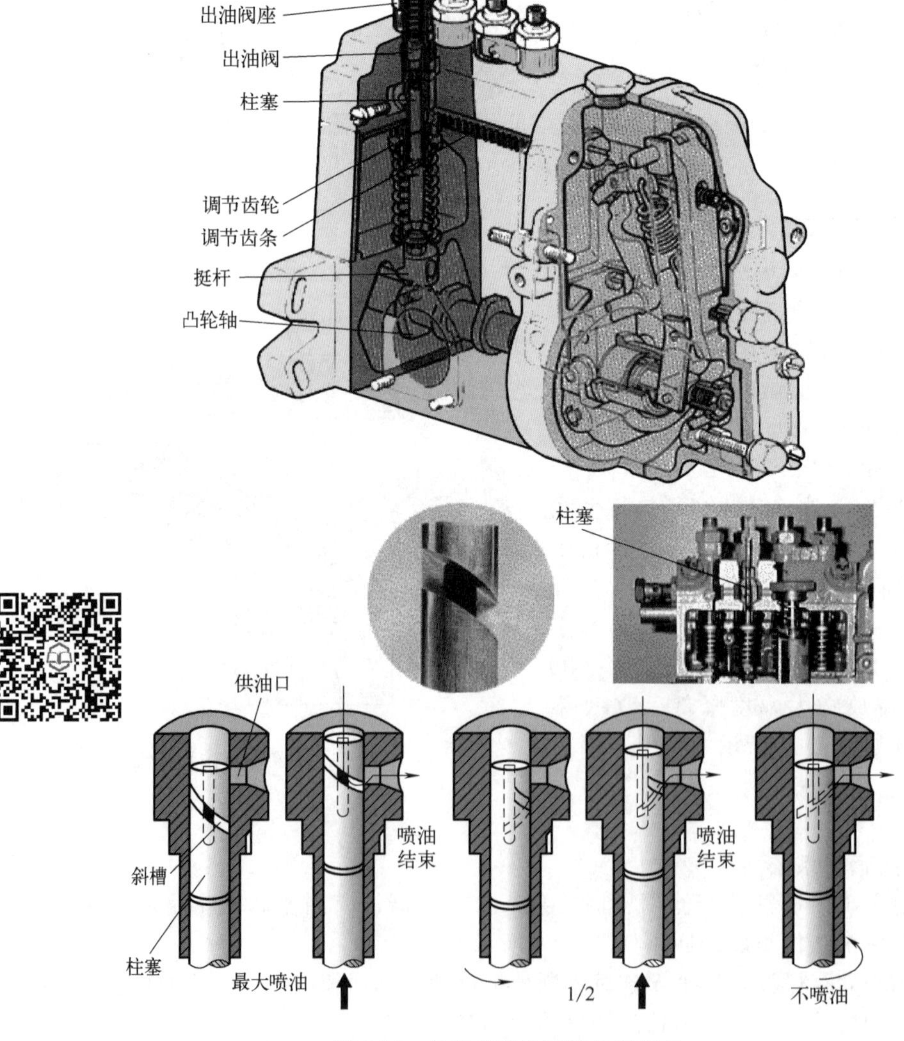

图 2-29　柱塞式喷油泵结构与原理

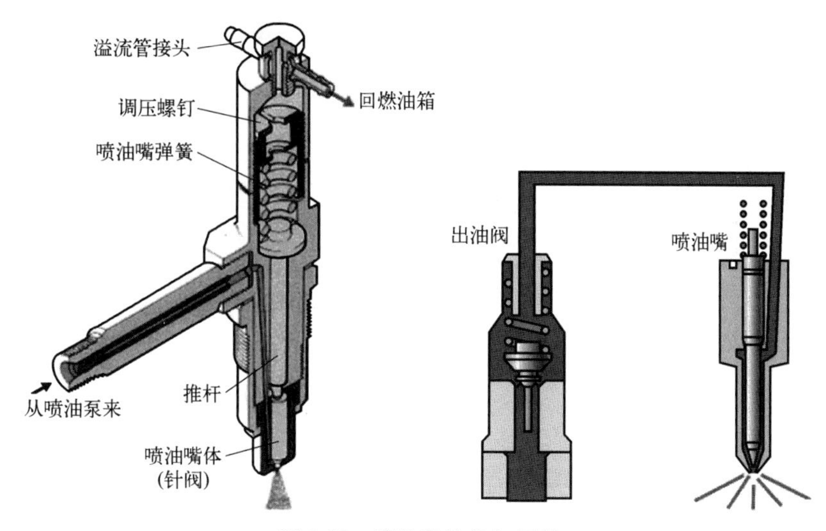

图 2-30　喷油器结构与原理

油压调节器通过真空控制，调节燃油压力。

2.3.2.2　燃油喷射控制系统

现在的柴油机普遍使用电子控制式燃油喷射系统（简称“电喷”）。该系统通过电子控制模块（发动机电脑）接收来自各个部件的传感器采集的压力、转速与温度信号，根据内部预先存储的控制参数输出控制指令，控制燃油泵与喷油器的喷油量。以卡特 C6.4 柴油机为例，系统组成如图 2-31 所示。

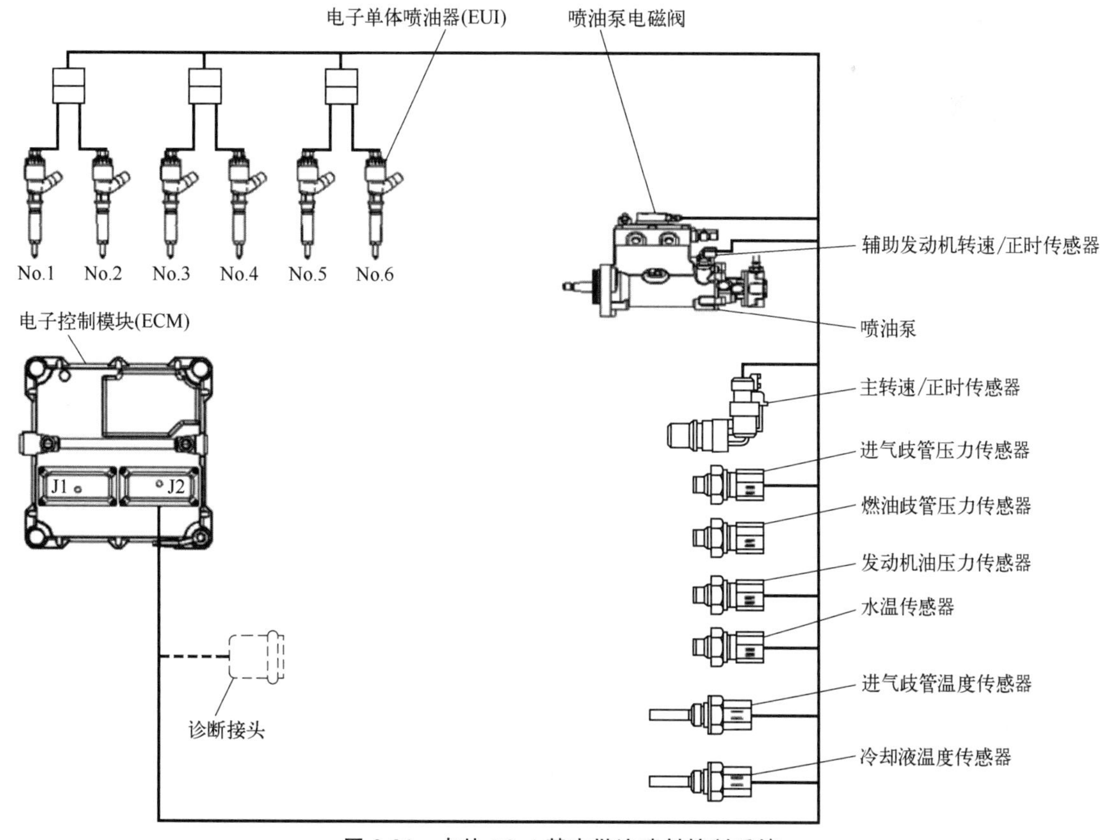

图 2-31　卡特 C6.4 基本燃油喷射控制系统

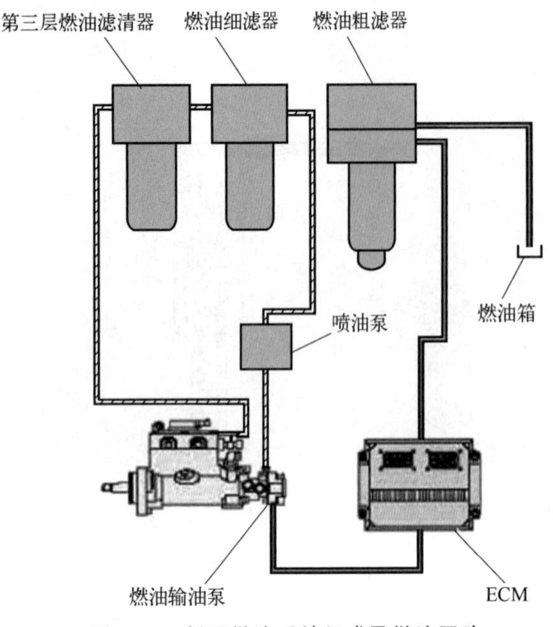

图 2-32 低压燃油系统组成及燃油回路

低压燃油回路以恒定的速率为喷油泵提供经过过滤的燃油。低压燃油回路可以冷却 ECM。低压燃油回路在压力值 500kPa 下提供燃油。低压燃油系统组成及燃油回路如图 2-32 所示。

喷油泵向高压燃油歧管输送燃油。燃油压力范围为 70～130MPa。高压燃油歧管中的压力传感器将监控高压燃油歧管中的燃油压力。ECM 将控制喷油泵中的电磁阀以使高压燃油歧管中的实际压力保持在所需的水平。高压燃油将在每个喷油器连续提供。ECM 将确定激活相应电子单体喷油器的正确时间，以使燃油喷射到油缸中。从每个喷油器泄漏的燃油流入缸盖内的孔中。缸盖后部连接了一条管道以使泄漏的燃油流回输油泵的压力端。高压燃油系统组成如图 2-33 所示。

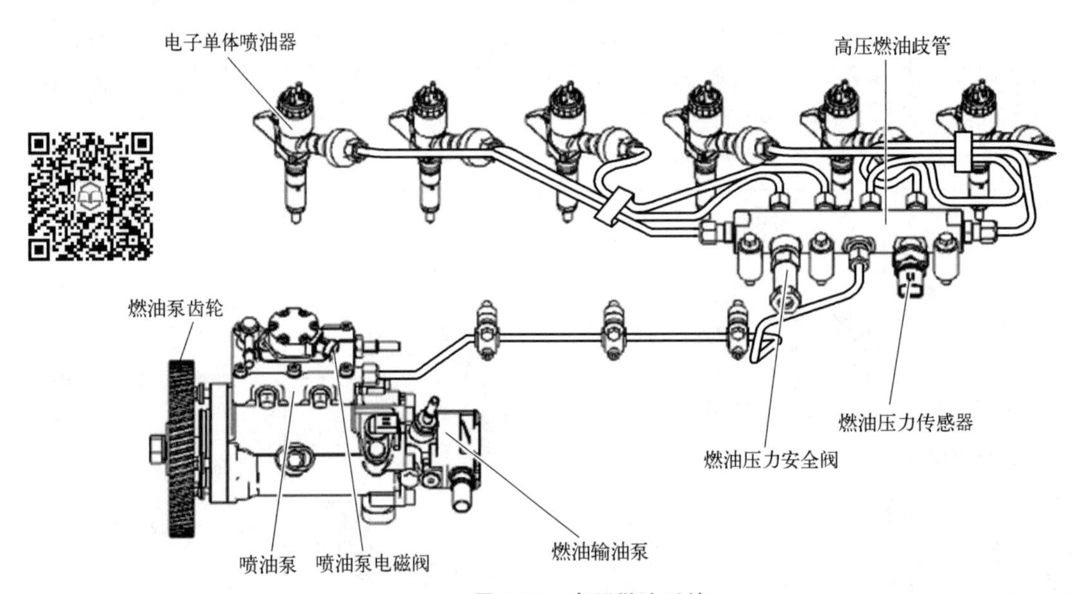

图 2-33 高压燃油系统

2.3.3 冷却系统

2.3.3.1 概述

冷却系统包括水泵、散热器、水室、冷却水管、油冷却器、节温器、冷却液温度传感器、冷却风扇、液位传感器、冷却液温度报警灯与冷却液温度表等，如图 2-34 所示。

为了保证气缸能在高温下正常工作，必须对气缸体和气缸盖随时加以冷却。冷却方式有两种：一种用水来冷却（水冷）；另一种用空气来冷却（风冷）。挖掘机发动机上采用较多的是水冷。发动机用水冷却时，气缸体周围和气缸盖中均有用以充水的空腔，称为水套。气缸体和气缸盖上的水套是相互连通的。

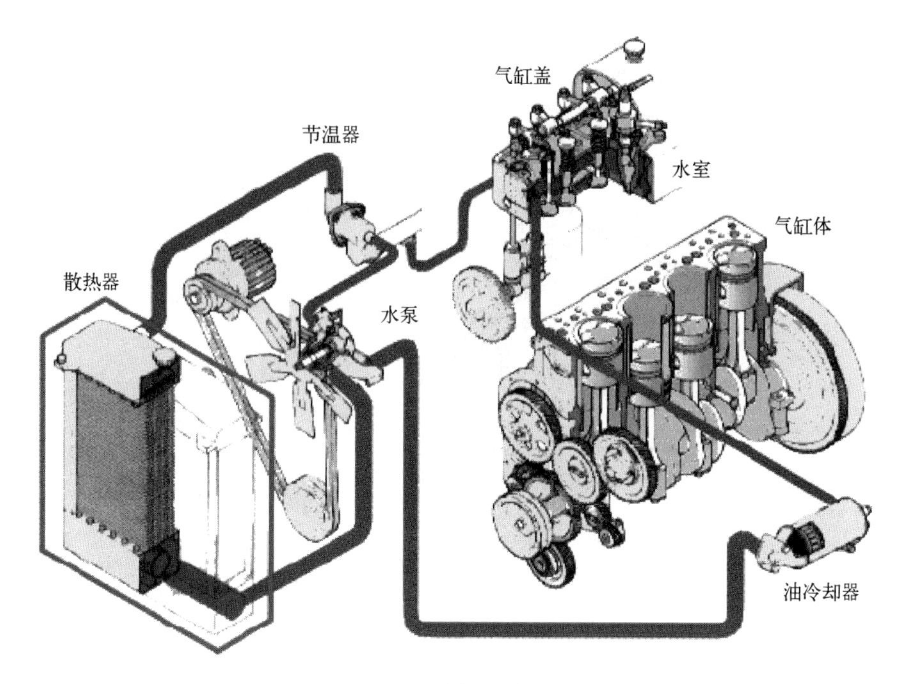

图 2-34　冷却系统部件

2.3.3.2　散热器与水泵

散热器安装在发动机前面，上下水室通过许多细小的水管连接在一起；来自发动机的冷却水进入上水室，通过水管流到下水室；利用风扇向散热器送风。

散热器顶部安装有减压阀，防止内部压力过高或成为负压，并提高冷却水的沸点。

水泵安装在气缸体前面，靠内部叶轮的旋转将水从泵中排出；水泵壳体上设有呼吸孔，以保证水封的正常密封和水泵轴承的正常润滑。散热器与水泵的结构如图 2-35 所示。

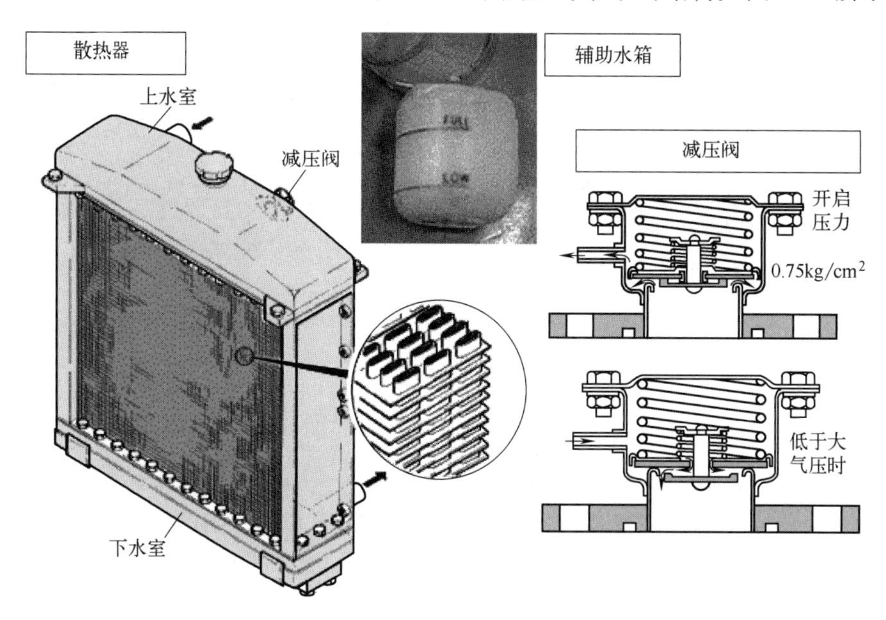

图 2-35

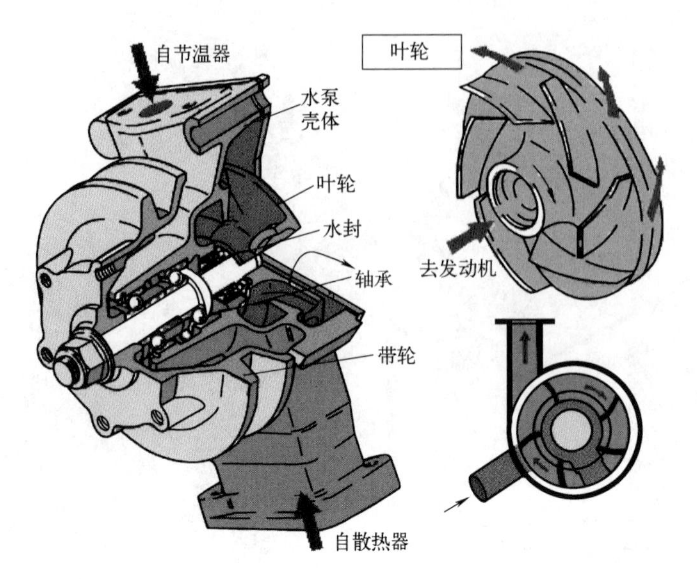

图 2-35 散热器与水泵结构

2.3.3.3 节温器

节温器内部有热敏元件（热胀冷缩的石蜡），可根据温度的不同上下移动，如图 2-36 所示。常温下石蜡呈固态，主阀门全关，封闭了通往散热器的水路；副阀门全开，来自发动机缸盖出水口的冷却水，经水泵又流回气缸体水套中，进行小循环。

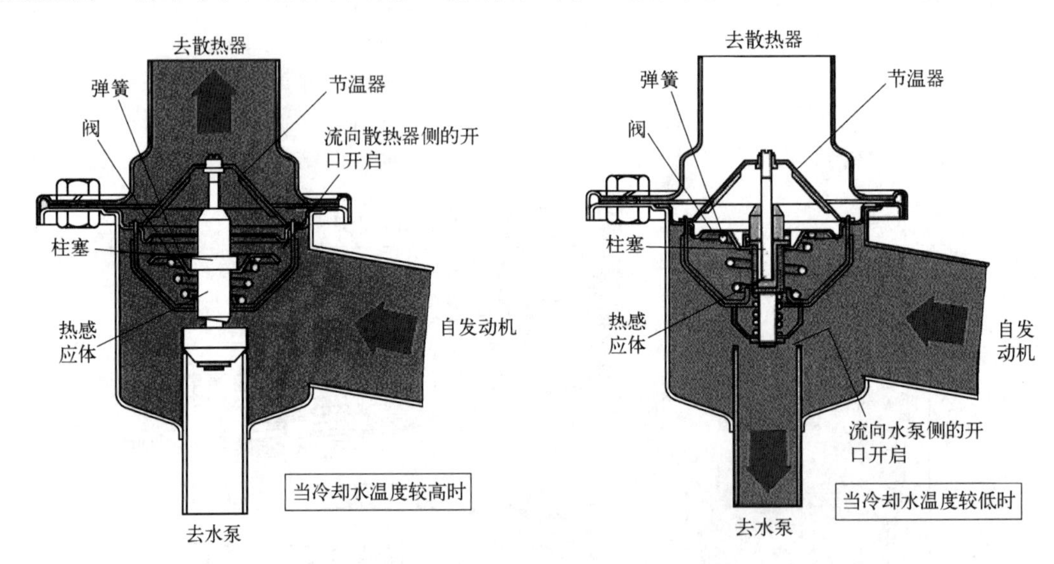

图 2-36 节温器工作示意图

当发动机水温升高时，石蜡逐渐变成液态，体积随之增大，迫使橡胶管收缩，对中心杆产生向上的推力。在中心杆的反推力作用下，主阀门逐渐开启，副阀门逐渐关闭；当发动机水温达到 80℃以上时，主阀门全开，副阀门全关，来自气缸盖出水口的冷却水流向散热器，进行大循环。

当发动机的冷却水温度在 70～80℃范围内时，主阀门和副阀门均处于半开闭状态，此时一部分水进行大循环，而另一部分水进行小循环。

冷却液温度传感器用来监测当前冷却液的温度，以判断当前发动机散热是否正常。

冷却风扇对冷却液进行降温。

2.3.4　润滑系统

2.3.4.1　概述

润滑系统包括油底壳、机油泵、油冷却器、机油滤清器等，如图 2-37 所示。它的主要功用是：润滑发动机各运动部件，防止其磨损，延长使用寿命；冷却高温部件防止其烧结；清洁因高温运转而在发动机内部形成的油污附着物；防止轴承和其它金属表面生锈；密封运动副表面间隙。

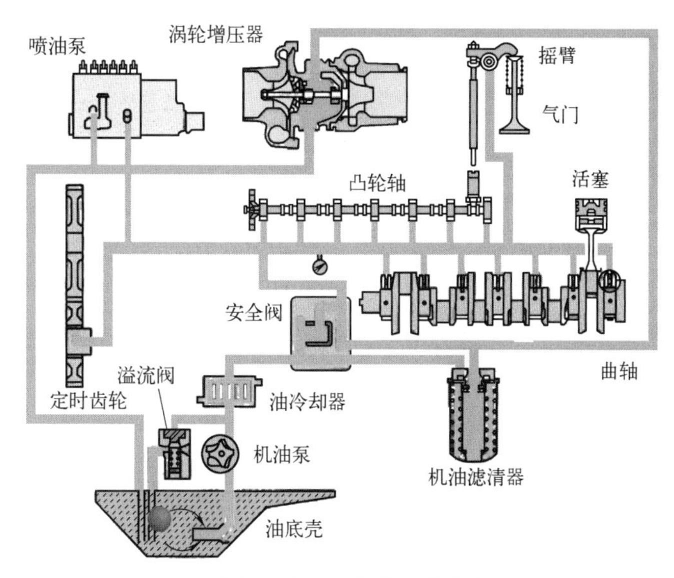

图 2-37　发动机润滑系统组成

2.3.4.2　机油泵与阀门

机油泵位于曲轴箱内，便于从油底壳抽吸机油，然后送入发动机润滑通道。机油泵的功能是将机油提高压力后送到各润滑机件的摩擦表面上，保证机油在润滑系统内不断地循环。机油泵是容积式泵，泵每转一圈都会泵出一定量的机油。随着转速的增加，机油压力和油量也会增加。柴油机常用的机油泵有外齿轮式和偏心齿轮式两种。

标准的外齿轮式机油泵的外观结构和工作原理如图 2-38 所示。在这种情况下，当各齿

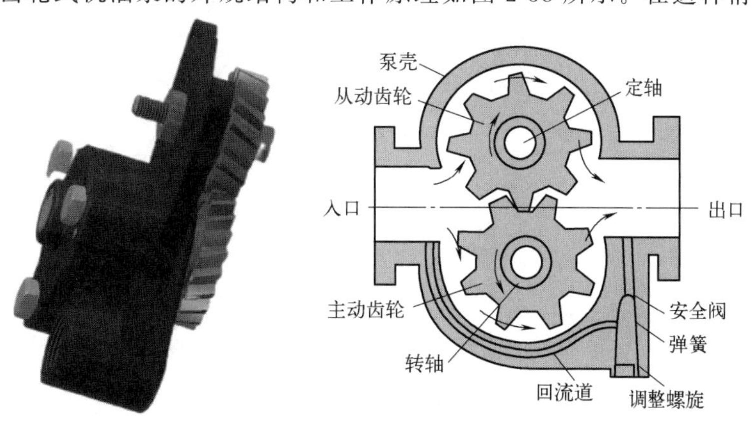

图 2-38　外齿轮式机油泵

从齿轮上的凹槽处分开时，由于产生真空，机油被吸入泵的左侧。然后，随着齿轮继续转动，机油被送到泵的另一侧。当泵右侧的齿轮啮合时，机油从齿轮的凹槽中压出而产生油压。

偏心齿轮式机油泵的工作原理与外齿轮式机油泵相似（偏心的意思是两齿轮中心不相同）。图 2-39 中有两个齿轮，两齿轮的中心在不同的位置。当内侧的主动齿轮被曲轴转动时，在底部的齿之间产生吸力，机油从下吸入口吸入泵内，在顶部的齿之间产生压力。机油被挤出并被加压而形成压力。机油被带到上端排出口排入润滑通道。偏心齿轮式机油泵由滤网、集油管、O 形密封圈（O 形环）、壳体、主动齿轮、从动齿轮、气缸体油道等组成。

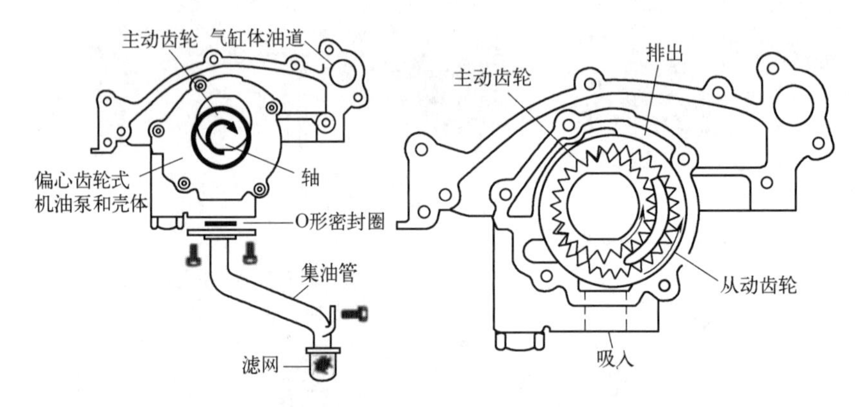

图 2-39　偏心齿轮式机油泵

如图 2-40 所示是另一种叫做转子式机油泵的容积式机油泵。转子式机油泵由于采用内啮合数很少的转子，其结构紧凑、外形小、供油均匀、噪声小，故得到了广泛应用。转子式机油泵由泵体、内转子、外转子、泵轴、前盖、驱动齿轮等构成。内转子的齿数比外转子少一个，内转子与泵体偏心安装。一根与曲轴相连的轴驱动内转子，内转子驱动外转子。当内转子转动，其齿脱离与外转子的啮合时，就以类似于偏心齿轮式机油泵的方式产生了吸力和真空。

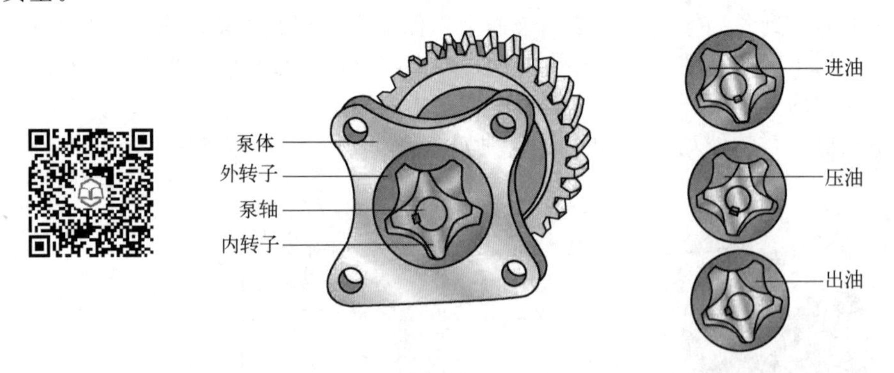

图 2-40　转子式机油泵

机油泵泵送的机油必须保持适当的油压，油压过低则不能输送到各润滑部位，油压过高则增加油耗；溢流阀用来保持系统油压，溢流阀通常的设定值为 3～6kg/cm^2。为防止机油滤清器堵塞时油路不通，专门设计有安全阀。溢流阀与安全阀的位置如图 2-41 所示。

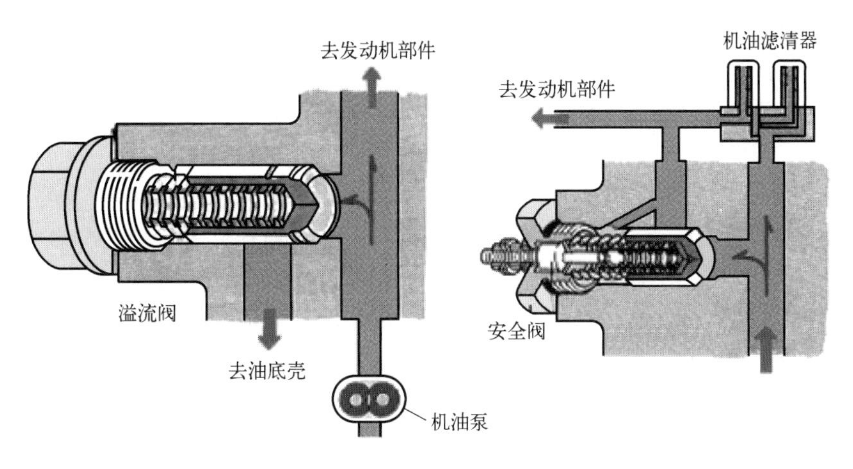

图 2-41　溢流阀与安全阀

2.3.4.3　机油滤清器

机油滤清器用于清除油中的炭沉淀物、金属粉末、污垢，防止被污染的油再次流进润滑部位。滤纸被叠成褶状，以扩大油通过的面积。机油滤芯需要定期更换。旁通滤清器使机油得到充分过滤，降低机油污染程度。机油滤清器结构与原理如图 2-42 所示。

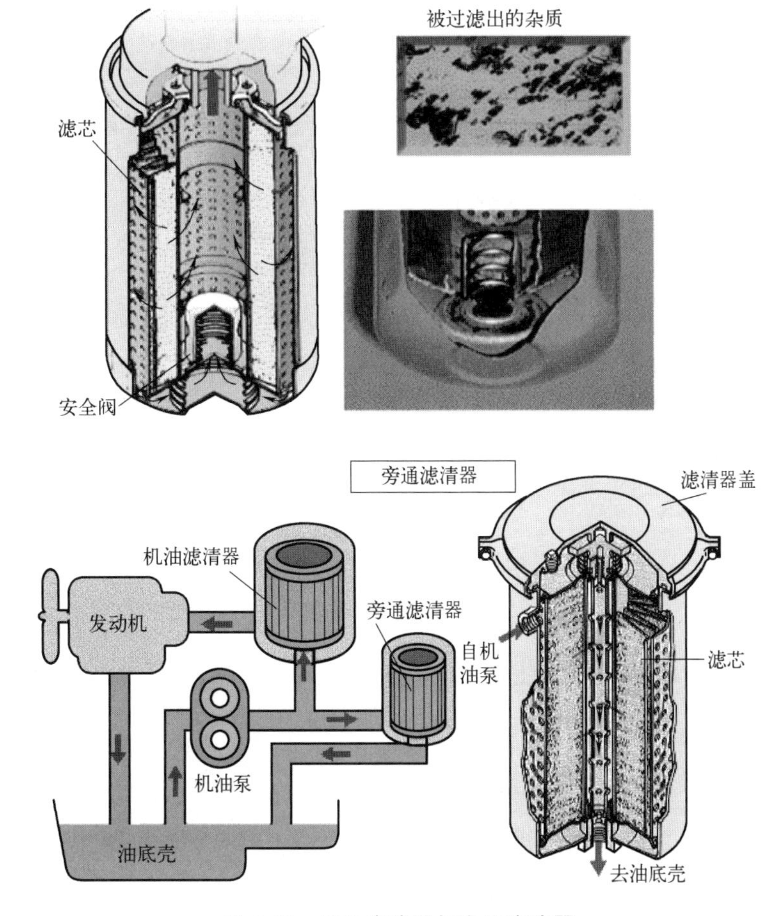

图 2-42　机油滤清器与旁通滤清器

2.3.4.4 油冷却器与活塞冷却喷嘴

油冷却器用于降低油温，防止机油高温裂化；活塞冷却喷嘴用于喷出机油冷却活塞，防止活塞烧结。这两个部件的结构与安装位置如图2-43所示。

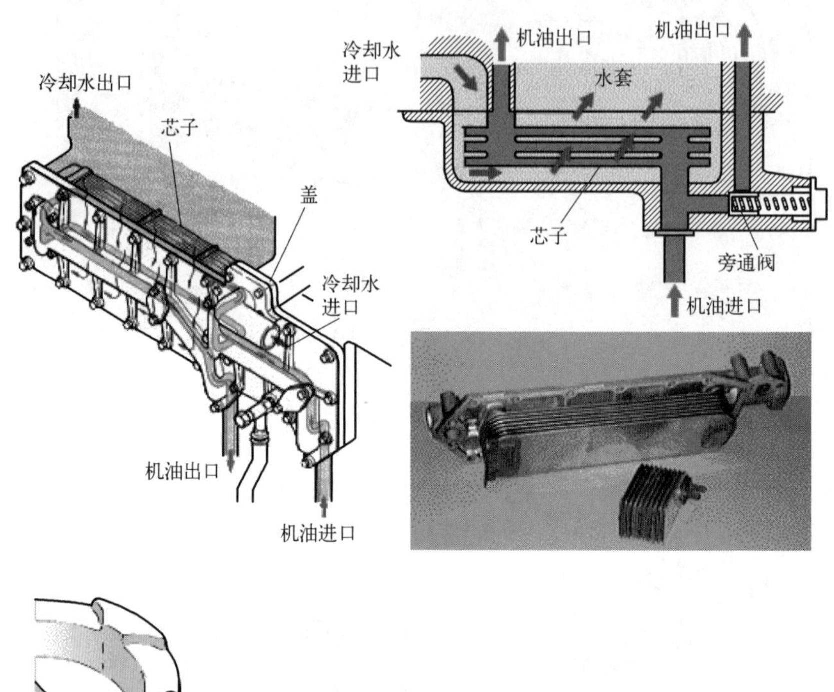

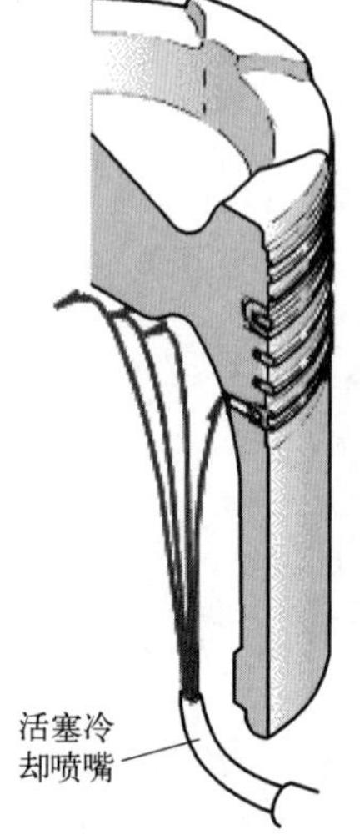

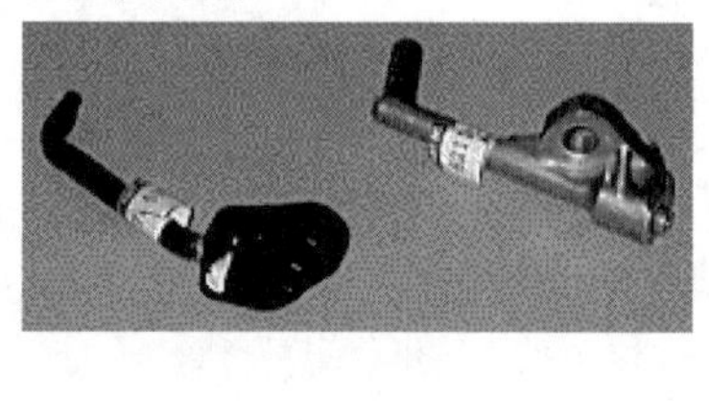

图2-43 油冷却器与活塞冷却喷嘴

第4节 发动机机械维修

2.4.1 紧固件拧紧次序与规定扭矩

本小节示例机型为沃尔沃挖掘机所搭载的D13F、D16F柴油发动机。

2.4.1.1 气门盖

如图2-44所示，按A、B、1、2、3、4的顺序拧紧螺栓，紧固力矩为：(24±4) N·m。

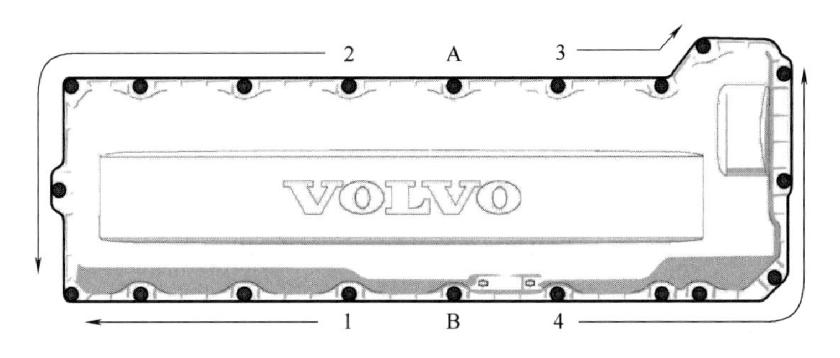

图 2-44 气门盖螺栓拧紧顺序

2.4.1.2 气门机构

如图 2-45 所示，按以下步骤拧紧气门机构。

① 锁紧进气阀螺母，紧固力矩：(38±4) N·m。

② 锁紧整体式喷油器螺母，紧固力矩：(52±4) N·m。

③ 锁紧浮动气门横梁（排气）螺母，紧固力矩：(38±4) N·m。

2.4.1.3 凸轮轴和摇臂轴

位于适当位置的凸轮轴和轴承盖：如图 2-46 所示，按 4、3、5、2、6、1、7 的顺序拧紧螺栓 1～7，紧固力矩 (40±3) N·m；注意轴承盖螺栓必须仅拧紧四次。每次拧紧螺栓后在螺栓头上做好冲压标记。

图 2-45 气门机构螺母锁紧步骤

位于适当位置的摇臂轴按以下步骤进行紧固：

步骤 1：按 17、16、18、15、19、14、20 的顺序逐步拧紧螺栓 14～20，直到将摇臂轴拧紧到与凸轮轴轴承盖接触的程度；

步骤 2：按 17、16、18、15、19、14、20 的顺序拧紧螺栓 14～20，紧固力矩 (60±5) N·m；

步骤 3：按 4、3、5、2、6、1、7 的顺序拧紧螺栓 1～7，紧固角度 90°±5°；注意如果凸轮轴轴承盖未拆下，则跳过此步骤；

步骤 4：按 11、10、12、9、13、8 的顺序拧紧螺栓 8～13，紧固力矩 (40±3) N·m；

步骤 5：按 11、10、12、9、13、8 的顺序拧紧螺栓 8～13，紧固角度 120°±5°；

步骤 6：拧松螺栓 14～19；

步骤 7：按 17、16、18、15、19、14 的顺序拧紧螺栓 14～19，紧固力矩 (40±3) N·m；

步骤 8：按 17、16、18、15、19、14、20 的顺序拧紧螺栓 14～20，紧固角度 120°±5°。

2.4.1.4 气缸盖

如图 2-47 所示，按以下步骤拧紧气缸盖螺栓。注意气缸盖螺栓必须仅拧紧四次。每次拧紧螺栓后在螺栓头上做好冲压标记。

步骤 1：按照图上的数字顺序拧紧螺栓，紧固力矩 (100±5) N·m；

步骤 2：按照图上的数字顺序，以一定角度拧紧螺栓，紧固角度 120°±5°；

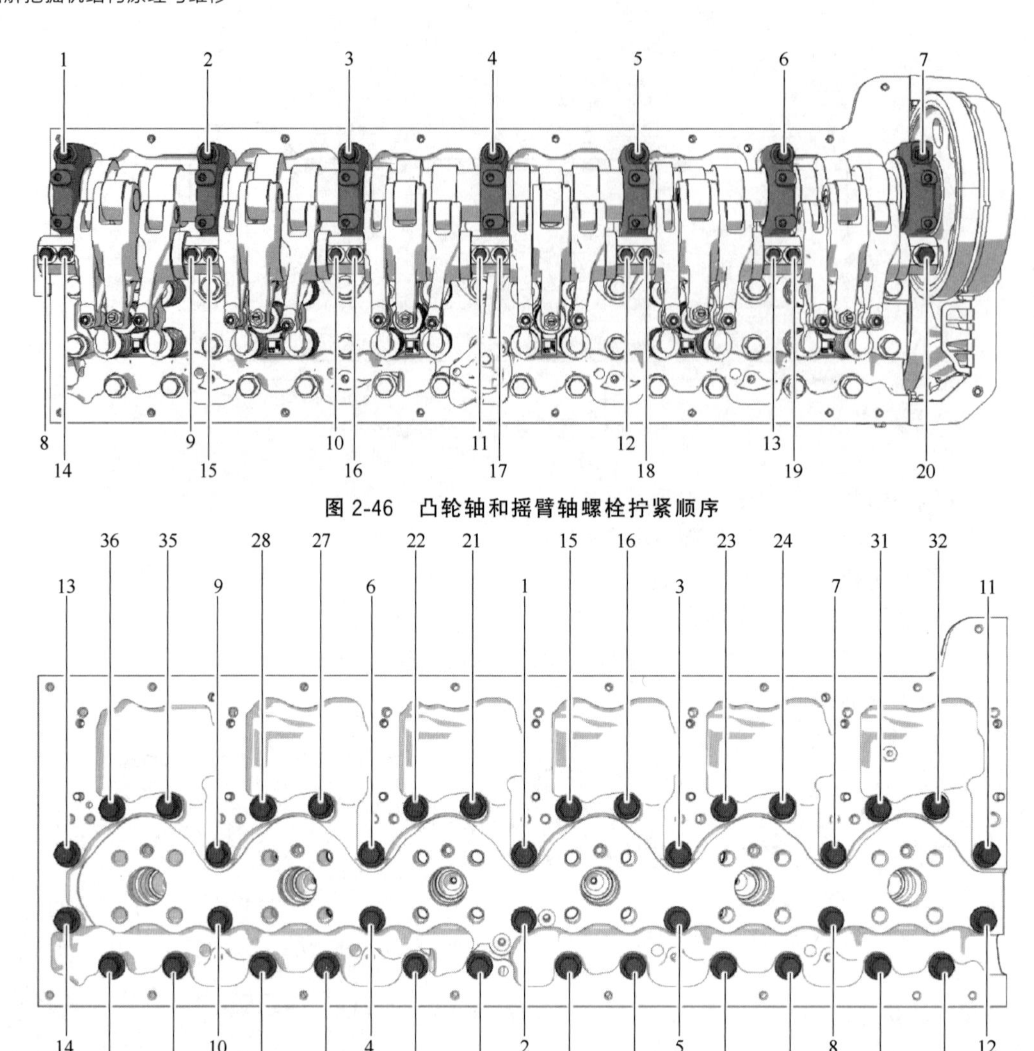

图 2-46 凸轮轴和摇臂轴螺栓拧紧顺序

图 2-47 气缸盖螺栓拧紧顺序

步骤 3：按照图上的数字顺序，以一定角度拧紧螺栓，紧固角度 90°±5°。

2.4.1.5 变速箱盖板

按照图 2-48 的数字顺序拧紧螺栓，紧固力矩（28±4）N·m。

2.4.1.6 正时齿轮

如图 2-49 所示，按以下步骤分别紧固各正时齿轮的螺栓。

A. 空气压缩机传动齿轮：

步骤 1：拧紧螺栓，最大力矩 10N·m；

步骤 2：拧紧螺栓，紧固力矩（200±50）N·m。

B. 分动器螺栓：紧固力矩（140±25）N·m。

C. 燃油供给泵（和铰接式卡车的取力器排放泵）传动齿轮：

步骤 1：拧紧螺栓，最大力矩 10N·m；

步骤 2：拧紧螺栓，紧固力矩（100±10）N·m。

D. 曲轴传动齿轮：

步骤 1：拧紧螺栓，最大力矩 10N·m；

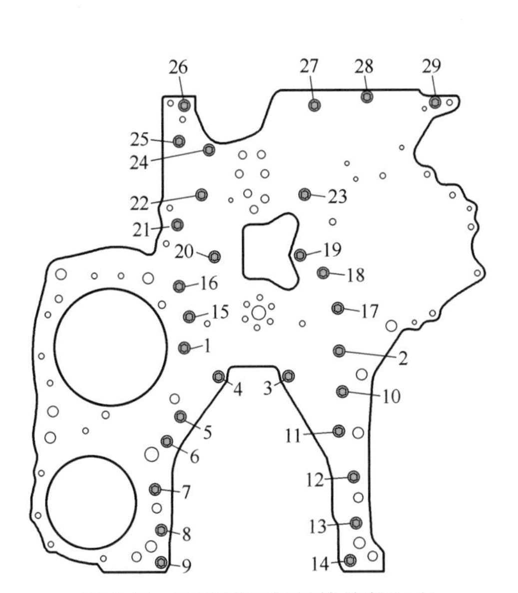

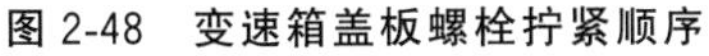
图 2-48　变速箱盖板螺栓拧紧顺序

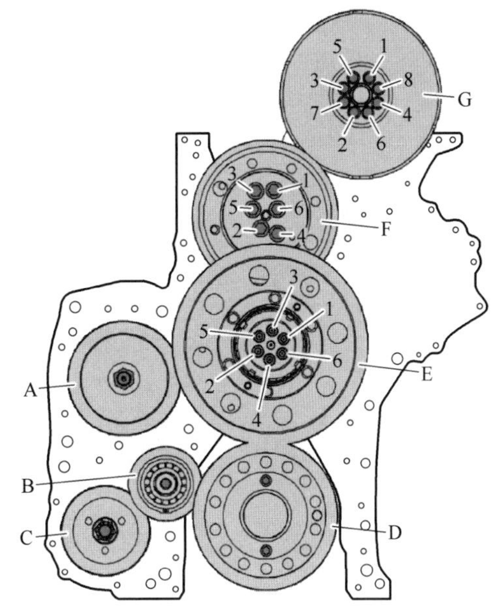

图 2-49　正时齿轮机构螺栓紧固顺序

步骤 2：拧紧螺栓，紧固力矩（24±4）N·m。

E. 外分动器：

步骤 1：按照图上的数字顺序拧紧螺栓，最大力矩 10N·m；

步骤 2：按照图上的数字顺序拧紧螺栓，紧固力矩（25±3）N·m；

步骤 3：按照图上的数字顺序，以一定角度拧紧螺栓，紧固角度 110°±5°。

F. 可调分动器：

步骤 1：按照图上的数字顺序拧紧螺栓，最大力矩 10N·m；

步骤 2：拧紧螺栓 1、3 和 4，紧固力矩（35±4）N·m；

步骤 3：拧紧螺栓 2、5 和 6，紧固力矩（35±4）N·m；

步骤 4：按照图上的数字顺序，以一定角度拧紧螺栓，紧固角度 120°±5°。

G. 凸轮轴传动齿轮和减振器：

注意必须更换减振器的 8.8 级螺栓。

步骤 1：按照图上的数字顺序拧紧螺栓，最大力矩 10N·m；

步骤 2：按照图上的数字顺序拧紧螺栓，紧固力矩（45±5）N·m；

步骤 3：按照图上的数字顺序，以一定角度拧紧螺栓，紧固角度 90°±5°。

2.4.1.7　正时齿轮上壳体

如图 2-50 所示，按以下步骤拧紧正时齿轮上壳体螺栓：

步骤 1：拧紧螺栓，紧固力矩 3N·m；

步骤 2：拧紧螺栓 1 和 2，紧固力矩（27±3）N·m；

步骤 3：按照图上的数字顺序拧紧螺栓，紧固力矩（27±3）N·m。

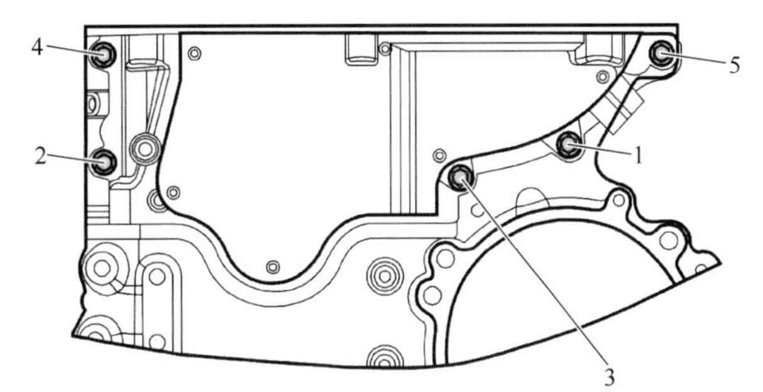

图 2-50　正时齿轮上壳体

2.4.1.8　飞轮壳体

如图 2-51 所示，按以下步骤拧紧飞轮壳体螺栓：

步骤 1：按照图示数字顺序拧紧螺栓

1～7，紧固力矩（160±10）N·m；

步骤 2：按照图示数字顺序拧紧螺栓 8～11，紧固力矩（60±6）N·m；

步骤 3：按照图示数字顺序拧紧螺栓 12～13，紧固力矩（100±5）N·m。

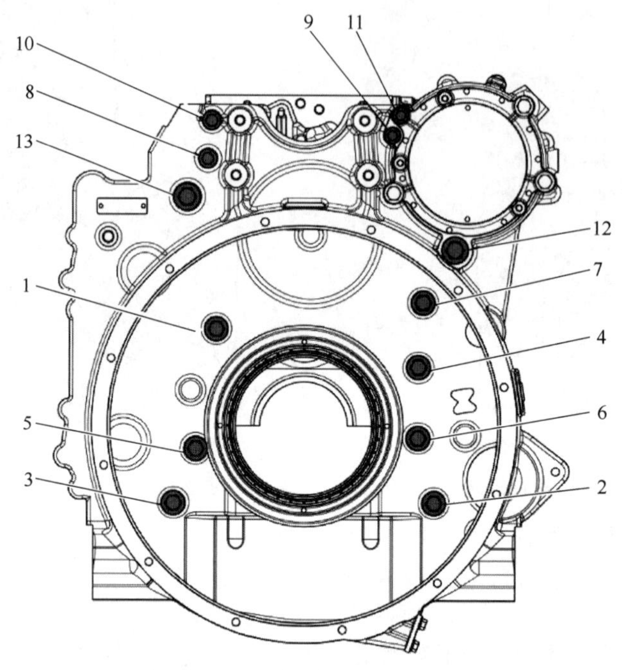

图 2-51　飞轮壳体螺栓拧紧顺序

2.4.1.9　飞轮

如图 2-52 所示，按以下步骤拧紧飞轮螺栓（以下步骤仅适用于铰接式卡车，注意切勿重复使用飞轮螺栓）：

步骤 1：按照图示数字顺序拧紧螺栓，紧固力矩（60±5）N·m；

步骤 2：拧紧螺栓 1～2，紧固力矩（60±5）N·m；

步骤 3：按照图示数字顺序，以一定角度拧紧螺栓，紧固角度 190°±10°。

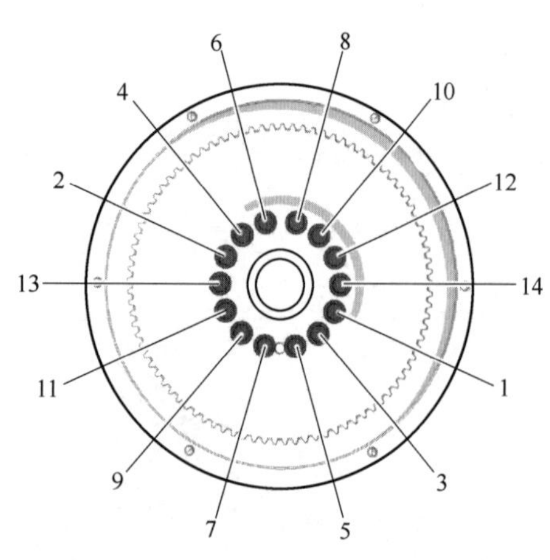

图 2-52　飞轮螺栓拧紧顺序

以下步骤仅适用于挖掘机和轮式装载机：

步骤 1：按照图示数字顺序拧紧螺栓，紧固力矩（60±5）N·m；

步骤 2：按照图示数字顺序，以一定角度拧紧螺栓，紧固角度 120°±10°。

曲轴减振器：

步骤 1：交叉拧紧螺栓，紧固力矩（35±5）N·m；

步骤 2：交叉拧紧螺栓，紧固力矩（90±10）N·m。

2.4.1.10　曲轴密封盖

如图 2-53 所示，按以下步骤拧紧曲轴密封盖螺栓：

步骤 1：使用螺栓 2 和 7 拧紧盖，拧紧到接触的程度；

步骤 2：安装螺栓 1、3～6 和 8，拧紧到接触的程度；

步骤 3：拧紧螺栓 2 和 7，紧固力矩（24±3）N•m；

步骤 4：按照图示数字顺序拧紧螺栓 1、3～6 和 8，紧固力矩（24±3）N•m。

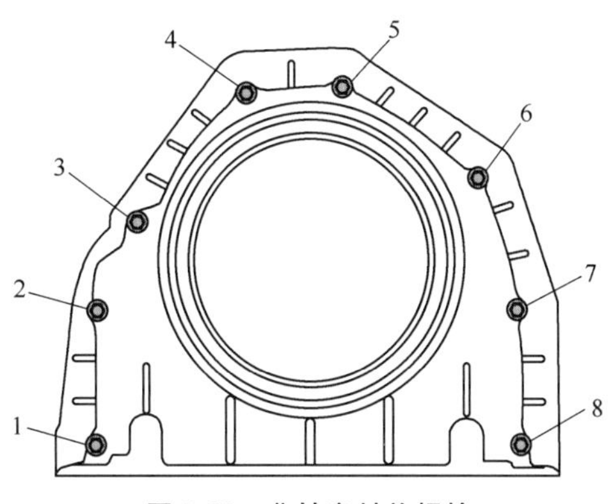

图 2-53　曲轴密封盖螺栓

2.4.1.11　发动机支座底侧托架

如图 2-54 所示安装支座底侧托架螺栓：

步骤 1：按照图示数字顺序拧紧螺栓 1～6，紧固力矩（5±2）N•m；

步骤 2：按照图示数字顺序拧紧螺栓 1～6，紧固力矩（275±45）N•m。

如图 2-55 所示，进行发动机装配时，安装螺钉（衬垫）1 和 2，注意检查衬垫安装的彩色标记。

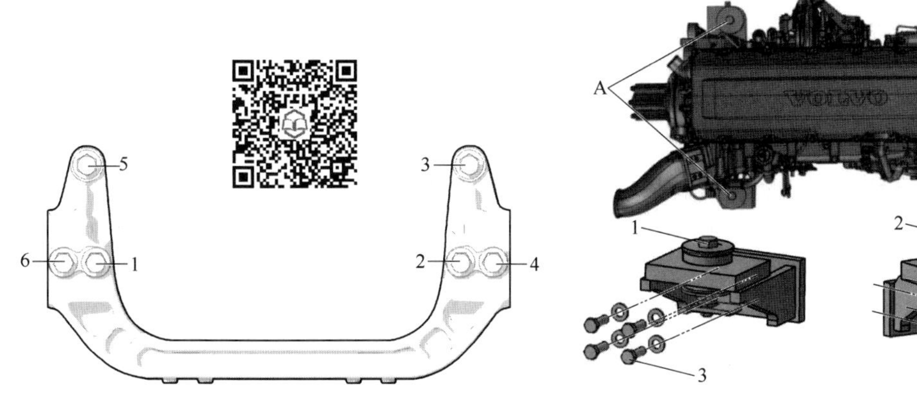

图 2-54　发动机支座底侧托架

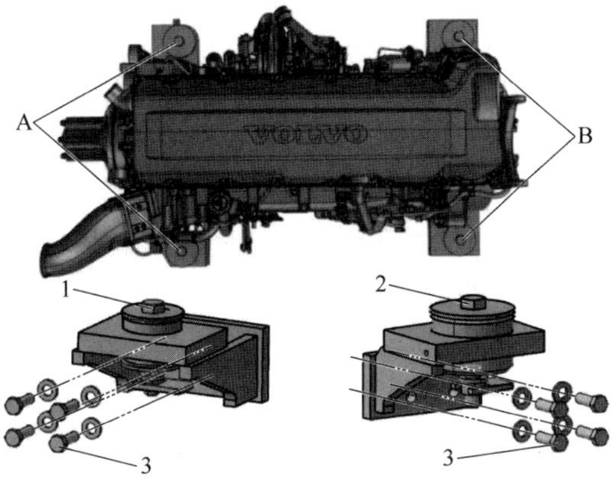

图 2-55　发动机装配

A：前面（风扇侧），绿色；B：后面（飞轮侧），蓝色+白色。螺栓紧固力矩：（785±78）N•m。

螺钉（托架）3 紧固力矩：（262±26.5）N•m。用黏合剂涂抹后再装配。

2.4.2　发动机主要机械部件检测

2.4.2.1　检测项目及部位

发动机机械部件检测项目图解如表 2-1 所示。

表 2-1　发动机机械部件检测

项目	气缸体平直度	活塞间隙	活塞销间隙
图解	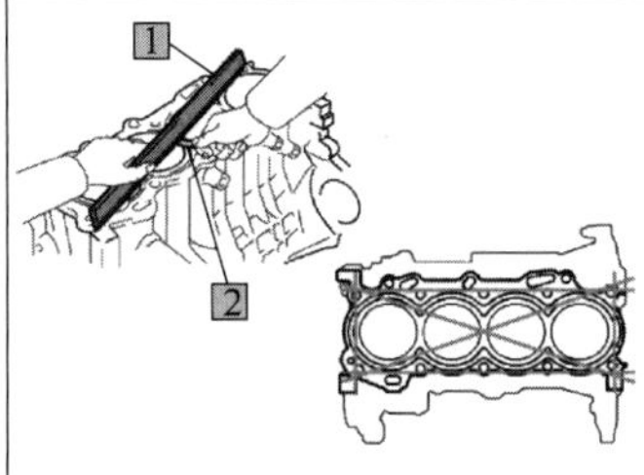	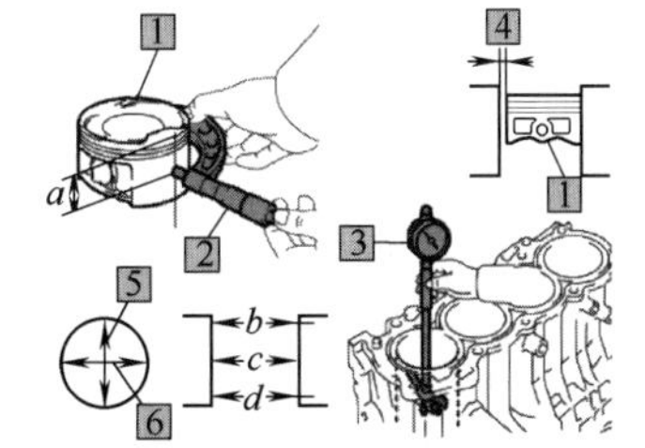	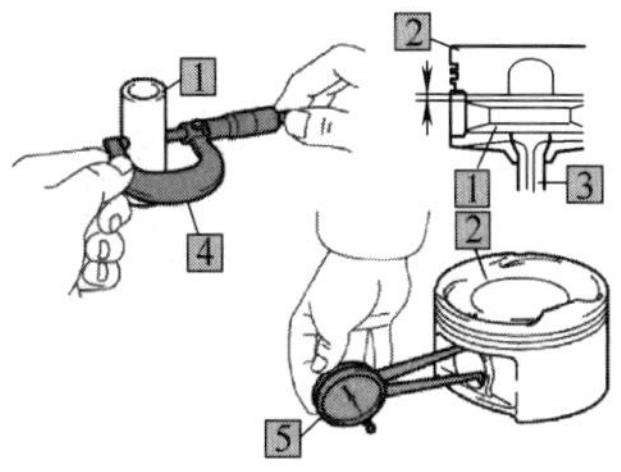
图注	1—精度直尺；2—厚度规	1—活塞；2—测微计；3—量缸表；4—活塞间隙；5—推力方向；6—轴向	1—活塞销；2—活塞；3—连杆；4—测微计；5—卡规

续表

项目	曲轴油隙	曲轴轴向间隙	连杆轴向间隙
图解	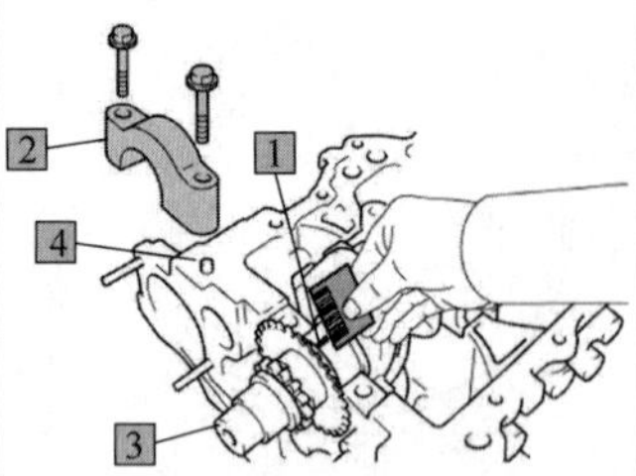	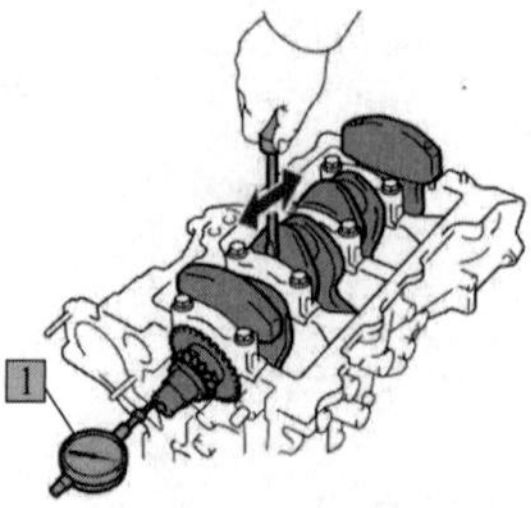	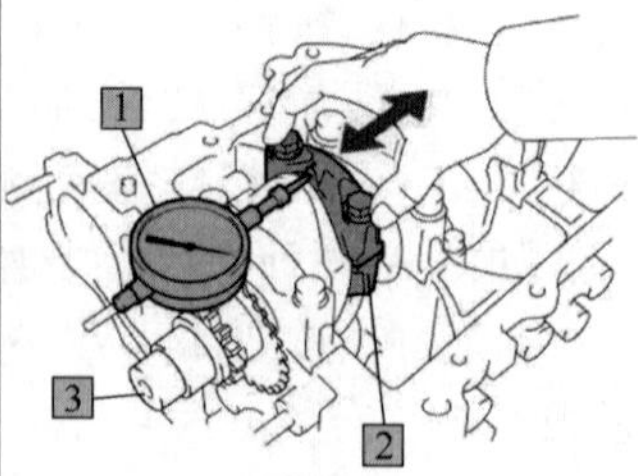
图注	1—塑料间隙规；2—曲轴轴承盖和轴承；3—曲轴；4—气缸体	1—百分表	1—百分表；2—连杆；3—曲轴
项目	活塞环槽间隙	活塞环端隙	曲轴圆跳动
图解	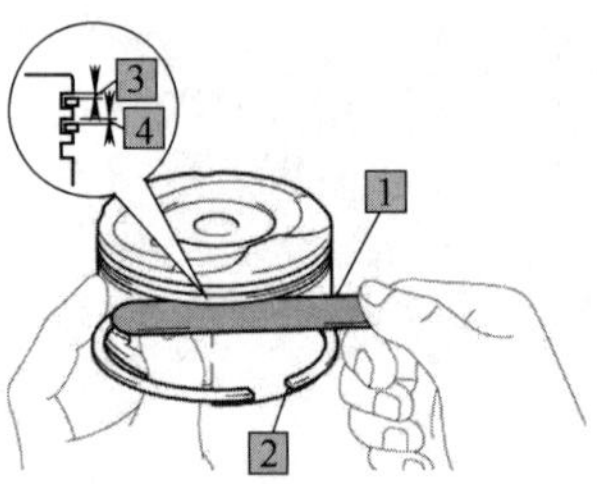	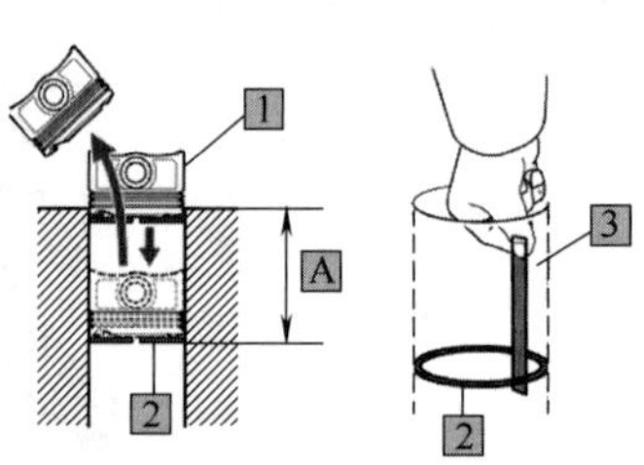	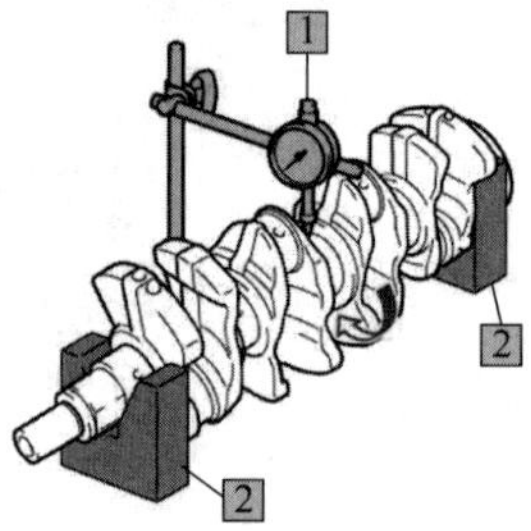
图注	1—厚度规；2—活塞环；3——道活塞环槽间隙；4—二道活塞环槽间隙	1—活塞；2—活塞环；3—厚度规	1—百分表；2—V形块
项目	曲轴主轴颈和曲柄销直径	轴承盖固定螺栓	气门挺杆油隙
图解	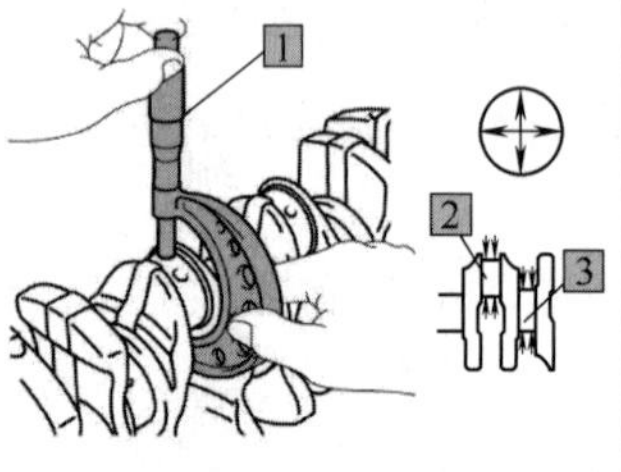	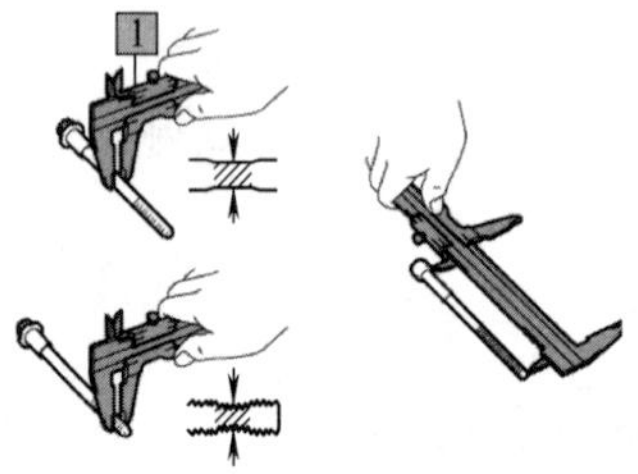	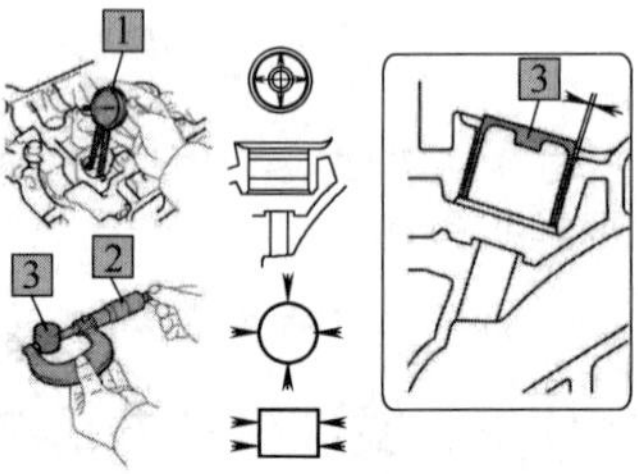
图注	1—测微计；2—曲轴销；3—曲轴主轴颈	1—游标卡尺	1—卡规；2—测微计；3—挺杆
项目	凸轮轴轴向间隙	凸轮轴油隙	气门导管衬套油隙
图解	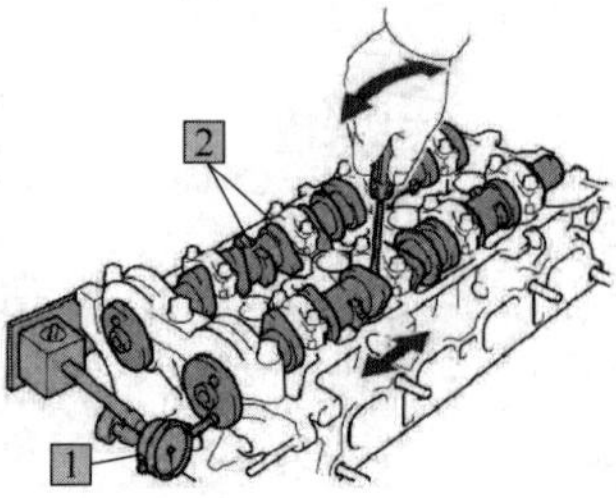	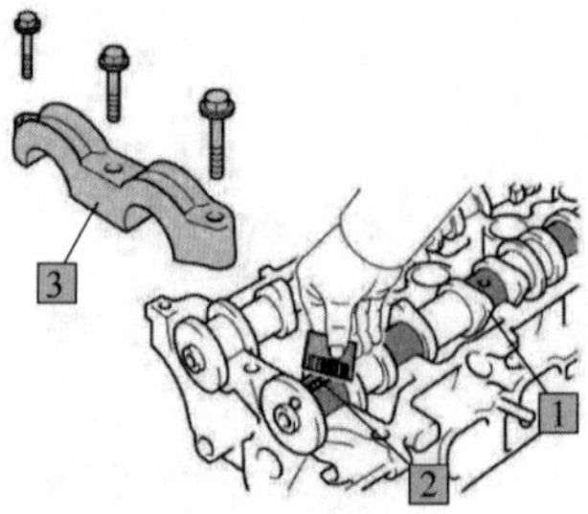	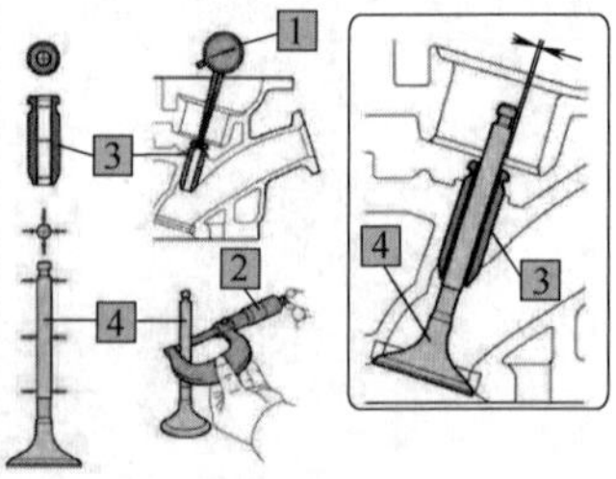
图注	1—百分表；2—凸轮轴	1—凸轮轴；2—塑料间隙规；3—凸轮轴轴承盖	1—卡规；2—测微计；3—气门导管衬套；4—气门

续表

项目	气门尺寸	气门弹簧长度	凸轮轴摆度
图解	(1)　(2)　(3) 1	(1)　(2) 1 3 2	1 2 2
图注	(1)气门长度；(2)气门外径；(3)气门头边缘厚度；1—游标卡尺	(1)自由长度；(2)偏差；1—游标卡尺；2—厚度规；3—钢角尺	1—百分表；2—V 形块
项目	凸轮桃尖高度	凸轮轴轴颈直径	气门弹簧张紧力
图解	1	1	1
图注	1—测微计	1—测微计	1—弹簧试验仪

2.4.2.2　常见发动机机械维修数据

(1) 小松 SAA6D107E 柴油发动机（小松挖掘机）

小松 SAA6D107E 柴油发动机维修数据如表 2-2 所示。

表 2-2　小松 SAA6D107E 柴油发动机维修数据　　单位：mm

序号	检查项目	标准		纠正措施
1	气缸盖安装面的变形	末端到末端	最高 0.305	通过研磨进行纠正或予以更换
		侧面到侧面	最高 0.076	
2	气缸盖安装螺栓的紧固力矩(在有螺纹的零件上涂发动机油)	第 1 阶段拧紧 90N·m;第 2 阶段拧紧 90N·m;第 3 阶段再次紧固 90°		紧固和再次紧固
3	喷嘴凸出	2.45～3.15		更换喷油器或垫圈
4	喷油器架安装螺栓的紧固力矩	8N·m		紧固
5	气缸盖外罩安装螺栓的紧固力矩	24N·m		

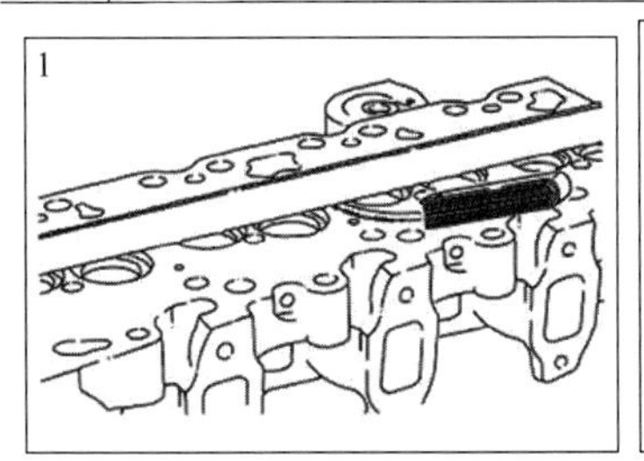

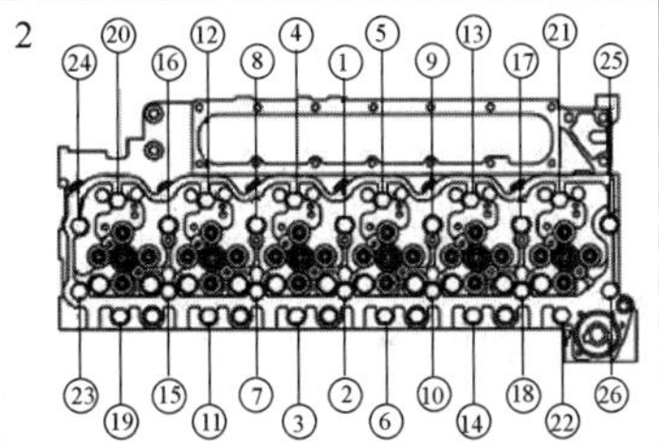

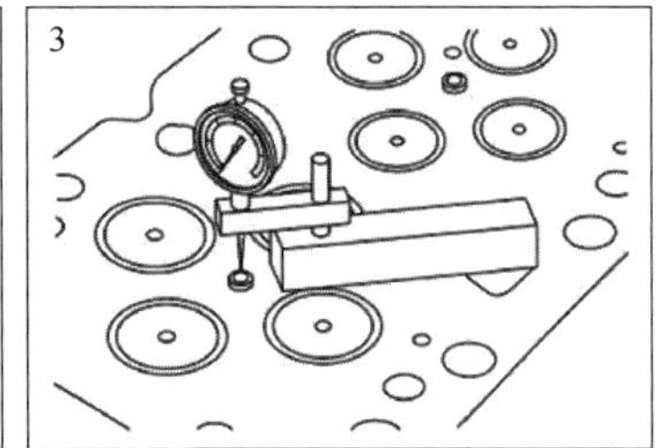

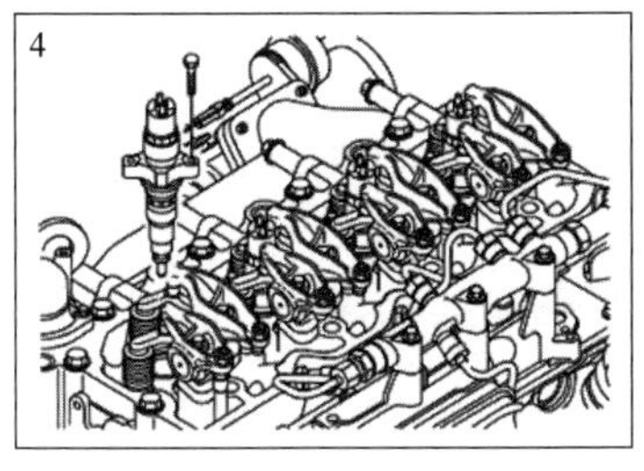

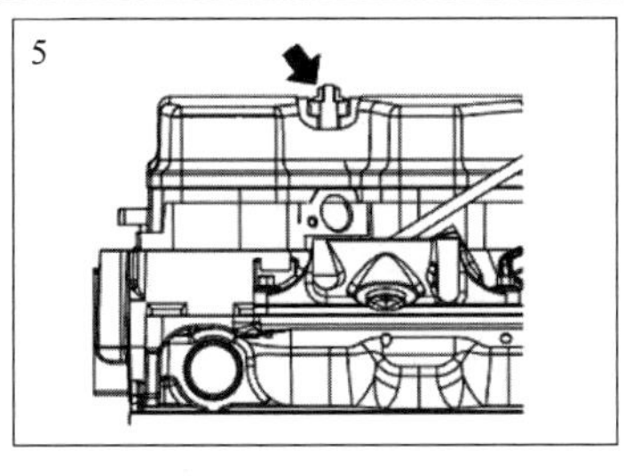

续表

序号	检查项目	标准		纠正措施
1	气缸盖安装面的变形	末端到末端	最高 0.075	通过研磨进行纠正或予以更换
		侧面到侧面	最高 0.075	
2	主轴承合金安装孔的直径	87.982～88.008		更换主轴承合金盖
3	主轴承合金的内径	83.041～83.109		更换主轴承合金
4	主轴承合金的厚度	2.456～2.464		
5	凸轮衬套安装孔的直径	最高:59.248		纠正和更换机体
6	凸轮衬套的内径	最高:54.164		更换凸轮衬套
7	主外罩安装孔的紧固力矩(在螺纹上涂发动机油)	第 1 阶段拧紧 60N·m;第 2 阶段拧紧 80N·m;第 3 阶段再次紧固 90°		紧固和再次紧固
8	油底壳安装螺栓的紧固力矩	28N·m		紧固
9	机轴滑轮安装螺栓的紧固力矩	125N·m		
10	气缸的内径	106.990～107.010		通过扩大尺寸进行纠正或更换气缸体
	气缸内部的圆度	修理极限:0.038		
	气缸内部的锥度	修理极限:0.076		

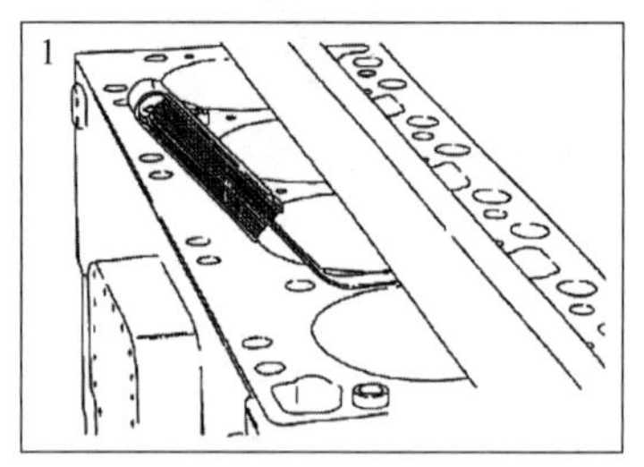

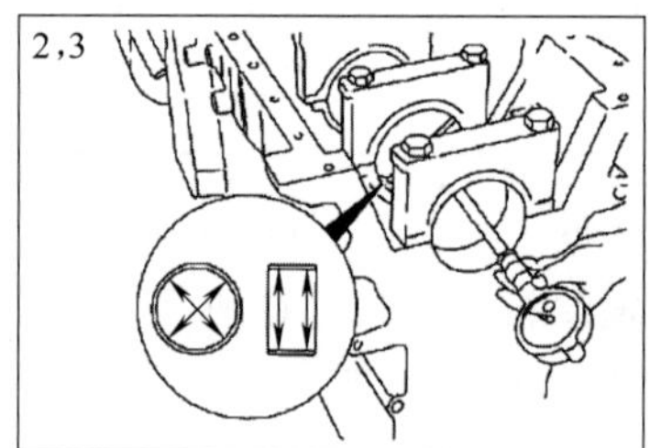

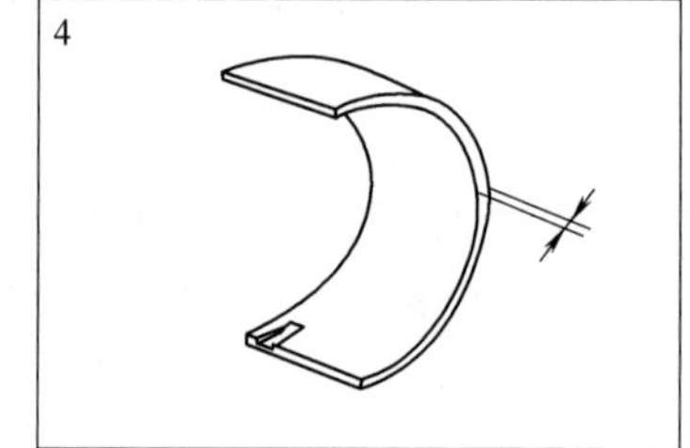

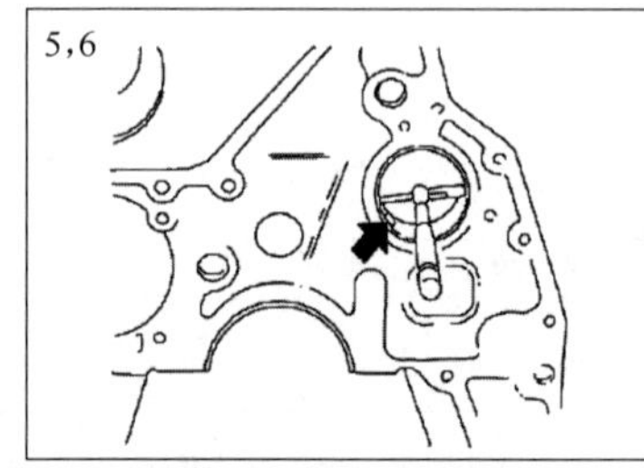

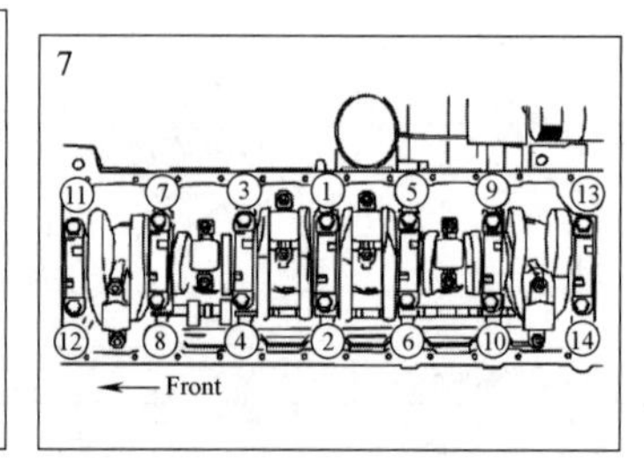

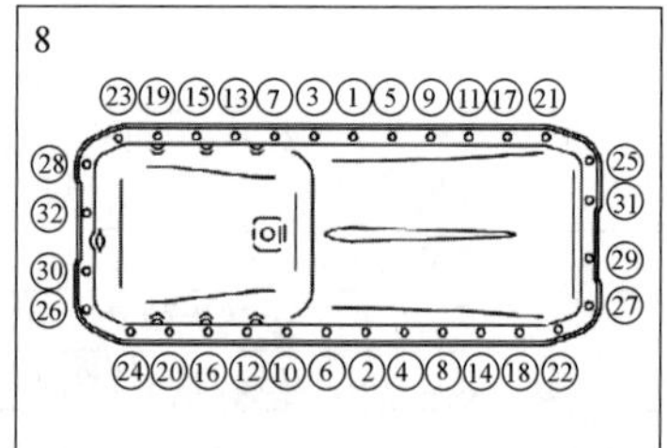

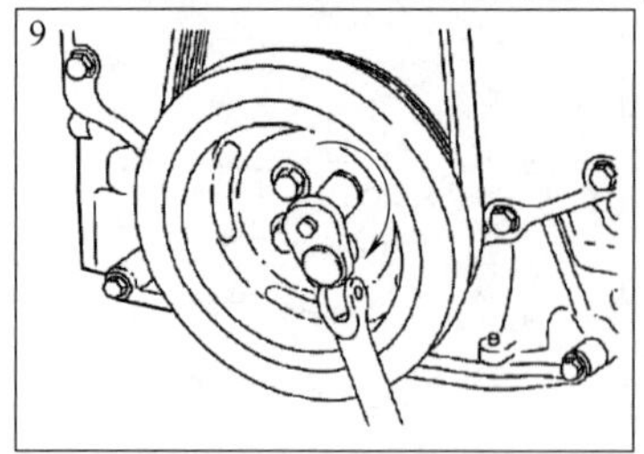

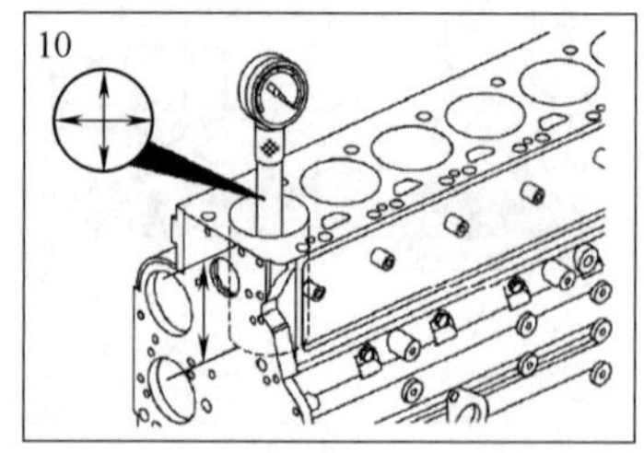

序号	检查项目	标准	纠正措施
1	轴向间隙(A)	0.065～0.415	更换止推轴承合金或使用较大尺寸的合金
2	主轴颈的外径	82.962～83.013	使用较小尺寸的轴颈或更换
	主轴颈的圆度	修理极限:0.050	
	主轴颈的锥度	修理极限:0.013	
	主轴颈的间隙	0.04～0.12	更换主轴承合金

续表

序号	检查项目	标准	纠正措施
3	曲柄销轴颈的外径	68.962～69.013	使用较小尺寸的轴颈或更换
	曲柄销轴颈的圆度	修理极限:0.050	
	曲柄销轴颈的间隙	0.04～0.12	更换连杆轴承合金
4	机轴齿轮轴颈的外径	70.59～70.61	使用较小尺寸的机轴或更换
5	机轴齿轮轴颈的内径	70.51～70.55	

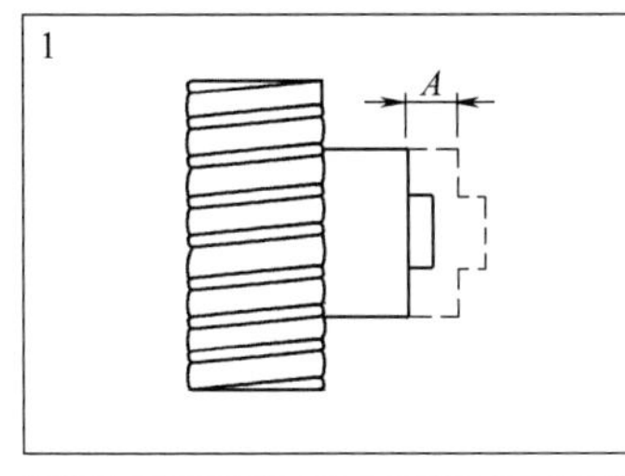

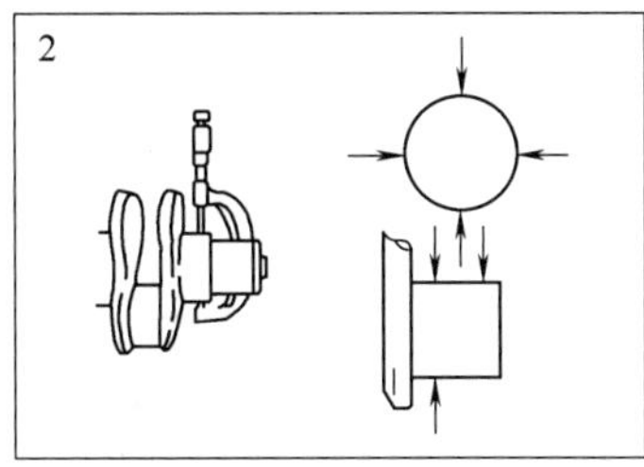

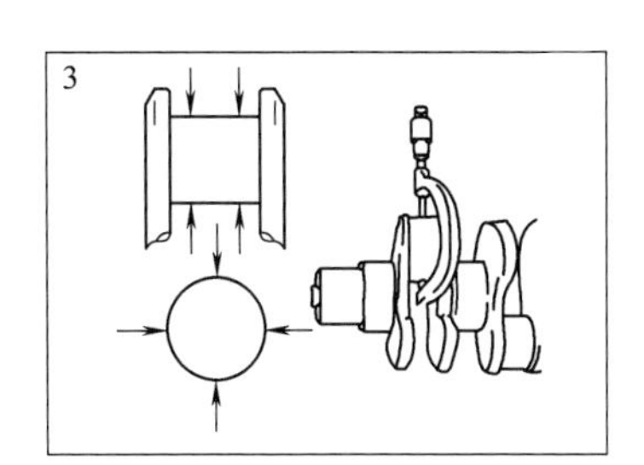

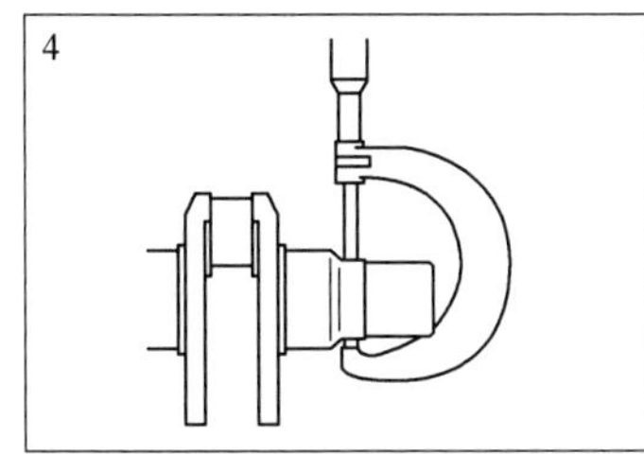

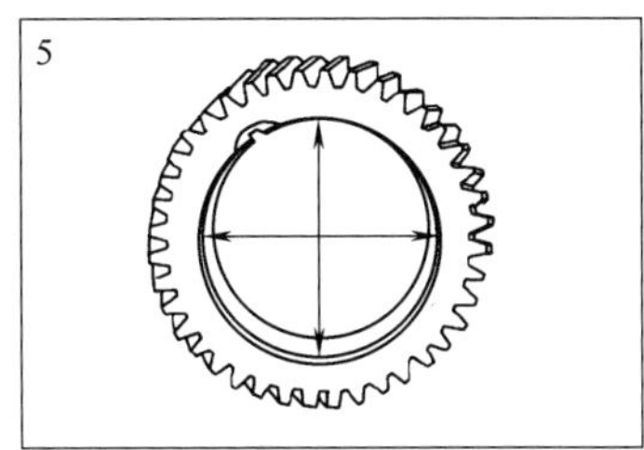

序号	检查项目	标准		纠正措施
1	活塞的外径(与凸耳成直角处)	107.255～107.273		更换活塞
2	活塞环端隙和间隙	顶部环	0.33～0.43	更换活塞环或活塞
		第 2 个环	0.55～0.85	
		油环	0.25～0.50	
3	活塞环的间隙	第 2 个环	0.040～0.110	
		油环	0.040～0.085	
4	活塞销的外径	39.997～40.003		更换活塞或活塞销
5	活塞销孔的内径	40.006～40.012		

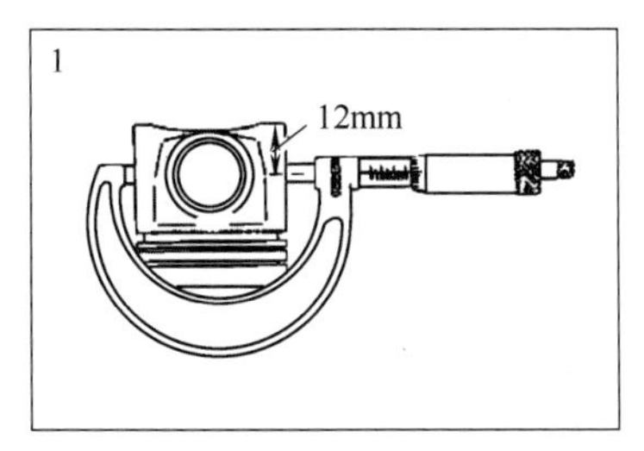

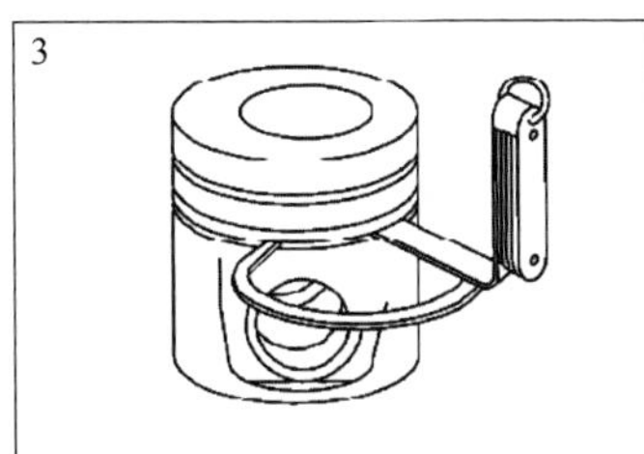

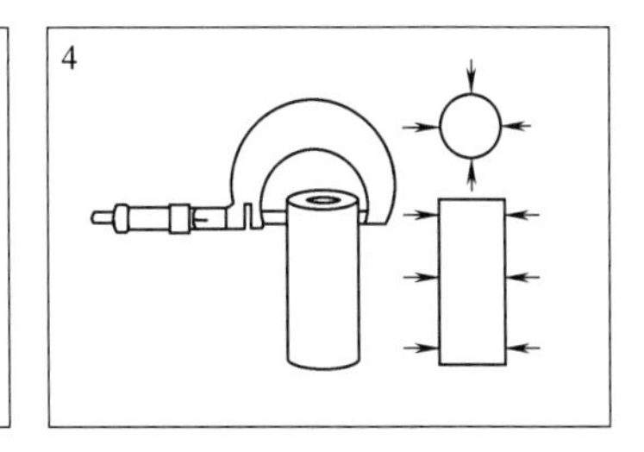

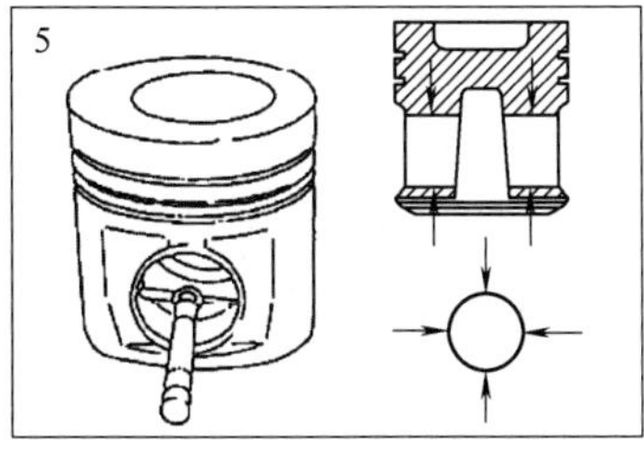

续表

序号	检查项目	标准	纠正措施
1	连杆衬套的内径(当安装了衬套时)	40.019～40.042	更换衬套(备件为半成品零件)
2	连杆轴承的内径	69.05～69.10	更换连杆轴承
3	连杆轴承的厚度	1.955～1.968	
4	连杆轴承安装孔的内径	72.99～73.01	更换连杆
5	连杆盖安装螺栓的紧固力矩(在螺栓、螺母上涂发动机油)	第1阶段拧紧60N·m;第2阶段再次紧固60°	紧固和再次紧固
6	连杆的侧面间隙	0.125～0.275	更换连杆

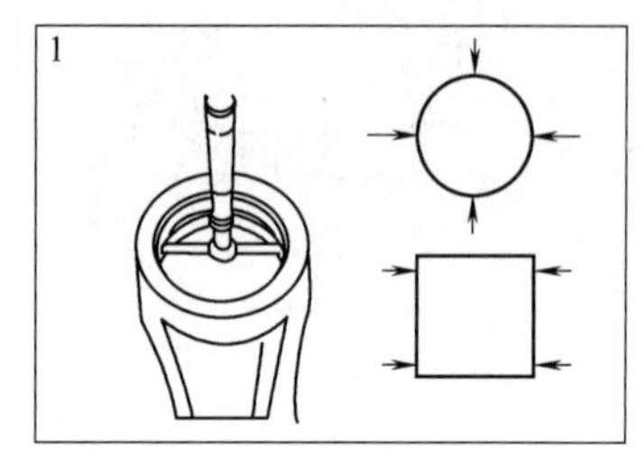

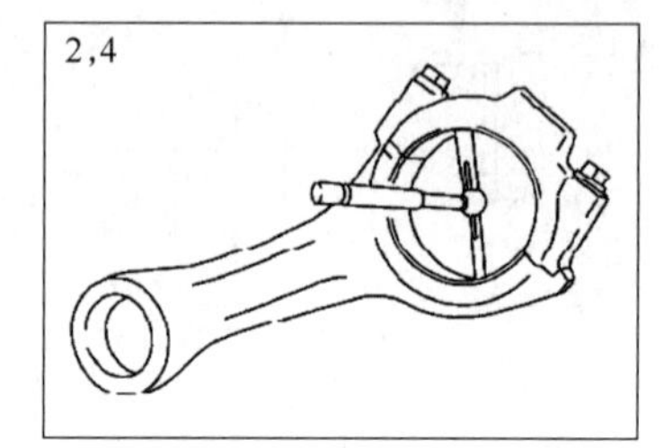

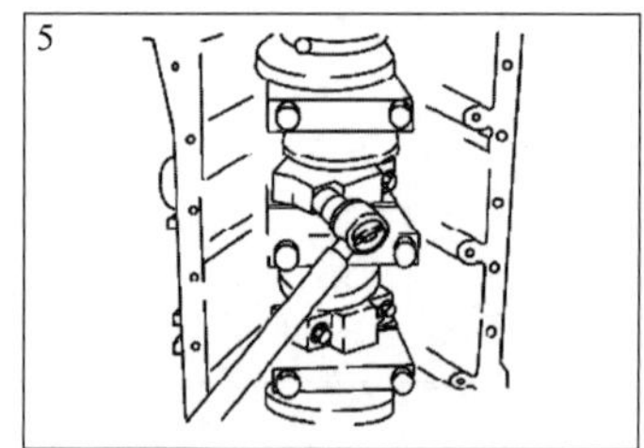

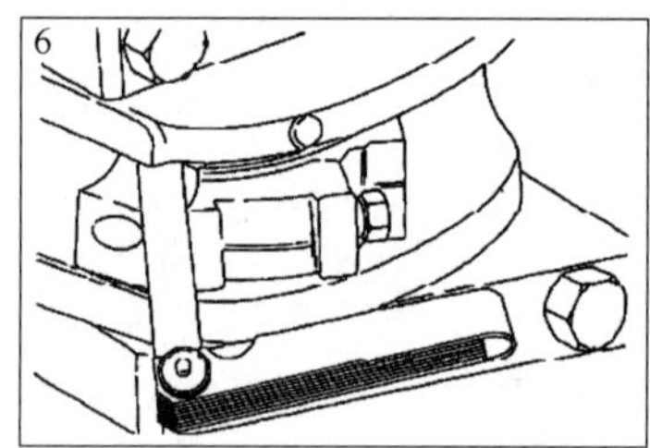

序号	检查项目	标准		纠正措施
1	轴向间隙	0.100～0.360		更换止推板
2	凸轮轴轴承轴颈的外径	53.095～54.045		纠正或更换
3	凸轮的高度	进气	47.175～47.855	更换
		排气	45.632～46.312	
4	凸轮轴止推板的厚度	9.40～9.60		
5	凸轮轴止推板安装螺栓的紧固力矩	24N·m		紧固
6	凸轮轴齿轮安装螺栓的紧固力矩	36N·m		

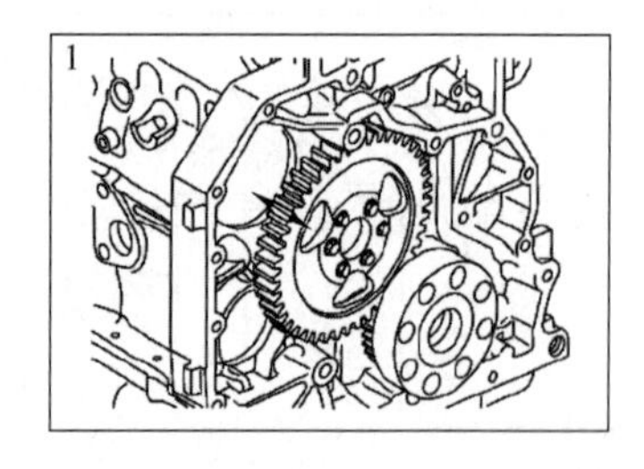

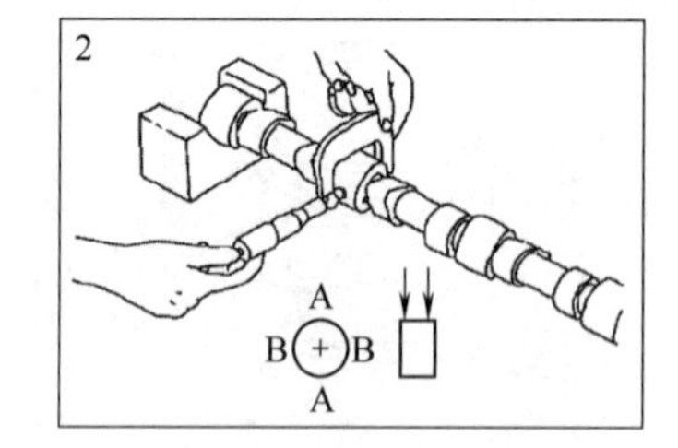

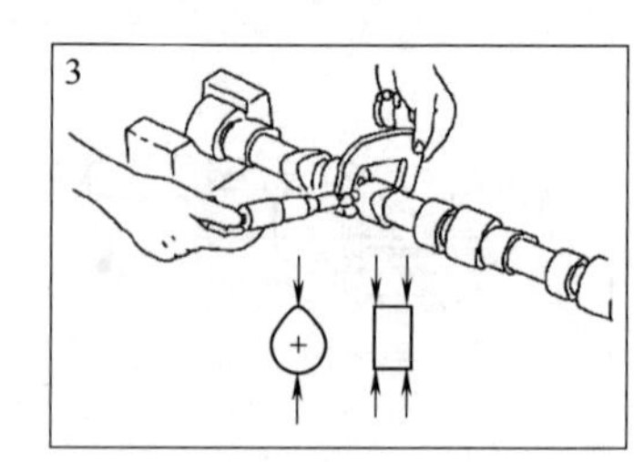

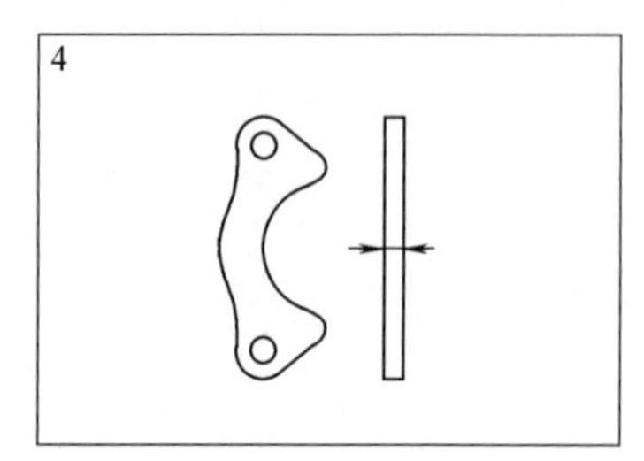

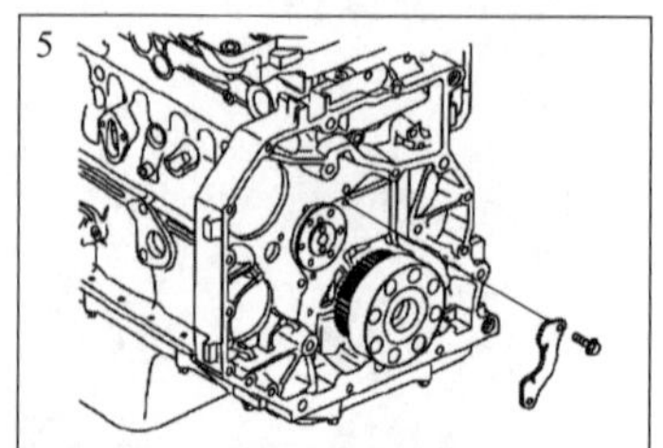

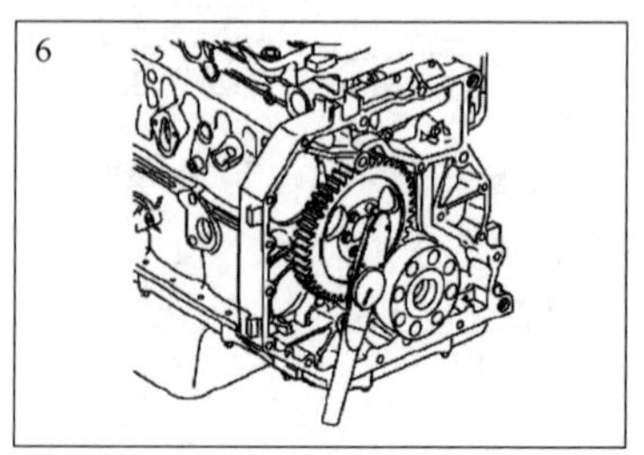

续表

<table>
<tr><th>序号</th><th>检查项目</th><th colspan="3">标准</th><th>纠正措施</th></tr>
<tr><td rowspan="2">1</td><td rowspan="2">阀门的下沉深度(A)</td><td>进气</td><td colspan="2">0.584～1.092</td><td rowspan="2">更换阀或阀座</td></tr>
<tr><td>排气</td><td colspan="2">0.965～1.473</td></tr>
<tr><td>2</td><td>阀头的厚度(B)</td><td colspan="3">最低 0.79</td><td>更换</td></tr>
<tr><td rowspan="3">3</td><td rowspan="3">阀座的角度</td><td>阀门</td><td>角度</td><td>修理极限</td><td rowspan="3">更换阀门、阀座</td></tr>
<tr><td>进气</td><td>30°</td><td rowspan="2">接触面的判断条件和真空测试</td></tr>
<tr><td>排气</td><td>45°</td></tr>
<tr><td>4</td><td>阀杆的外径</td><td colspan="3">6.96～7.01</td><td rowspan="2">更换</td></tr>
<tr><td>5</td><td>阀导承孔的直径</td><td colspan="3">7.027～7.077</td></tr>
<tr><td>6</td><td>阀导承和阀杆之间的间隙</td><td colspan="3">0.017～0.117</td><td>更换阀门或阀导承</td></tr>
<tr><td>7</td><td>阀密封垫孔的深度(标准密封垫)</td><td colspan="3">34.847～34.863</td><td>更换</td></tr>
</table>

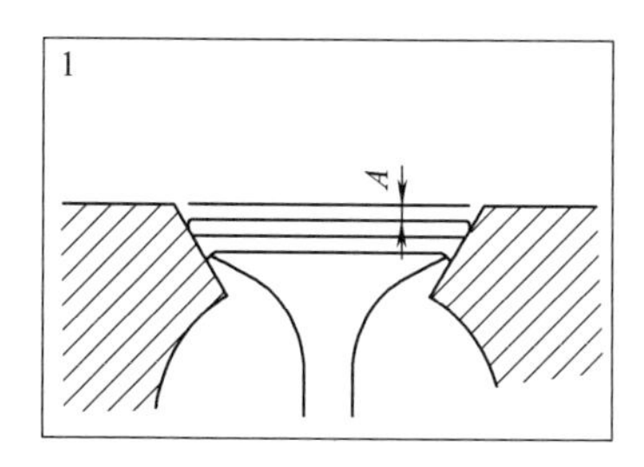

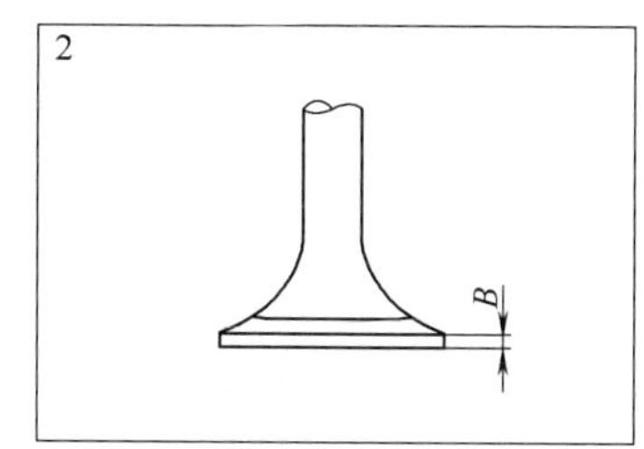

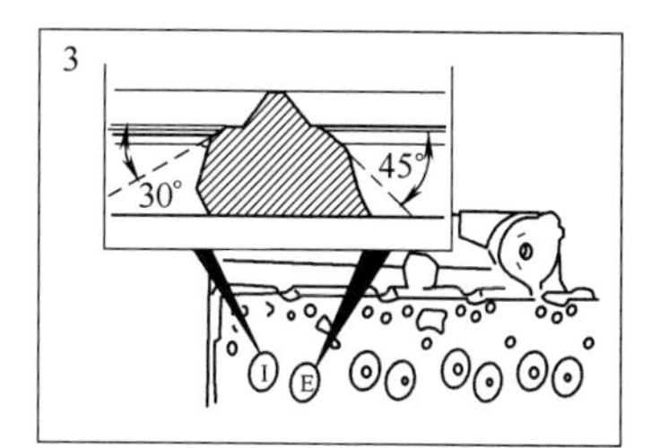

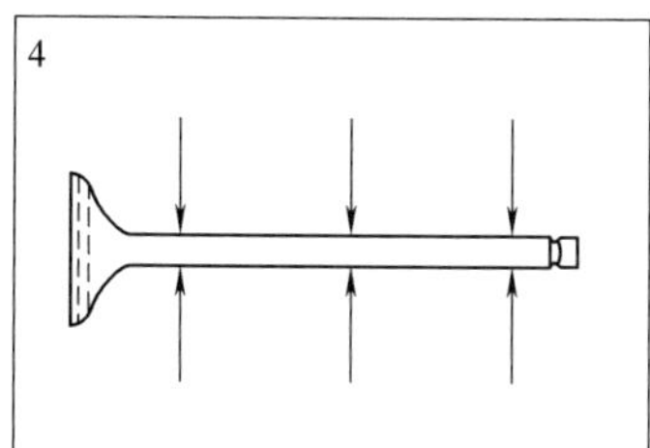

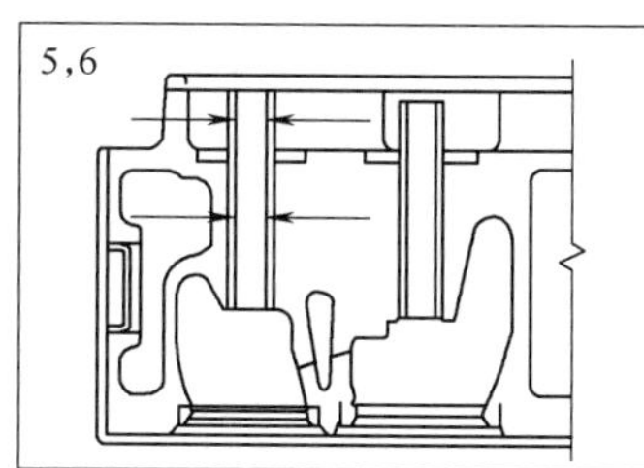

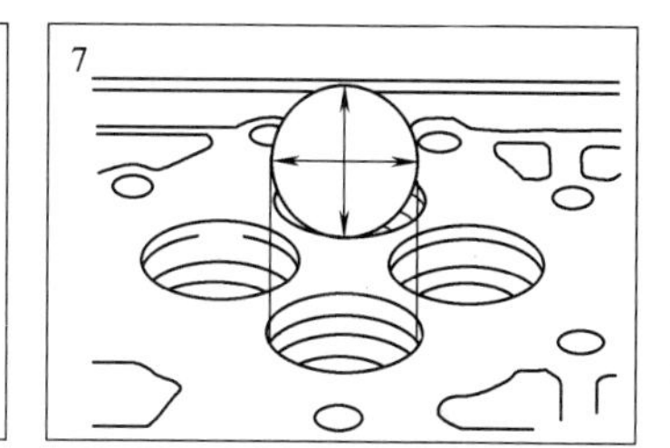

<table>
<tr><th>序号</th><th>检查项目</th><th colspan="2">标准</th><th>纠正措施</th></tr>
<tr><td>1</td><td>摇杆轴的外径</td><td colspan="2">最低 21.965</td><td>更换摇杆轴</td></tr>
<tr><td>2</td><td>摇杆轴孔的内径</td><td colspan="2">最高 22.027</td><td>更换摇杆</td></tr>
<tr><td>3</td><td>摇杆轴和摇杆之间的间隙</td><td colspan="2">最高 0.062</td><td>更换摇杆或摇杆轴</td></tr>
<tr><td>4</td><td>摇杆调整螺钉的锁紧螺母的紧固力矩</td><td colspan="2">24N·m</td><td>紧固</td></tr>
<tr><td rowspan="3">5</td><td rowspan="3">阀门间隙(冷)</td><td>阀门</td><td>修理极限</td><td rowspan="3">调节</td></tr>
<tr><td>进气</td><td>0.25</td></tr>
<tr><td>排气</td><td>0.51</td></tr>
<tr><td>6</td><td>挺杆的外径</td><td colspan="2">15.936～15.977</td><td>更换挺杆</td></tr>
<tr><td>7</td><td>挺杆孔的内径</td><td colspan="2">16.000～16.055</td><td>更换气缸体</td></tr>
<tr><td>8</td><td>挺杆和挺杆孔之间的间隙</td><td colspan="2">0.023～0.119</td><td>更换挺杆或气缸体</td></tr>
<tr><td>9</td><td>摇杆安装螺栓的紧固力矩</td><td colspan="2">36N·m</td><td>紧固</td></tr>
</table>

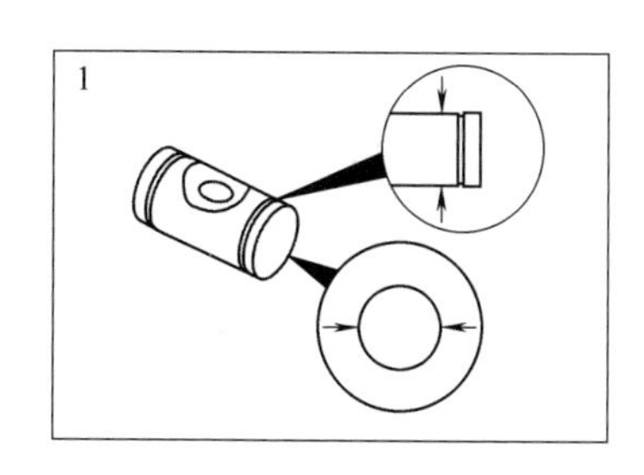

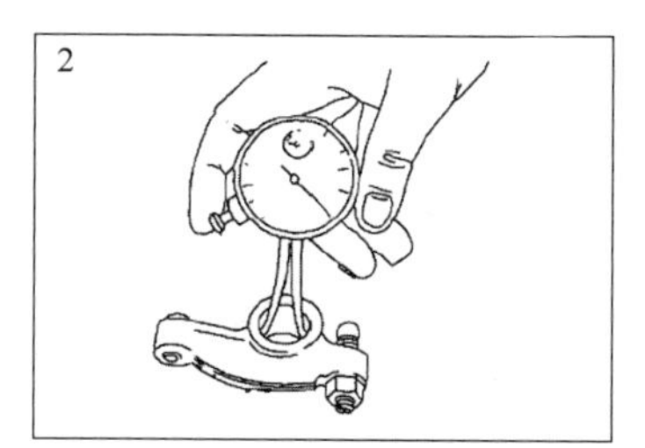

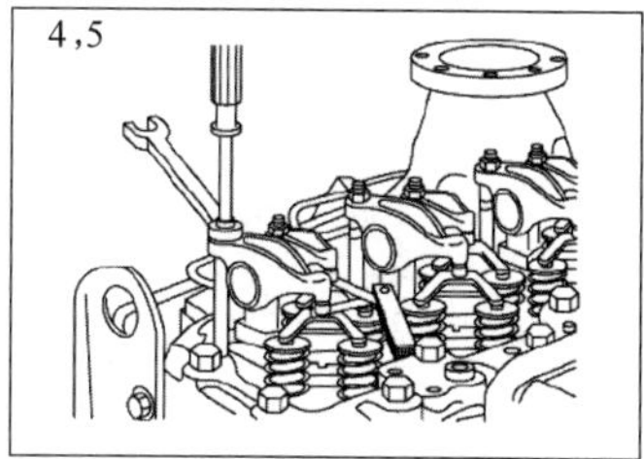

续表

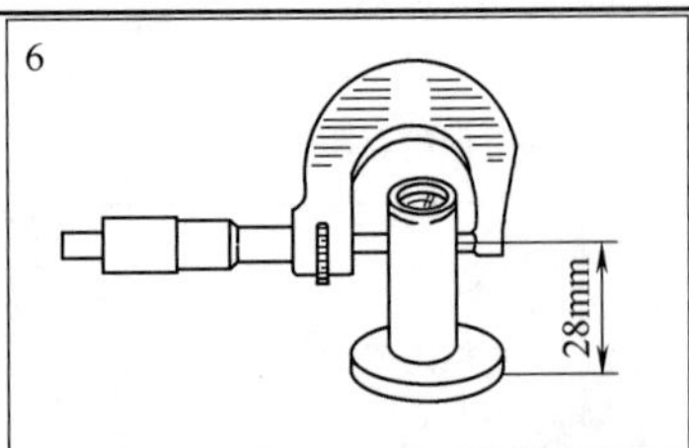

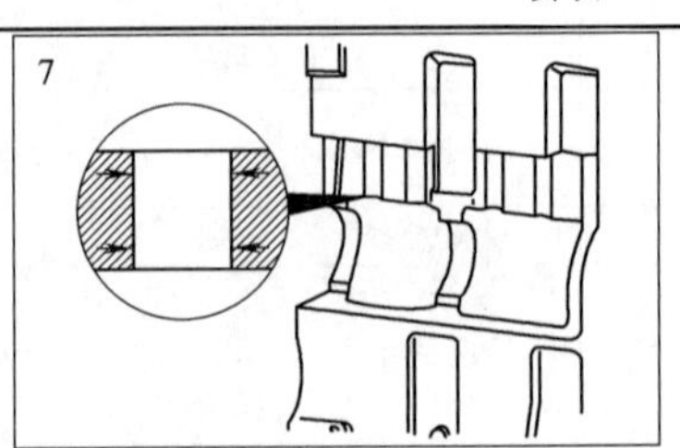

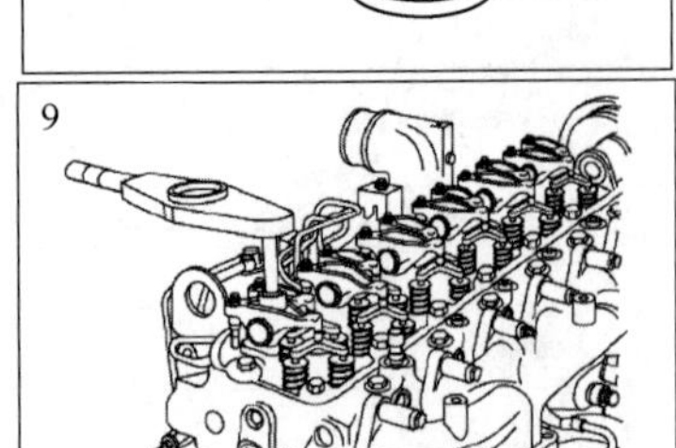

序号	检查项目	标准			纠正措施
—	每个齿轮的轮齿隙	A	油泵齿轮的轮齿隙	0.170～0.300	更换
		B	凸轮轴齿轮的轮齿隙	0.076～0.280	
		C	油泵怠速齿轮的轮齿隙	0.170～0.300	
		D	喷油泵齿轮的轮齿隙	0.146～0.222	

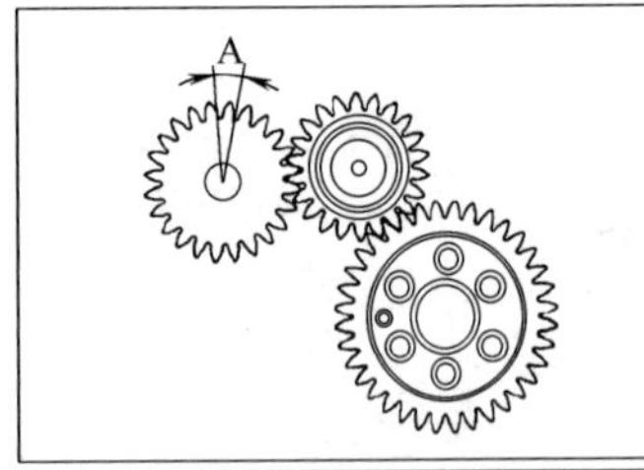

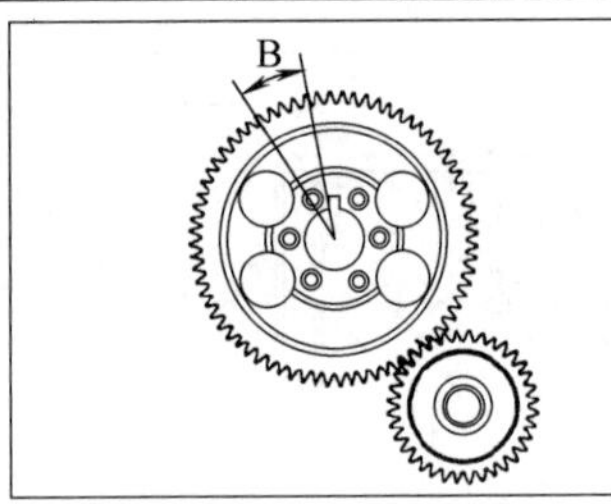

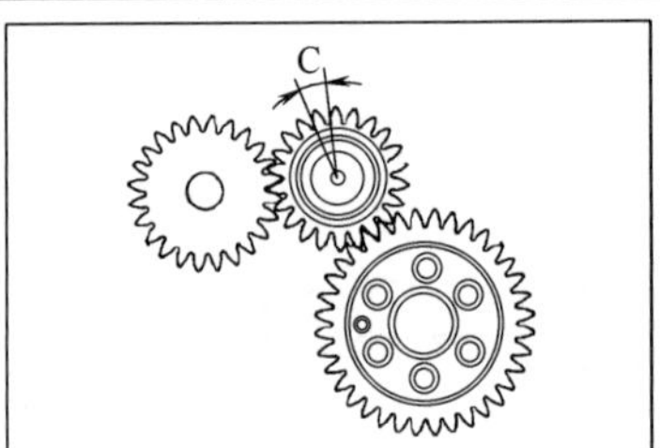

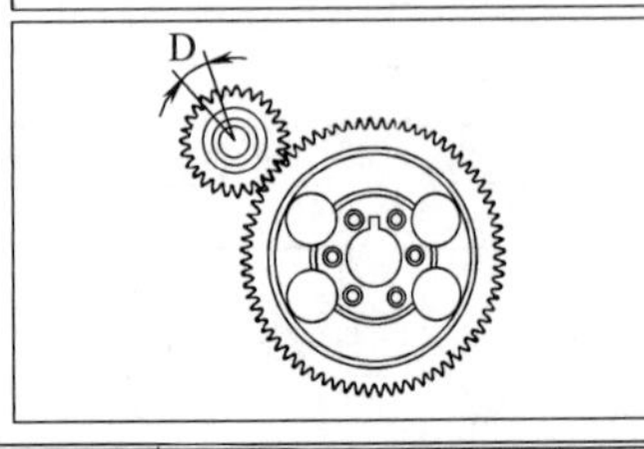

序号	检查项目	标准		纠正措施
1	飞轮壳的端面跳动	修理极限:0.20		重新装配,纠正
2	飞轮壳的径向跳动	修理极限:0.20		
3	飞轮壳安装螺栓的紧固力矩	M10:49N·m;M12:85N·m		紧固
4	飞轮的端面跳动	飞轮	修理极限	重新装配,纠正
		对于离合器	0.013/ϕ25.4	
		对于扭矩变换器	直径(实际测量)×0.0005	
5	飞轮的径向跳动	修理极限:0.13		
6	飞轮安装螺栓的紧固力矩(在螺栓螺纹部分涂发动机油)	第1阶段拧紧30N·m;第2阶段再次紧固60°		紧固和再次紧固

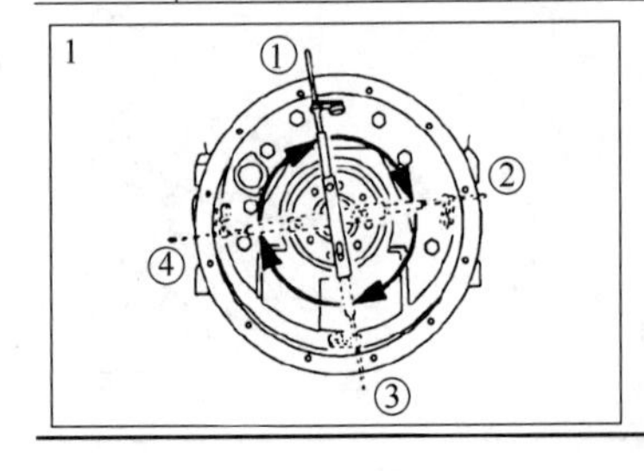

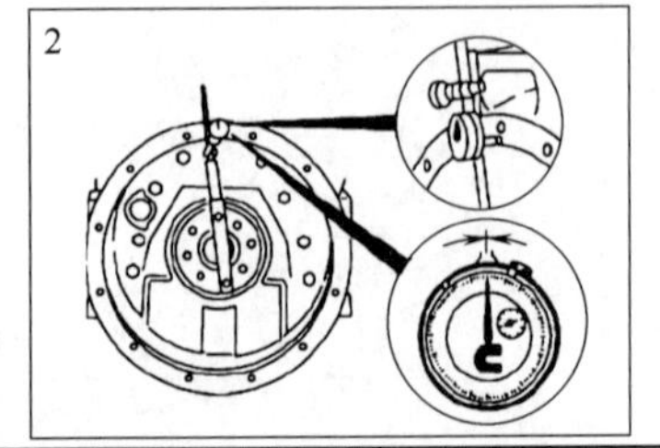

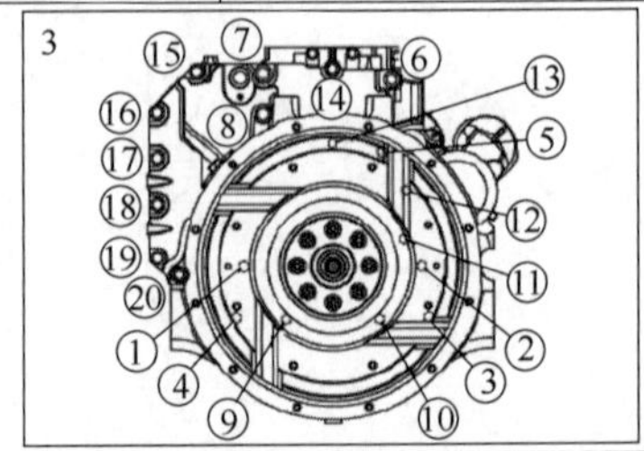

续表

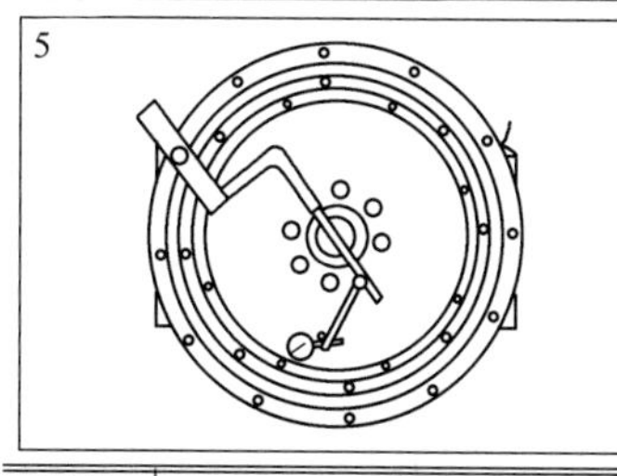

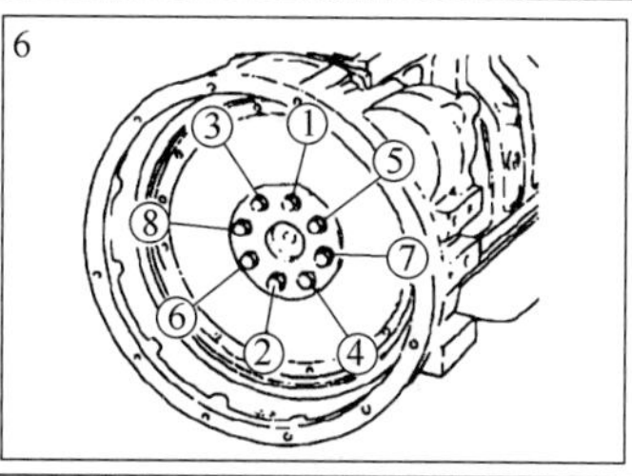

序号	检查项目	标准	纠正措施
1	转子在轴向的间隙	最高 0.127	更换油泵
2	外转子和内转子之间的间隙	最高 0.178	
3	油泵安装螺栓的紧固力矩	第 1 阶段拧紧 8N·m；第 2 阶段拧紧 24N·m	紧固和再次紧固

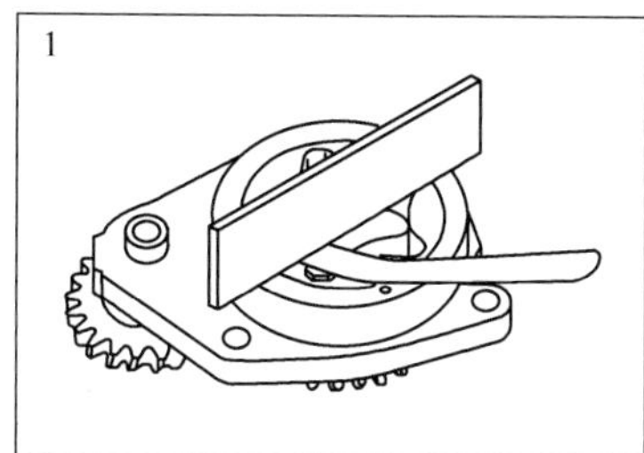

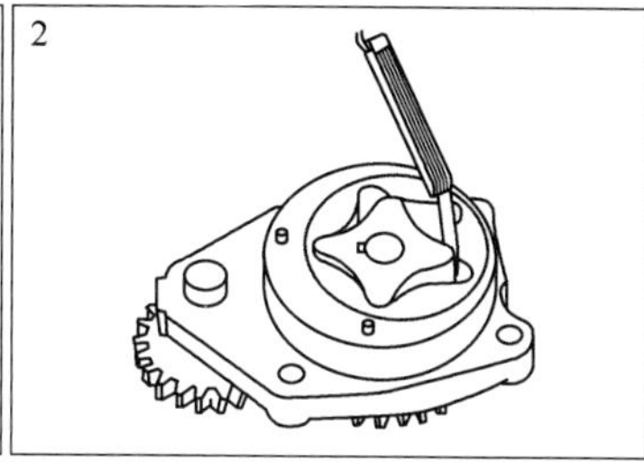

(2) 日野 J08E 柴油发动机（神钢挖掘机）

日野 J08E 柴油发动机维修数据如表 2-3 所示。

表 2-3　日野 J08E 柴油发动机维修数据　　单位：mm

检测项目			标准值	修理限度	使用限度	处理方法
阀门间隙(冷态)		IN	0.30	—	—	
		EX	0.45	—	—	
气缸套外伸量			0.01～0.08	—	—	
气缸套凸缘部厚度			8	—	—	
气缸体凸缘部深度			8	—	—	
气缸体内径		A	117～117.008	—	—	
		B	117.008～117.014	—	—	
		C	117.014～117.022	—	—	
气缸套外径		A	116.982～116.99	—	—	
		B	116.99～116.996	—	—	
		C	116.996～117.004	—	—	
气缸套与气缸体的间隙			0.01～0.026	—	—	
气缸套内径			112	—	112.15	更换气缸体
活塞外径(从活塞裙下往上 23mm 处销孔直角方向)				—	—	
活塞间隙			0.088～0.112	—	—	更换气缸体和活塞
活塞环	自由开口间隙	上部活塞环	约 11.5	—	—	
		下部活塞环	约 14	—	—	
	气缸套插入时开口间隙	上部活塞环	0.30～0.40	—	1.5	更换活塞环
		下部活塞环	0.75～0.90	—	1.2	
		发动机油	0.15～0.30	—	1.2	
	活塞环的宽度	上部活塞环	2.5	—	−0.1	更换活塞环
		下部活塞环	2	—	−0.1	
		发动机油	4	—	−0.1	

续表

检测项目			标准值	修理限度	使用限度	处理方法
活塞	活塞环的槽	上部活塞环	2.5	—	+0.2	更换活塞
		下部活塞环	2	—	+0.2	
		发动机油	4	—	+0.1	
	活塞环与活塞环槽的间隙	上部活塞环	0.09～0.13	—	—	更换活塞环或活塞
		下部活塞环	0.04～0.08	—	—	
		发动机油	0.02～0.06	—	—	
	活塞销外径		37	—	−0.04	更换活塞销
	活塞毂内径		37	—	+0.05	更换活塞
	活塞销与活塞毂的间隙		−0.002T～0.025L（T：过盈量；L：间隙）	—	0.05	更换活塞销或活塞
连杆衬套内径			37	—	+0.1	更换连杆衬套
连杆衬套的油膜间隙			0.015～0.036	—	0.08	更换活塞销或连杆衬套
曲轴	曲轴销外径		65	—	63.8	更换曲轴（注1）
	连杆轴承的厚度		2.0	—	—	
	连杆的油膜间隙		0.031～0.082	0.2	—	间隙大于0.3时，更换轴承（注2）
	曲轴轴颈外径		80	—	78.8	更换曲轴（注1）
	主轴承的厚度		2.5	—	—	
	曲轴油膜间隙		0.051～0.102	0.2	—	更换轴承（注2）
	中央轴颈的宽度		36	—	+1.00	更换曲轴
	推力轴承的厚度		2.5	—	—	
	曲轴的轴向间隙		0.050～0.219	0.50	1.219	更换推力轴承或曲轴
	曲轴的偏差		—	0.15	—	研磨到负公差尺寸
	曲轴销的宽度		34	—	+0.8	更换曲轴

注1：磨损大于0.10时，重新研磨修正；磨损大于0.20时，重新研磨；磨损大于1.20时，更换曲轴
注2：负公差尺寸轴承值为0.25、0.50、0.75、1.00

检测项目			标准值	修理限度	使用限度	处理方法
连杆大端的末端幅度			34	—	−0.8	更换连杆
连杆的轴向间隙			0.20～0.52	—	1.0	更换连杆或曲轴
凸轮轴	凸轮轴轴颈外径		40	—	−0.15	更换凸轮轴
	凸轮轴轴承内径		40	—	+0.15	更换轴承
	凸轮轴轴承的油膜间隙		0.020～0.063	—	—	更换凸轮轴或轴承
	凸轮高度	IN	50.067	—	−0.08	更换凸轮轴
		EX	52.104	—		
	凸轮升程	IN	8.067	—	−0.08	更换凸轮轴
		EX	10.104	—		
	凸轮轴轴颈宽度（后轴颈）		33	—	—	
	凸轮轴的轴向间隙		0.100～0.178	—	—	更换凸轮轴
	凸轮轴的偏差		0.04	—	0.1	更换凸轮轴
摇臂轴外径			22	—	−0.08	更换摇臂轴
摇臂衬套的内径			22	—	+0.08	更换摇臂衬套
摇臂的油膜间隙			0.030～0.101	—	0.15	
阀杆外径		IN	7	—	—	更换阀门
		EX	7	—	—	
阀导管内径		IN	7	—	—	更换阀导管
		EX	7	—	—	
阀导管与阀杆的油膜间隙		IN	0.023～0.058	—	—	更换阀门或阀导管
		EX	0.050～0.083	—	—	
阀门的下沉量		IN	0.55～0.85	—	1.1	更换阀门及阀座
		EX	1.15～1.45	—	1.7	

续表

检测项目			标准值	修理限度	使用限度	处理方法
阀座角度	IN		30°	允许角度 30°～30°35′		修正
	EX		45°	允许角度 30°30′～45°		
阀面角度	IN		30°	允许角度 29°30′～45°		
	EX		45°	允许角度 44°30′～45°		
阀簧	内弹簧	设定长度	44.8	—	—	
		设定负载	129N	—	—	
		自由长度	64.6	—	－3.0	更换弹簧
		直角度	—	—	2.0	更换弹簧
	外弹簧	设定长度	46.8	—	—	
		设定负载	314N	—	—	
		自由长度	75.7	—	－3.0	更换弹簧
		直角度	—	—	2.0	更换弹簧
正时齿轮	齿隙	曲轴-主怠速	0.030～0.167	—	0.30	更换齿轮
		主怠速-泵驱动怠速	0.032～0.096	—	0.10	
		泵驱动怠速-泵驱动	0.020～0.083	—	0.10	
		主怠速-副怠速	0.030～0.113	—	0.30	
		副怠速-油泵	0.030～0.113	—	0.30	
		副怠速-凸轮怠速	0.050～0.218	—	0.30	
		凸轮怠速-凸轮	0.030～0.253	—	0.30	
	主怠速	轴外径	57	—	—	
		轴衬内径	57	—	—	
		轴与轴衬的间隙	0.030～0.090	—	0.20	更换轴或轴衬
		齿轮宽度	44	—	—	
		轴长	44	—	—	
		轴向间隙	0.114～0.160	—	0.30	更换轴或齿轮
	副怠速	轴外径	50	—	—	
		轴衬内径	50	—	—	
		轴与轴衬的间隙	0.025～0.075	—	0.20	更换轴或轴衬
		齿轮宽度	22	—	—	
		轴长	22	—	—	
		轴向间隙	0.040～0.120	—	0.30	更换轴或齿轮
正时齿轮	凸轮怠速	轴外径	34	—	—	
		轴衬内径	34	—	—	
		轴与轴衬的间隙	0.025～0.075	—	0.20	更换轴或轴衬
		齿轮宽度	22	—	—	
		轴长	22	—	—	
		轴向间隙	0.040～0.120	—	0.30	更换止推板或齿轮
	泵驱动怠速	轴外径	34	—	—	
		轴衬内径	34	—	—	
		轴与轴衬的间隙	0.025～0.075	—	0.10	更换轴或轴衬
		齿轮宽度	28.5	—	—	
		轴长	28.5	—	—	
		轴向间隙	0.016～0.22	—	—	
气缸盖下面的平面度，气缸体上面的平面度			长度方向 0.06 直角方向 0.03	—	0.2	由于凸轮怠速-副怠速齿轮的齿隙会发生变化，因此禁止研磨修正
飞轮端面摆动			—	0.15	—	
凸轮轴齿轮安装螺栓			—	—	30.5	更换
轴承盖螺栓(曲轴安装)			—	—	108	更换
连杆螺栓			—	—	68.0	更换
气缸盖螺栓			—	—	126.5	更换

2.4.3 发动机气门间隙调整方法

2.4.3.1 卡特发动机气门间隙调整

如果未修正气门间隙不足，可能会导致凸轮轴和挺杆的快速磨损。气门间隙不足还可能指示气门座故障。以下各项是导致气门座出现故障的原因：喷油嘴故障、进气口堵塞、空气滤清器过脏、燃油设定不当和发动机过载。

未修正气门间隙不足可导致气门杆断裂、推杆断裂或弹簧挡圈破裂。气门间隙的快速增加可能指示以下任何项目：凸轮轴和挺杆磨损、摇臂磨损、推杆弯曲、气门间隙调整螺钉松动、推杆上端套筒断裂。

润滑油中的燃油及脏污可能是导致凸轮轴和挺杆快速磨损的原因。

以卡特 320D 挖掘机装载的 C6.4 柴油发动机为例，气门间隙调整的步骤如下：

① 确保 1 号活塞处于压缩冲程的上止点位置。

② 根据表 2-4 调整气门间隙。

表 2-4 压缩冲程气门间隙参数

压缩冲程上止点	进气门	排气门
气门间隙	0.25mm	0.40mm
气缸	1-2-4	1-3-5

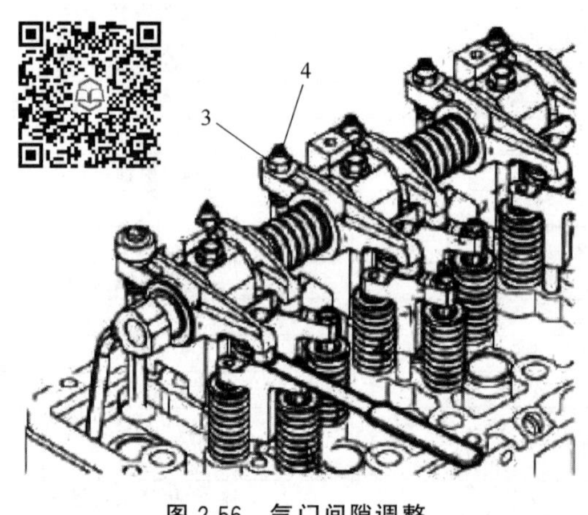

图 2-56 气门间隙调整

③ 松开调整锁紧螺母 3（图 2-56）。

④ 在摇臂与气门桥之间放置适当的塞尺。然后，按顺时针方向转动调整螺钉 4，如图 2-56 所示。滑动摇臂与气门桥之间的塞尺。继续转动调整螺钉 4，直到感到塞尺上稍有拖滞为止。拆下塞尺。

⑤ 拧紧调整锁紧螺母 3 到扭矩（4±1）N·m。拧紧调整锁紧螺母 3 时不允许转动调整螺钉 4。拧紧调整锁紧螺母 3 后，重新检查气门间隙。

⑥ 以发动机旋转方向将发动机转动 360°。这将会把 6 号活塞置于压缩冲程的上止点位置。

⑦ 根据表 2-5 调整气门间隙。

表 2-5 排气冲程气门间隙参数

排气冲程上止点(TC)	进气门	排气门
气门间隙	0.25mm	0.40mm
气缸	3-5-6	2-4-6

⑧ 松开调整锁紧螺母 3。

⑨ 在摇臂与气门桥之间放置适当的塞尺。然后，按顺时针方向转动调整螺钉 4。滑动摇臂与气门桥之间的塞尺。继续转动调整螺钉，直到感到塞尺上稍有拖滞为止。拆下塞尺。

⑩ 拧紧调整锁紧螺母 3 到扭矩（4±1）N·m。拧紧调整锁紧螺母 3 时不允许转动调整螺钉 4。拧紧调整锁紧螺母 3 后，重新检查气门间隙。

在短时间内进行数次气门间隙调整表示发动机多个零件出现磨损。应找出问题，进行任何必要的修理，以防对发动机造成更大的损坏。

2.4.3.2　小松发动机气门间隙调整

下面以小松 SAA6D107E-1 柴油发动机为例进行介绍，该机装载于 PC200、200LC-8，PC220、220LC-8 等挖掘机上。

将机器停放在水平地面上，并将工作装置降至地面。在发动机冷却液处于正常温度的条件下，测量气门间隙。

① 打开发动机罩，从空调压缩机顶部拆下皮带防护板。

② 拆下气缸盖罩 1，如图 2-57 所示。由于通过 O 形环，气缸盖罩后侧的通气装置接头被连接到飞轮壳体，所以要将通气装置接头和气缸盖罩一起拔下。

③ 从起动机顶部拆下螺塞 2，并插入齿轮 C1（专用工具，配件号 795-799-1131），如图 2-58 所示。

图 2-57　拆卸气缸盖罩

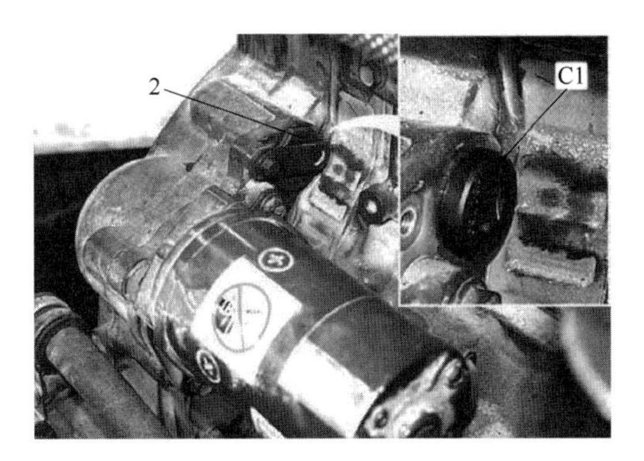

图 2-58　拆下螺塞并插入齿轮

④ 用齿轮 B1 将曲轴向前旋转，并将旋转传感器环的宽口 b 固定在前盖的突起顶部 a。从空调压缩机侧看时，突起顶部 a 一定在宽口 b 的范围内。如果看见了顶部 a 和宽口 b 的黄色标记，如图 2-59 所示，将它们相互卡在一起。当按以上步骤设定曲轴时，一定要注意，1 号和 6 号气缸内的活塞没有被设在压缩上止点（TDC）。

⑤ 检查 1 号气缸摇臂的运动，以判定要调整的气门间隙值。如果进气门间隙过大，可用手移动进气门（进气）的摇臂，要调整气门配置图中标有○的气门，见图 2-60。如果排气门间隙过大，可用手移动排气门（排气）的摇臂，要调整气门配置图中标有●的气门。

图 2-59　对正突起顶部与宽口黄色标记

1号		2号		3号		4号		5号		6号	
进气	排气	进气	排气	进气	排气	进气	排气	进气	排气	进气	排气
○	●	●	○	○	○	●	●	○	●	●	○

图 2-60　气门配置图

⑥ 按下列步骤调整气门间隙。

a. 固定调整螺钉 3 时，要拧松锁紧螺母 4。

b. 将塞尺 C2 插入摇臂 5 和十字结联轴器 6 的间隙中，并用调整螺钉 3 调整气门间隙，

图 2-61　调整气门间隙

如图 2-61 所示。当塞尺插入时，将调整螺钉转动到能稍微移动塞尺的程度。

c. 当固定调整螺钉 3 时，拧紧锁紧螺母 4，锁紧螺母扭矩为（24±4）N・m；拧紧锁紧螺母后，要再次检查气门间隙。

⑦ 向前旋转曲轴 1 圈，并按照步骤④将宽口 b 设定在突起顶部 a 上。

⑧ 按照步骤⑤和⑥调整其它气门间隙。如果在步骤⑤和⑥中，调整了气门配置图中标有●的气门，要调整标有○的气门。如果在步骤⑤和⑥中，调整了气门配置图中标有○的气门，要调整标有●的气门。

⑨ 调整完毕后，拆下调整工具并重新安装拆下的部件。注意务必拆下齿轮 B1。气缸盖罩安装螺母扭矩：（24±4）N・m。

2.4.3.3　沃尔沃发动机气门间隙调整

以沃尔沃 D16E 柴油机为例，气门间隙的调整步骤如下。

① 把机器停放在维修位置，如图 2-62 所示。

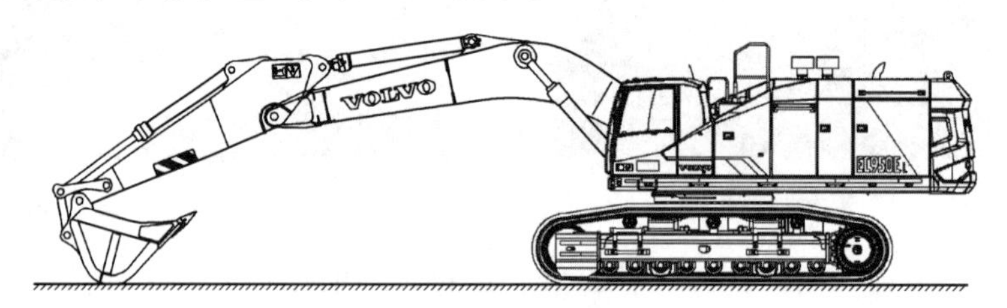

图 2-62　将机器置于维修位置

② 拆除阀盖。

③ 拆下飞轮罩上的保护盖。安装 9993590 齿轮圈和棘轮手柄，如图 2-63 所示。

图 2-63　拆下保护盖并安装专用工具

④ 如图 2-64 所示，拧松钢板弹簧。

⑤ 以顺时针旋转方向转动发动机，直到凸轮轴上最近的破折号标记位于轴承盖上的标记之间。

如图 2-65 所示，注意标记 1～6 为需检查气门间隙的气缸号。此标记用于进气门、排气门、IEGR 摇臂的气门间隙调节以及单体泵喷油器预加载。

⑥ 检查阀轭和摇臂止推套筒之间的阀门间隙是否符合发动机规格。如有必要，进行如下调节：为进气阀调节正确的阀门间隙。在用套筒扳手反向夹持并拧紧锁紧螺母 A 时，将工具置于调整螺钉 B 中，如图 2-66 所示。重新检查阀门间隙。注意调节时使用标记笔进行标记，以记录哪个气门、单体泵喷油器和 IEGR 摇臂已经过调节。

图 2-64　钢板弹簧位置

⑦ 如图 2-67 所示，通过拧松锁紧螺母 A 和调整螺钉 B 将阀轭调节至零间隙，从而使之与气门杆毫无接触。按压阀轭，拧紧调整螺钉，使阀轭与气门杆接触。再将调整螺钉紧固一个六角边缘（60°）。然后按照发动机拧紧力矩将锁紧螺母 A 紧固至规定力矩。拧下调整螺钉后，必须同时下压阀轭以与气门杆接触。应尽可能将压力施加到阀轭的中间位置，这一点很重要。可使用螺丝刀或类似工具。

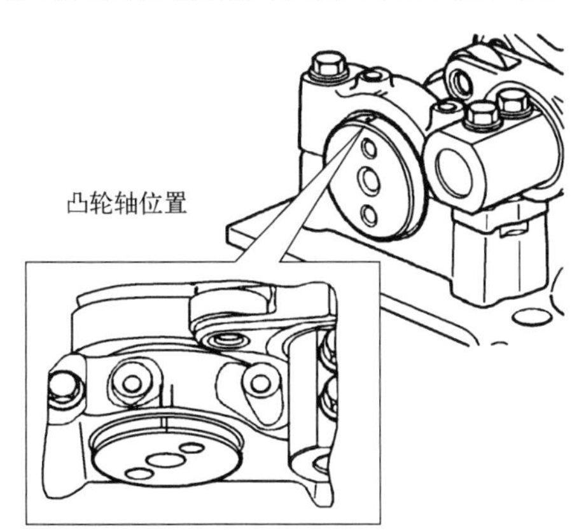

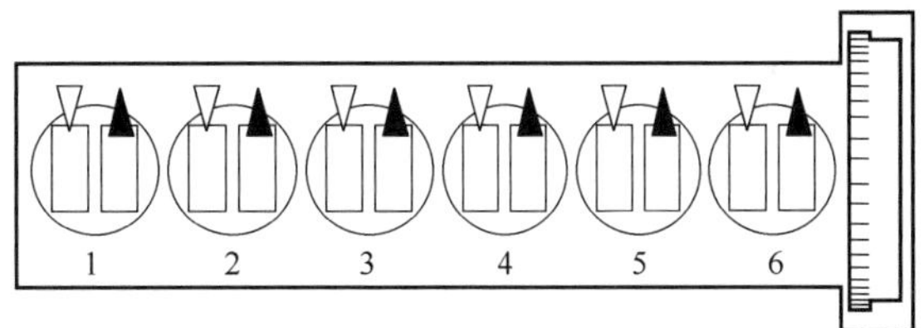

图 2-65　凸轮轴位置与气缸号

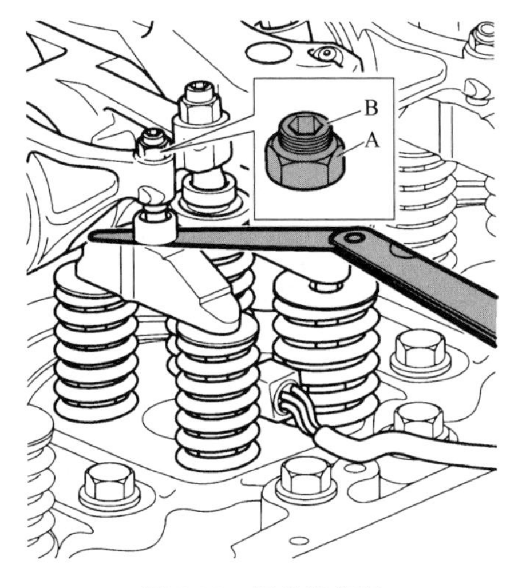

图 2-66　调节进气阀

图 2-67　调节排气阀

⑧ 如图 2-68 所示，检查阀轭和摇臂止推套筒之间的阀门间隙是否符合发动机规格。转动套筒，使之不带有角度。如有必要，调节间隙并将锁紧螺母紧固至规定力矩。检查气门间隙并使塞尺保留在原位。

⑨ 塞尺保留在原位可最大程度地消除排气门间隙。用垫片或塞尺检查摇臂滚轮和凸轮轴之间的 IEGR 摇臂间隙，如图 2-69 所示。检查并确认间隙正确。注意如果发现测量值偏离规格中的数值，则进行如下调整，或者进行误差检验。

图 2-68 检查阀门间隙

图 2-69 检查 IEGR 摇臂间隙

⑩ 拧松 IEGR 摇臂锁紧螺母 A 并逆时针转动调整螺钉 B 0.5～1 圈。在凸轮轴和 IEGR 摇臂滚轮之间放置一个垫片或塞尺。垫片厚度应符合发动机规格。紧固调整螺钉 B 至接触状态，然后转动半圈，从而使阀轭下压且排气门稍微打开。然后，使 IEGR 机构承受重载，且所有零件均处于正确位置。

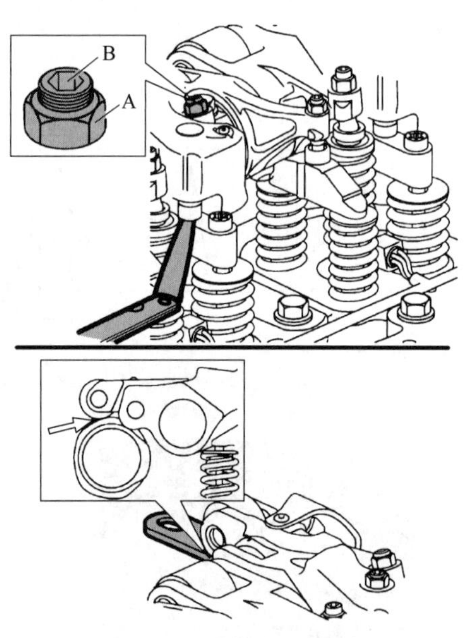

图 2-70 调节 IEGR 摇臂

如图 2-70 所示，拧松调整螺钉 B，直到略用力即可使调整垫片或塞尺滑入、滑出。用锁紧螺母 A 将调整螺钉 B 锁紧在该位置。

⑪ 取下塞尺和垫片。用厚度符合发动机规格的垫片或塞尺检查凸轮轴和 IEGR 摇臂滚轮之间的间隙。可顺畅地滑入垫片或塞尺则间隙正确。注意如果间隙不足，则从排气阀开始进行检查。误差检验绝不可用于调整工作。

⑫ 将发动机旋转至凸轮轴上的下一标记，并继续以同样的方式操作，直至检查完所有六个气缸的气门。拆下工具并安装保护盖。

⑬ 拧紧钢板弹簧。

⑭ 安装阀盖。

⑮ 将保护盖安装到飞轮罩上，安装电缆支架。

⑯ 恢复机器。

2.4.4 发动机正时机构部件安装步骤

2.4.4.1 卡特发动机正时机构安装

以卡特 320 挖掘机装载的 C7.1 柴油机为例。

(1) 确定 1 号活塞上止点位置

① 拆下前盖。

② 使用专用工具（曲轴盘车工具）旋转曲轴，直至凸轮轴齿轮 1 中的孔 X 对准前壳体中的孔。如图 2-71 所示。

③ 将专用工具（凸轮轴正时销）穿过凸轮轴齿轮 1 的孔 X 安装到前壳体中。使用凸轮轴正时销将凸轮轴锁在正确位置。

④ 从缸体上拆下螺塞 4。将专用工具（曲轴正时销）安装到缸体内的孔 Y 中，如图 2-72 所示。使用曲轴正时销将曲轴锁在正确位置。注意安装曲轴正时销时不要使用过大的力。在修理过程中不要使用曲轴正时销固定曲轴。

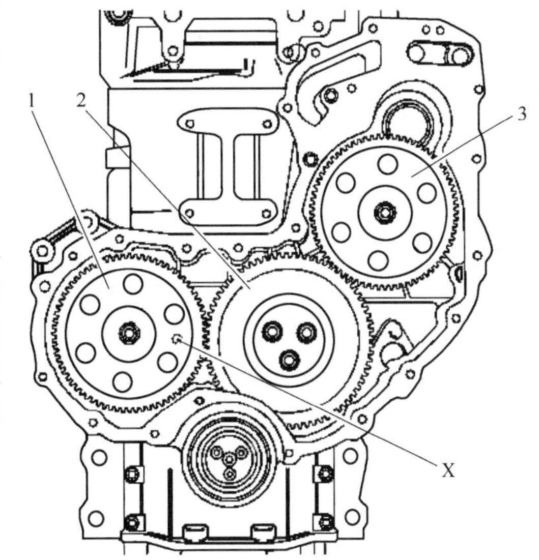

图 2-71　旋转曲轴位置

(2) 正时调整

① 将凸轮轴齿轮 1 安装到凸轮轴上。

② 确保将曲轴、凸轮轴锁定在正确位置。确保已将喷油泵锁定到位。

③ 安装惰轮 2。

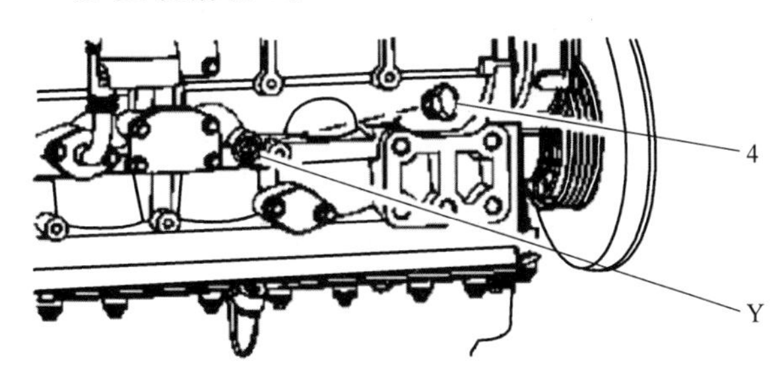

图 2-72　使用曲轴正时销固定曲轴

④ 安装喷油泵齿轮 3。

⑤ 确保齿轮 1、2、3 上的正时标记对齐，如图 2-73 所示。

(3) 正时齿轮机构拆卸

准备工作：拆下前盖和气门机构盖。

① 从缸体上拆下螺塞 2。将 O 形密封圈 1 从螺塞上拆下，如图 2-74 所示。

② 使用工具转动曲轴，使 1 号活塞处于其压缩冲程的上止点位置。

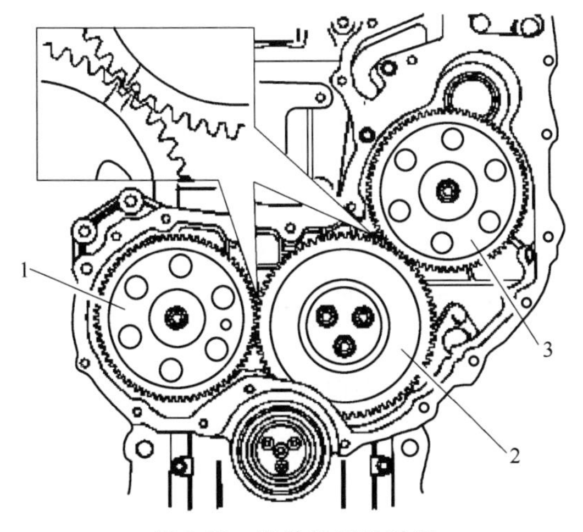

图 2-73　发动机正时对正

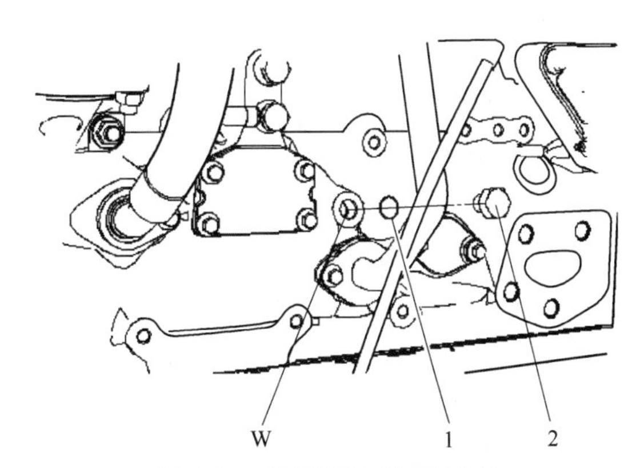

图 2-74　使用正时销固定曲轴

③ 将专用工具（曲轴正时销）穿过孔 W 安装，以锁定曲轴。

④ 松开摇臂 5 上的所有螺母（如图中 4）。用 T40 Torx 套筒拧松摇臂 5 上的所有调节器（如图中 3），直到所有气门完全闭合，如图 2-75 所示。如果不能保证完全拧松所有调节器，

可能会导致气门与活塞接触。

⑤ 如图 2-76 所示，将凸轮轴正时销穿过凸轮轴齿轮 7 的孔 X 安装到前壳体中。使用正时销将凸轮轴锁定到位。

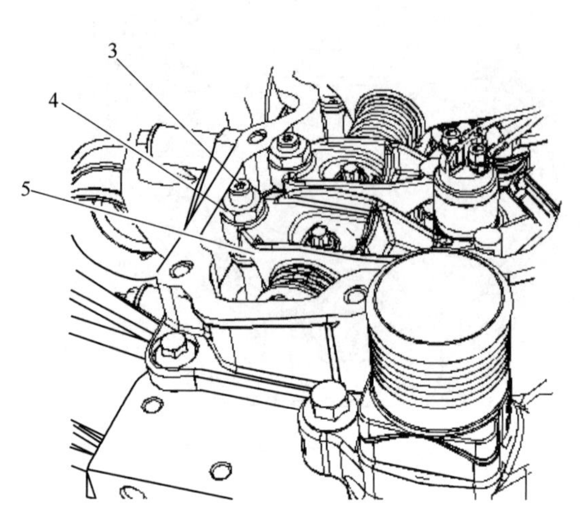

图 2-75 松开摇臂调节器

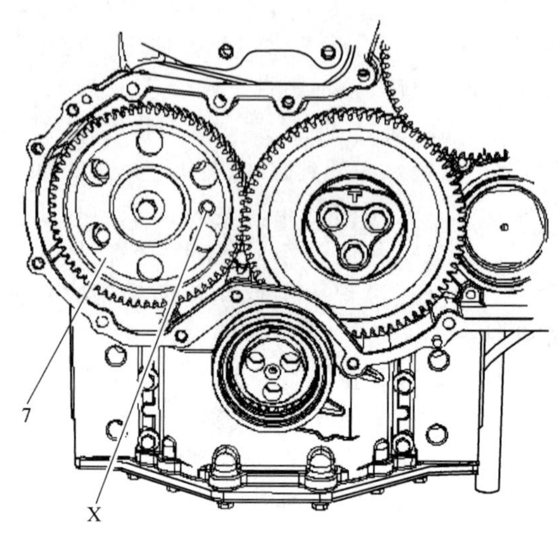

图 2-76 插入凸轮轴正时销

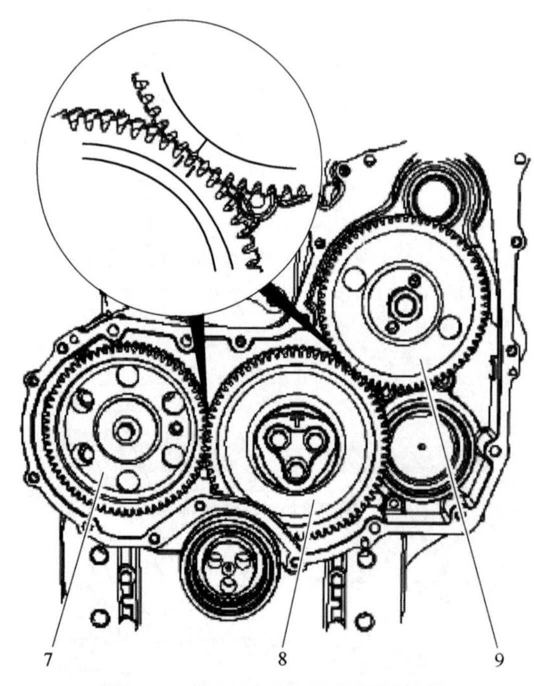

图 2-77 标记正时位置并拆卸齿轮

⑥ 标记齿轮 7、8 和 9 以便显示对准位置，如图 2-77 所示。识别标记能确保将齿轮安装在原来的对准位置。

⑦ 拆下凸轮轴正时销和曲轴正时销。

⑧ 拆下燃油泵齿轮 9。

⑨ 拆下凸轮轴齿轮 7。

⑩ 拆下惰轮 8。

(4) 正时齿轮组安装步骤

① 确保 1 号活塞在其压缩冲程的上止点位置。

② 必要时，将曲轴正时销安装到缸体的孔 Y 中。使用正时销将曲轴锁定到位。安装正时销时不要使用过大的力。

③ 确保前齿轮总成的所有部件清洁且无磨损和损坏。如有必要，更换所有磨损或损坏的部件。

④ 安装凸轮轴齿轮 7。松散地安装凸轮轴齿轮的螺栓 11 和垫圈 10，如图 2-78 所示。

⑤ 将凸轮轴正时销穿过凸轮轴齿轮 7 的孔 X 安装到前壳体中。

⑥ 安装惰轮 8，如图 2-79 所示。

⑦ 安装喷油泵齿轮 9。

⑧ 确保齿轮 7、齿轮 8 和齿轮 9 上的正时标记对齐。

⑨ 拆下凸轮轴正时销和曲轴正时销。

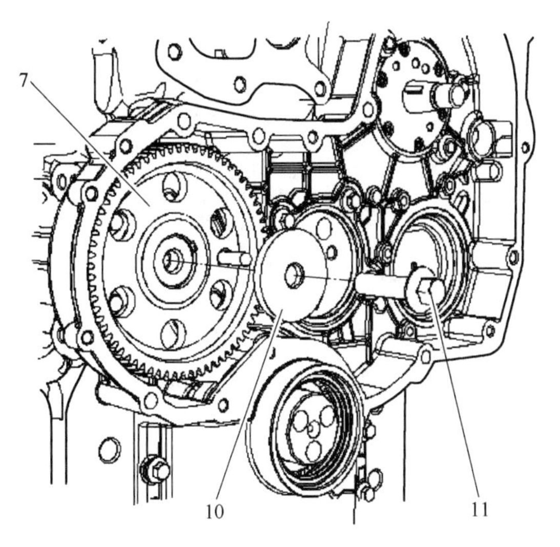

图 2-78 安装凸轮轴齿轮

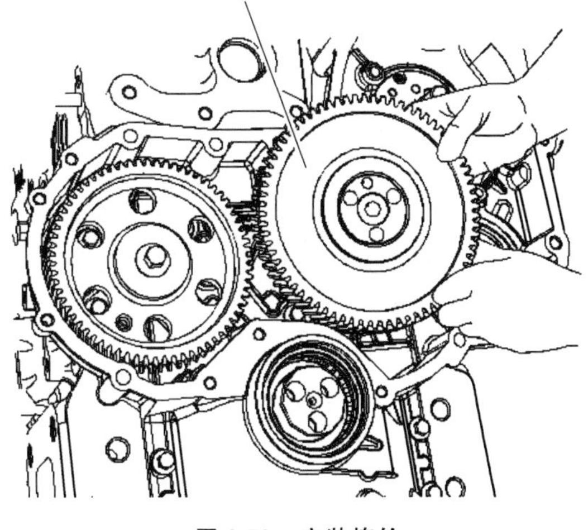

图 2-79 安装惰轮

2.4.4.2 小松发动机正时机构安装

以小松 SAA6D107E-1 柴油机为例。

(1) 安装凸轮轴（旋转凸轮轴，将 1 号气缸设定在上止点）

① 在凸轮轴孔、凸轮轴轴颈和突出表面涂上发动机油（EO15W-40），然后轻轻推入并旋转凸轮轴 3 来进行安装，如图 2-80 所示。

② 如图 2-81 所示安装止推板 2。安装螺栓紧固力矩：(24±4) N·m。

图 2-80 安装凸轮轴

图 2-81 安装止推板

③ 在安装时，将止推板与凸轮轴齿轮 1 上的定时标记 A 和凸轮轴齿轮 4 的倒角齿（单个位置）相配合，如图 2-82 所示。安装螺栓紧固力矩：(36±4) N·m。

④ 用千分表测量凸轮轴的轴向间隙和径向间隙，如图 2-83 所示。轴向间隙为 0.10～0.36mm；轴向间隙由止推板的厚度和凸轮轴的槽决定。径向间隙为 0.076～0.280mm。

(2) 安装飞轮壳

① 如图 2-84 所示，用螺栓 1 安装飞轮壳 2。在带凸缘的壳的安装表面以及安装螺栓孔的周围涂上垫圈密封剂 LG-7。垫圈密封剂管道的直径应当是 1～3mm。

② 按图 2-85 中［1］～［20］的顺序紧固飞轮壳螺栓。使用 2 种螺栓，确保达到规定的紧固力矩。

M12：(85±10) N·m（△标记）；M10：(49±5) N·m（□标记）。

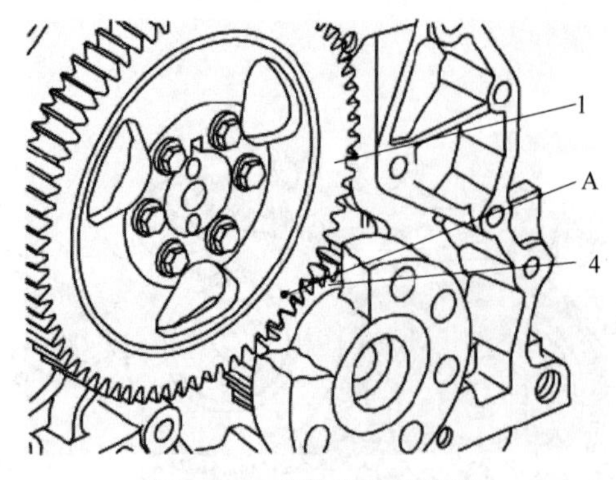

图 2-82 安装凸轮轴齿轮

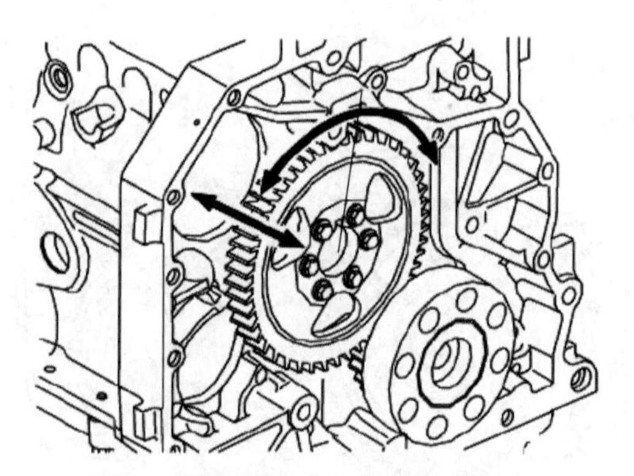

图 2-83 测量轴向间隙与径向间隙

图 2-84 安装飞轮壳

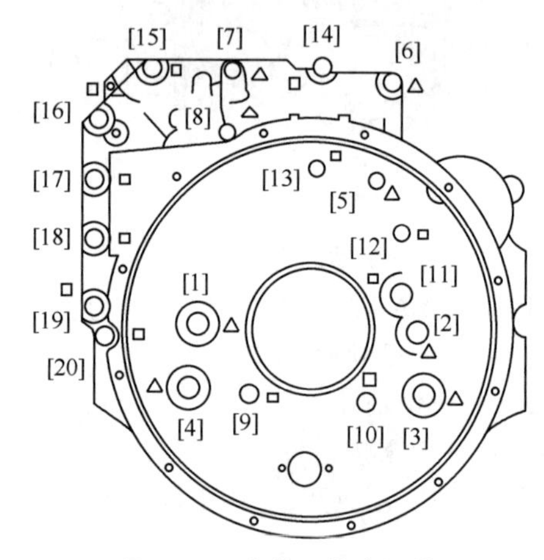

图 2-85 安装飞轮壳螺栓

③ 安装飞轮壳之后，用工具 L 测量径向偏转和表面偏转。径向偏转：最大 0.20mm；表面偏转：最大 0.20mm。

a. 径向偏转的测量：

a）将工具 L 安装到机轴端面，如图 2-86 所示。

b）将千分表的探针与飞轮壳的套管连接成直角。

c）将千分表的刻度设为“0”，然后旋转机轴一圈，测量千分表指针最大偏转的差额。确保在旋转机轴一圈后，千分表指针返回到机轴开始旋转前的位置。

b. 表面偏转的测量：

a）与径向偏转的测量类似，将千分表的探针与飞轮壳的端面连接成直角，如图 2-87 所示。

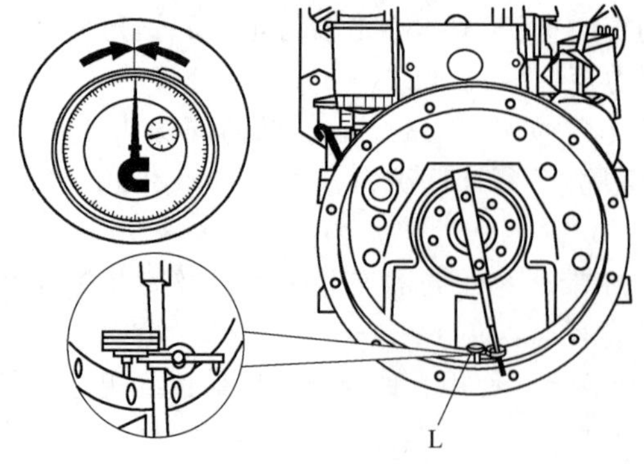

图 2-86 径向偏转的测量

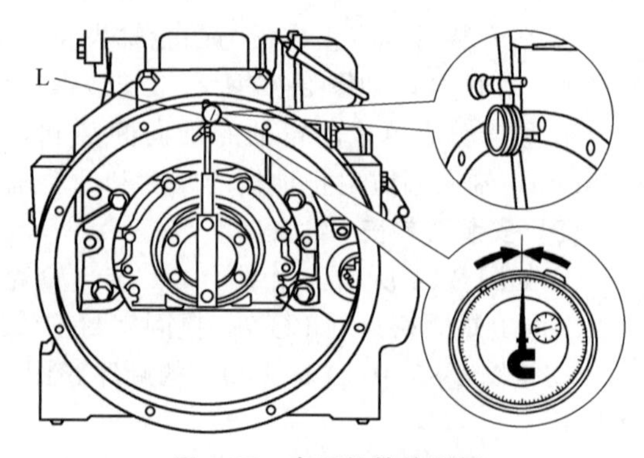

图 2-87 表面偏转的测量

在执行测量之前，将机轴向前或向后移动，以防止因轴向间隙而导致的误差。

b）将千分表的刻度设为“0”，然后旋转机轴一圈，测量千分表指针最大偏转的差额。

(3) 安装后油封

① 如图2-88所示，将导杆［2］插入后油封4。在插入导杆之前，去除后油封前面的油脂并使其干燥。

② 将后油封4和导杆［2］一起插入机轴，然后将后油封4的密封座推入飞轮壳1。在插入后油封之前，去除机轴上后油封要接触的表面的油脂并使其干燥。

③ 拉出导杆［2］，然后将后油封4进一步推入，如图2-89所示。

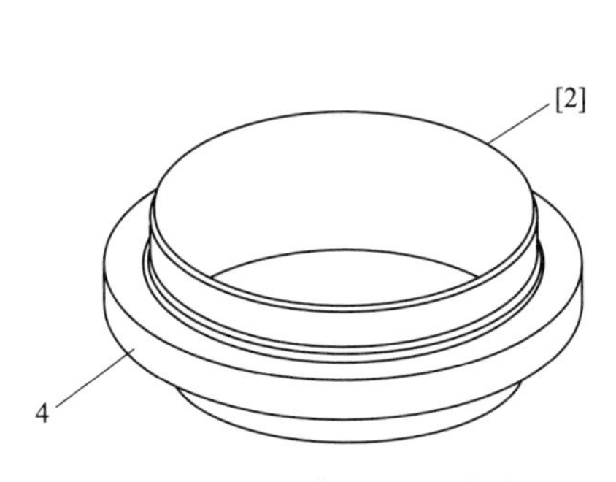

图2-88 将导杆插入后油封

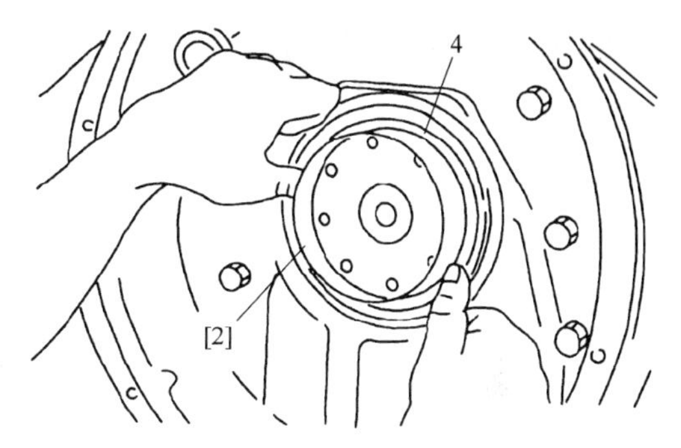

图2-89 安装后油封

④ 如图2-90所示，使用工具G插入后油封，直至其与飞轮壳表面平齐。当推入后油封时，确保密封座无弯曲。

安装尺寸：X＝最大0.38mm，如图2-91所示。

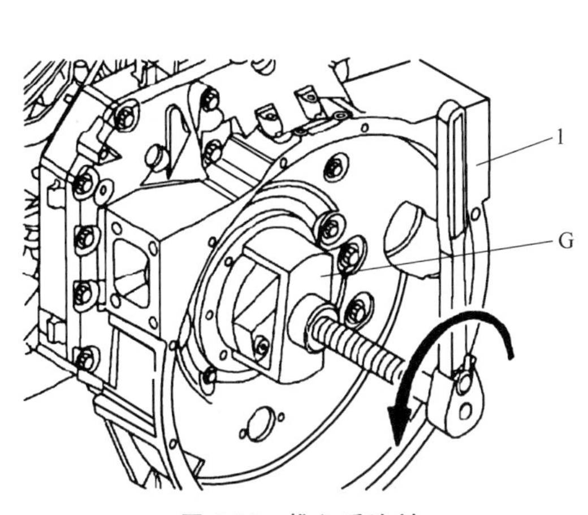

图2-90 推入后油封

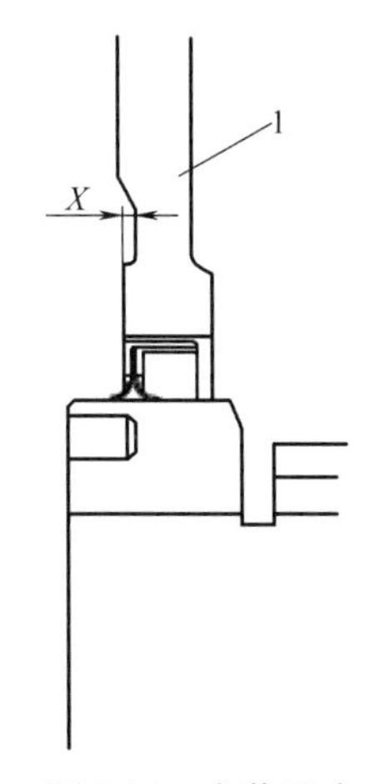

图2-91 安装尺寸

(4) 安装飞轮

① 如图2-92所示，安装导螺栓［1］和飞轮1。要在机轴安装面的螺栓孔（8个位置）的周围涂上齿轮密封剂。齿轮密封剂管道的直径应当是1～3mm。飞轮组件质量：35kg。

② 按照图2-93顺序紧固安装飞轮螺栓。安装飞轮螺栓紧固力矩：(137±7) N·m。

③ 安装飞轮之后，用工具L测量径向偏转和表面偏转，如图2-94所示。径向偏转：最大0.13mm；表面偏转：最大0.20mm。

a. 径向偏转的测量：

a）将工具L安装到飞轮壳。

图 2-92 安装导螺栓

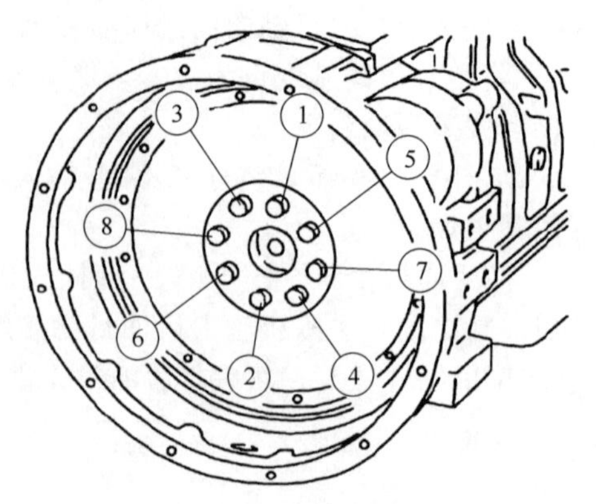

图 2-93 安装飞轮螺栓

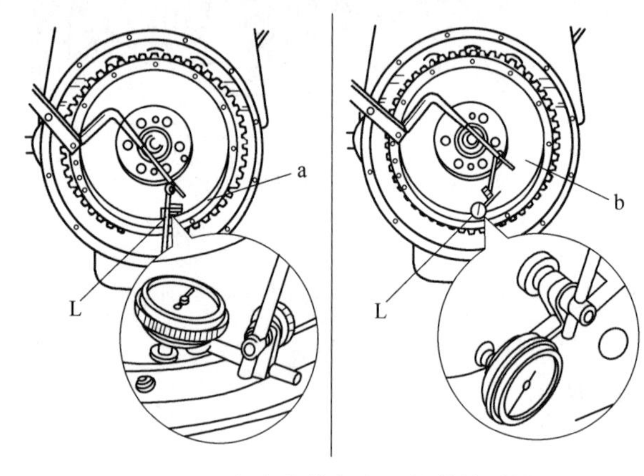

图 2-94 径向偏转与表面偏转的测量

b）将千分表的探针与飞轮壳的套管或外围的部位 a 连接成直角。

c）旋转飞轮一圈，用以测量千分表指针最大偏转的差额。确保在旋转飞轮一圈后，千分表指针返回到飞轮开始旋转前的位置。

b. 表面偏转的测量：

a）与径向偏转的测量类似，将千分表的探针与飞轮壳外围附近的端面 b 连接成直角。在执行测量之前，将机轴向前或向后移动，以防止因轴向间隙而导致的误差。

b）旋转飞轮一圈，测量千分表指针最大偏转的差额。

（5）安装飞轮组件

如图 2-95 所示，向泵油转子空间和怠速轴孔注入发动机油（EO15W-40），然后将转子旋转两圈。

① 用螺栓 1 安装油泵组件 2，如图 2-96 所示。

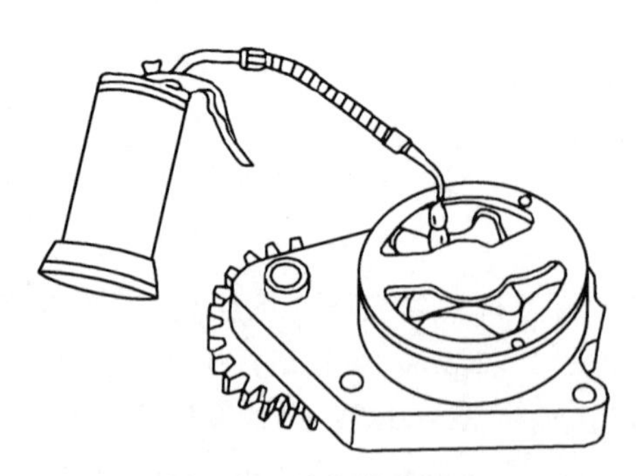

图 2-95 注入发动机油

图 2-96 安装油泵组件

② 按照图 2-97 顺序紧固安装螺栓。安装螺栓紧固力矩：

第 1 次：（8±1）N·m［图（a）］；

第 2 次：(24±4) N·m [图 (b)]。

③ 齿隙的测量：停止移动一侧的齿轮，然后测量泵和惰轮的齿隙 C。齿隙的总量 (C)：(0.2±0.05) mm。

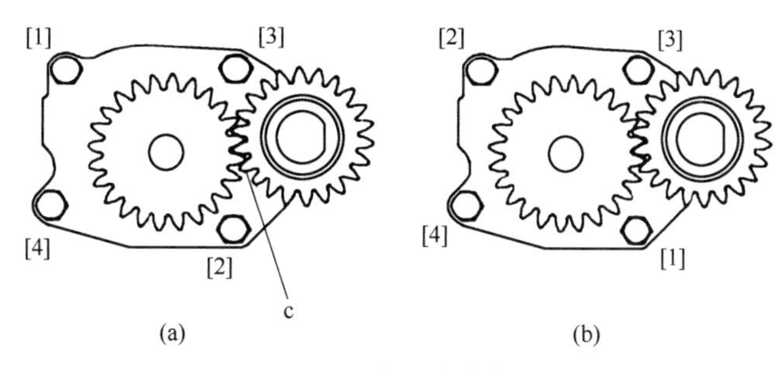

图 2-97 紧固安装螺栓

2.4.4.3 沃尔沃发动机正时机构安装

下面以沃尔沃 D16E 柴油机为例，讲解正时机构齿轮组的安装步骤。

① 如图 2-98 所示，用滑动轴承安装可调传动齿轮（分动器），拧紧螺栓达到接触状态。

② 确保凸轮轴仍在 TDC 内，如图 2-99 所示。

③ 安装凸轮轴齿轮及其减振器。使用 88890370 定时工具拧紧螺栓。注意确保正确对准凸轮轴齿轮上的标记，如图 2-100 所示。

④ 在齿轮之间放置一个 0.10mm 的测隙规，如图 2-101 所示。通过调整分动器内部以调整间隙，直至可用测隙规感受到一些阻力。拧紧分动器的螺栓，确保其不会移动。

⑤ 如图 2-102 所示，安装千分表和磁力架，并测量齿轮之间的齿面间隙。将测量值与规格进行对比。

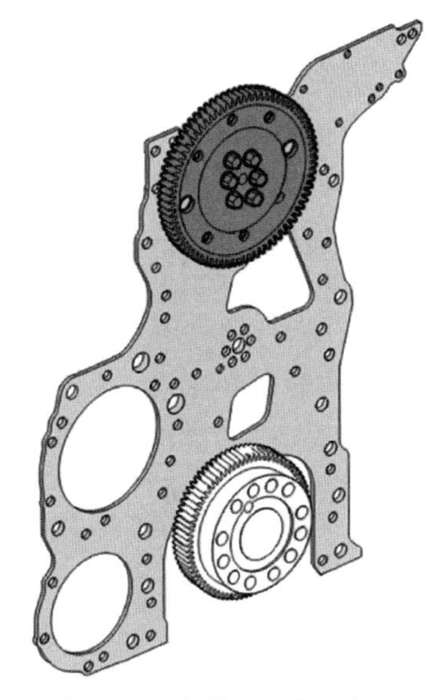

图 2-98 安装可调传动齿轮

图 2-99 凸轮轴上的 TDC 标记

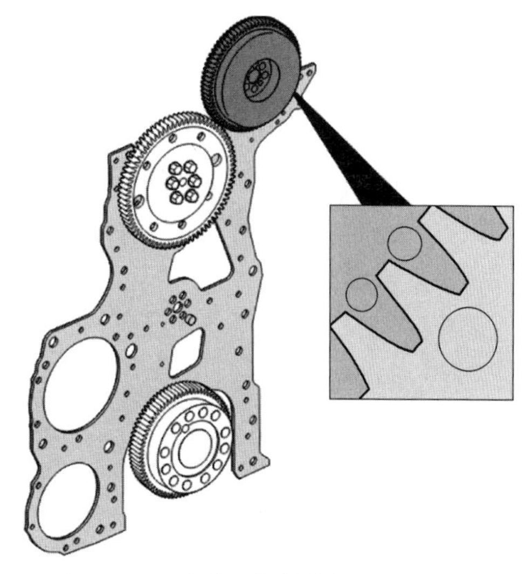

图 2-100 安装凸轮轴齿轮及其减振器

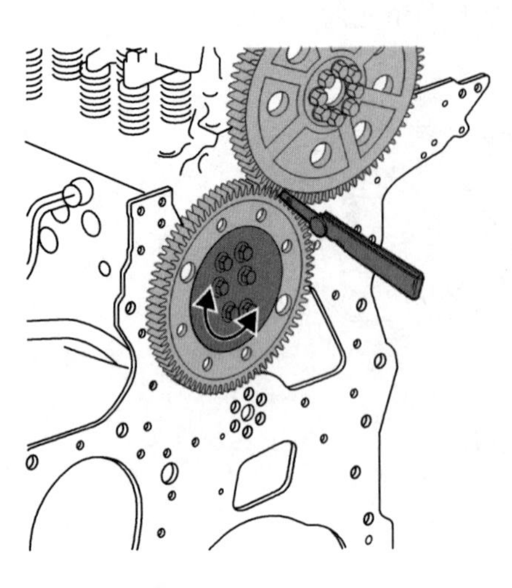

图 2-101 调整齿轮间隙

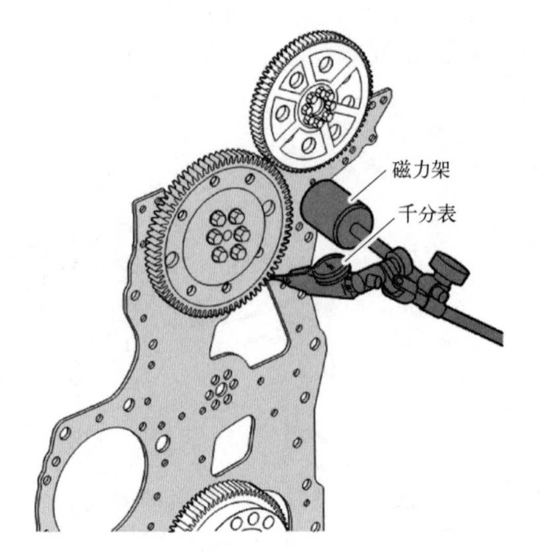

图 2-102 测量齿面间隙

⑥ 齿面间隙符合规格时，拧紧可调传动齿轮的螺栓。使用 88890370 定时工具拧紧螺栓。

⑦ 安装双传动齿轮。使用 88890370 定时工具拧紧螺栓。注意确保双传动齿轮标记正确对准曲轴齿轮上的标记，如图 2-103 所示。

⑧ 如图 2-104 所示安装传动齿轮。

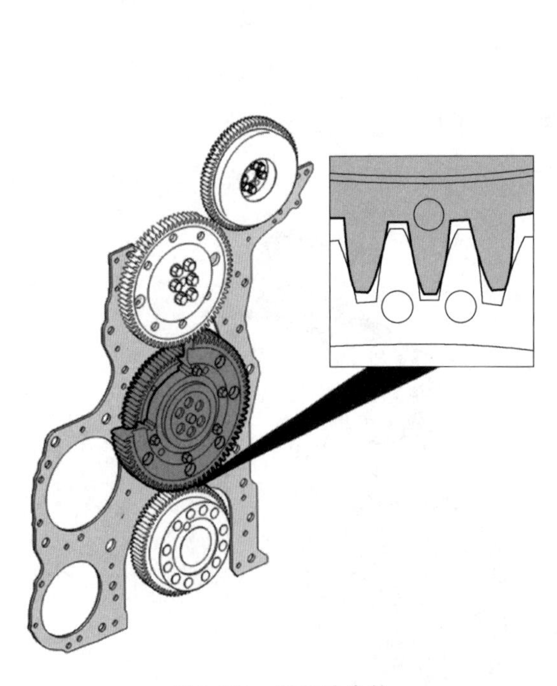

图 2-103 双传动齿轮

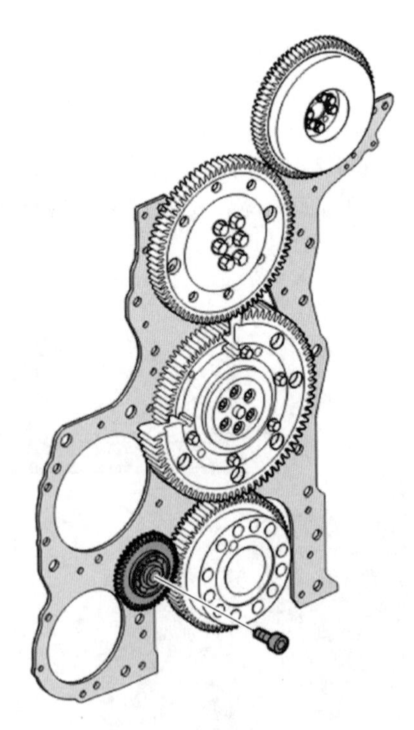

图 2-104 安装传动齿轮

第 5 节　发动机故障排除

2.5.1　柴油机常见故障排除

2.5.1.1　柴油机启动故障排除

故障现象	故障描述	原因分析	排除方法
发动机不启动	启动发动机时，起动机转动能够带动发动机转动，发动机不能启动	蓄电池电压低，充电不足	蓄电池电压低是由于停车后没有关闭车上用电器引起的，应注意下车后关闭所有的用电器；行车时应注意对蓄电池充电，待停车时蓄电池应是充足电的；对于蓄电池电压低不能启动的故障，可以换一组蓄电池或者并联一组蓄电池启动发动机
		蓄电池接线柱锈蚀或松动	清理蓄电池接线柱，拧紧电源线接线夹子，使电源线与蓄电池接线柱可靠接触
		蓄电池接地线锈蚀或松动；发动机接地不良	清理蓄电池接地线接地端，并使其可靠接地；将发动机可靠接地
		启动继电器衔铁不能脱开	维修更换启动继电器
		点火开关故障或起动机故障	检查维修点火开关；检查维修起动机
柴油机无油不启动	启动发动机时，起动机转速正常，带动发动机转动，发动机无火，发动机不启动	燃油箱无燃油	往燃油箱中加注标准燃油，启动发动机使发动机运转，将燃油注满燃油供给系统
		燃油供给系统管路故障	检查燃油供给系统管路，检查燃油滤清器、燃油泵等工作是否正常，必要时更换堵塞和损坏的总成，使燃油供给通畅
		燃油供给系统中有空气、水或异物，产生阻力	排出燃油供给系统中的空气；如发生气阻引起发动机不能启动，应适当降温
		燃油泵故障	检查燃油泵，只有燃油泵工作正常，才能保证供油通畅，在燃油泵供油量很大的情况下，柴油机较难发生供油故障，也不会发生气阻和水阻等“三阻”故障
		发动机故障	检查和维修发动机，只有发动机工作正常，才能少出现或不出现不启动故障
发动机启动困难	起动机转速正常，带动发动机正常转动，但发动机启动困难；发动机在冷机状态下启动困难；发动机在热机状态下启动困难	燃油滤清器脏污堵塞	检查并更换燃油滤清器
		燃油泵故障	检查并调整燃油泵
		喷油正时不对	调整喷油正时
		启动预热装置电路不通，预热装置不工作，机油温度过低，进气温度过低	检查冷启动预热装置，使其在冷启动时能够可靠工作；冷启动预热消耗蓄电池能量大，使用冷启动预热装置时必须保证蓄电池供电
		进气空气滤清器堵塞	检查并更换空气滤清器滤芯
		进油管漏油，燃油箱上的油路转换开关位置不对，无燃油供应	检查油管和油路，保证供油畅通
		起动机故障	检查起动机和启动控制装置，使其可靠工作
		启动操作不当	正确启动发动机
		燃油标号不对	加注合格标号的燃油；必要时放掉燃油箱下部的燃油中的水分
		发动机故障	检修发动机
起动机不启动	接通点火开关，起动机不转；起动机上的驱动齿轮不啮合；起动机上的驱动齿轮不脱开；发动机启动转速不够，转动不均匀	蓄电池充电明显不足	检查蓄电池充电是否充足，如确系充电不足，应拿下来充电；必要时更换蓄电池
		蓄电池接头松脱	接好蓄电池接线柱和接头
		蓄电池接地线松脱	修好蓄电池接地线
		启动电路不通	检查启动电路，使起动机接线端子处有电

续表

故障现象	故障描述	原因分析	排除方法
起动机不启动	接通点火开关，起动机不转；起动机上的驱动齿轮不啮合；起动机上的驱动齿轮不脱开；发动机启动转速不够，转动不均匀	电磁继电器衔铁黏着	检查起动机电磁继电器，消除电磁继电器故障；启动时应能明显听到电磁继电器吸合和断开的声音
		起动机本身故障	检查并维修起动机
		起动机驱动齿轮与发动机飞轮齿圈卡滞	重新启动，使起动机驱动齿轮与发动机飞轮齿轮切换位置啮合
		起动机驱动齿轮和轴承黏着	检修起动机启动轴端轴承
		起动机带不动发动机	起动机扭矩不够，必要时更换起动机
		发动机故障	检修发动机，使发动机处于正常工况运行

2.5.1.2 柴油机怠速不稳、动力不足故障排除

故障现象	故障描述	原因分析	排除方法
怠速不稳定	怠速转速波动，转速逐渐降低，容易熄火；怠速转速有规律地波动，也容易熄火	怠速转速调得过低	适当调高怠速转速
		调速器故障，各轴销磨损、间隙过大；铰链点阻滞；齿条运动发卡	检修并调整调速器
		怠速弹簧压缩量过小；怠速弹簧折断	检修怠速弹簧
		喷油泵故障，喷油量和喷油压力波动	调整维修喷油泵
		喷油器故障，喷油嘴针阀发卡，出油阀密封性不稳定	调整和维修各喷油嘴，使喷油量和压力相一致
		燃油标号不对；燃油中含有水分	加注合格的燃油
		喷油正时角度发生变化	调整喷油提前器，调好和紧固连接器
		柴油机本身有故障	维修柴油机本身
中小负荷工况不稳定	动力性不足，容易熄火	柴油机个别气缸断续工作	用观察排气烟色、听柴油机异响和手摸高压油管感受压力脉动等方法判断是否有的缸工作不正常或不工作
		柴油机有两三个缸不工作	用拆开某缸高压油管的方法观察某缸是否不工作。确认故障后进行下一步
		喷油泵工作不稳定	检修喷油泵
		喷油器不能正常工作	检修各缸喷油器
		调速器故障	调整柴油机喷油正时角度
		油门控制故障	调整油门控制机构
		燃油品质问题	加注合格燃油
		柴油机本身有故障	检修柴油机本身
高速高负荷动力不足	上坡无力、加速无力等动力性不良故障	柴油机个别气缸不工作，或者有两三个缸工作不正常	检修柴油机，使柴油机各缸工作正常
		喷油泵工作不良	检修喷油泵，使各缸喷油压力和喷油量相一致，在高速高负荷工况下达到额定值
		喷油器工作不良	检修各缸喷油器
		供油不连续	检修燃油泵，保证可靠供油
		喷油正时角度不正确	调整调速器，调好喷油正时角度
		油门控制机构故障	调好油门控制机构，在油门到底时，一定要使喷油泵控制齿条处于全开位置
		燃油品质差	加注合格的燃油
		柴油机本身有故障	动力性不足故障，确属柴油机本身使用日久，各部磨损引起的，例如缸压偏低、活塞和活塞环磨损、配气机构调整不当、气门密封不严等，应在适当时机维修柴油机

2.5.1.3 柴油机燃油消耗过高故障

故障现象	故障描述	原因分析	排除方法
燃油消耗量过高	添加燃油时发现，燃油消耗量过高	油门控制机构故障，发动机经常在较大油门下工作	检修油门控制机构，使控制机构灵活、控制自如
		怠速或空转时间过长	提高操作技术，使挖掘机在节油状态下行驶
		操作方法不正确	减少停车时间
		发动机故障，自身消耗功率过大	维修和保养好柴油机，使其在最佳状态下工作
		配气机构调整不当，气门间隙不正确，气门漏气	调整配气机构，气门间隙不能过小，过小时可能使气缸密封不严，也不能过大
		活塞环密封性差；活塞环磨损	更换活塞环
		燃烧室积炭；进气门积炭	清理积炭，加注合格燃油
		气缸磨损，配缸间隙过大	更换气缸套
		空气滤清器堵塞，进气不畅	定期更换空气滤清器滤芯
		机油量不足，机油失效	更换并添加合格的机油
		喷油泵额定供油量失调	定期维修调整喷油泵，调好额定供油量
		喷油泵柱塞磨损，喷油量和喷油压力失调	检查喷油泵喷油压力和喷油量
		喷油器针阀开启压力不正确	调整各喷油器针阀开启压力，检查喷油雾化情况，喷柱形状应符合规定
		喷油提前角不对	调整供油正时，保证喷油正时准确
柴油机不能关机	点火开关拨到关机位置，柴油机不熄火；反复拨动点火开关仍不能关机	柴油机断油即熄火，当点火开关拨到关机位置时，点火开关直接拨动停油拨叉，把喷油泵齿条推回到停止供油位置。一般不是柴油机故障，而只是控制机构的停油拨叉损坏，或者油门控制机构故障所致	遇到不能关机情况时不必慌张，应用手拨动油门控制机构，使柴油机熄火，维修好停油拨叉和拉线。点火开关的功能必须可靠，必须保证随时能够关机

2.5.1.4 柴油机润滑系统故障

故障现象	故障描述	原因分析	排除方法
机油消耗量高	机油消耗量过高，经常需要添加机油	活塞环和活塞磨损	机油（润滑油）消耗量大的故障，有些是由于发动机本身有故障，驾驶员和修理工应注意把发动机维护好；若发现发动机排气管冒蓝烟，则主要是由活塞环和活塞磨损使机油上窜至燃烧室造成的，必要时必须检修发动机，更换活塞和活塞环
		进排气门有卡滞现象，进排气门密封套损坏	检修发动机，排除气门的卡滞现象，防止气缸盖上的机油通过气门密封套和气门进入气缸中
		机油牌号不正确	选用厂家推荐的机油牌号，对减少发动机磨损和机油消耗十分重要；注意选用效果好的机油添加剂
		发动机过热	在发动机使用中应防止发动机过热，消除发动机过热的可能因素对减少机油消耗十分有利
		发动机漏机油	消除发动机漏机油的一切因素
		机油压力过高	注意调整发动机的机油压力调节装置，使发动机在合适的机油压力下工作
		机油油品太差	按规定添加和更换合适牌号的机油；机油量不能过少和过多
机油压力低	机油压力警报器闪亮，指示机油系统压力低或无油压	机油压力传感器故障	发动机工作正常而机油压力警报器经常闪亮时，可检查机油压力传感器，排除传感器本身的故障
		机油油面过低	检查和添加机油至规定高度
		机油滤清器堵塞	检查并更换机油滤清器

续表

故障现象	故障描述	原因分析	排除方法
机油压力低	机油压力警报器闪亮，指示机油系统压力低或无油压	主轴承和连杆轴承间隙过大	确属发动机使用时间过长，主轴承和连杆轴承磨损严重时，应维修发动机；调整机油压力限压阀，提高机油压力
		机油泵磨损或漏油	维修或更换机油泵
		机油油质过稀	添加标准牌号机油
		机油泵吸油管故障	检查并调整机油泵吸油管
		机油泵减压泄油阀故障	检查并调整机油泵减压泄油阀
发动机过热	机器运行中温度过高，散热器容易"开锅"，打开发动机罩看到散热器冒蒸气；发动机过热，排气管温度过高	发动机点火时刻调整过迟	调整发动机点火正时角度到正确位置，点火正时角度不能过于迟后
		冷却水量过少	注意添加冷却水至适宜高度，注意冷却水流失
		节温器失灵	检查、拆下或更换节温器
		水泵损坏	检查水泵驱动V带，或更换水泵
		风扇电机故障	检查风扇电机或电机控制部分
		循环水路堵塞	检查循环水路和散热器上部和下部的温度，如温差过大，并排除了节温器故障后即可判断为水路异物堵塞；维修时应注意安全，防止被热水烫伤
		储液罐通气孔堵塞	检查并疏通储液罐通气孔
		发动机长期高负荷工作	应防止发动机长期高负荷工作

2.5.1.5　柴油机冷却系统故障

故障现象	故障描述	原因分析	排除方法
发动机漏水	气缸盖漏水；气缸垫漏水；气缸体漏水；水泵漏水；散热器漏水；散热器连接水管漏水	气缸盖变形或裂纹	维修气缸盖
		气缸盖下平面脏污或腐蚀	维修气缸盖；气缸体和气缸盖轻微的漏水和渗水以及散热器的轻微漏水等，可试用水箱堵漏剂，好的堵漏剂能起到密封修复效果
		气缸垫脏污或腐蚀	更换气缸垫
		气缸垫烧穿	更换气缸垫
		气缸盖螺栓松动	更换螺栓并按规定紧固力矩拧紧
		气缸体裂纹或上平面变形	更换气缸体
		气缸体上平面脏污或腐蚀	维修或更换气缸体
		堵片损坏	更换堵片
		水泵水封损坏	更换水泵水封
		散热器腐蚀或被风扇"啃"坏	维修散热器
		水管腐蚀折断	更换水管并卡紧卡箍
		卡箍损坏	更换卡箍

2.5.1.6　柴油机"飞车"与卡死故障

故障现象	故障描述	原因分析	排除方法
柴油机"飞车"	柴油机突然高速运转，转速越来越高，同时伴有刺耳的噪声和浓烟。无论是抬起油门踏板还是关闭发动机均不起作用。柴油机转速失控了，称之为"飞车"	这是喷油泵故障，喷油泵供油齿条意外地卡死在大供油量位置上，无法脱开。柴油机"飞车"是一种恶性事故，汽油机无"飞车"事故。使用柴油机一定要注意到柴油机可能发生"飞车"事故，应做到事先知道和预防。一旦发生"飞车"事故，如不能及时控制，可能发生甩碎柴油机飞轮，打碎飞轮壳，损坏发动机，可能破坏周围物体或打伤人员。驾驶员一旦遇到柴油机"飞车"，一定不要慌张，应采取紧急措施，使柴油机停机	①首先采取常规办法使柴油机停机，如反复拨动点火开关，可能使柴油机停机。 ②事先注意到燃油滤清器的位置(在燃油箱前面的进油管上)，必要时可击碎燃油滤清器或旋下来，切断燃油供给。 ③切断进油管。 ④最好的办法是将燃油箱上的供油转换阀旋转45°，即可使柴油机停止燃油供给。连接在主油箱、副油箱和进油管上的供油转换阀在90°时是油管接通位置，任意转45°油路就不通了

续表

故障现象	故障描述	原因分析	排除方法
发动机突然卡死	挖掘机操作中，发动机出了故障但驾驶员没有发现，在继续高负荷或接近高负荷的运转中，发动机突然卡死	①润滑油漏光； ②冷却液漏光； ③发动机过热； ④凸轮轴或配气机构卡死； ⑤抱轴； ⑥烧顶	①对于发动机突然卡死的故障，应以预防为主。在任何情况下都应保证发动机处于技术状况良好的工况下运行；发动机不可“带病”运行；发动机应有规定的润滑油量和冷却液量。 ②发动机应在正常的使用温度下工作，一旦发现发动机过热，应停车或降低负荷行驶。 ③发动机润滑油压警告灯或机油压力表指示机油压力情况，警告灯应处于正常指示状态，警告灯亮表示机油压力不足，应停车检查；注意水温表的指示。 ④优质的机油（润滑油）添加剂能减轻发动机磨损，甚至可在机油漏光的情况下保护发动机；适当选用机油添加剂对减轻发动机磨损和延长发动机使用寿命大有益处。 ⑤调整好发动机的喷油正时角度，防止喷油正时过迟而使发动机过热。 ⑥发动机卡死只好拖回修理

2.5.2 柴油机典型维修案例

2.5.2.1 发动机冷却水不足报警故障

故障现象：故障机型为神钢 SK200-8，该机每天都会出现冷却水不足报警。

维修过程：

① 出现冷却水不足报警后，检查副水箱发现副水箱冷却水特别多，而主水箱里确实缺水了，先怀疑是水箱盖或主副水箱之间的连接管道有问题，全部更换后故障依然存在。

② 打开水箱盖后将发动机置于高油门，发现水箱里有大量气泡冒出，所以初步判断为气缸垫被冲破。

③ 做断缸实验，发现断 5 缸后水箱气泡明显减少，判断为 5 缸处气缸垫被冲。

④ 拆开缸盖后，发现气缸垫在 5 缸附近的螺栓孔损坏，如图 2-105 所示。

图 2-105　受损的气缸垫

故障排除：更换气缸垫。

2.5.2.2 发动机不能启动故障

故障现象：在一个寒冷的冬天，一台工作了 3800h 的三一 SY215 挖掘机无法启动。

故障分析：①SY215 机型有预热功能，预热系统出现故障时启动困难；②电池的电量不足；③喷油正时有偏差；④停车控制系统出现故障，使熄火马达停在停车位置；⑤柴油高压油泵柱塞偶件磨损；⑥气温过低造成发动机部件运动阻力增大，导致发动机启动负荷加大，引起启动困难。

故障原因：柴油高压油泵柱塞偶件磨损，引起启动困难；严重时将不能启动机器。

维修过程：

① 检查预热指示灯，灯亮。表明 F13 保险丝和预热开关及预热继电器工作正常，排除预热系统故障的可能性；预热系统电路如图 2-106 所示。

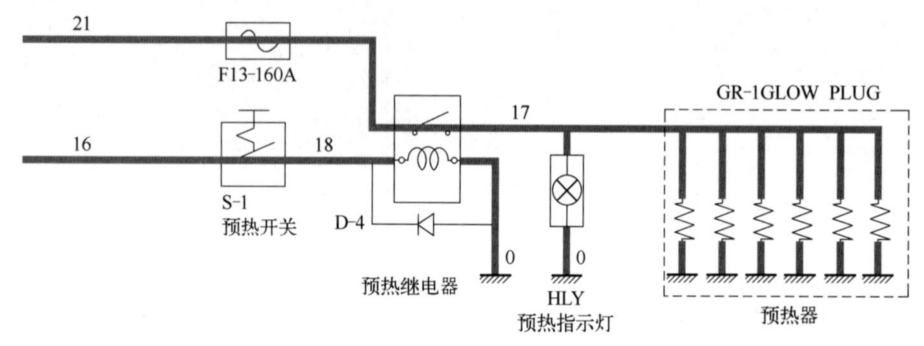

图 2-106　发动机预热系统电路

② 检查电池的电量。电池观察口显示的颜色为绿色，按下喇叭，声音洪亮，表明电池电量正常。

③ 启动时检查发动机停车控制系统的熄火装置。发现熄火装置拉线拉动的高压油泵断油拐臂位置正常。

④ 启动时检查发动机的转速，转速为 350r/min。此时发动机已有烟排出，可能是启动阻力大，将发动机冷却水放掉，将 50℃的水加入，并加热油底壳，稍后启动发动机，发动机排烟增多，但仍启动不了，分析为高压油泵内部柱塞磨损。

故障排除：更换高压油泵总成后启动正常。

2.5.2.3　发动机水温过高报警故障

故障现象：发动机水温过高报警。

故障分析：①皮带张紧度；②节温器；③散热器；④皮带 V 形槽；⑤水泵；⑥散热器塞。

维修过程：

① 检查风扇皮带是否松动，有无老化、拉长或调整不当；结果正常。

② 检查冷却水位置，看是否泄漏。

③ 检查水温传感器是否正常：温度高，电阻值小；温度低，电阻值大。电阻值应是一个变量，不能为 0 或无穷大。

④ 检查水箱油冷却器是否被异物、灰尘堵塞。

⑤ 检查风扇叶片有无装反或受损变形，导致进风不足；没有问题。

⑥ 检查发动机支角垫橡胶有无老化损坏，使发动机下沉，风扇偏离。

⑦ 检查发动机节温器有无损坏，打不开或打开角度太小。

⑧ 检查水箱软管是否扁瘪、阻塞或泄漏；若有问题则更换软管。

⑨ 检查机油油面是否正确；视情况添加或泄放机油。

⑩ 喷油泵供油过量，则卸下喷油泵，检查标定。

⑪ 工作负荷过重，则减少负荷或使用较低挡工作。

⑫ 水泵有无损坏，使水压不足，流动不畅。

⑬ 冷却系统中有空气，则检查软管管夹在泵的吸入侧是否泄漏，检查气缸盖密封垫是否泄漏。

⑭ 水箱、气缸盖、气缸盖密封垫或气缸体的冷却水通道堵塞，则冲洗冷却系统，注入新的冷却水。

⑮ 由于副水箱有缺水现象，检查散热器周围是否有泄漏；经检查无明显泄漏。

⑯ 将高压气筒接到散热器接头上，向水箱加压，发现水箱侧壁有砂眼，冷却水泄漏，导致水温高。

故障排除：经检查，水箱侧壁有砂眼使冷却水泄漏，导致发动机水温高，更换水箱后故障排除。

2.5.2.4　发动机排气管冒白烟、滴机油故障

故障现象：神钢 SK210-8 挖掘机，出现下排气管冒白烟严重，且滴机油，5～6 滴/min。见图 2-107。

图 2-107　滴机油、冒白烟现象

维修过程：

① 检查发现发动机 2 缸燃油喷射量为 3.5mm^3/st，虽然与其他几缸相差不大，但显得不太正常，通过断 2 缸测试，其现象不明显。

② 进一步拆解检查，发现 2 缸喷油器处油封已被冲破，机油已从该处喷出（图 2-108）。

③ 打开气门盖发现，2 缸喷油器螺栓已松动，喷油器来回晃动，使该处油封磨破，且

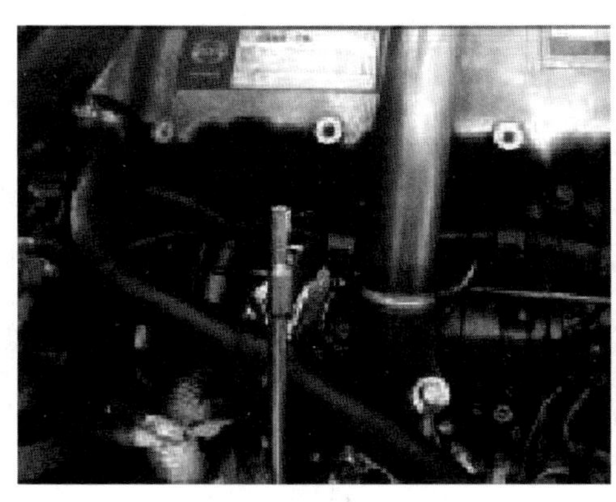

图 2-108　故障部件——喷油器

喷油器前端已经有磨损。由于2缸喷油器松动，使喷油器喷出来的高压柴油不能完全进入燃烧室，一些雾状柴油就反喷回来进入气门盖处，气门盖里面形成一定的压力，机油就顺着下排气管排出，且形成白烟。

故障排除：更换2缸喷油器和该处油封，将喷油器压块螺栓装紧，并更换机油和机油滤清器后，试车发现冒白烟和滴机油现象消除，挖掘机工作正常。

第6节　纯电动系统

2.6.1　概述

目前国内工程机械仍主要以传统内燃机作为动力源。工程机械作为内燃机产品中除汽车行业之外的第二大使用行业，由于其排放密度大，排放指标又劣于汽车，因此对环境的污染更为严重。

2020年，英国JCB开发出建筑行业第一台氢动力挖掘机。该台由氢燃料电池驱动的20t 220X挖掘机在采石场进行了为期12个月的测试，测试现场见图2-109。

图2-109　JCB研制的氢动力挖掘机

与汽车的发展一样，最早装载在挖掘机上的动力装置是蒸汽机，后面出现了电动机驱动的挖掘机。1910年，美国研制出了世界上第一台以电动机驱动的挖掘机，并开始应用履带行走装置。直到1924年，柴油机才开始应用于单斗挖掘机上作为动力装置使用。

2020年11月12日，在上海宝马展上，三一重工展示了“量产型”SY16纯电动挖掘机样机，样机外形如图2-110所示。该机在昆山成功通过了1000h的整机耐久性试验，设备可自由切换电池、插电、外接等多种模式，220V AC的交流电、380V AC的工业交流电、直流充电桩、车载移动充电站等全都兼容。产品的一次充电时间低于2h，续航6～10h。

2020年，沃尔沃建机推出了EC55电动挖掘机，机器外观如图2-111所示。该机使用两

图2-110　三一SY16纯电动挖掘机样机外形

图2-111　沃尔沃EC55小型电动挖掘机外观

组 350V 锂电池组，能够在不充电的情况下连续工作 4.5h，或者在午餐时间快速充电的情况下工作 9h。

EC55 电动挖掘机电动化系统部件分布如图 2-112 所示。

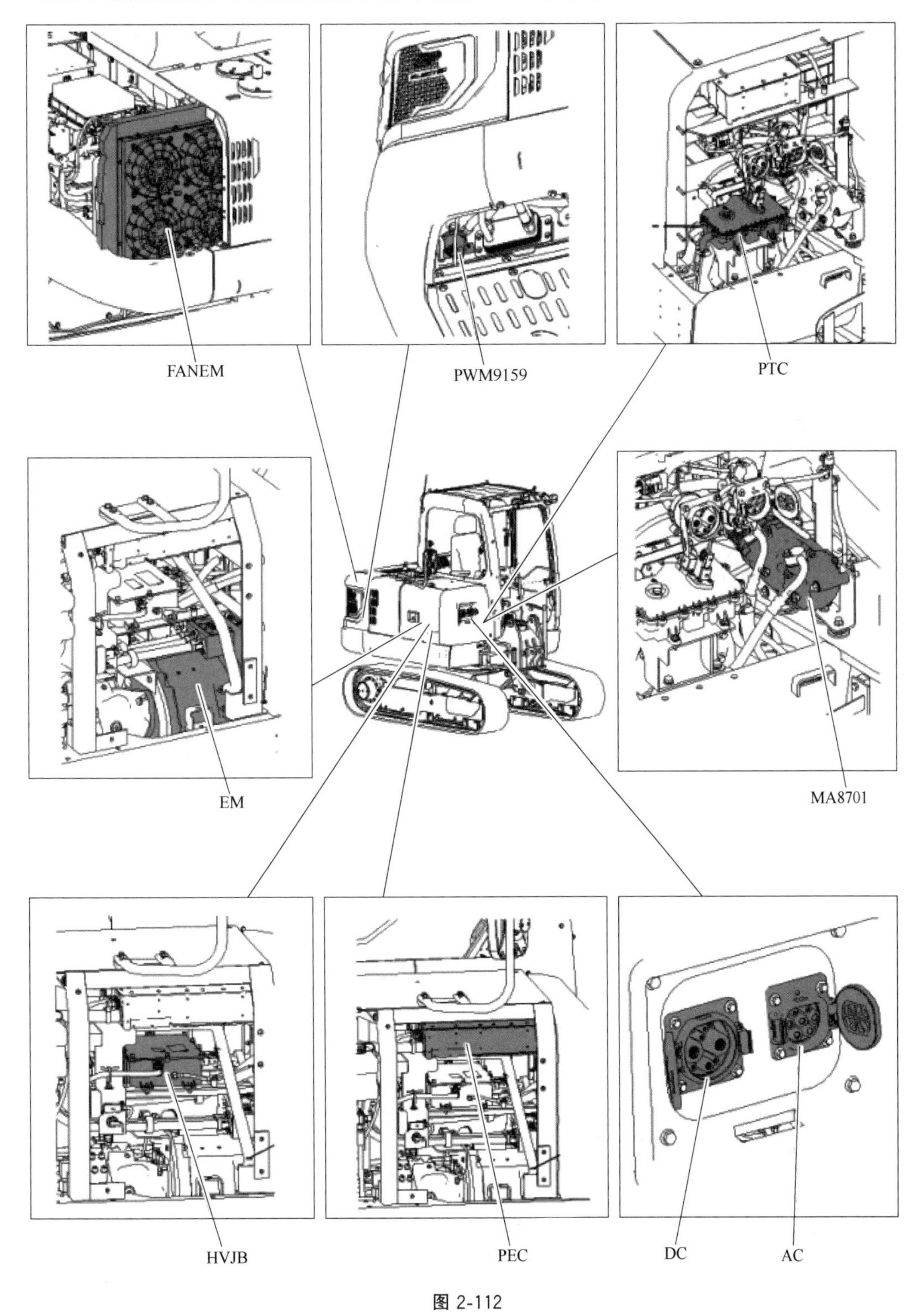

图 2-112

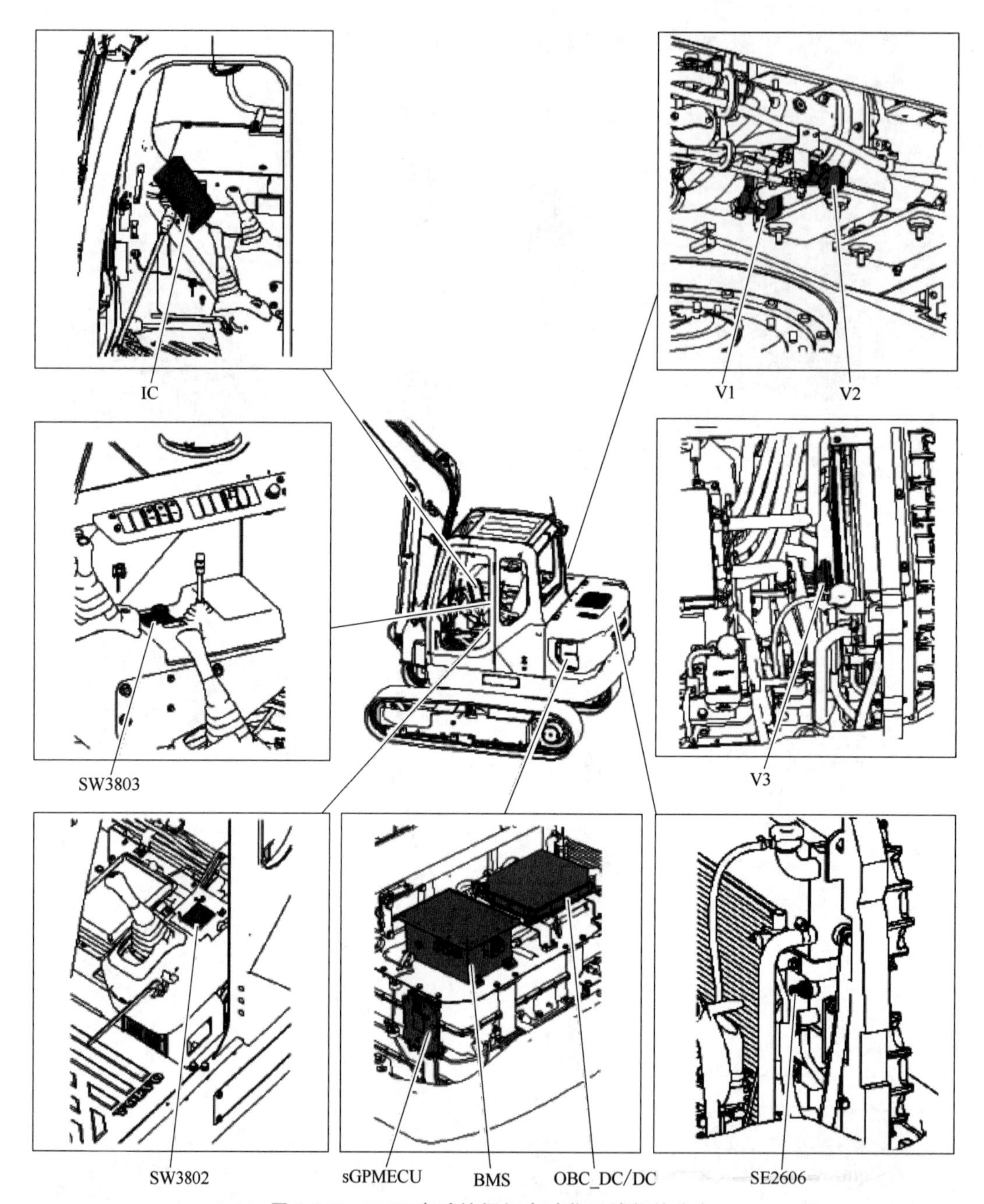

图 2-112　EC55 电动挖掘机电动化系统部件分布

FANEM—冷却风扇电机；PWM9159—泵控制；PTC—正温度系数（加热器）；MA8701—空调压缩机；AC—交流充电；DC—直流充电；PEC—电源电机控制单元；HVJB—高压接线盒；EM—电机；V1—热交换阀；V2—驾驶室加热阀；V3—电池加热阀；SE2606—冷却液温度传感器；BMS—电池管理系统；sGPMECU—车辆控制单元（VCU）；SW3802—机器控制键盘；SW3803—IC 控制键盘；IC—仪表盘；OBC_DC/DC—车载充电器-直流转换器

2.6.2 高压安全

2.6.2.1 高压系统断开

牵引电压系统（400V）处理不当可能会导致触电和电弧，从而造成严重烧伤或死亡。

进行高压系统维修作业时，必须穿戴专业防护用具（高压绝缘手套、绝缘靴等），使用专门针对电动车维修检测设计的仪器与设备。

在进行高压部件拆装与维修前，先要按程序断开高压回路，在维修完成后再接通高压回路。

① 将机器置于维修位置。

将机器停放在水平且坚实的表面上。视需要选择适当的维修位置，见图 2-113～图 2-117。在开始对机器进行任何工作之前：

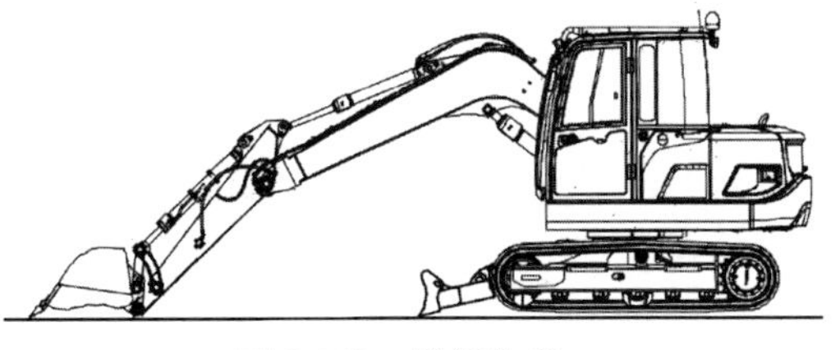

图 2-113　维修位置 A

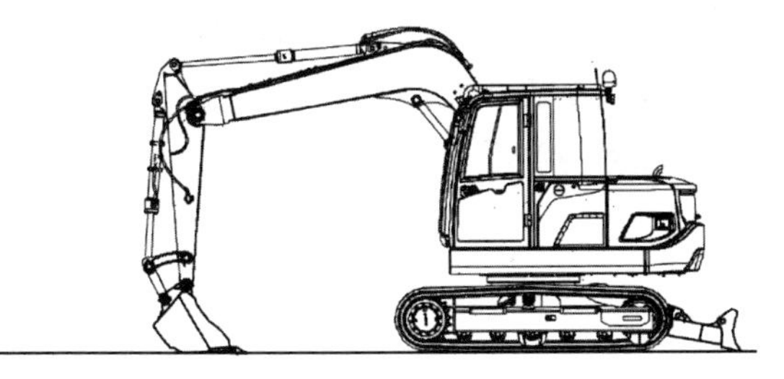

图 2-114　维修位置 B

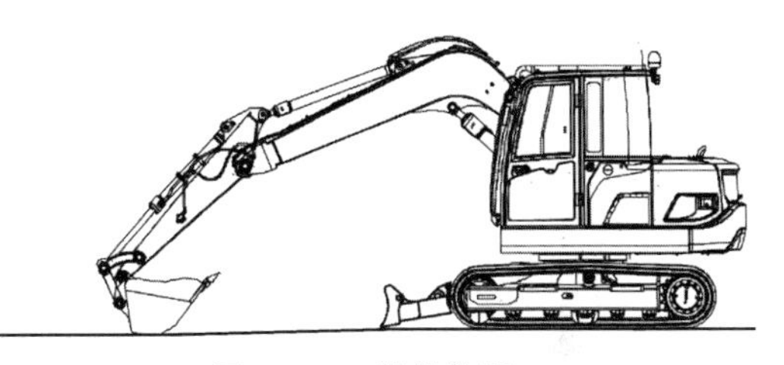

图 2-115　维修位置 C

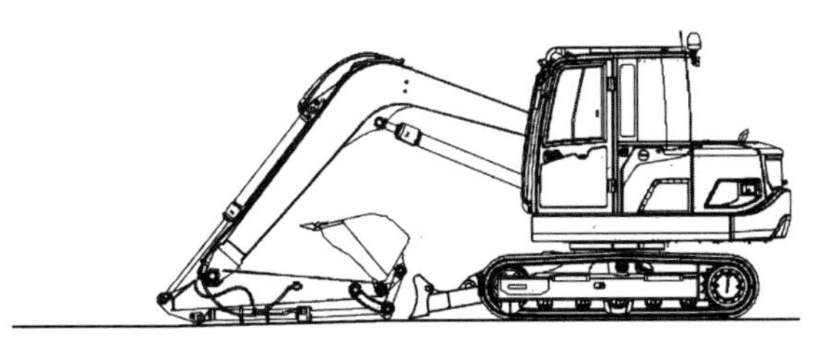

图 2-116　维修位置 D

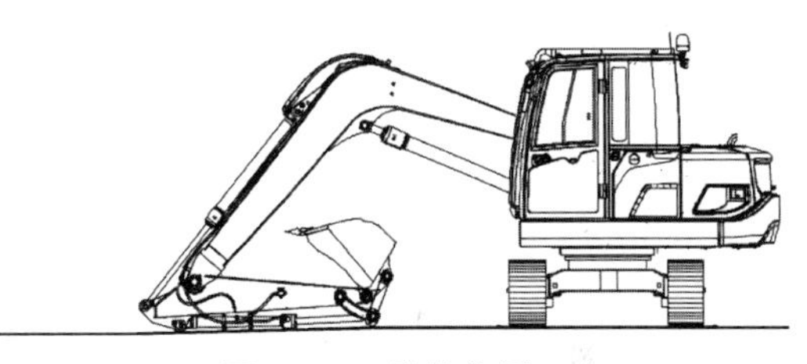

图 2-117　维修位置 E

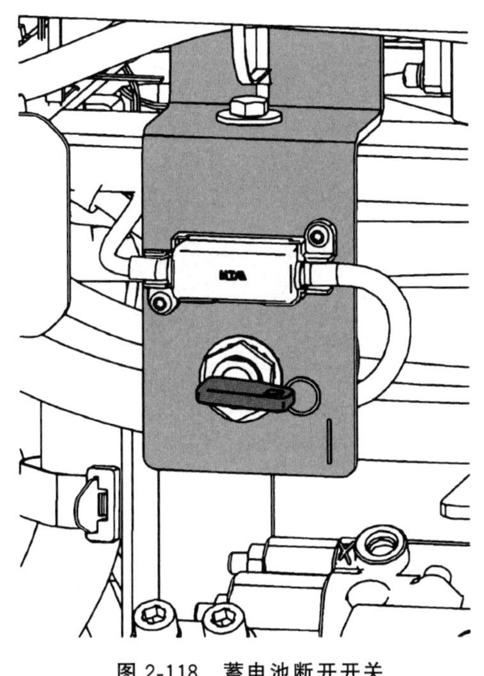

图 2-118　蓄电池断开开关

a. 关闭机器并拔下点火钥匙。

b. 小心地对所有加压管线和压力容器进行减压，以便释放高压，降低风险。

c. 让机器冷却下来。

② 断开所有充电设备。

③ 如图 2-118 所示，将蓄电池断开开关转至关闭位置，并确保其不会重新启动。注意：使用 LOTO（上锁挂牌）装置固定蓄电池断开开关，释放电能最多需要 10min。

④ 拆卸后视镜和盖板，如图 2-119 所示。

⑤ 如图 2-120 所示，从 12V 蓄电池上断开负极端子。

⑥ 如图 2-121 所示，打开后发动机罩。

⑦ 穿上所需的个人防护装备。

⑧ 检查橡胶绝缘手套，确保其没有破损和泄漏。注意：在牵引电压系统上工作时，使用绝缘性下降或损坏的手套是危险的。使用前，务必检查手套的绝缘等级、生产日期和绝缘性。

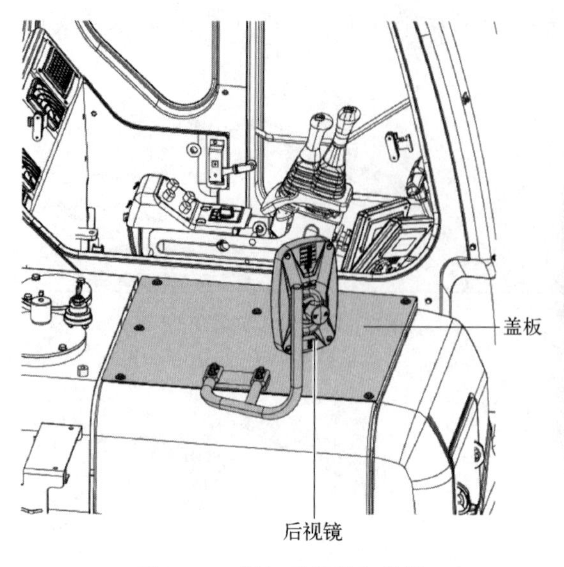

图 2-119　拆卸后视镜和盖板

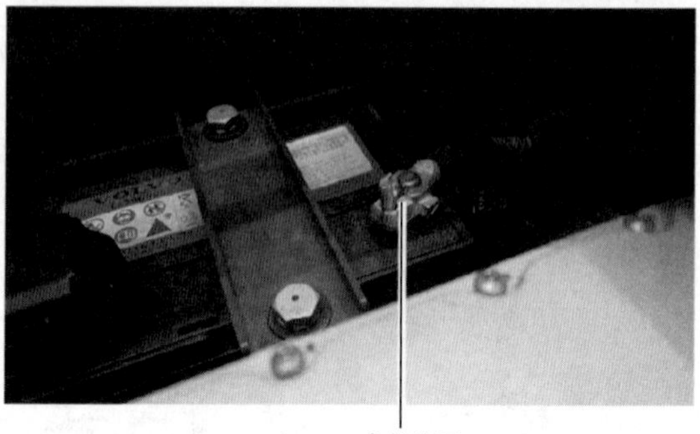

负极端子

图 2-120　拆卸 12V 蓄电池负极端子

⑨ 从主控箱中拆卸手动维修开关（MSD），如图 2-122 所示。注意：主控箱内部仍然存在高压电源，有触电风险。

图 2-121　打开后发动机罩

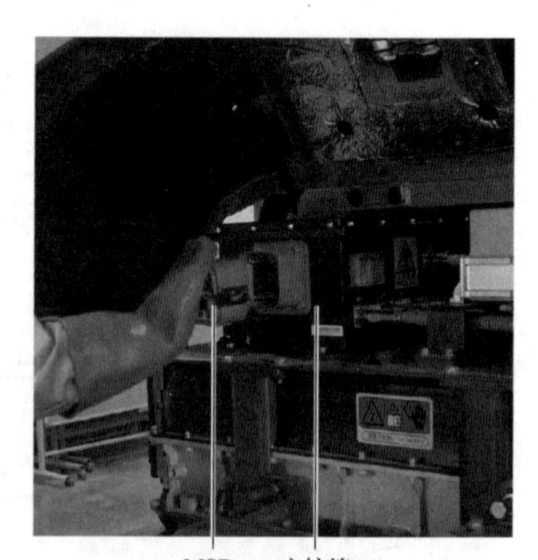

图 2-122　拆卸主控箱的手动维修开关

⑩ 如图 2-123 所示，断开主控箱的 2 个通信连接器。

⑪ 如图 2-124 所示，从上部电池上取下 MSD。注意：下部电池正极和负极电缆之间仍然存在高压电源，有触电风险。

⑫ 从下部电池上取下 MSD。

⑬ 验证电压测量万用表的功能是否正常。

注意：验证万用表的功能时，首先将万用表设置为电压测量。将测试电缆正确安装到万用表上，并测试 12V 启动蓄电池的直流电压测量功能。只有万用表得到正确的值，才能在牵引电压系统上进一步使用。

⑭ 从主控箱上断开电池组高压连接器。测量蓄电池电缆侧正极（+）和负极（−）之间的残余电压是否<30V。

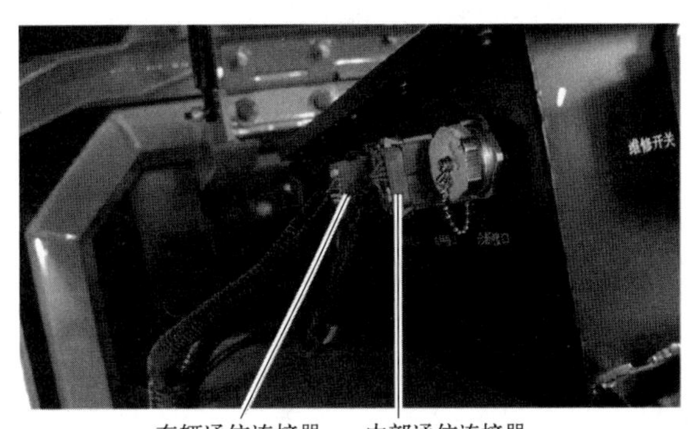

图 2-123　断开通信连接器

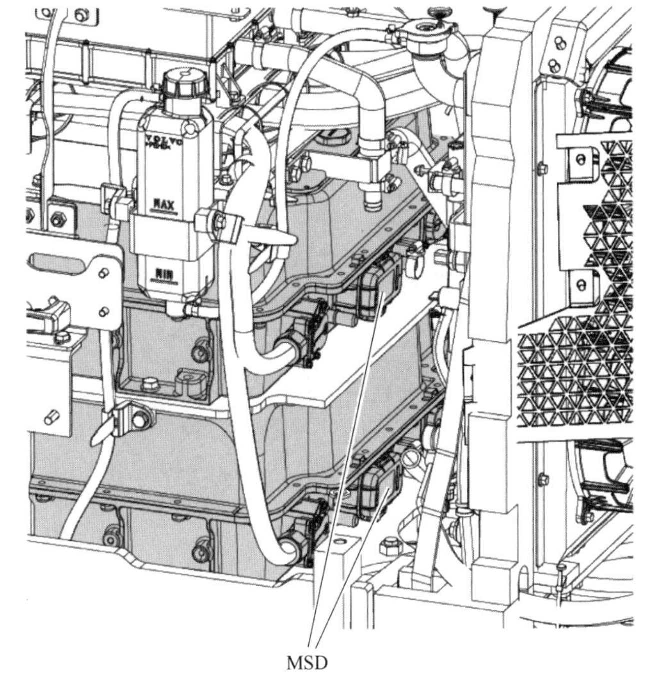

图 2-124　取下上部电池 MSD

⑮ 从主控箱上断开放电高压连接器。测量主控箱侧正极（+）和负极（−）之间的残余电压是否<30V。

⑯ 从逆变器上断开放电高压连接器。测量逆变器侧正极（+）和负极（−）之间的残余电压是否<30V。

⑰ 如果测量的残余电压>30V，应等待 10min，然后重复测量。

⑱ 如果测得的残余电压仍然>30V，应联系技术支持。

2.6.2.2　高压系统重连

以下为调试机器连通电路的步骤：

① 连接主控箱的所有连接器。

② 安装 MSD。

③ 连接 12V 蓄电池的负极端子。

④ 安装盖板和后视镜。

⑤ 拆除固定蓄电池断开开关的 LOTO 装置。

⑥ 转动蓄电池断开开关至“打开”位置。

⑦ 将点火开关置于位置 1。注意：等待约 1min，检查是否出现错误消息。

⑧ 将点火开关置于位置 0。

2.6.3 储能系统

2.6.3.1 系统组成

以沃尔沃 EC55 小型电动挖掘机为例，该系统的主要用途是将电能储存在车上。储能系统（ESS）由以下部件组成（见图 2-125）：牵引电池、主控箱、车载充电器/DC/DC（直流转换器）、车载充电插座、非车载充电插座。

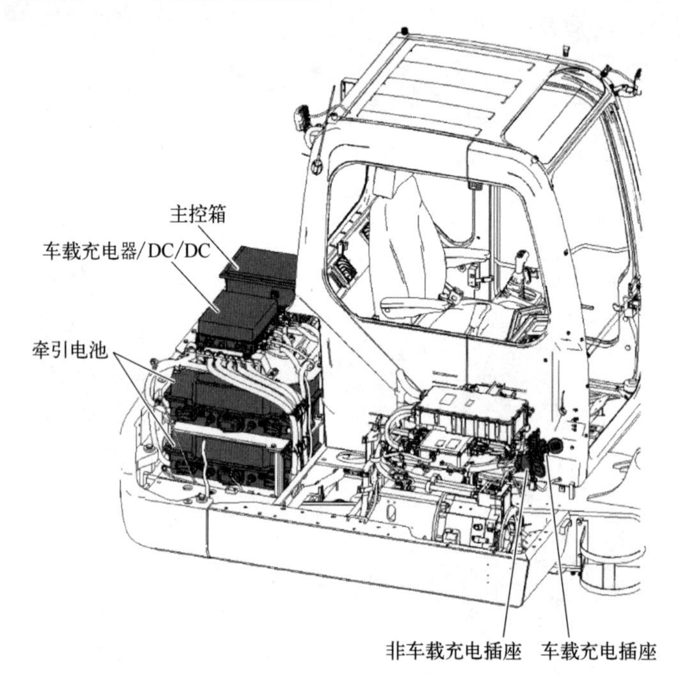

图 2-125 储能系统（ESS）部件位置

2.6.3.2 牵引电池

牵引电池也可称为高压电池或动力电池，它由两个电池组组成。每个电池组由相互连接的锂电池组成。通过单个电池的串联和并联，单元形成模块，模块形成电池组。最后，电池组的输出电压达到 200V，容量也有所增加。电池组具有用于连接到主接线盒的高压接线和低压接线（数据电缆）的连接器。手动维修开关可以断开连接。牵引电池连接端口分布如图 2-126 所示。

2.6.3.3 主控箱

主控箱由电池管理单元（BMU）和电力电子设备组成。电池管理单元连接到机器控制单元，来自电池的信息显示在组合仪表中。主控箱具有用于高压接线和低压接线的连接器，端口如图 2-127 所示。放电正极和放电负极连接到高压接线盒（PDU），并向所有高压电气设备供电，如电机驱动系统、电动压缩机、电动加热器等。在主控箱后端，可以断开手动维修开关，以使高压回路断电。

2.6.3.4 充电装置

充电装置包括为牵引电池充电的车载充电器和给低压蓄电池充电及为低压电网供电的

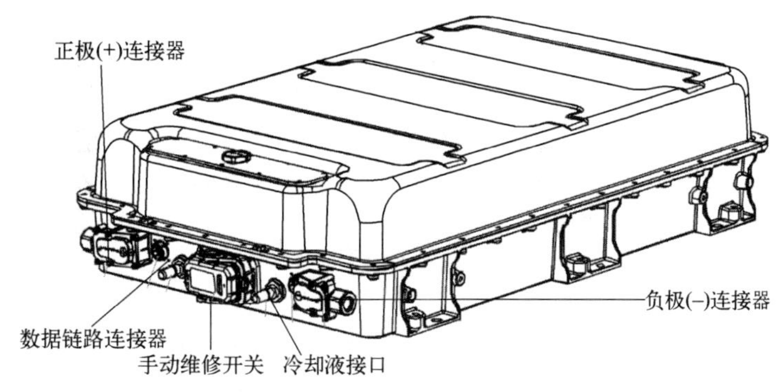

图 2-126　牵引电池连接端口

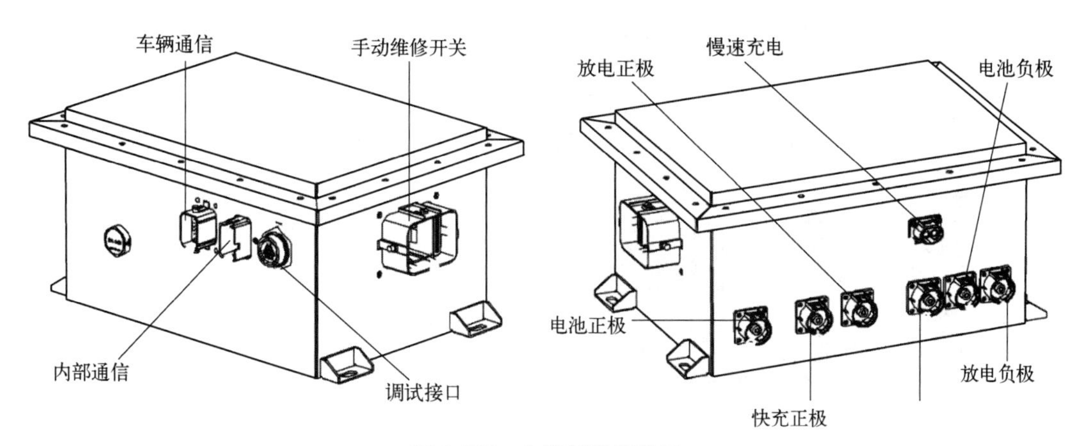

图 2-127　主控箱连接端口

DC/DC 转换器（其作用相当于交流发电机）。

车载充电器用于为牵引电池充电。充电器将来自电网的交流（AC）输入转换为适于电池电压水平的直流（DC）电压。牵引电池的充电由充电器完成，但由车辆控制单元协调。

DC/DC 转换器与车载充电器集成于一体。车载充电器（OBC）将高压交流电转换为高压直流电。高压直流电将通过主控箱充入储能系统（ESS）。

DC/DC 转换器将高压直流电压（HVDC）转换为 14V 直流（DC）电源电压供给全车低压电器。冷却液流经部件，确保系统在适当的温度下工作。DC/DC 转换器连接端子如图 2-128 所示。

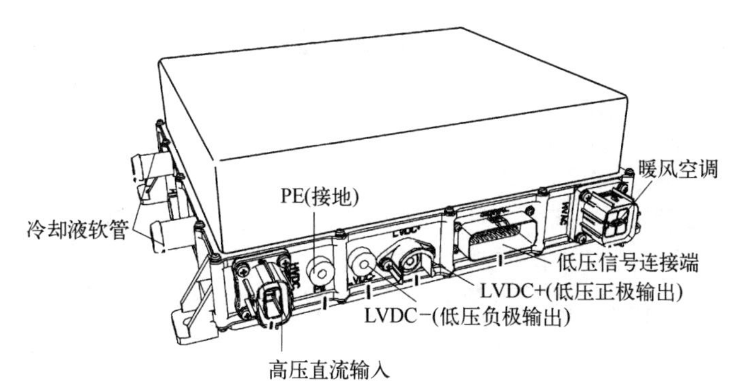

图 2-128　DC/DC 转换器连接端子

2.6.3.5 充电插座

车载充电插座为交流充电接口。插座有一个由控制单元控制的锁定机构，该机构在充电时锁定插头，或在机器运行时固定盖子。电连接为 CC、CP、L1、L2、L3、PE 和 N。CC（充电确认信号）检测充电插头的存在。CP（控制导引信号）用于与充电器通信。其他连接为 L1—线路 1、L2—线路 2、L3—线路 3、PE—车身地（搭铁）和 N—中性点。车载充电插座端子分布与定义如图 2-129 所示。

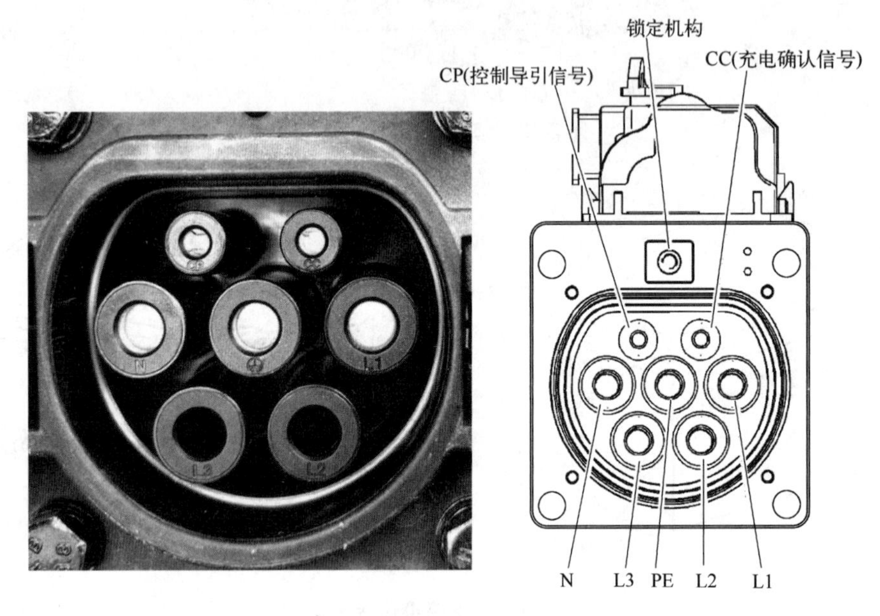

图 2-129　**车载充电插座**（交流慢充）

非车载充电插座为直流充电接口。电气连接是正极（+）和负极（−）电压的 2 个主接头和先导接头。先导接头提供 CAN 总线和机器/充电器互锁之间的数据链路。辅助电源 A+和 A−可以在充电过程中为车辆提供低压电源。非车载充电插座端子分布与定义如图 2-130 所示。

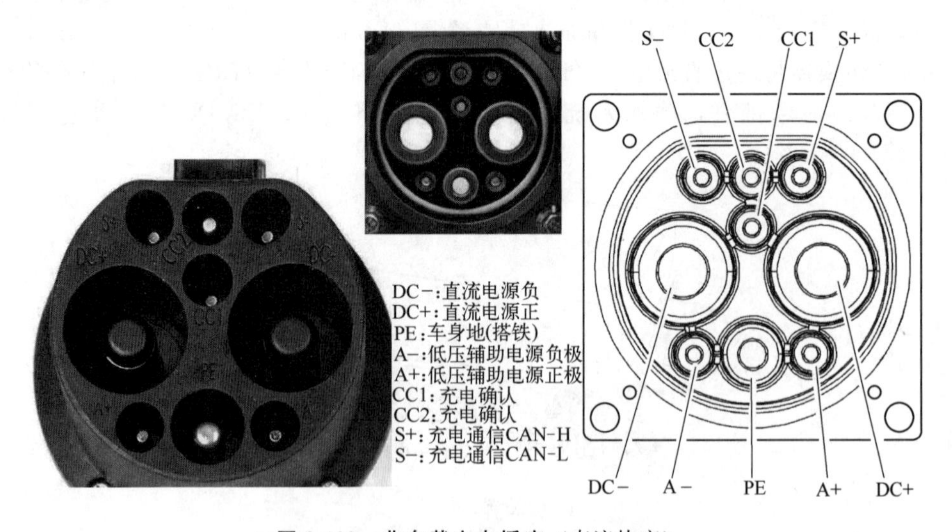

图 2-130　**非车载充电插座**（直流快充）

2.6.4 电驱系统

2.6.4.1 电机技术参数

以沃尔沃 EC55 小型电动挖掘机为例，电机技术参数如表 2-6 所示。

表 2-6　电机技术参数

项目	规格	项目	规格
重量	65kg	额定扭矩	148N・m
电机类型	永磁同步电机	峰值功率	175kW
额定电压	400V AC	峰值扭矩	320N・m
额定功率	93kW		

电机紧固件拧紧力矩参数如表 2-7 所示。

表 2-7　电机紧固件拧紧力矩

螺栓外螺纹直径	拧紧力矩	螺栓外螺纹直径	拧紧力矩
M4	3.2N・m	M10	55N・m
M5	6.5N・m	M12	90N・m
M6	11N・m	M14	140N・m
M8	27N・m	M16	215N・m

2.6.4.2 电机拆装步骤

① 将机器置于维修位置。

② 停用机器。

③ 排放机器冷却液。

④ 拆卸侧门。

⑤ 如图 2-131 所示，拆卸充电插座处安装螺钉。

⑥ 如图 2-132 所示，拆下前盖板。

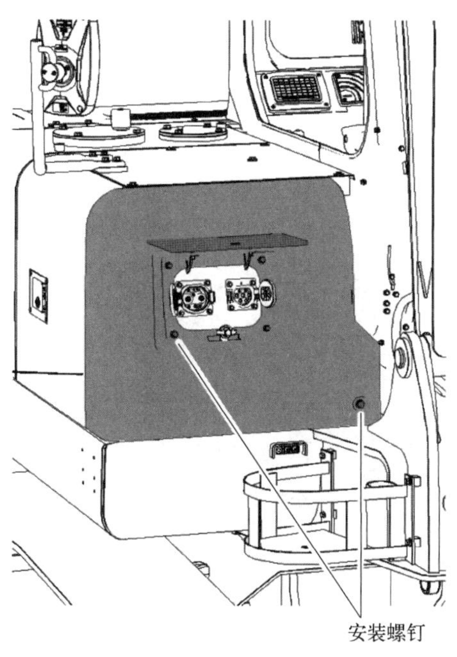

图 2-131　拆卸充电插座处安装螺钉

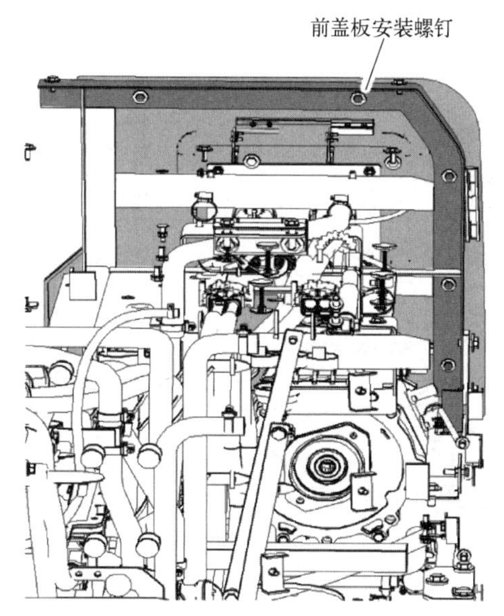

图 2-132　拆下前盖板

⑦ 如图 2-133 所示，断开保险丝座侧的电缆。

⑧ 如图 2-134 所示，从逆变器侧拆下冷却液软管和通信电缆。

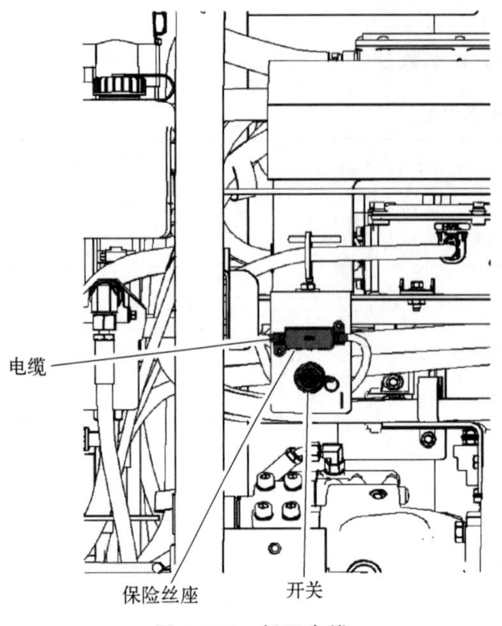

图 2-133　断开电缆

冷却液软管　通信电缆　冷却液软管

图 2-134　拆下逆变器冷却液软管与通信电缆

⑨ 如图 2-135 所示，从接线盒上断开 HVIL 电缆和高压电力电缆。

⑩ 拆卸低压蓄电池。

⑪ 如图 2-136 所示，断开连接器并拆下接地电缆。

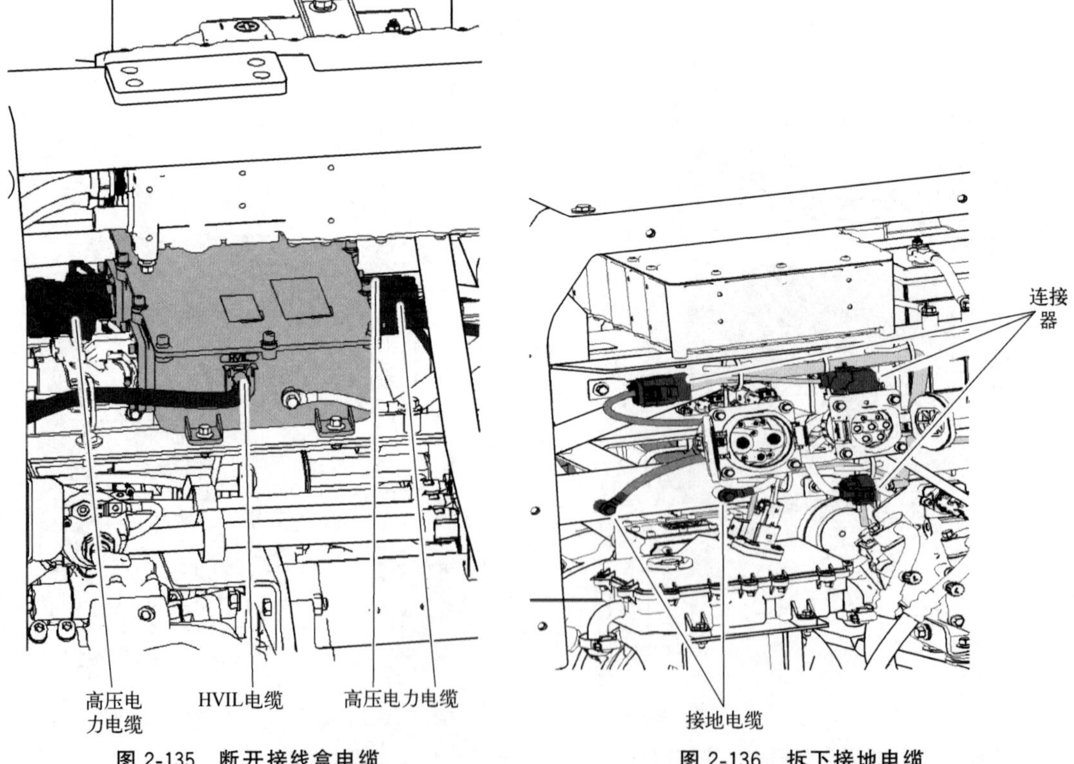

图 2-135　断开接线盒电缆

图 2-136　拆下接地电缆

⑫ 拆卸 PTC 加热器单元。
⑬ 如图 2-137 所示，拆下保险丝。
⑭ 如图 2-138 所示，从电机上拆下高压电线和冷却液软管。

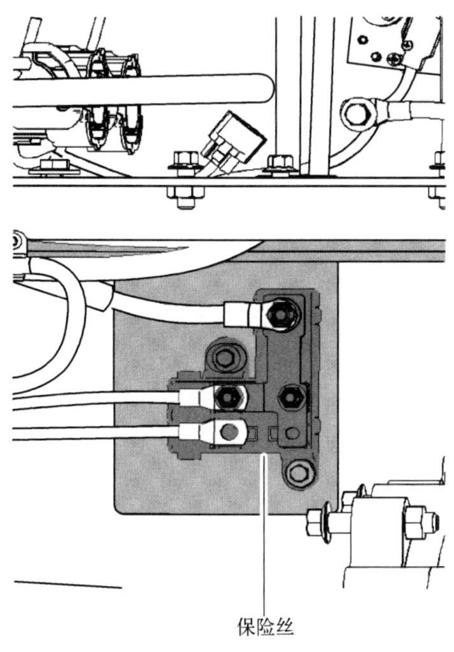

图 2-137　拆下保险丝

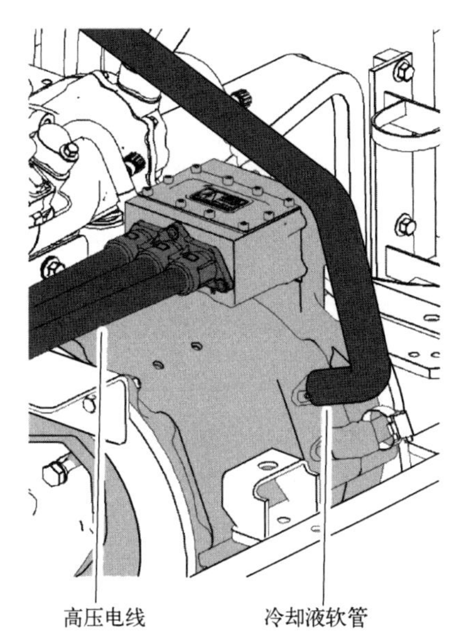

图 2-138　拆下电机高压电线和冷却液软管

⑮ 将框架连同逆变器和接线盒一起拆下。
⑯ 如图 2-139 所示，从液压泵上拆下软管。
⑰ 将合适的起吊工具连接到泵和电机上。
⑱ 断开电机控制电缆和接地电缆。从支架上拆下电机安装螺栓，如图 2-140 所示。

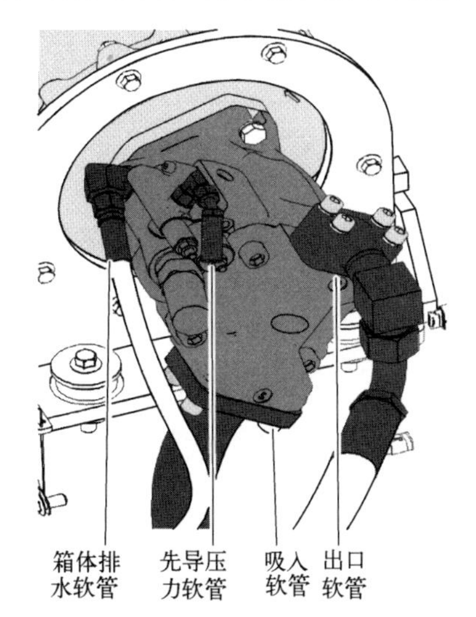

图 2-139　从液压泵上拆下软管

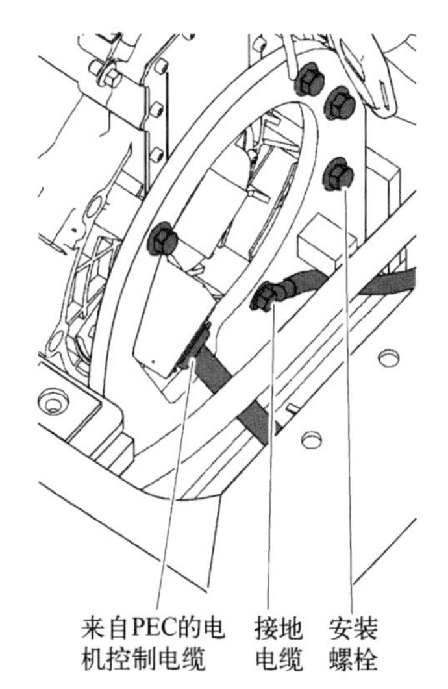

图 2-140　断开电缆并拆下安装螺栓

⑲ 如图 2-141 所示，从车架上拆下支架安装螺栓。
⑳ 将电机和泵一起从机器上吊起。

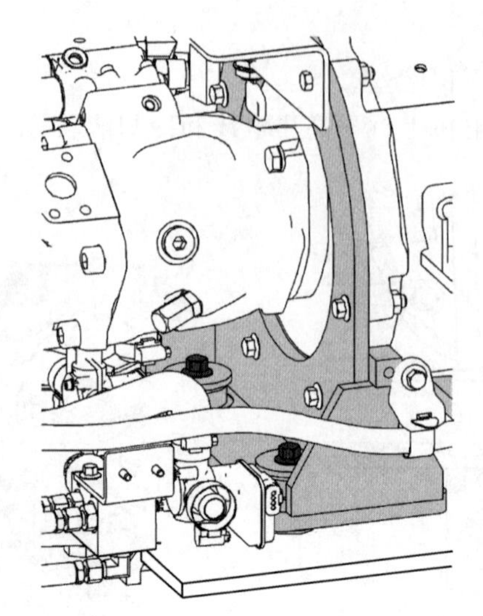

图 2-141　拆下支架安装螺栓

㉑ 断开电机和泵，更换新的电机。

㉒ 安装时，按与拆卸相反的顺序进行。

㉓ 检查高压部件的电气安装情况。

㉔ 调试机器。

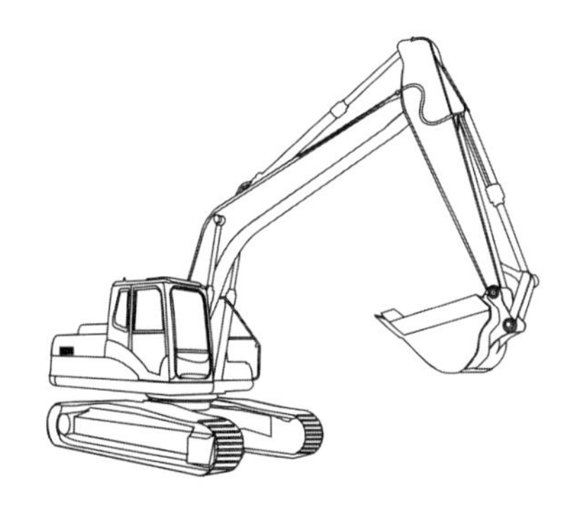

第3章 底盘系统

第1节 回转装置

3.1.1 回转机构

3.1.1.1 概述

回转装置由转台、回转支承和回转机构等组成。回转支承的外座圈用螺栓与转台连接，带齿的内座圈与底架用螺栓连接，内、外座圈之间设有滚动体。挖掘机工作装置作用在转台上的垂直载荷、水平载荷和倾覆力矩通过回转支承的外座圈、滚动体和内座圈传给底架。回转机构的壳体固定在转台上，用小齿轮与回转支承内座圈上的齿圈相啮合。小齿轮既可绕自身的轴线自转，又可绕转台中心线公转，回转机构工作时，转台就相对底架进行回转。以小松 PC200-8 挖掘机为例，回转机构的组成部件如图 3-1 所示。

3.1.1.2 回转马达

以卡特挖掘机为例，回转马达内部结构如图 3-2 所示，回转马达可拆分为以下三个总成：

① 旋转总成包括以下部件：缸筒（24)、活塞（23)、滑靴（26)、固定板（25）和驱动轴（9)。

② 停车制动器包括以下部件：制动器弹簧（21)、制动器活塞（22)、隔板（5）和摩擦板（6)。

③ 安全阀和补偿阀包括以下部件：安全阀（1 和 2)、单向阀（10 和 14)。

来自泵 1 的供油输往孔口 16 或 17。在右回转操作过程中，输送的机油流进马达盖 3 的孔口 17，流过油道 18。然后，机油流过配流盘 19 的油道 13，并通过缸筒 24 的油道 20。作用于马达盖 3 及活塞 23 上的压力增加。

滑靴 26 受到活塞 23 的压力，紧贴板 7 的上表面。滑靴和活塞在板 7 的斜面上沿逆时针方向滑动。在滑动力的作用下，缸筒 24 沿逆时针方向旋转。当每个活塞到达下止点位置时，机油流过配流盘 19 的油道。然后，这些机油经过马达盖 3 的油道 15，流向液压油箱。缸筒 24 继续逆时针旋转，活塞和滑靴也继续沿着板 7 的斜面向上移动。由于缸筒 24 通过花键连接到驱动轴 9，因此驱动轴的旋转方向与缸筒相同。对于左回转操作，回转泵供应的机油输往孔口 16，供油口和回油口相反，缸筒 24 顺时针转动。回转马达的壳体排油经过马达盖 3 的排流口 12，流回液压油箱。

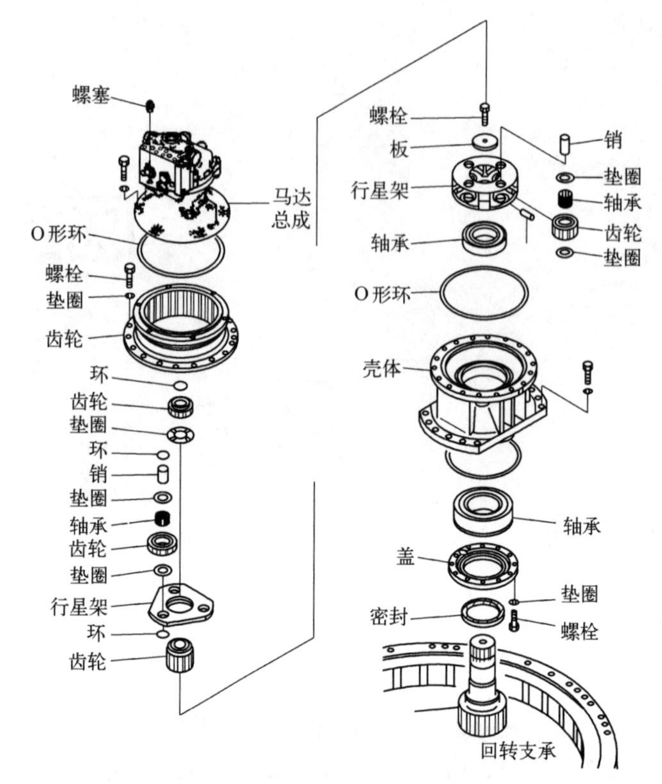

图 3-1 回转机构（马达和减速总成）（小松 PC200-8 挖掘机）

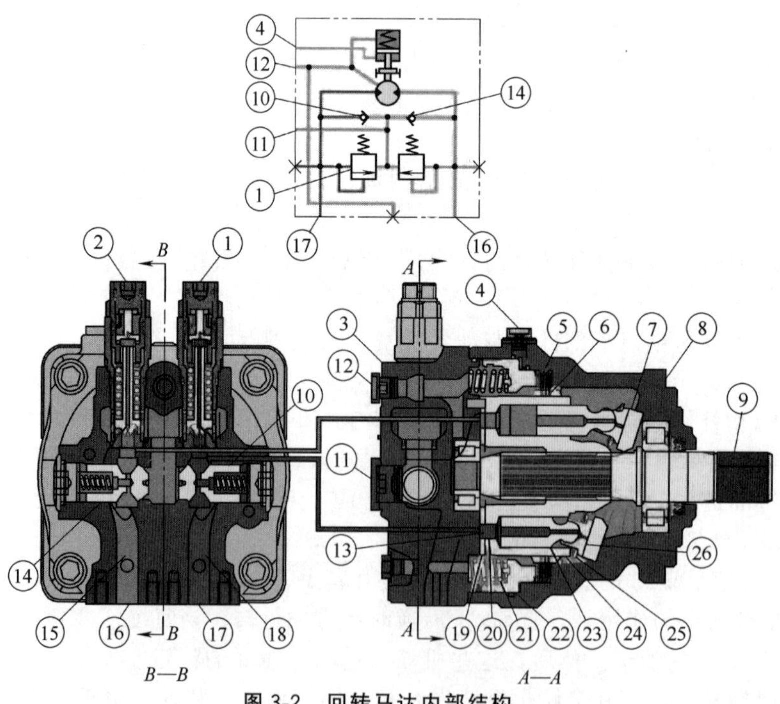

图 3-2 回转马达内部结构

1—安全阀；2—安全阀；3—马达盖；4—孔口（先导系统油）；5—隔板；6—摩擦板；7—板；8—本体；9—驱动轴；10—单向阀；11—补油孔口；12—排流口；13—油道（供油或回油）；14—单向阀；15—油道（供油或回油）；16—孔口（供油或回油）；17—孔口（供油或回油）；18—油道（供油或回油）；19—配流盘；20—油道（供油或回油）；21—制动器弹簧；22—制动器活塞；23—活塞；24—缸筒；25—固定板；26—滑靴

回转马达端口分布如图 3-3 所示，马达油道如图 3-4 所示。

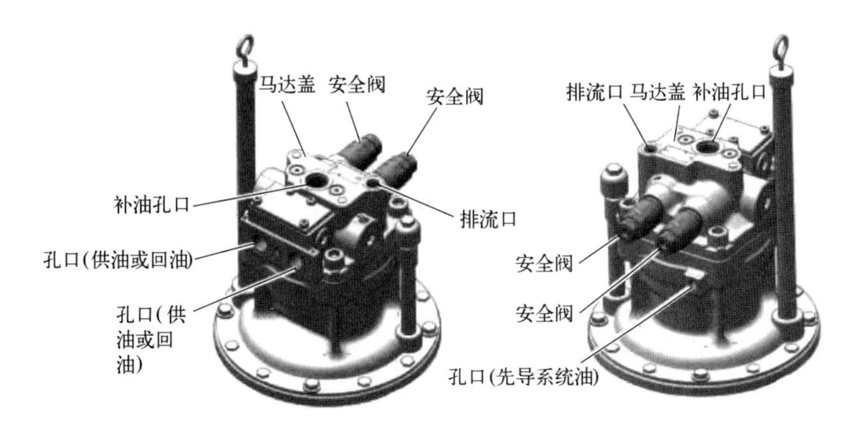

图 3-3　回转马达端口

3.1.2 传动装置

全回转液压挖掘机回转装置的传动形式有直接传动和间接传动两种。传动装置结构如图 3-5 所示。

(1) 直接传动

在低速大扭矩液压马达的输出轴上安装驱动小齿轮，与回转齿圈啮合。

(2) 间接传动

由高速液压马达经齿轮减速器带动回转齿圈的间接传动结构形式。它结构紧凑，具有较大的传动比，且齿轮的受力情况较好。轴向柱塞液压马达与同类型的液压油泵结构基本相同，许多零件可以通用，便于制造及维修，从而降低了成本。但必须设制动器，以便吸收较大的回转惯性力矩，缩短挖掘机作业循环时间，提高生产效率。

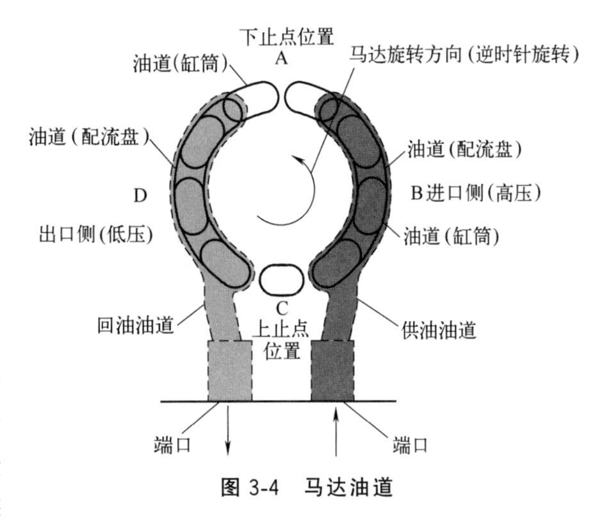

图 3-4　马达油道

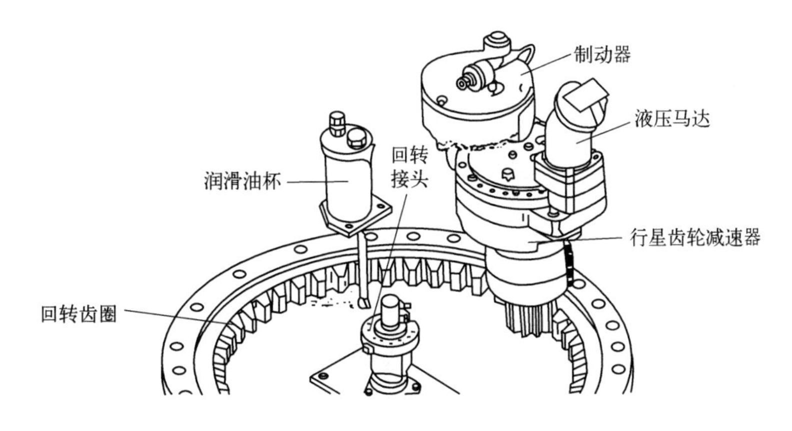

图 3-5　传动装置

回转驱动由一系列行星齿轮构成，如图 3-6 所示。行星齿轮用于降低回转马达的旋转速度。回转马达通过螺栓固定在回转驱动上部。回转驱动由螺栓固定在上部结构上。回转驱动输出小齿轮轴的轮齿与回转轴承的轴承齿轮接合。小齿轮轴绕着轴承齿轮旋转，此旋转将使机器回转。轴承齿轮连接在下部结构上。

回转驱动分成以下两个总成：

第一个总成为马达转速双减速器。一级减速总成包含下列部件：一级太阳齿轮、一级行星齿轮、齿圈和第一级托架。二级减速总成包含下列部件：二级太阳齿轮、二级行星齿轮、齿圈和第二级托架。

第二个总成为用于降低马达输出转速的总成。第二个总包含下列部件：滚柱轴承和小齿轮轴。滚柱轴承安装于壳体内，并支承小齿轮轴。

太阳齿轮轮齿与行星减速机构齿圈轮齿的比率下降，使得回转速度降低。由于太阳齿轮位于齿圈内侧，因此与减速装置相比，回转驱动与外齿接合更加紧凑。

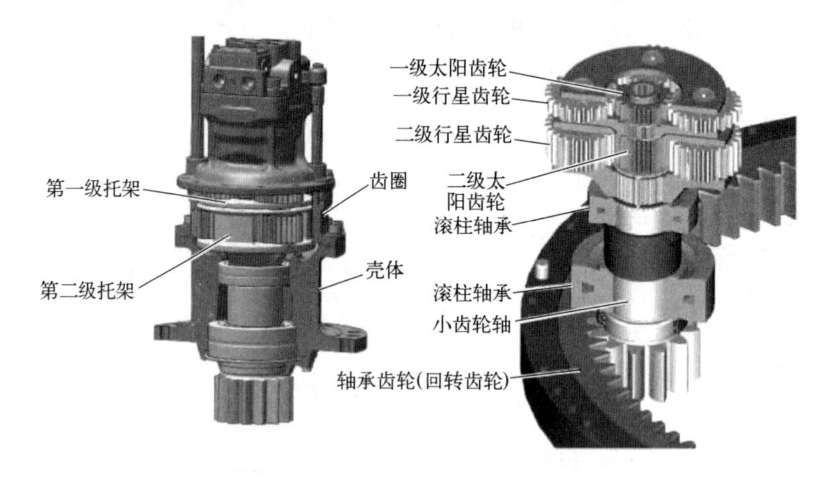

图 3-6　回转驱动减速器结构

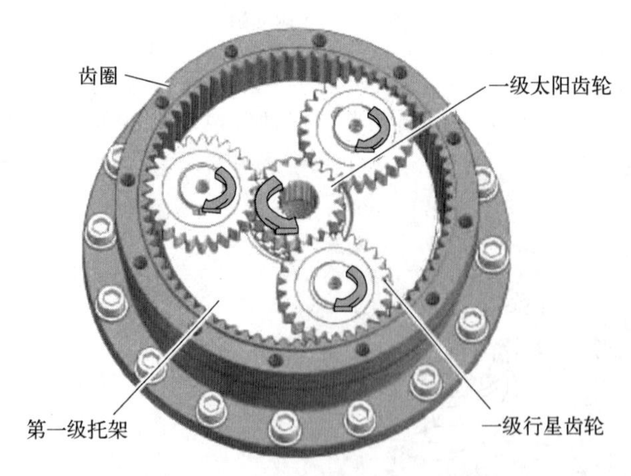

图 3-7　一级行星齿轮组件的运行

回转马达输出轴通过花键连接到一级太阳齿轮。第一级托架的一级行星齿轮与一级太阳齿轮啮合。当一级太阳齿轮逆时针旋转时，一级行星齿轮顺时针旋转。一级行星齿轮沿着齿圈逆时针移动。齿圈通过螺栓固定在壳体上。第一级托架逆时针旋转。运行原理如图 3-7 所示。

第一级托架的内圆周上的花键与二级太阳齿轮上的花键啮合。这使得当一级行星齿轮旋转时，二级太阳齿轮逆时针旋转。二级行星齿轮在轴上顺时针转动，二级行星齿轮沿着齿圈按逆时针方向移动。第二级托架逆时针旋转。第二级托架内圆周上的花键与小齿轮轴上的花键啮合。当第二级托架逆时针转动时，小齿轮轴逆时针旋转。

小齿轮轴与回转轴承内圆周上的轴承齿轮啮合。当小齿轮轴逆时针旋转时，小齿轮轴绕着轴承齿轮按顺时针方向移动。轴承齿轮通过螺栓固定到下部结构上。此旋转将使上部结构向右回转（顺时针旋转）。

3.1.3　回转支承

回转支承又叫转盘轴承，有些人也称其为旋转支承、回旋支承。英文名称为：slewing bearing、slewing ring bearing、turntable bearing、slewing ring。回转支承在工业中应用很广泛，被人们称为“机器的关节”，是两部件之间需做相对回转运动，又需同时承受轴向力、径向力、倾覆力矩的机械所必需的重要传动部件。

回转支承由内外圈、滚动体等构成，是一种能够承受综合载荷的大型轴承。以小松 PC200-8 挖掘机为例，回转支承部件结构如图 3-8 所示。

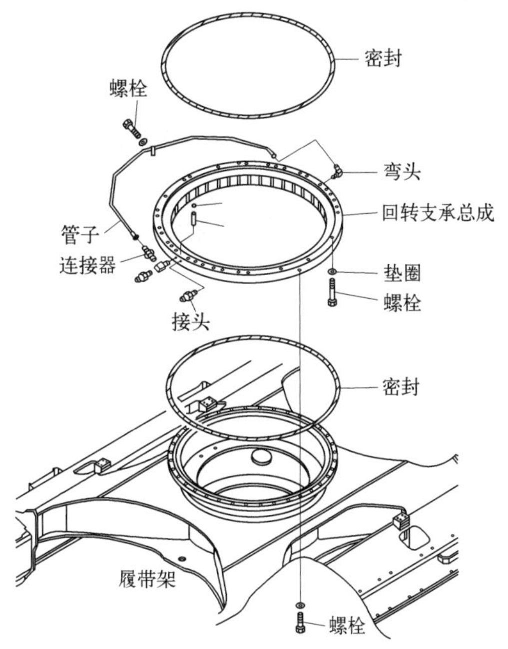

图 3-8　回转支承部件结构（小松 PC200-8 挖掘机）

第2节　行走装置

3.2.1　履带式行走体

3.2.1.1　概述

行走机构支承挖掘机的整机质量并完成行走任务。

单斗液压挖掘机的履带式行走机构的基本结构与其他履带式机构大致相同，但它多采用两个液压马达各自驱动一条履带。与回转装置的传动相似，可用高速小扭矩马达或低速大扭矩马达。两个液压马达同方向旋转时挖掘机将直线行驶；若只向一个液压马达供油，并将另一个液压马达制动，挖掘机则绕制动一侧的履带转向；若使左、右两液压马达反向旋转，挖掘机将进行原地转向。

行走机构的各零部件都安装在整体式行走架上。液压泵输出的压力油经多路滑阀和中央回转接头进入行走液压马达，该马达将压力能转变为输出扭矩后，通过齿轮减速器传给驱动轮，最终卷绕履带以实现挖掘机的行走。

单斗液压挖掘机大都采用组合式结构履带和平板型履带板（没有明显履刺，虽附着性能差，但坚固耐用，对路面破坏性小，适用于坚硬岩石地面上的作业或经常转场的作业）。也有的采用三履刺型履带板，其接地面积较大，履刺切入土壤深度较浅，适宜于挖掘机采石作业。实行标准化后规定挖掘机采用质量轻、强度高、结构简单和价格较低的轧制履带板。专用于沼泽地的三角形履带板可降低接地比压，提高挖掘机在松软地面上的通过能力。

单斗液压挖掘机的驱动轮均采用整体铸件，能与履带正确啮合，传动平衡。挖掘机行走时驱动轮应位于后部，使履带的张紧段较短，减少履带的摩擦、磨损和功率消耗。

每条履带都设有张紧装置，以调整履带的张紧度，减少履带的振动、噪声、摩擦、磨损及功率损失。目前单斗液压挖掘机都采用液压张紧结构。其液压缸置于缓冲弹簧内部，减小了外形尺寸。履带式底盘结构如图 3-9 所示。

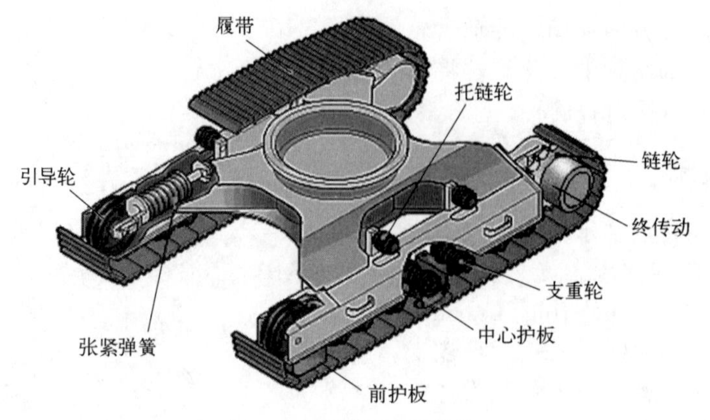

图 3-9 履带式底盘结构

3.2.1.2 行驶马达

以卡特挖掘机为例，行驶马达可分为以下三个总成：

旋转总成包括以下部件：驱动轴（1）、滑块（5）、挡圈（6）、柱塞缸（7）、导管（30）、隔套（29）、弹簧（28）和活塞（27）。

停车制动器包括以下部件：活塞导管（10）、制动器先导阀（14）、摩擦板（8）、隔板（9）、制动器弹簧（20）和制动器活塞（21）。

变排量阀包括以下部件：活塞（3 和 31）、单向阀（11 和 12）和变排量阀（25）。

行驶马达内部结构如图 3-10 所示。

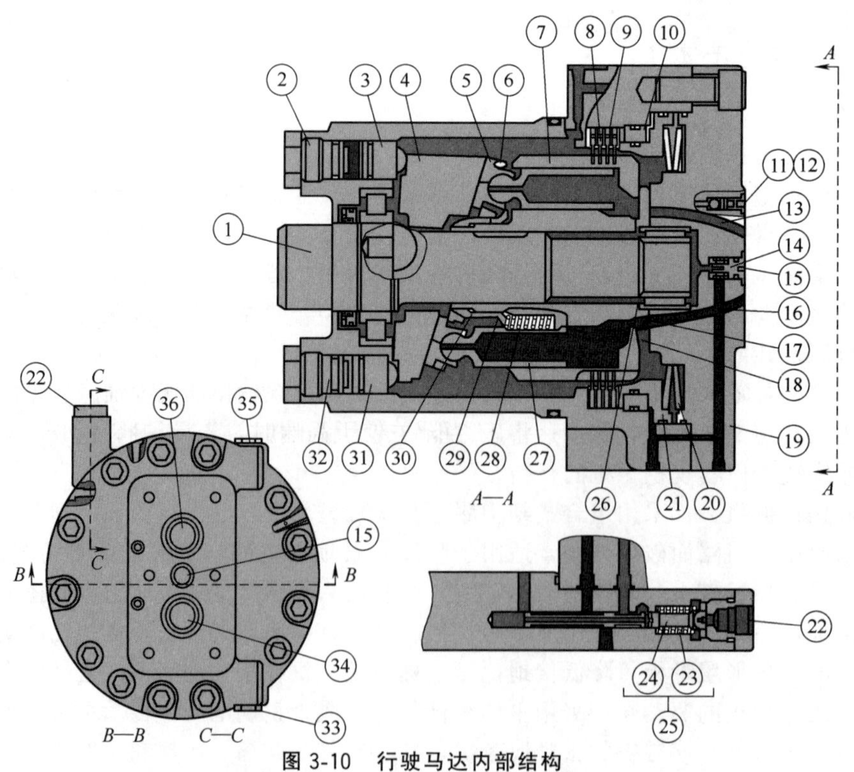

图 3-10 行驶马达内部结构

1—驱动轴；2—止动块；3—活塞；4—旋转斜盘；5—滑块；6—挡圈；7—柱塞缸；8—摩擦板；9—隔板；10—活塞导管；11—单向阀；12—单向阀；13—油道；14—制动器先导阀；15—端口；16—油道（缸盖）；17—油道；18—配流盘；19—缸盖；20—制动器弹簧；21—制动器活塞；22—端口；23—弹簧；24—滑阀；25—变排量阀；26—油道；27—活塞；28—弹簧；29—隔套；30—导管；31—活塞；32—止动块；33—排流口；34—端口；35—排流口；36—端口

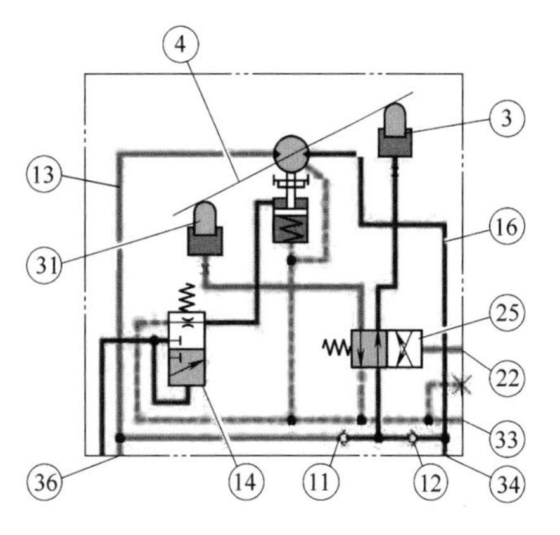

图 3-11 行驶马达（局部示意图）

3—活塞；4—旋转斜盘；11—单向阀；12—单向阀；13—油道；14—制动器先导阀；16—油道（缸盖）；22—端口；25—变排量阀；31—活塞；33—排流口；34—端口；36—端口

左行驶马达向前行驶操作的原理示意图如图 3-11 所示。流入马达的泵流量取决于行驶方向。对于向前行驶，机油从左行驶马达的端口 34 流入并从端口 36 流出。对于后退行驶，机油从端口 36 流入并从端口 34 流出。壳体排油经排流口 33（右行驶马达上为 35）流回液压油箱。

在向前行驶期间，泵油通过端口 34 流入左行驶马达。机油流经缸盖 19 上的油道 16 和配流盘 18 上的油道 17。然后，机油流经柱塞缸 7 的油道 26 进入活塞 27。

滑块 5 与九个活塞分别相连。活塞高压侧受到的力导致滑块在旋转斜盘 4 的表面上从上部中央位置滑到下部中央位置。滑块和活塞随柱塞缸 7 一起转动。柱塞缸通过花键与驱动轴 1 相连，一起逆时针转动，实现向前行驶。柱塞缸向低压侧旋转时，通过活塞中的油道排放机油。然后，机油流经配流盘油道，从油道 13 和端口 36 流出马达。配流盘由定位销固定在缸盖上，保持静止不动。

后退行驶时，左行驶马达顺时针转动。

旋转斜盘角度处于全排量时，马达将低速行驶。如果操作员使用行驶控制开关切换至高速，机器电子控制模块使变排量阀通电，这将导致滑阀移动，从而使机油流入活塞。活塞力将旋转斜盘移至最小角度。旋转斜盘在两个键上转动，止动块防止旋转斜盘进一步转动。在最小角度处，马达排放的油量较少，因此马达转速较快。旋转斜盘结构如图 3-12 所示。

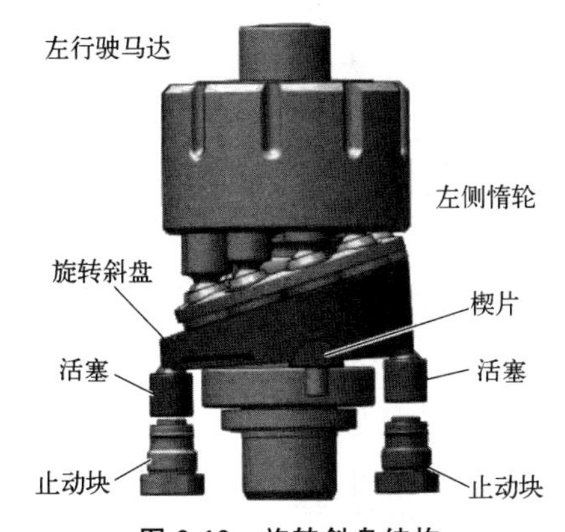

图 3-12 旋转斜盘结构

旋转斜盘可以以不同的角度定位，以改变马达排量，从而使速度变化。排量由驾驶室内的行驶速度开关控制。当开关处于低速时，不会有先导油输送到变排量阀，以改变旋转斜盘角度，此时，旋转斜盘处于最陡的角度。旋转斜盘处于最陡的角度时，排量达到最大值，马达产生低速和高扭矩。

当开关处于高速时，先导油将通过端口输送至变排量阀，阀移动允许泵油流向活塞。油压迫使活塞将旋转斜盘移至最小角度。当旋转斜盘处于最小角度时，排量最小，马达产生高速和低扭矩。

泵输送的机油流量取决于行驶方向。泵输送的机油经过端口流进行驶马达，泵油通过相反的端口返回油箱。对于向前行驶，泵油通过端口流入行驶马达。

箱体排油通过排流口返回液压油箱。行驶马达液压油路如图 3-13 所示。

背压阀和交叉安全阀是马达背压部分的组成部分。行驶马达内部结构如图 3-14 所示。

行驶马达将液压能量转换为旋转运动。油从主泵通过缸盖进入行驶马达。油沿一个方向行进，以释放停车制动器。油还通过正时盘流入缸筒。

正时盘与缸盖保持静止不动。正时盘具有与缸盖对齐的端口。油进入与正时盘和缸盖中的端口对齐的活塞。油推动活塞，并且推力被转换成围绕倾斜的旋转斜盘的旋转。驱动轴通过花键连接到缸筒，并且缸筒的旋转使驱动轴转动。当缸筒旋转时，与正时盘上的端口对齐

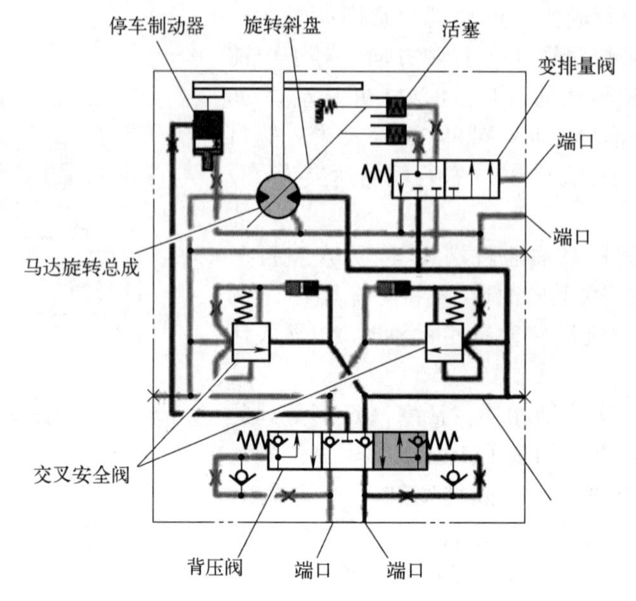

图 3-13 行驶马达（局部示意图）

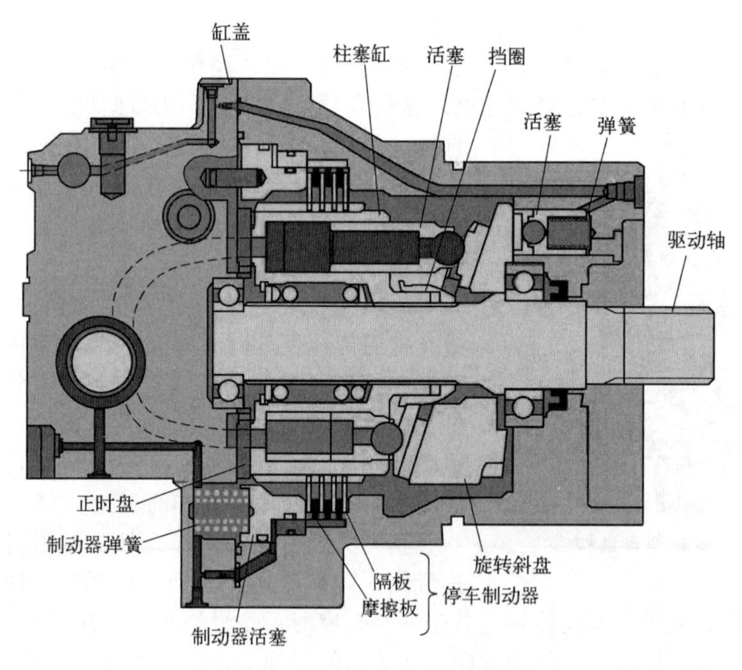

图 3-14 行驶马达内部结构

的活塞中的油流出缸盖。结构原理如图 3-15 所示。

3.2.1.3 行驶原理

以卡特 320GC 挖掘机为例，在右行驶操纵杆/踏板和左行驶操纵杆/踏板处开始行驶操作，如图 3-16 所示。

行驶方向与下部结构的位置相关。对于正常行驶，惰轮定位在驾驶室前部，行驶马达定位在驾驶室后部。向前移动行驶操纵杆/踏板将使机器向前行驶。此动作称为向前行驶。朝操作员移动行驶操纵杆/踏板时，机器反方向行驶。沿此方向的移动称为向后行驶。

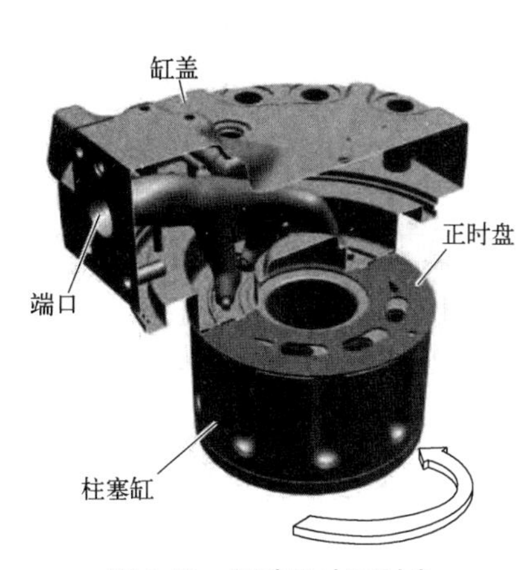

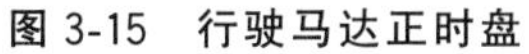

图 3-15　行驶马达正时盘

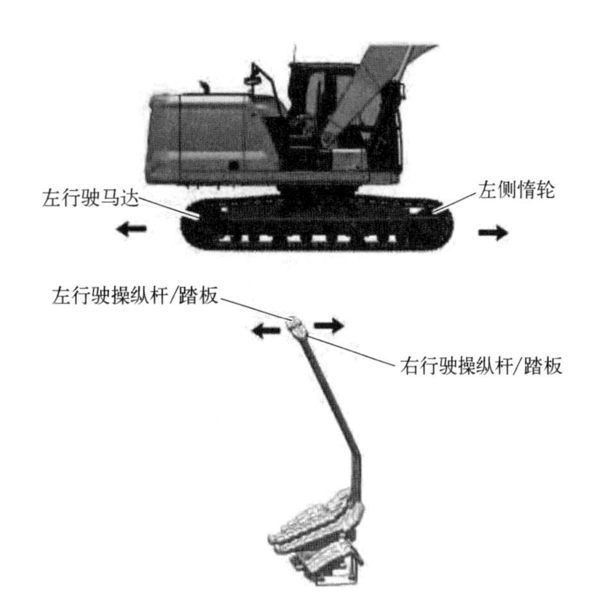

图 3-16　行驶操作部件

当上部机器旋转 180°时，行驶马达将处于驾驶室的前部。行驶方向和行驶操纵杆/踏板的操作与正常行驶相反。

当机器处于正常行驶位置时，如果其中一个行驶操纵杆/踏板向前移动，则相应的履带将向前行驶。固定履带充当支点，机器因此转向。这种转向称为枢轴转向。

此机器将在狭窄的空间内原地转向，以改变机器的行驶方向。要完成原地转向操作，将一个行驶操纵杆/踏板向后移动，同时将另一行驶操纵杆/踏板向前移动。一条履带将向后行驶，而另一条履带将向前行驶。机器将会绕着其中央轴线进行定点转向。

使用行驶控制装置时，泵 1 的输出流量流经回转接头，进入行驶背压阀和右行驶马达。泵 2 的输出流量流经回转接头，进入行驶背压阀和左行驶马达。泵流量导致行驶马达旋转。行驶马达的扭矩传递到终传动。终传动减速齿轮将行驶马达的旋转速度降低。终传动增大扭矩，旋转力通过链轮驱动履带。行驶控制装置相关部件位置如图 3-17 所示。

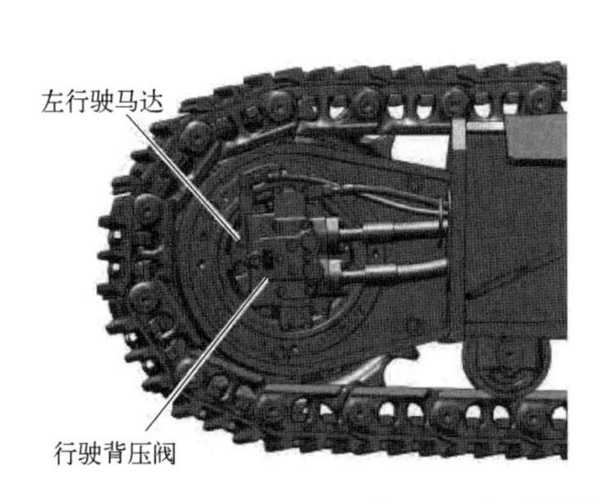

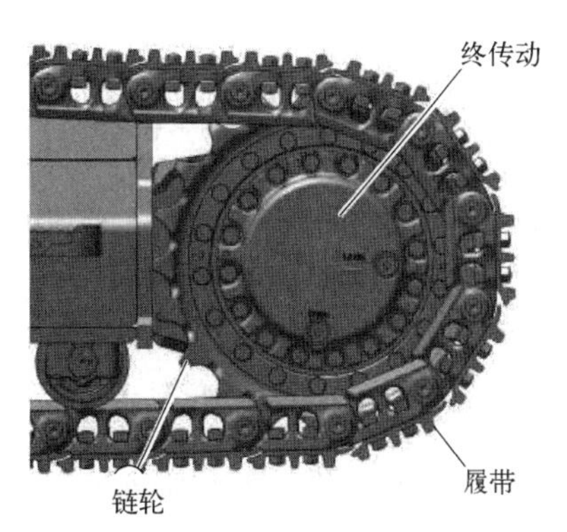

图 3-17　行驶控制装置相关部件

可以通过行驶操纵杆/踏板的旋转量调节行驶速度。行驶速度也可通过行驶速度控制开关（见图 3-18）控制。当行驶操纵杆/踏板移到最大位置时，此操作将改变行驶速度。行驶速度控制开关可设置在 LOW SPEED（低速）位置或 HIGH SPEED（高速）位置。当行驶速度控制开关设置在低速位置时，开关上的龟速指示灯点亮。当行驶速度控制开关设置在高

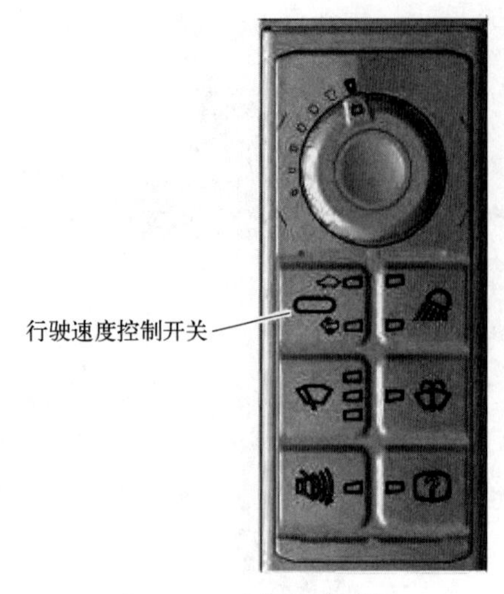

图 3-18　右侧开关面板

速位置时，开关上的兔形指示灯点亮。机器默认位置为低速位置。当行驶速度控制开关设置在高速位置时，泵压力传感器检测泵负载变化。如果压力传感器检测到高负载，行驶速度自动调节为低速，以增大行驶马达扭矩。如果压力传感器检测到低负载，行驶速度自动调整为高速。

如图 3-19 所示，向前行驶时，泵 1（13）和泵 2（12）通过端口 14 和 17 向主控制阀 21 供油。机油经中位旁通油道 8 和 23 进入各滑阀，以供启动时使用。机油还流入先导减压阀 24，阀减小机油压力，以便在先导回路中使用。先导油流入液压锁定电磁阀 22。液压锁定电磁阀通电时，先导油流入控制电磁阀。

向前移动两个行驶操纵杆/踏板时，机器电子控制模块（ECM）接收来自踏板传感器的位置数据。然后，ECM 适当地将向左前行电磁阀 19 和向右前行电磁阀 11 通电。移动后的电磁阀允许先导油流向左行驶控制阀 20 和右行驶控制阀 5。先导油导致滑阀克服弹簧压力向上移动。此时，移动后的控制阀允许泵 1 和泵 2 中的机油流出主控制阀，进入回转接头 26。左行驶的机油流经端口 A 处的回转接头。右行驶的机油流经端口 D 处的回转接头。回转接头将上部结构中的机油传输到下部结构的管路中。然后，机油流入左行驶背压阀 27 和右行驶背压阀 25。

机油流经背压阀，进入左行驶马达 28 和右行驶马达 29。机油使马达转动，从而驱动链轮和履带向前行驶。

行驶控制装置朝操作员向后移动时，向后行驶的功能相似。通电后的左后行驶电磁阀 3 和右后行驶电磁阀 6 向下移动行驶滑阀。随后，机油会经端口 B 和 C 流向马达，以反方向操作马达。

低速向前行驶的液压示意图如图 3-19 所示。主控制阀相关阀体位置如图 3-20 所示。

左行驶马达低速行驶时，其液压控制原理如图 3-21 所示。

当行驶速度控制开关 34 设置在低速位置时，指示灯 A 点亮。向机器 ECM（C）发送电信号。机器 ECM 断开行驶速度电磁阀 2。滑阀利用弹簧压力向右移动，以阻止先导油 48 流入行驶马达。

泵 2（12）中的机油流入主控制阀 21。ECM 使向左前行电磁阀 19 通电，从而将先导油输送至左行驶控制阀 20，导致阀移动。移动后的阀允许泵油经回转接头 26 进入油道 44 和马达旋转总成 42，以便向前行驶。变排量阀移至右侧时，油道 46 中的机油经变排量阀流入旋转斜盘控制活塞 43。旋转斜盘移至最大排量。在最大排量处，马达旋转总成排放的油量较大。因此，左行驶马达的旋转速度降低。

马达旋转总成中的回油流过油道 40、背压阀 50 和回转接头 26。然后，回油流回主控制阀 21，再从该阀流回液压油箱。

同时，机油流经背压阀 50 进入制动器先导阀 38。压力克服弹簧压力向上推动阀，从而使机油流入马达制动器 49。机油压力克服弹簧压力推回制动器活塞，松开制动器。松开制动器并有足够的压力可转动马达时，履带将开始移动。左履带低速缓慢移动，可获得最佳牵引力。

行驶速度控制开关位于低速位置时，右行驶马达的工作方式与左行驶马达相同。

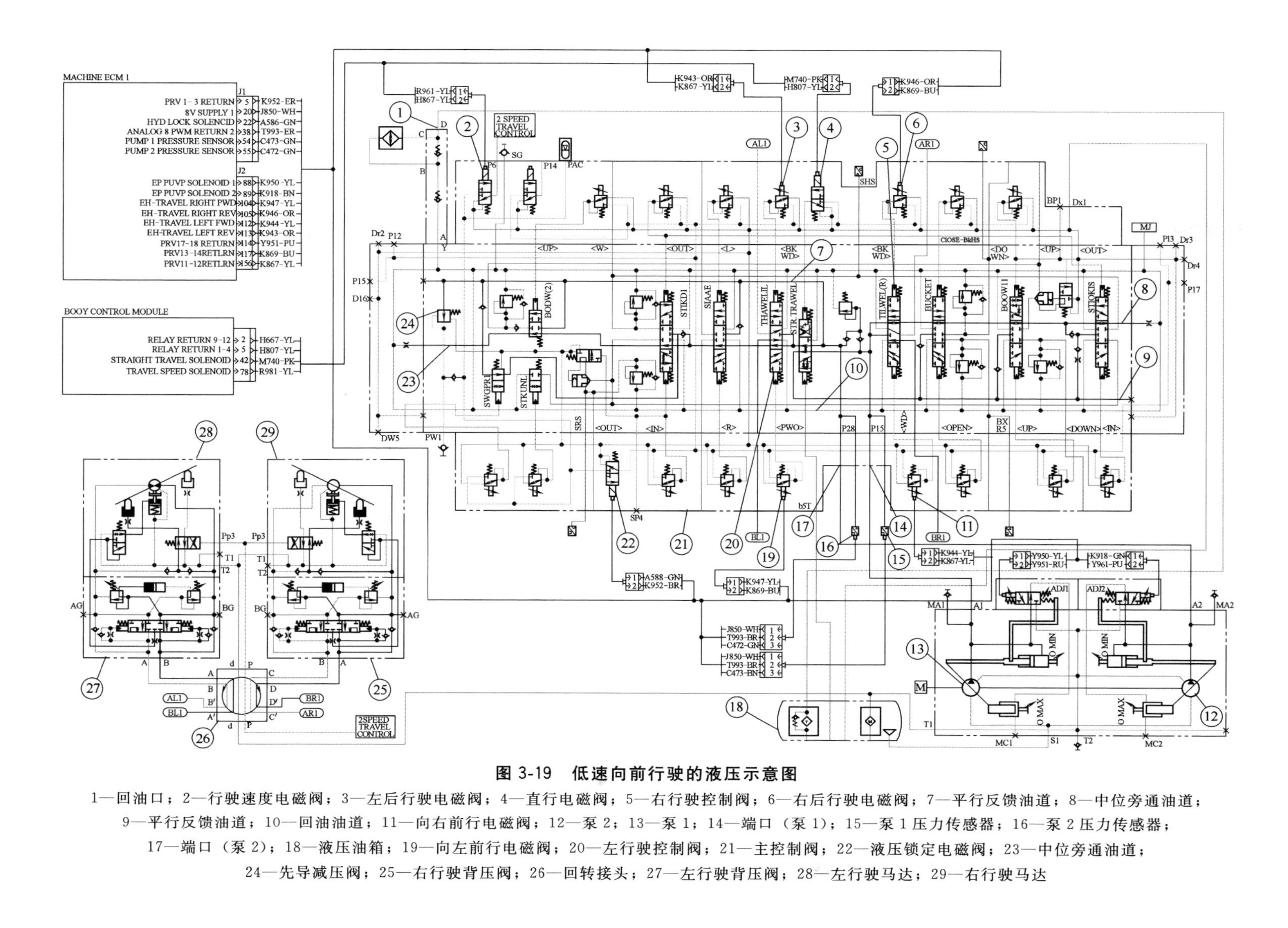

图 3-19　低速向前行驶的液压示意图

1—回油口；2—行驶速度电磁阀；3—左后行驶电磁阀；4—直行电磁阀；5—右行驶控制阀；6—右后行驶电磁阀；7—平行反馈油道；8—中位旁通油道；9—平行反馈油道；10—回油油道；11—向右前行电磁阀；12—泵 2；13—泵 1；14—端口（泵 1）；15—泵 1 压力传感器；16—泵 2 压力传感器；17—端口（泵 2）；18—液压油箱；19—向左前行电磁阀；20—左行驶控制阀；21—主控制阀；22—液压锁定电磁阀；23—中位旁通油道；24—先导减压阀；25—右行驶背压阀；26—回转接头；27—左行驶背压阀；28—左行驶马达；29—右行驶马达

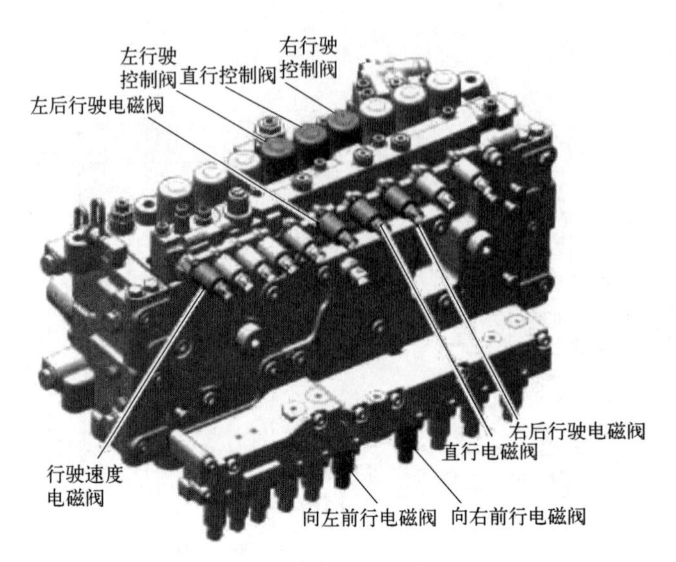

图 3-20 主控制阀阀体位置

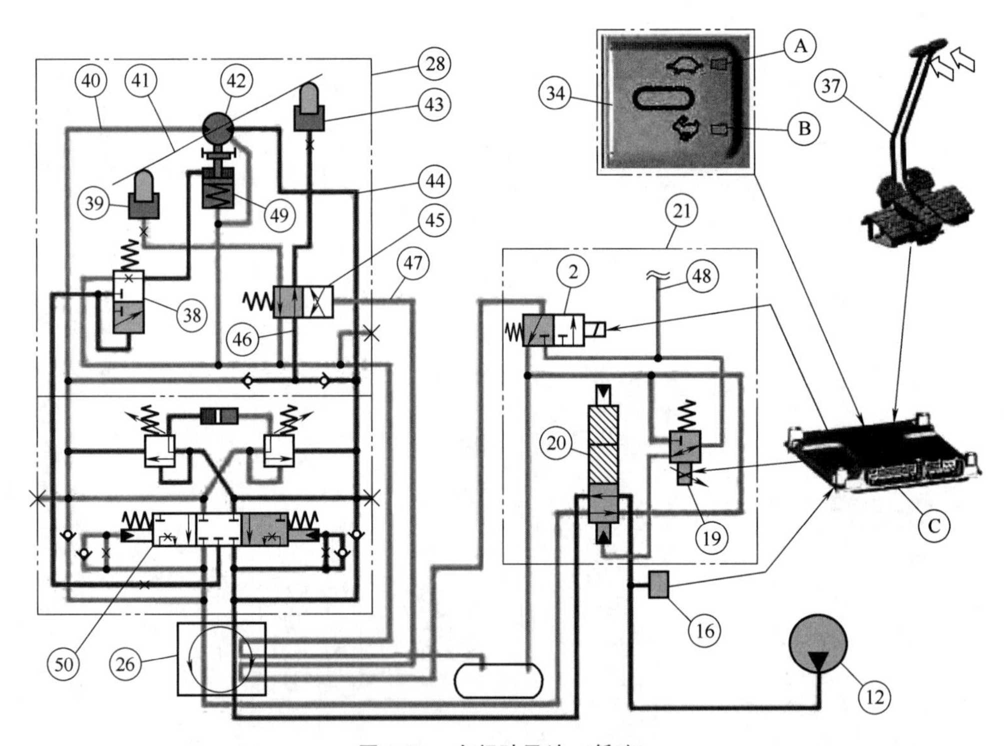

图 3-21 左行驶马达（低速）

A—低速指示灯；B—高速指示灯；C—机器 ECM；2—行驶速度电磁阀；12—泵 2；16—泵 2 压力传感器；19—向左前行电磁阀；20—左行驶控制阀；21—主控制阀；26—回转接头；28—左行驶马达；34—行驶速度控制开关；37—左行驶操纵杆/踏板；38—制动器先导阀；39—旋转斜盘控制活塞；40—油道（回油）；41—旋转斜盘；42—马达旋转总成；43—旋转斜盘控制活塞；44—油道（供油）；45—变排量阀；46—油道；47—先导油道；48—先导油；49—马达制动器；50—背压阀

左行驶马达高速行驶时，其液压原理图如图 3-22 所示。

当行驶速度控制开关 34 设置在高速位置时，指示灯 B 点亮。压力传感器 16 将电信号发送至机器 ECM。如果行驶负载较轻且泵压力低于特定阈值，机器 ECM 使行驶速度电磁阀 2

通电，实现高速行驶。滑阀通电导致滑阀克服弹簧压力向左移动。先导油 48 流经行驶速度电磁阀，进入变排量阀 45。

泵 2（12）中的机油流入主控制阀 21。ECM 使向左前行电磁阀 19 通电，从而将先导油输送至左行驶控制阀 20，导致阀移动。移动后的阀允许泵油经回转接头 26 进入油道 44 和马达旋转总成 42，以便向前行驶。泵 2 中的部分机油流经油道 46 和移动后的变排量阀进入旋转斜盘控制活塞 39。控制活塞将旋转斜盘 41 移至最小排量处。在最小排量处，马达旋转总成排放的油量较小。因此，左行驶马达 28 的旋转速度升高。左履带移动速度加快。

马达旋转总成中的回油流过油道 40、背压阀 50 和回转接头 26。然后，回油流回主控制阀 21，再从该阀流回液压油箱。

同时，机油流经背压阀 50 进入制动器先导阀 38。压力克服弹簧压力向上推动阀，从而使机油流入马达制动器 49。机油压力克服弹簧压力推回制动器活塞，松开制动器。松开制动器并有足够的压力可转动马达时，履带将开始移动。高速状态下，左履带在较小扭矩下快速移动。

行驶速度控制开关位于高速位置时，右行驶马达的工作方式与左行驶马达相同。

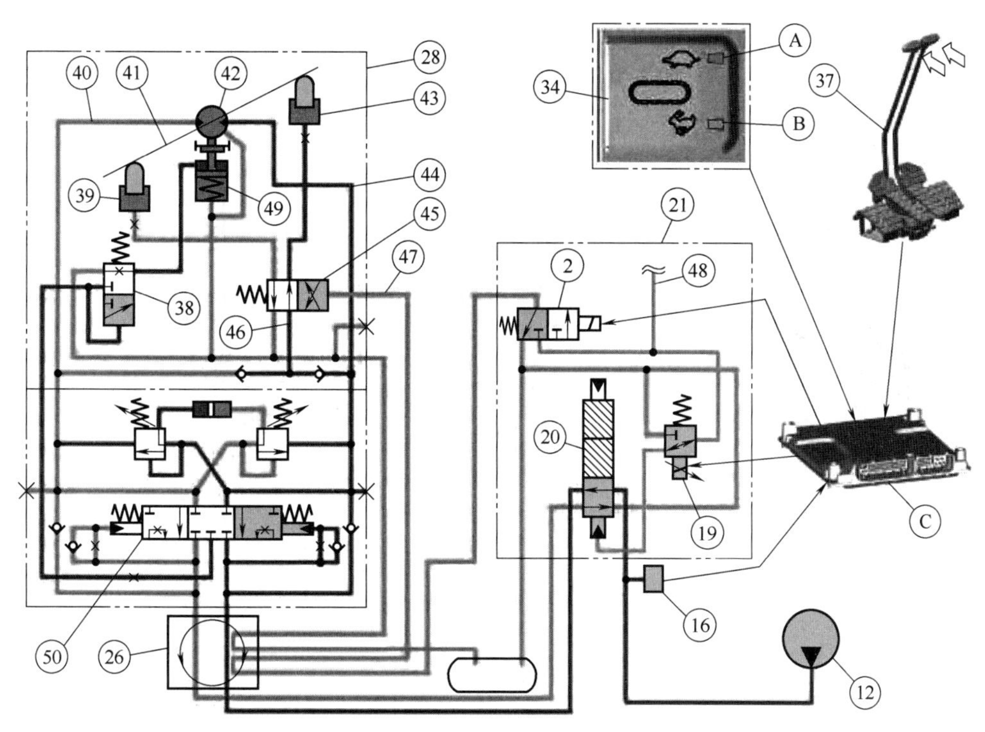

图 3-22　左行驶马达-高速

A—低速指示灯；B—高速指示灯；C—机器 ECM；2—行驶速度电磁阀；12—泵 2；16—泵 2 压力传感器；19—向左前行电磁阀；20—左行驶控制阀；21—主控制阀；26—回转接头；28—左行驶马达；34—行驶速度控制开关；37—左行驶操纵杆/踏板；38—制动器先导阀；39—旋转斜盘控制活塞；40—油道（回油）；41—旋转斜盘；42—马达旋转总成；43—旋转斜盘控制活塞；44—油道（供油）；45—变排量阀；46—油道；47—先导油道；48—先导油；49—马达制动器；50—背压阀

泵 1 压力传感器监测泵 1 的压力，泵 2 压力传感器监测泵 2 的压力，传感器安装位置如图 3-23 所示。当行驶速度控制开关位于高速位置且行驶负载很轻时，行驶马达排量很低。随着泵负载的增加，泵压力也将升高。当泵压力达到特定阈值时，机器 ECM 使行驶速度电磁阀断电，从而将行驶系统有效切换至低速，以增大马达扭矩。

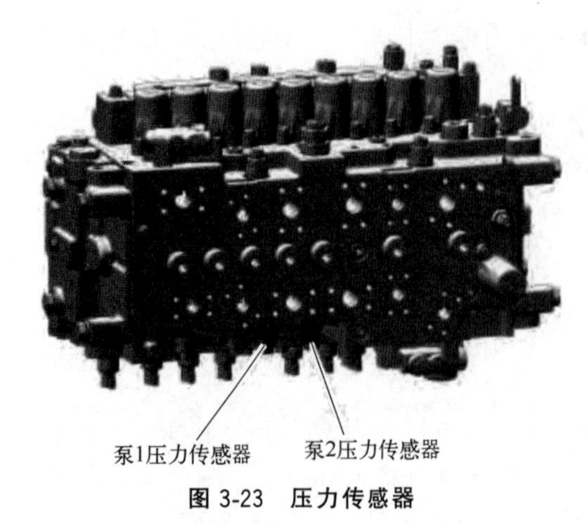

图 3-23　压力传感器

在行驶速度控制开关仍处于高速位置的情况下，泵负载减小时，减小的负载会导致机器ECM将行驶速度电磁阀通电。通过先导压力移动各马达中的变排量阀，使泵油将旋转斜盘移至最小排量处。此时，行驶速度自动变回高速。

机器自动变更行驶速度的能力在需要较高速度或者较大扭矩时提供了良好的性能。

3.2.2　轮式行走体

3.2.2.1　概述

轮式行走体使用变速箱将发动机动力传递到前后驱动桥再驱动车轮，使车辆前进或后退。

轮式行走体由液力变矩器、变速箱、驱动轴、差速器及前后桥、车轮等部件组成，结构如图 3-24 所示。

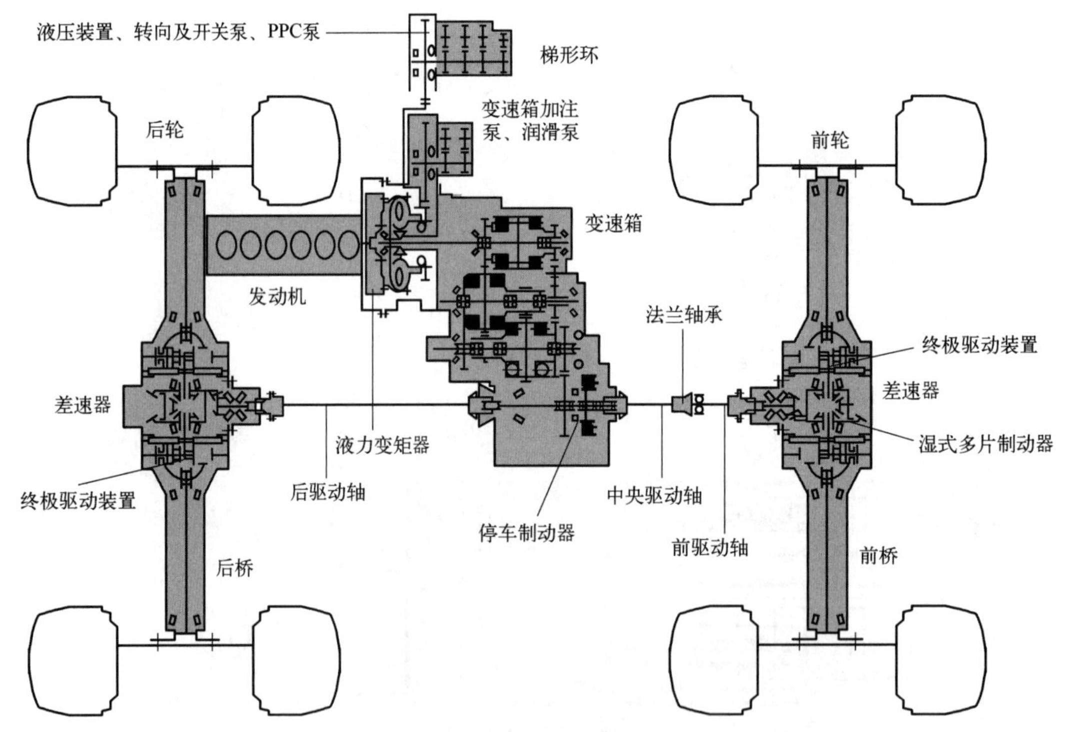

图 3-24　轮式行走体

来自发动机的原动力通过飞轮传到液力变矩器。液力变矩器使用油作为介质。它根据负载的变化把传来的扭矩进行变换，然后把原动力传到变速箱的输入轴。此时，发动机的原动力通过液力变矩器的泵驱动齿轮装置传到液压装置、转向及开关泵以及变速箱加注泵，使每一台泵工作。变速箱通过电磁阀操作变速箱挡位阀的速度滑阀和方向滑阀，并致动六个液压致动的离合器，以选择四种前进或倒退速度中的一种。变速箱的速度范围采用手动选择。变速箱的输出轴把动力传到前桥和后桥。在前面，动力通过中央驱动轴、法兰轴承以及前驱动轴传到前桥。在后面，动力通过后驱动轴传到后桥。传至前桥和后桥的原动力，其速度已由差速器的伞齿轮和小齿轮装置降低，然后通过差动机构传到太阳轮轴。太阳轮的原动力通过行星齿轮机构进一步减小，然后通过轮边支承轴传到轮胎。

3.2.2.2　变速箱

以卡特 M315D2 轮式挖掘机为例，两挡行星齿轮变速箱安装在桥上。变速箱（如图 3-25 所示）主要包括下列部件：

① 固定多盘离合器配置总成 3；

② 旋转多盘离合器配置总成 4；

③ 变速箱润滑泵 10，用于润滑和冷却变速箱中的盘、板、轴承和齿轮。

固定多盘离合器配置总成由六片盘、九块板和一块端板组成。盘位于行星齿轮中。板通过壳体接合，盘通过行星齿轮的齿圈接合。盘的内缘接合行星齿轮的齿圈。在此配置总成中，板通过行星齿轮齿圈接合，盘通过驱动轴接合。

旋转多盘离合器配置总成由十二片盘、七块板和一块端板组成。

变速箱润滑泵 10 连接到变速箱的输入轴 2，并将油流供应到变速箱的内部部件中。由于泵连接到输入轴，泵设计为仅在前进行驶时提供油流。但泵会在后退行驶时提供少量油流。

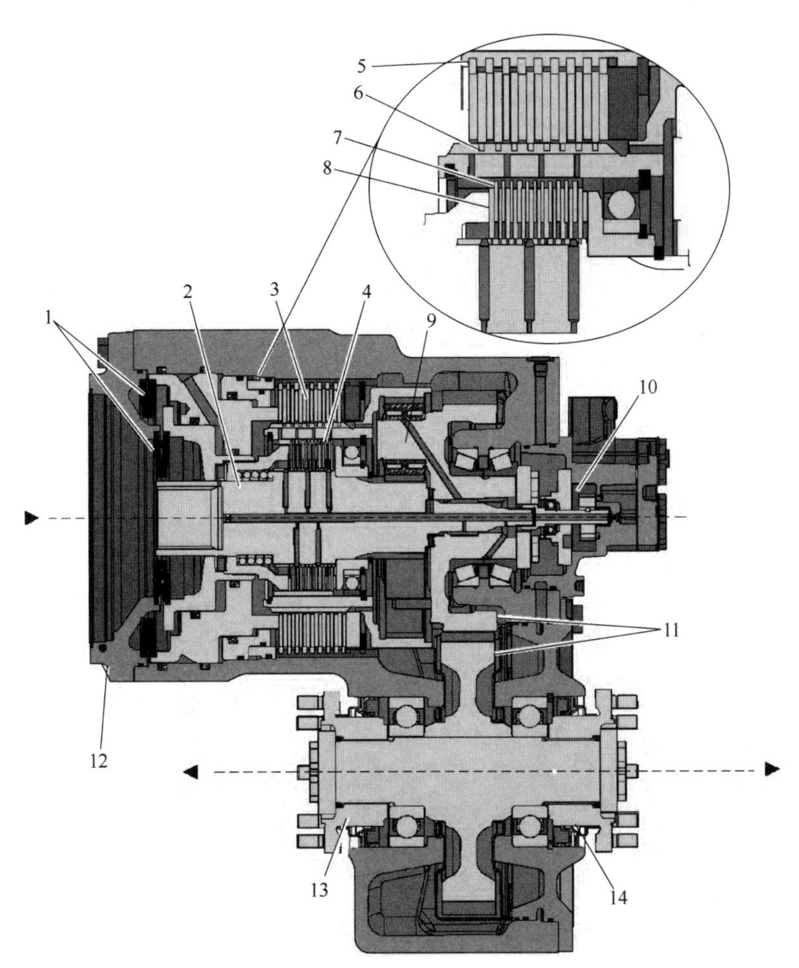

图 3-25　变速箱横截面

1—盘形弹簧；2—输入轴；3—固定多盘离合器配置总成；4—旋转多盘离合器配置总成；5—旋转离合器组件板；6—旋转离合器组件盘；7—固定离合器组件板；8—固定离合器组件盘；9—行星齿轮驱动；10—变速箱润滑泵；11—正齿轮；12—壳体；13—输出法兰（前桥）；14—输出法兰（后桥）

停车制动器激活时，变速箱液压示意图如图 3-26 所示。

停车制动器激活时，变速箱电磁阀 16 不接合。固定多盘离合器配置总成 3 和旋转多盘离合器配置总成 4 通过弹簧 1 的力压到一起。在锁定位置，两个离合器组件均接合，并用作停车制动器功能。

变速箱电磁阀的压力开关保护变速箱不受到低控制压力。压力开关使低于 2600kPa（377psi）的机油压力无法传递到变速箱。如果压力低于 2600kPa（377psi），选择一个挡位后电磁阀不通电。

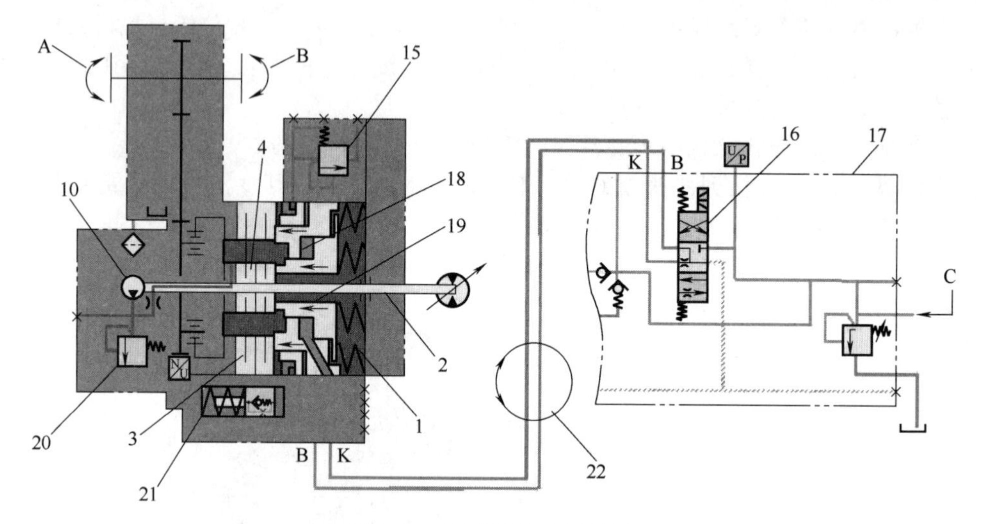

图 3-26　变速箱液压示意图

A—后输出；B—前输出；C—前制动器控制阀；1—弹簧；2—输入轴；3—固定多盘离合器配置总成；4—旋转多盘离合器配置总成；10—变速箱润滑泵；15—压力安全阀；16—变速箱电磁阀；17—先导歧管；18—离合器活塞；19—离合器活塞；20—减压阀；21—调节阀；22—回转接头

第一挡位置时，变速箱液压示意图如图 3-27 所示。

如果机器配备中压回路，减压阀调节油压，且只允许 3000kPa（435psi）的压力流到变速箱。

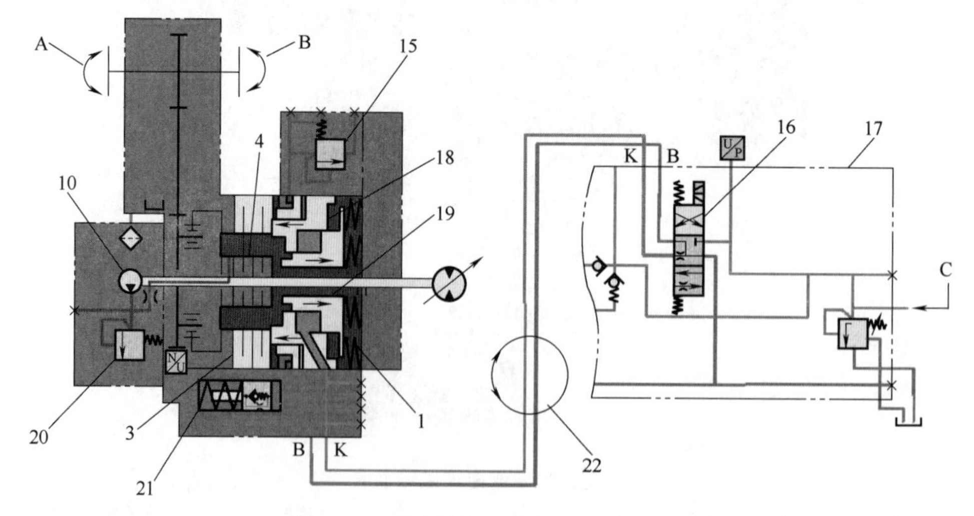

图 3-27　变速箱液压示意图（第一挡）

1—弹簧；3—固定多盘离合器配置总成；4—旋转多盘离合器配置总成；10—变速箱润滑泵；15—压力安全阀；16—变速箱电磁阀；17—先导歧管；18—离合器活塞；19—离合器活塞；20—减压阀；21—调节阀；22—回转接头

操作员选择一挡后，变速箱电磁阀16通电。电磁阀将先导油向下移，然后流出端口K，到达变速箱。离合器组件3和4通过弹簧1的力接合。通过加压变速箱中的端口K，离合器活塞19对抗弹簧1的力向右移。活塞与旋转多盘离合器配置总成4断开。4断开时，离合器活塞18通过弹簧1的力保持与固定多盘离合器配置总成3接合。现在变速箱在一挡。操作行驶马达时，机器将行驶。同时，端口B向油箱打开。

处于第二挡时，变速箱液压示意图如图3-28所示。

操作员选择二挡后，变速箱电磁阀16通电。电磁阀向上移，先导油流出端口B，流到变速箱。通过变速箱中的调节阀21对端口B加压后，离合器活塞18向右移。活塞将固定多盘离合器配置总成3断开。同时，弹簧1将离合器活塞19向左移。活塞将旋转多盘离合器配置总成4接合。现在变速箱在二挡。操作行驶马达时，机器将行驶。同时，端口K向油箱打开。来自端口K的回油阻塞在先导歧管中的电磁阀处。在二挡时，调节阀21不会阻塞来自先导歧管的加压油流。

调节阀21用于机器从二挡换到一挡时平缓踩下离合器。阀阻塞从端口B流到先导歧管中的加压油流。阻塞来自端口B的油流后，离合器可平缓接合。

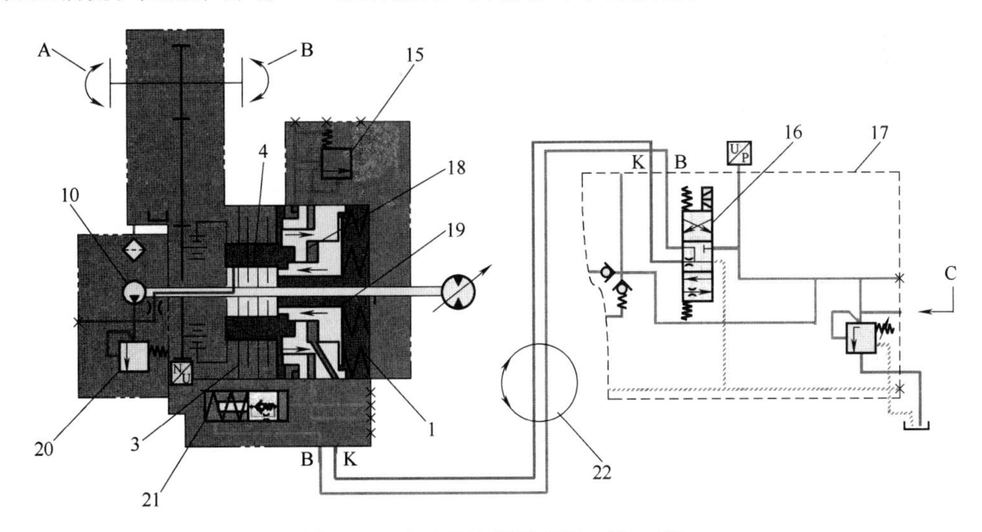

图3-28　变速箱液压示意图（第二挡）

1—弹簧；3—固定多盘离合器配置总成；4—旋转多盘离合器配置总成；10—变速箱润滑泵；15—压力安全阀；16—变速箱电磁阀；17—先导歧管；18—离合器活塞；19—离合器活塞；20—减压阀；21—调节阀；22—回转接头

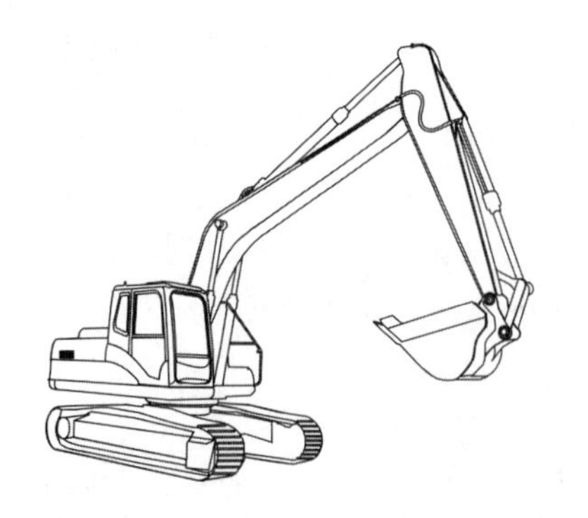

第4章

工作装置

挖掘机工作装置的种类繁多（可达100余种），目前工程建设中应用最多的是反铲和破碎器。铰接式反铲是单斗液压挖掘机最常用的结构形式，动臂、斗杆和铲斗等主要部件彼此铰接，如图4-1所示，在液压缸的作用下各部件绕铰点摆动，完成挖掘、提升和卸土等动作。

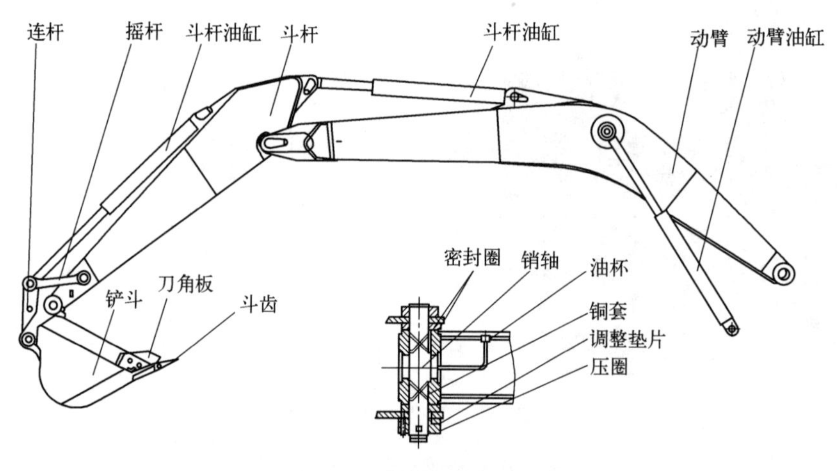

图4-1　铰接式反铲结构

第1节　管臂总成

4.1.1　部件组成

动臂是反铲工作装置的主要部件，目前采用得较多的是整体式动臂，组合式动臂用在作业工况复杂、多变的场合，现一般作为特殊配置。

整体式动臂的优点是结构简单、质量轻而刚度大。其缺点是可更换的工作装置少，通用性较差。多用于长期作业条件相似的挖掘机上。整体式动臂又可分为直动臂和弯动臂两种。其中的直动臂结构简单、质量轻、制造方便，主要用于悬挂式液压挖掘机，但它不能使挖掘机获得较大的挖掘深度，不适用于通用挖掘机；弯动臂是目前应用最广泛的结构形式（如图4-2所示），与同长度的直动臂相比，可以使挖掘机有较大的挖掘深度，但降低了卸土高度，这正符合挖掘机反铲作业的要求。

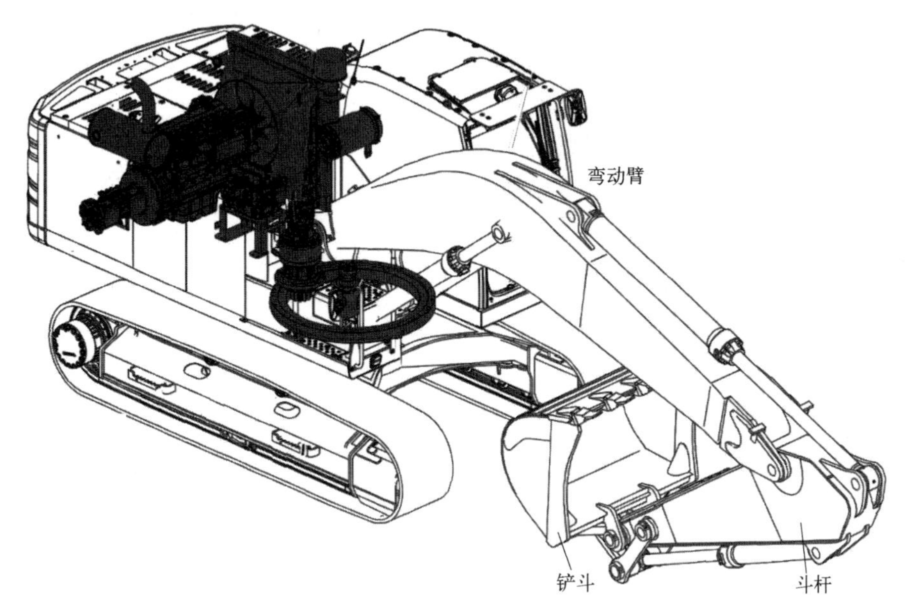

图 4-2　沃尔沃 EC210ES 挖掘机管臂总成

4.1.2　部件拆装

以小松 PC200-8 挖掘机为例，管臂总成的拆装方法如下。

① 断开润滑脂软管 1。

② 吊起动臂油缸总成 2。

③ 拆下锁紧螺栓和螺母 3。

④ 拆下板 4，然后拆下头销 5，检查所用垫片的数量和位置。

以上部件位置见图 4-3。

⑤ 拆下锁紧螺栓 3，如图 4-4 所示。

⑥ 拆下板 4 和头销，如图 4-4 所示。检查所用垫片的数量和位置。

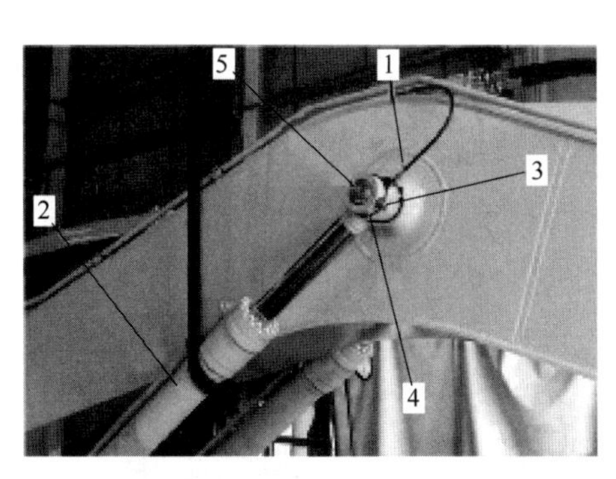

图 4-3　拆下头销（1）

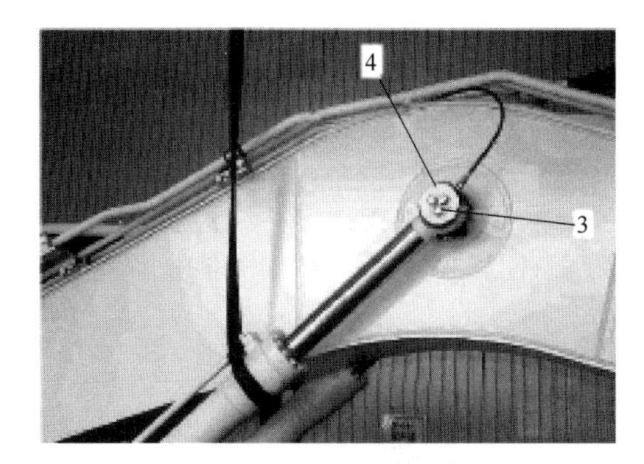

图 4-4　拆下头销（2）

⑦ 启动发动机，然后收回活塞杆。用钢丝等绑住活塞杆，放上堵塞工具，使得活塞杆不会滑出，或者放置一个支承，使得油缸不会落到底侧。如果放置了一个支承，拆下油缸底侧的润滑脂嘴。以同样方式拆下另一侧的动臂油缸。如果起升工作装置时，预料到提升吊钩会撞到工作装置灯，必须要拆下灯。

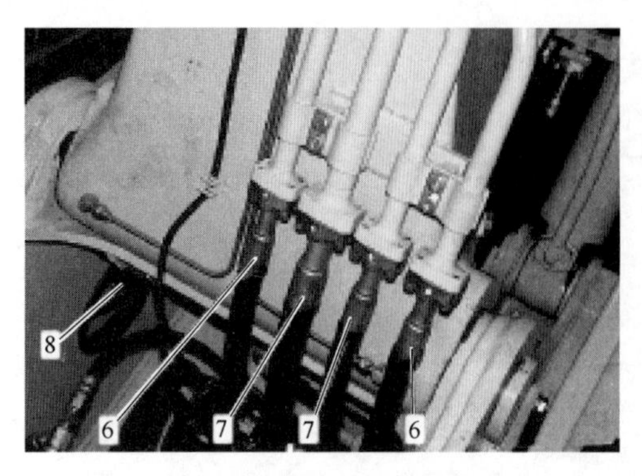

图 4-5 拆下各软管组件

⑧ 断开 2 处铲斗油缸软管 6 和 2 处斗杆油缸软管 7。装上堵油塞，然后用绳子将软管固定到阀侧。

⑨ 断开工作装置灯 A13（8）的中间连接器。

以上部件位置如图 4-5 所示。

⑩ 吊住工作装置总成，拆下底部的板 9 和销 10，如图 4-6 所示。

⑪ 如图 4-7 所示，拆卸工作装置总成 11。

⑫ 按照与拆卸相反的顺序来进行安装。拧紧锁紧螺母时，确保拧紧后板和螺母之间有 0.5～1.5mm 的间隙。

⑬ 从阀和液压缸之间的油路排气。

⑭ 从注油口将液压油添加到规定的油位。通过启动发动机，使油在液压系统内循环，然后检查油位。

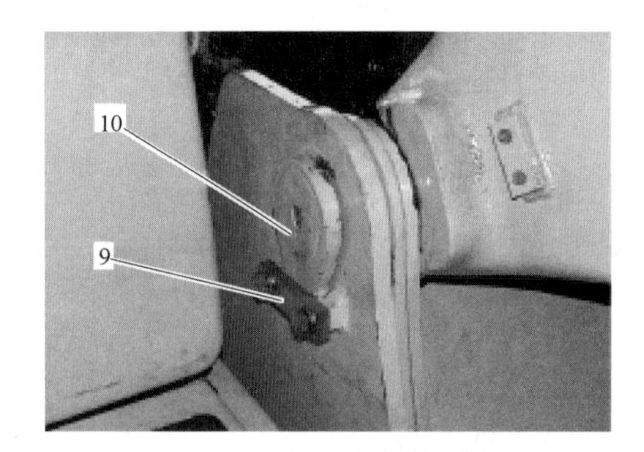

图 4-6 拆下底部的板和销

图 4-7 拆卸工作装置总成

第 2 节 铲斗装置

4.2.1 部件组成

反铲用的铲斗形状、尺寸与其作业对象有很大关系。为了满足各种挖掘作业的需要，在同一台挖掘机上可配以多种结构形式的铲斗，图 4-8 为反铲用铲斗的基本形式。铲斗的斗齿采用装配式，其形式有橡胶卡销式和螺栓连接式。反铲常用铲斗结构如图 4-9 所示，斗齿安装形式如图 4-10 所示。

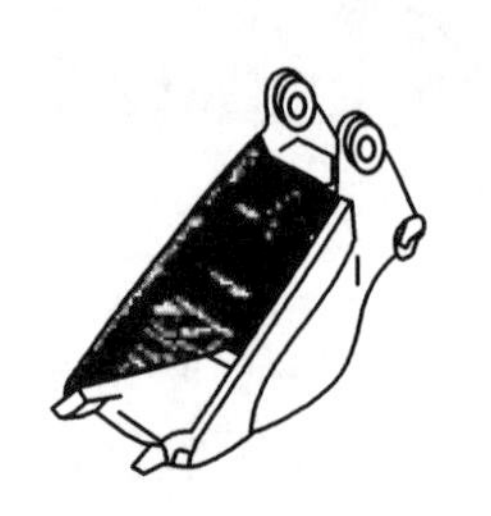

图 4-8

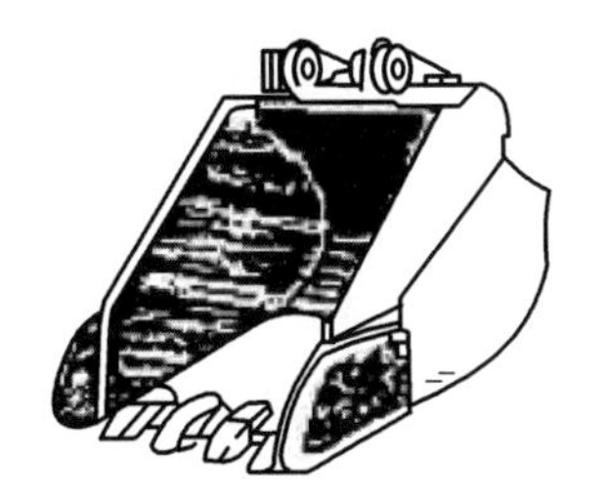

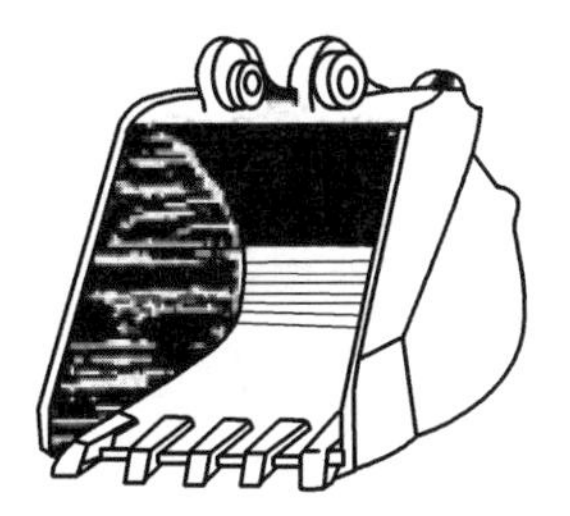

图 4-8　反铲用铲斗基本形式

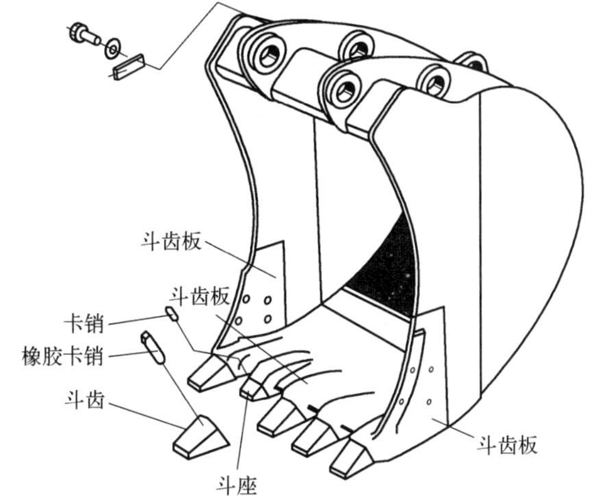

图 4-9　反铲常用铲斗结构

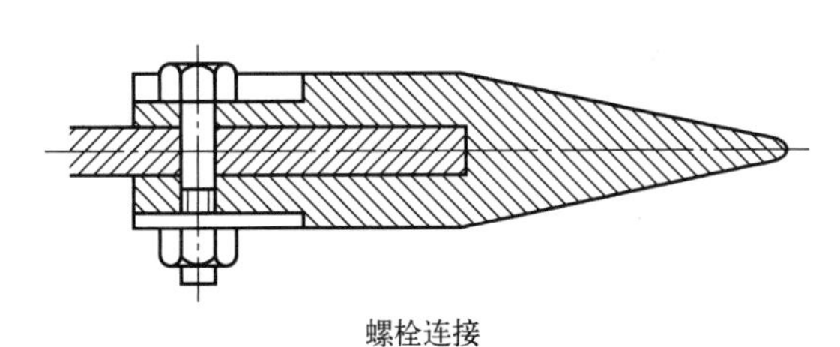

螺栓连接

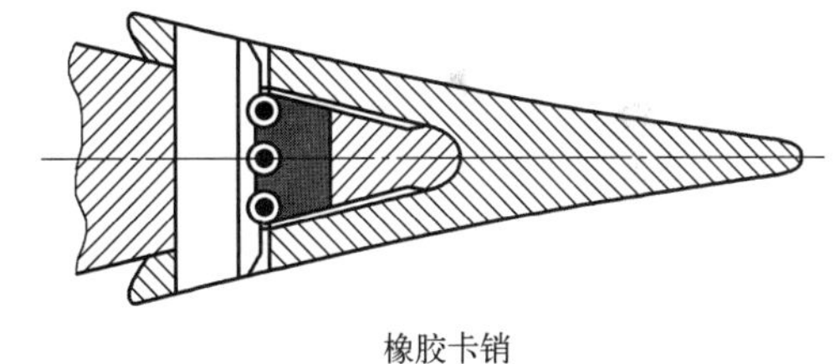

橡胶卡销

图 4-10　斗齿安装形式

铲斗与液压缸连接的结构形式有四连杆机构和六连杆机构。其中的四连杆机构连接方式是铲斗直接铰接于液压缸，使铲斗转角较小，工作力矩变化较大；六连杆机构连接方式的特点是，在液压缸活塞杆行程相同条件下，铲斗可获得较大转角，并改善机构的传动特性。

4.2.2　部件拆装

以卡特 320DL 挖掘机为例，铲斗总成的拆装方法如下。

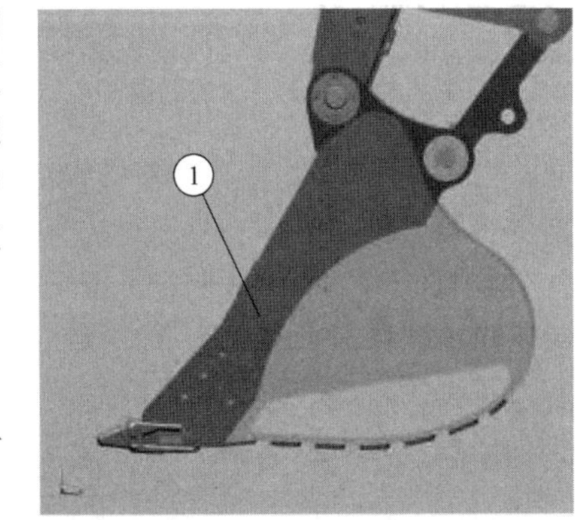

图 4-11　铲斗拆卸位置

① 如图 4-11 所示，将铲斗 1 安置在地面上。从销接头处将 O 形密封圈 2 安置到铲斗 1 的法兰上，见图 4-12。

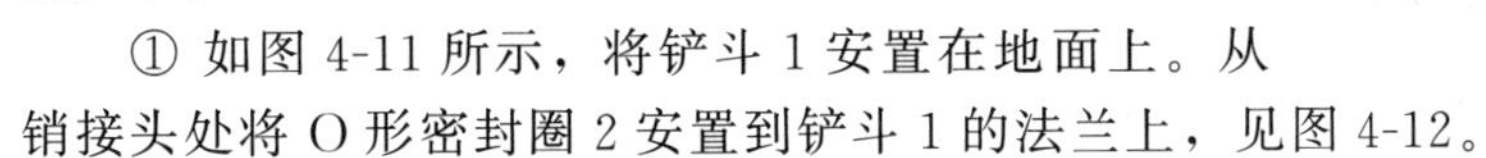

② 将适当的起吊设备和工具 B 连接到工具 A。将工具 A 连接到销组件 4。工具 A 的质量约为 137kg（300lb）。

③ 拆下螺栓 3。使用工具 A 拆下销组件 4。工具 A 和销组件 4 的组合质量约为 170kg（375lb）。拆下销组件 4 后，重新安置适当的起吊设备。

④ 拆下 O 形密封圈 2（图中未显示）。

以上部件位置如图 4-13 所示。

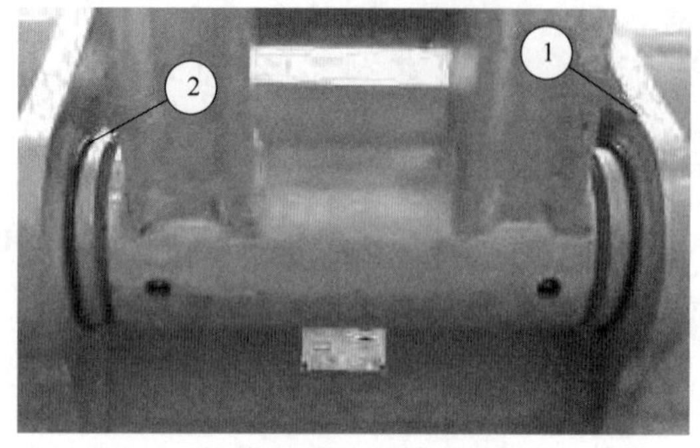

图 4-12 将密封圈安置到铲斗的法兰上

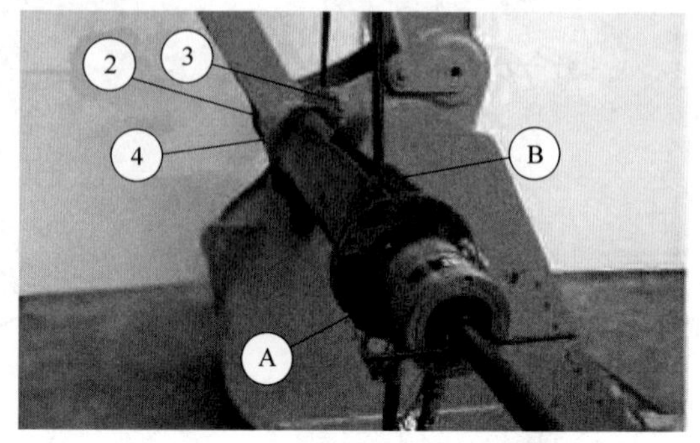

图 4-13 使用专用工具拆卸销组件

⑤ 如图 4-14 所示，从销接头处将 O 形密封圈 5 安装到铲斗 1 的法兰上。

⑥ 将适当的起吊设备和工具 B 连接到工具 A。将工具 A 连接到销组件 7。工具 A 的质量约为 137kg（300lb）。

⑦ 拆下螺栓 6。使用工具 A 拆下销组件 7。工具 A 和销组件 7 的组合质量约为 170kg（375lb）。拆下销组件 7 后，重新安置适当的起吊设备。

⑧ 拆下 O 形密封圈 5（图中未显示）。

以上部件位置如图 4-15 所示。

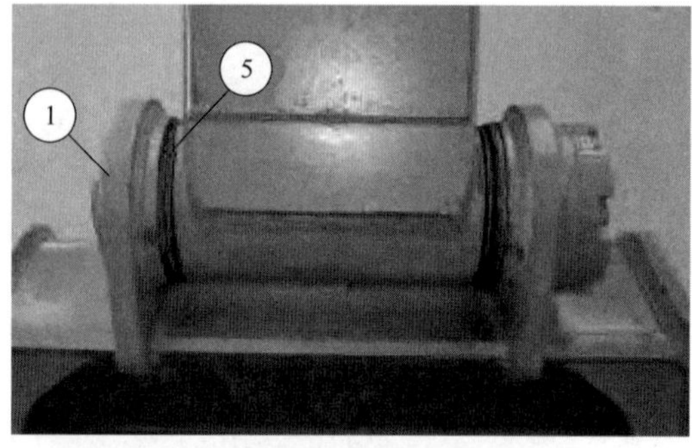

图 4-14 安装密封圈到铲斗上

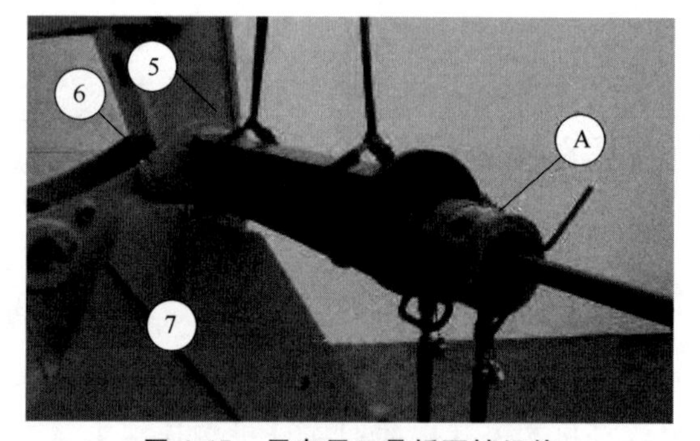

图 4-15 用专用工具拆下销组件

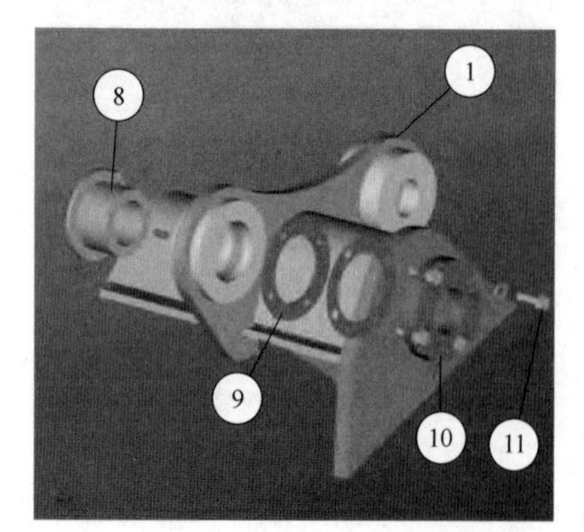

图 4-16 拆下铲斗固定部件

⑨ 使用机器液压装置以便从铲斗升起斗杆。

⑩ 如图 4-16 所示，从铲斗 1 上拆下螺栓 11、板 10、垫片 9 和法兰 8。

⑪ 安装时将润滑脂涂抹到法兰 8 的外部机加工表面和内孔上。将法兰 8 安装到铲斗 1 上。确保法兰 8 中的对准销安置在两个螺栓孔之间，如图 4-17 所示。

⑫ 将 O 形密封圈 5 安置到铲斗 1 的法兰上，如图 4-18 所示。

⑬ 使用机器液压装置以便将斗杆安置到铲斗 1 中。

⑭ 将工具C安装到销组件7中。将润滑脂涂敷到销组件7上，如图4-19所示。

⑮ 将适当的起吊设备连接到销组件7，然后安装销组件7。销组件7的质量约为34kg(75lb)。

⑯ 将工具C从销组件7上拆下。

图4-17　润滑脂涂抹部位

图4-18　安装O形密封圈

⑰ 如图4-20所示，安装螺栓6。

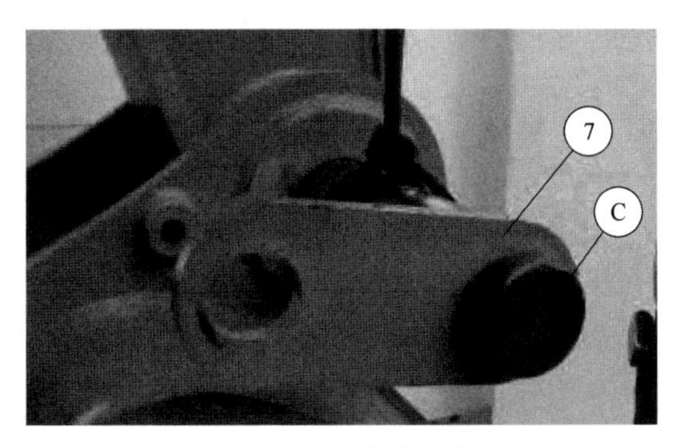

图4-19　安装销组件

图4-20　安装螺栓

以卡特挖掘机为例，斗齿的拆装方法如下：

① 在拆卸齿尖之前，保持器必须能够自由旋转。在使用破碎杆旋转保持器之前，必须尽可能多地清除压实的物料。

② 清除保持器中方形套筒上的碎屑。

③ 用水浸泡填充的保持器套筒和齿尖后端可使保持器更易旋转。湿润物料后，让物料软化几分钟。清除软化的物料，然后旋转保持器。

④ 可能需要冲击保持系统。可使用小型空气凿子或针式除垢器来松开密实填充的保持器或生锈的保持器。一旦齿尖旋转解锁，齿尖就不再保持在适配器上，并且可能脱落。为防止人身伤害，确保齿尖朝上，并在适当的情况下，连接到适当的起吊设备上。

⑤ 使用130系列Cat® Advansys齿尖的1/2″破碎杆以及150、170、200和220系列Cat® Advansys齿尖的3/4″破碎杆，将破碎器的方形部件安装到保持器套筒中，并逆时针旋转180°进入解锁位置，如图4-21所示。对齿尖两侧的保持器执行此操作。可能需要前后移动，以松开任何残留的碎屑。

⑥ 确保齿尖已解锁。应逆时针完全转动保持器。

⑦ 小心地滑出齿尖。

⑧ 安装新齿尖之前，彻底清除适配器尖端的所有物料。确保齿尖内部清洁无碎屑。

⑨ 确保保持器（图 4-22）处于解锁位置。在此位置，应逆时针完全旋转保持器，如图 4-23 所示。

图 4-21 使用破碎杆逆时针旋转（解锁）

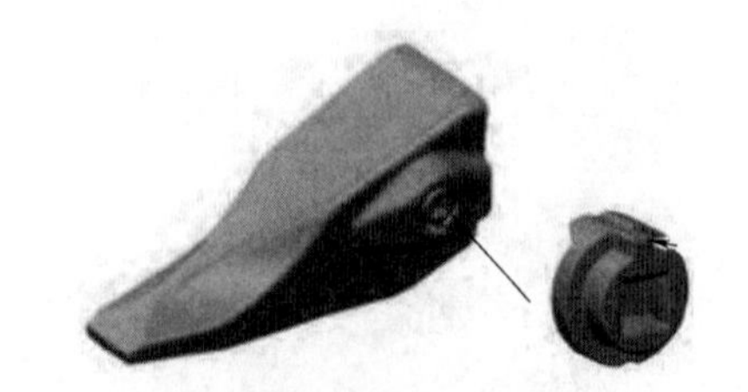

图 4-22 齿尖上保持器

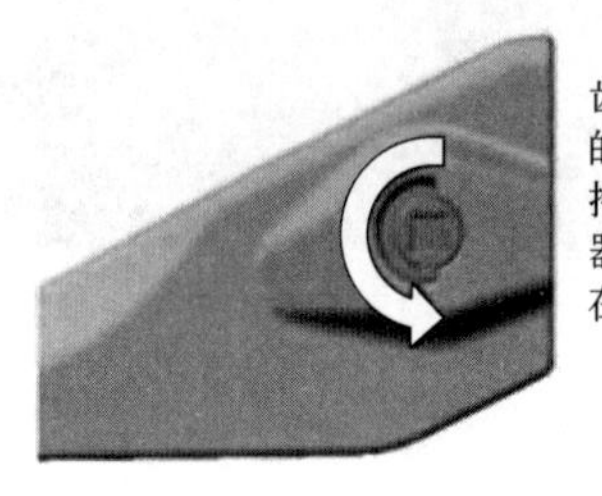

图 4-23 保持器凸舌解锁位置

图 4-24 使用破碎杆顺时针旋转（锁定）

⑩ 将齿尖一直滑到适配器上。

⑪ 使用 130 系列 Cat® Advansys 齿尖的 1/2″破碎杆以及 150、170、200 和 220 系列 Cat® Advansys 齿尖的 3/4″破碎杆，将破碎器的方形部件安装到保持器套筒中，并顺时针旋转 180 °进入锁定位置，如图 4-24 所示。对齿尖两侧的保持器执行此操作。

⑫ 确保齿尖正确固定在适配器上。应顺时针完全转动保持器。锁定后，保持器凸舌将从原始位置旋转 180°。参考图 4-25。

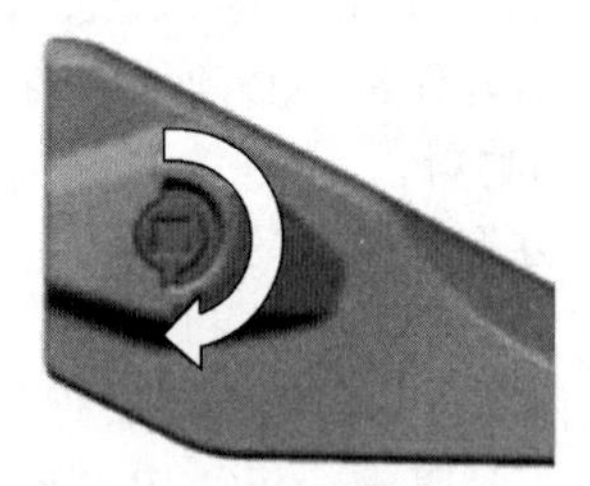

图 4-25 保持器凸舌锁定位置

第 3 节 破碎装置

4.3.1 部件组成

液压破碎锤（简称液压锤）是一种特殊的液压机具，它将控制阀、执行器、蓄能器等液压元件集于一身，控制阀与执行器相互反馈控制，自动完成活塞的往复运动，将液体的压力能转化为活塞的冲击能。

目前市场上的液压锤的活塞回程运动都是由液压作用力完成的，而活塞的冲程运动则可根据冲程时作用力的来源不同将液压锤分为氮爆锤、全液锤与气液锤三种类型。

液压破碎锤的动力来源是挖掘机/装载机，它能在挖掘建筑物基础时更有效地清理浮动的石块和岩石缝隙中的泥土。选用液压破碎锤的原则是：根据挖掘机的作业稳定性、工作装置液压回路的工作压力及功率消耗来选择最适合的液压破碎锤。

液压破碎锤由五个主要部分组成：油缸、活塞、控制阀、前体、后体。其结构如图 4-26 所示。油缸包含活塞和阀。四个贯穿螺栓将油缸和后体与前体固定在一起。活塞使用油压和气压撞击钎杆。控制阀处于油缸内部，以调节活塞的移动。钎杆销处于前体内部，以阻止钎杆掉出。后体已经充满氮气。

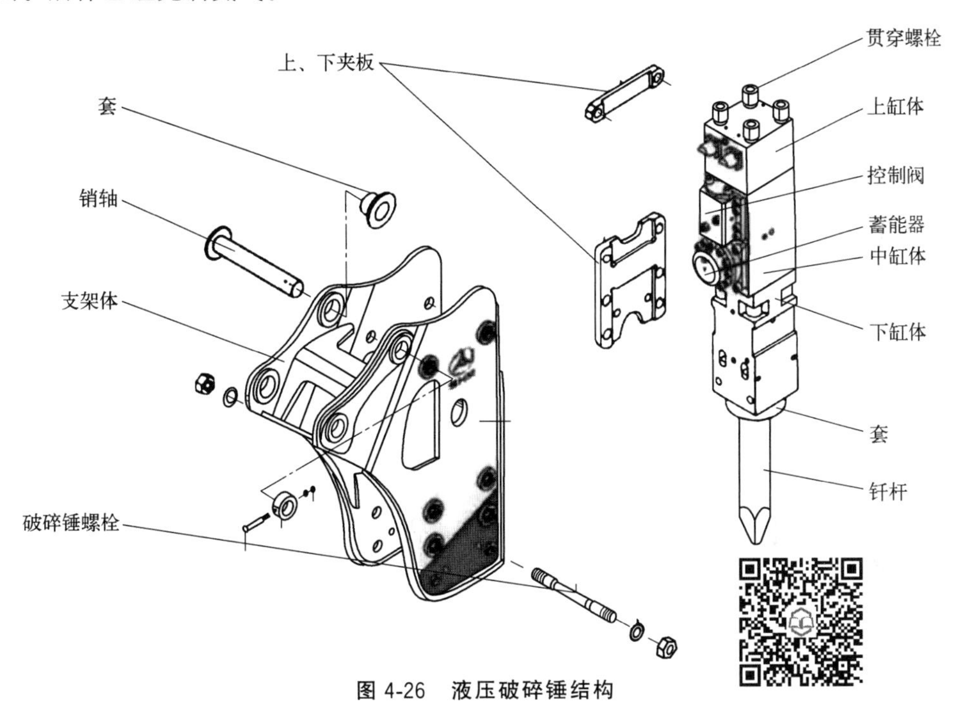

图 4-26　液压破碎锤结构

4.3.2　工作原理

破碎锤完成上一次冲击，开始下一次冲击分为 4 个阶段，如下所述。

① 活塞到达下止点：破碎锤完成上一次冲击、处于瞬时停顿状态时，活塞在下止点，滑阀处于上止点，滑阀将 V1 腔打开。V1 腔通挖掘机液压系统高压油，高压油进入活塞下部，推动活塞开始向上运动。如图 4-27（a）所示。

② 活塞到达上止点：活塞向上运动时，V1 腔与 V2、V3 腔连通，V3 腔压力油进入滑阀上部，滑阀阀芯上部承压面承受压力大于阀芯下部承压面，滑阀开始向下运动。此时活塞已处于上止点，氮气室的氮气被压缩。如图 4-27（b）所示。

③ 活塞向下运动：滑阀向下移动至下止点，V1 腔与 V5 腔连通。由于活塞上部承压面大于下部承压面，活塞向下运动。同时氮气室压缩氮气，推动活塞加速向下运动打击钢钎，钢钎触地产生破碎冲击力。如图 4-27（c）所示。

④ 活塞向上运动：活塞打击钢钎后到达下止点，滑阀 V3 腔与 V1 常高压腔断开，滑阀下部作用力大于上部，滑阀开始上升，完成破碎锤的 1 次打击过程。如图 4-27（d）所示。

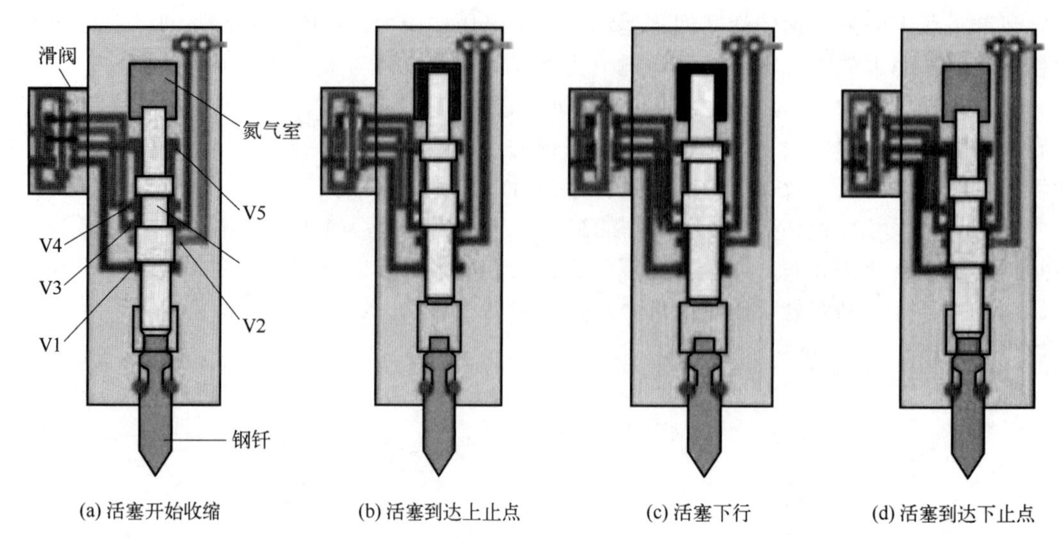

(a) 活塞开始收缩　(b) 活塞到达上止点　(c) 活塞下行　(d) 活塞到达下止点

图 4-27　破碎锤工作原理示意图

4.3.3 部件拆装

4.3.3.1 部件拧紧力矩

以沃尔沃破碎锤为例，各安装部位（图 4-28）的紧固件拧紧力矩参数如表 4-1 所示。

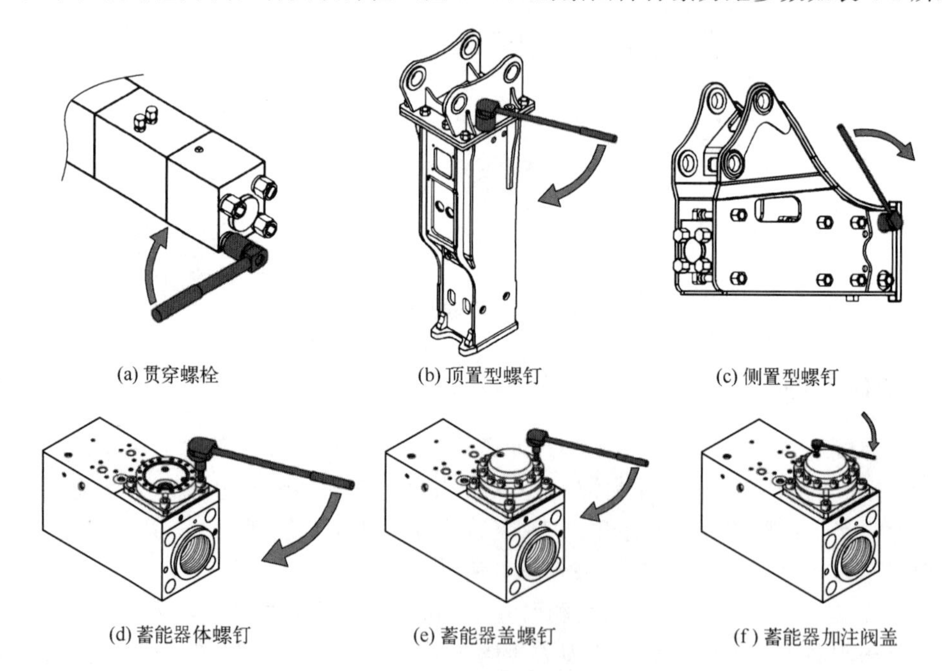

(a) 贯穿螺栓　(b) 顶置型螺钉　(c) 侧置型螺钉

(d) 蓄能器体螺钉　(e) 蓄能器盖螺钉　(f) 蓄能器加注阀盖

图 4-28　液压破碎锤的扭矩

表 4-1　破碎锤紧固件拧紧力矩参数

位置	(a)	(b)	(c)	(d)	(e)	(f)	软管接头	软管
HB02	30	45	—	—	—	—	18	12
HB03	45	45	—	—	—	—	18	12
HB06	50	45	60	45	14	5	18	12

续表

位置	(a)	(b)	(c)	(d)	(e)	(f)	软管接头	软管
HB07	50	45	70	45	14	5	26	18
HB08	95	45	100	45	14	5	26	18
HB14	160	100	100	60	35	5	26	18
HB15	240	100	240	85	35	5	35	24
HB18	270	100	270	110	35	5	35	24
HB21	270	100	240	110	50	5	35	24
HB22	330	100	330	110	50	5	35	24
HB24、25	330	100	330	110	65	5	40	30
HB29、30	380	250	380	180	65	5	20	—
HB36	390	250	390	180	65	5	20	—
HB38	550	250	550	180	65	5	20	—
HB48	620	250	550	180	65	5	20	—
HB70～75	790	250	—	180	65	5	35	41

自动润滑装置相关紧固部件位置如图 4-29 所示，拧紧力矩参数见表 4-2。

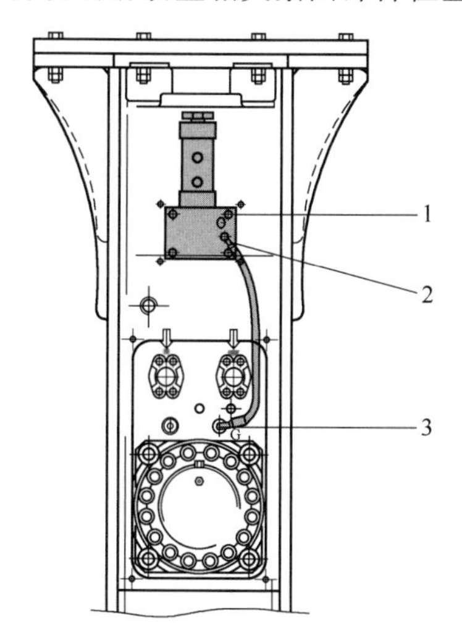

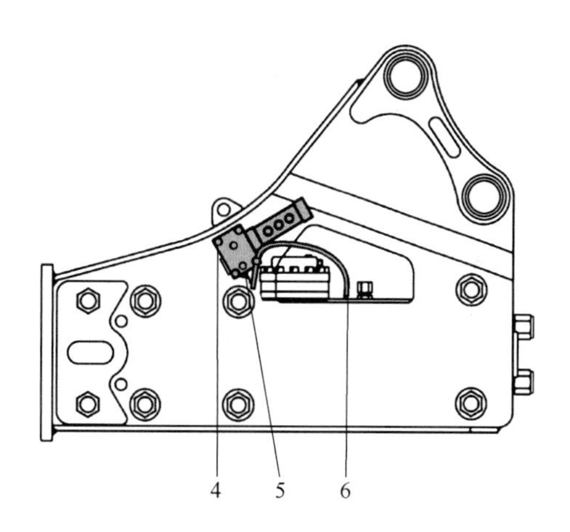

图 4-29　自动润滑装置的扭矩

1—螺栓；2—软管；3—软管；4—螺栓；5—软管；6—软管

表 4-2　自动润滑装置紧固件拧紧力矩参数

位置	1	2	3	4	5	6
HB14	5	5	5	5	5	5
HB15	5	5	5	5	5	5
HB18	5	5	5	5	5	5
HB21	30	5	5	30	5	5
HB22	30	5	5	30	5	5
HB24、25	30	5	5	30	5	5
HB29、30	30	5	5	30	5	5
HB36	30	5	5	30	5	5
HB38	30	5	5	30	5	5
HB48	30	5	5	30	5	5
HB70～75	30	5	5	30	5	5

4.3.3.2 更换作业工具

① 彻底清洁所有部件。

② 检查易磨损零件。如有必要，更换零件。

③ 给工具涂上润滑脂。用吊车安装工具，如图 4-30 所示。旋转工具，使工具的凹槽与工具止动销的孔对齐。注意：切勿用手指检查作业工具轴上的凹槽是否与工具止动销的孔对齐。在安装或拆卸工具时，务必佩戴护目镜，因为在卸下止动销时，金属碎片可能飞出。该部件沉重，操作这些部件要采取适当的安全防范措施。

④ 给止动销涂上润滑脂。如图 4-31 所示，安装止动销和锁销。

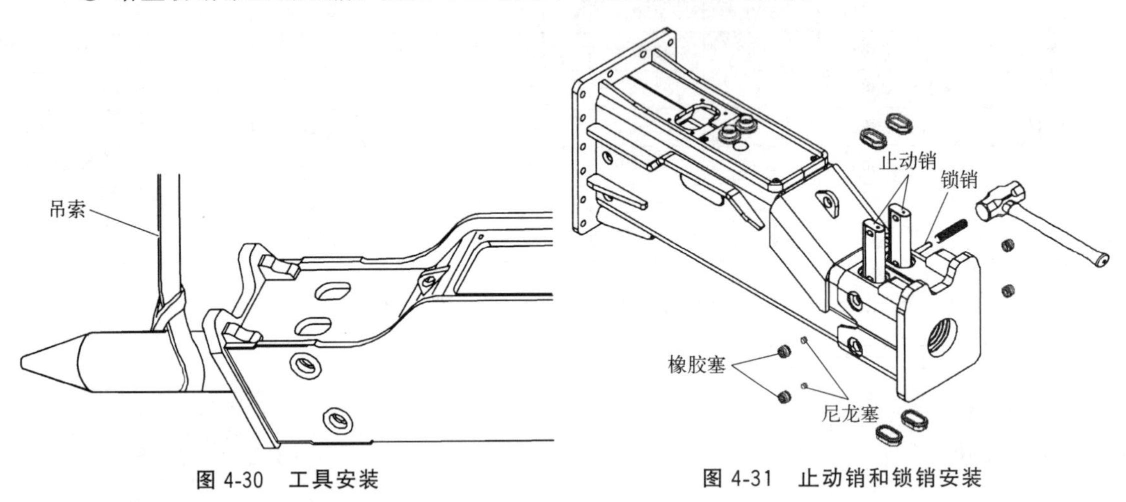

图 4-30 工具安装

图 4-31 止动销和锁销安装

⑤ 安装尼龙塞和橡胶塞。

4.3.3.3 部件更换周期

破碎锤零部件需要定期保养的位置分布如图 4-32 所示，应在达到指定工作小时数或月数后更换零件，以先到者为准。小时数指破碎锤工作小时数。其保养间隔与更换周期见表 4-3。

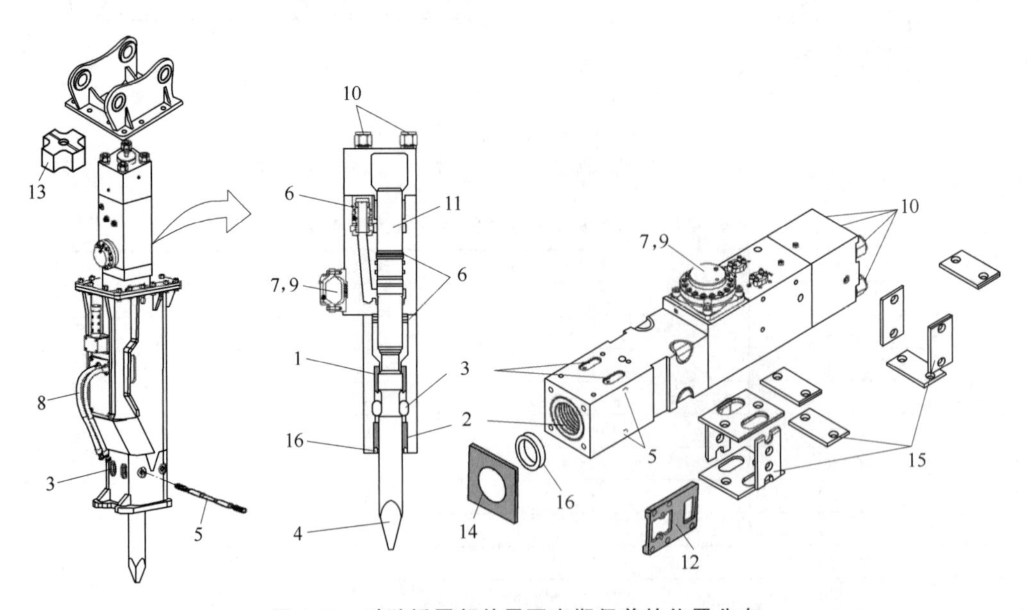

图 4-32 破碎锤零部件需要定期保养的位置分布

表 4-3　破碎锤零部件保养间隔与更换周期

项目		更换间隔			
		必要时（磨损极限）	每/(h/月数)		
HB02～HB48			600h/6 个月	1200h/12 个月	1800h/18 个月
HB70～HB75			500h/6 个月	1000h/12 个月	1500h/18 个月
1	上部衬套	√	—	—	—
2	底部衬套	√	—	—	—
3	止动销(2～5mm)	√	—	—	—
4	钎杆(124～415mm)	√	—	—	—
5	锁销(2mm)	√	—	—	—
6	防尘密封(1)- MCV O 形环- 活塞密封	—	√	—	—
7	隔膜	—	√	—	—
8	液压软管	—	—	√	—
9	蓄能器螺栓	—	—	—	√
10	贯穿螺栓	—	—	—	√
11	活塞	√	—	—	-
12	侧置型-上部支架-下部支架	√	—	—	—
13	顶置型-顶部减振器	√	—	—	—
14	顶置型-底部减振器	√	—	—	—
15	顶置型-外壳衬垫	√	—	—	—
16	防尘密封(2)				

注：1. 无论何时更换工具或更换密封套件（以先到者为准），都要更换防尘密封。

2. 防尘密封在损坏情况下仍然可以发挥作用，除非从下衬套的槽中脱出，否则应继续使用，直到维修间隔。

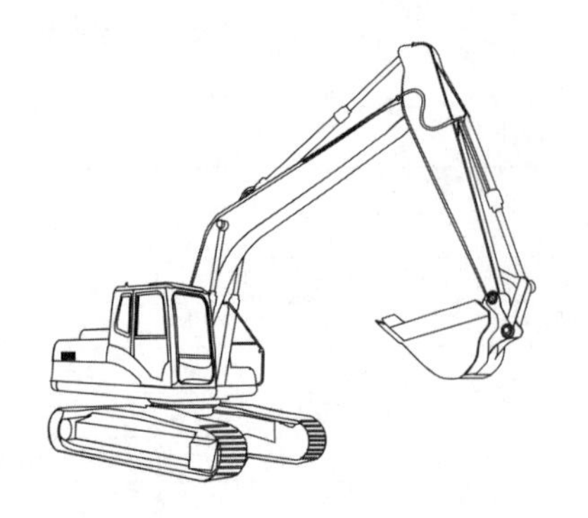

第5章 液压系统

第1节 概述

5.1.1 液压件组成与布置

液压系统可用于从一处向另一处传递机械能。可以利用压力能完成上述操作。液压泵由机械能驱动。机械能在受压液体中转变成压力能和动能，然后重新变成机械能做功。

液压系统中有许多部件。基本装置是泵和执行元件。泵连续将油推出，并把机械能转变成压力能和动能。执行元件是把液压能重新转换成工作所需机械能的系统部件。

除了泵和执行元件之外，液压系统的连续操作还需要以下部件：油箱——储存液压油；阀体——控制油的流量和流动方向，或限制压力；连接管路——连接系统的各个部件。

如图 5-1 所示为简化了的液压系统。

按照液压挖掘机工作装置和各个机构的传动要求，把各种液压元件用管路有机地连接起来的组合体，称为挖掘机的液压系统。一个完整的液压系统由五部分组成，即动力元件、执行元件、控制元件、辅助元件和液压油。

① 动力元件。其作用是将原动机的机械能转换成液压的压力能，指液压系统中的液压泵，它向整个液压系统提供动力。液压泵的结构形式一般有齿轮泵、叶轮泵和柱塞泵等。

② 执行元件。其作用是将液体的压力能转换为机械能，驱动负载做直线往复运动或回转运动（如液压缸和液压马达）。

③ 控制元件。其作用是在液压系统中控制和调节液体的压力、流量和方向。根据控制功能的不同，可分为压力控制阀、流量控制阀和方向控制阀。根据控制方式不同，可分为开关式控制阀、定值控制阀和比例控制阀。

④ 辅助元件。包括油箱、滤油器、油管及管接头、密封圈、压力表、油位油温计等。

⑤ 液压油。液压系统中传递能量的工作介质，有各种矿物油、乳化油和合成型液压油等几大类。

典型的液压挖掘机液压系统组成部件安装位置如图 5-2 所示。

5.1.2 液压动力传递原理

挖掘机是通过柴油机把柴油的化学能转化为机械能，由液压柱塞泵把机械能转换成液压能，通过液压系统把液压能分配到各执行元件（液压缸、回转马达＋减速器、行走马达＋减

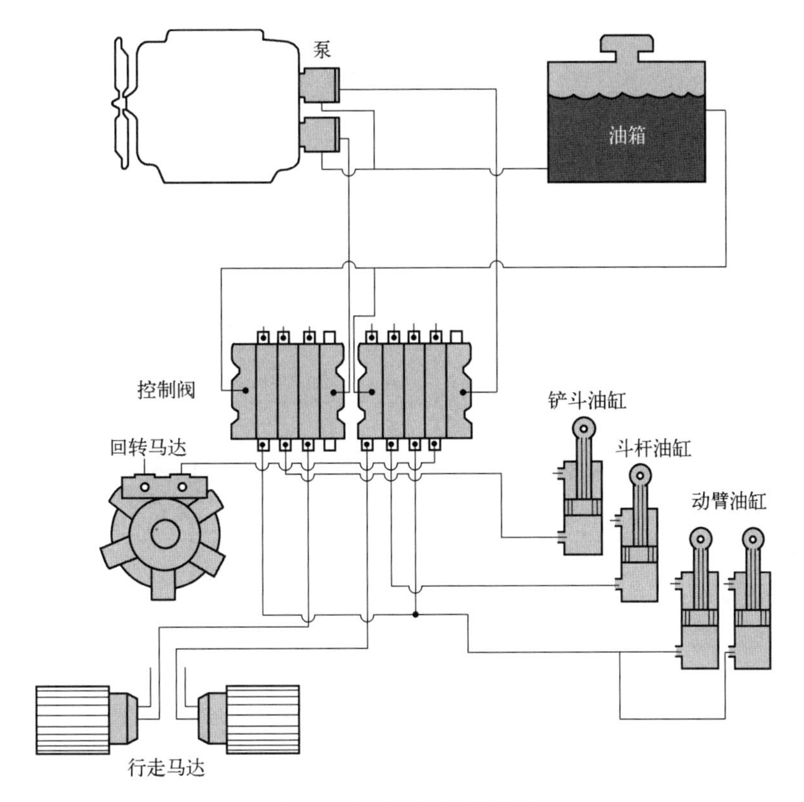

图 5-1　简单液压系统组成

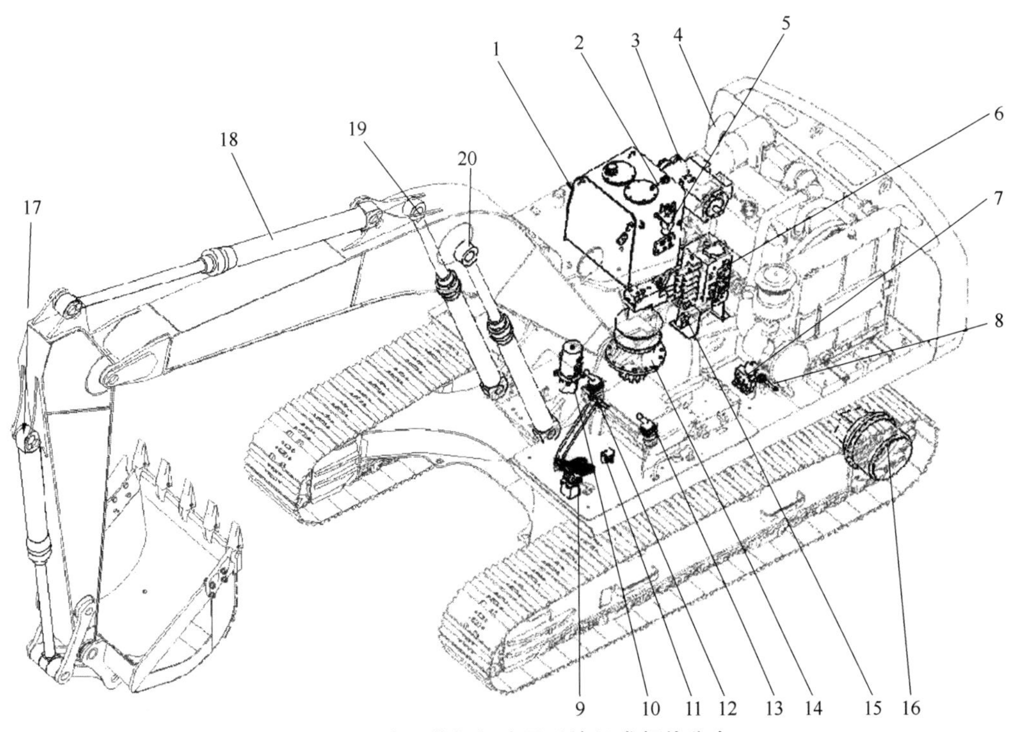

图 5-2　液压挖掘机液压系统组成部件分布

1—液压油箱；2—右侧背压阀；3—主液压泵；4—右行走马达；5—先导过滤器；6—多路阀；7—先导电磁阀；8—左侧背压阀；9—行走脚踏阀；10—中央回转接头；11—集油块；12—右手柄阀；13—左手柄阀；14—回转马达；15—回油块；16—右行走马达；17—铲斗油缸；18—斗杆油缸；19—右动臂油缸；20—左动臂油缸

速器），由各执行元件再把液压能转化为机械能，实现工作装置的运动、回转平台的回转运动、整机的行走运动。液压系统动力（液压流）传递路线如图 5-3 所示。

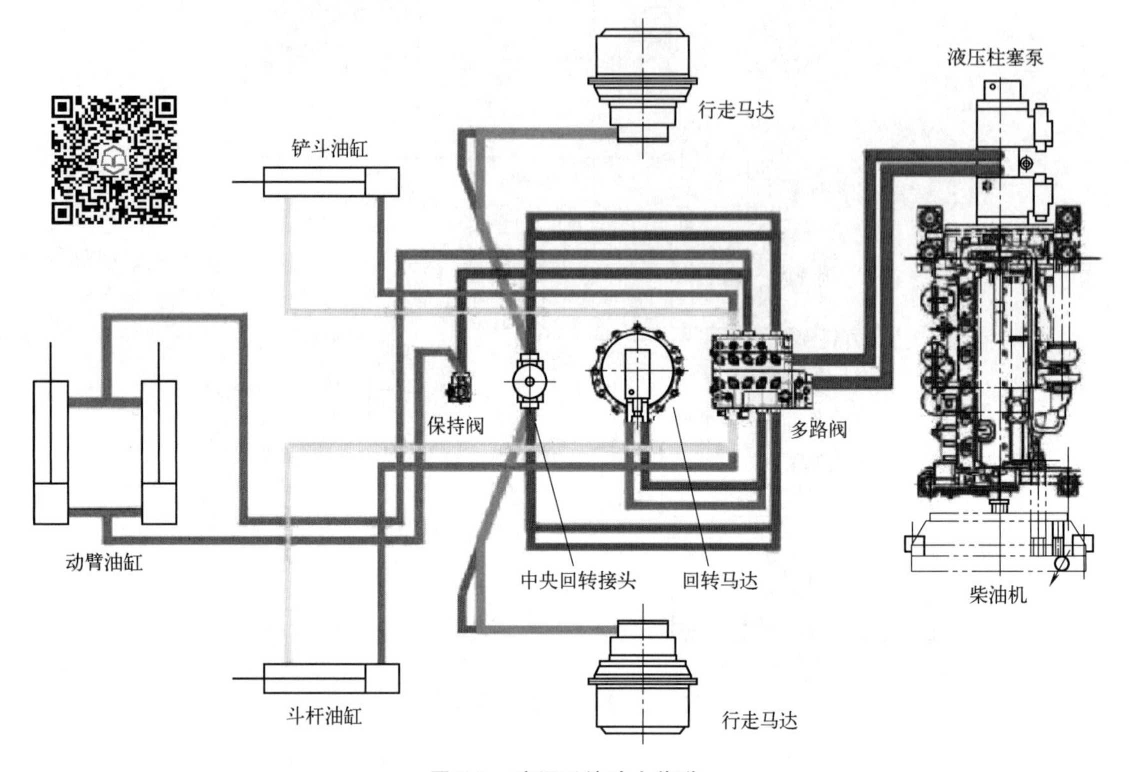

图 5-3　液压系统动力传递

行走动力传输路线：柴油机——联轴器——液压泵（机械能转化为液压能）——分配阀——中央回转接头——行走马达（液压能转化为机械能）——减速器——驱动轮——轨链履带——实现行走。

回转动力传输路线：柴油机——联轴器——液压泵（机械能转化为液压能）——分配阀——回转马达（液压能转化为机械能）——减速器——回转支承——实现回转。

动臂运动传输路线：柴油机——联轴器——液压泵（机械能转化为液压能）——分配阀——动臂油缸（液压能转化为机械能）——实现动臂运动。

斗杆运动传输路线：柴油机——联轴器——液压泵（机械能转化为液压能）——分配阀——斗杆油缸（液压能转化为机械能）——实现斗杆运动。

铲斗运动传输路线：柴油机——联轴器——液压泵（机械能转化为液压能）——分配阀——铲斗油缸（液压能转化为机械能）——实现铲斗运动。

5.1.3　液压缸

执行元件是输出功率的液压系统部件。执行元件将液压能转变为机械能，是实际工作的装置，有线性和旋转两种执行元件，作用力的方向如图 5-4 所示。液压缸是线性执行元件，它输出的是力和直线运动。液压马达是旋转执行元件，它输出的是扭矩和旋转运动。

液压缸就像手臂，可分为单作用与双作用两种类型的油缸，如图 5-5 所示。单作用油缸受压液体只能进入油缸一端，必须利用重力这样的外界力将活塞推动到油缸中它原来的位置上。双作用油缸的受压液体可以进入油缸的任何一端，这样活塞可以在两个方向工作。

图 5-4　执行元件的作用方向

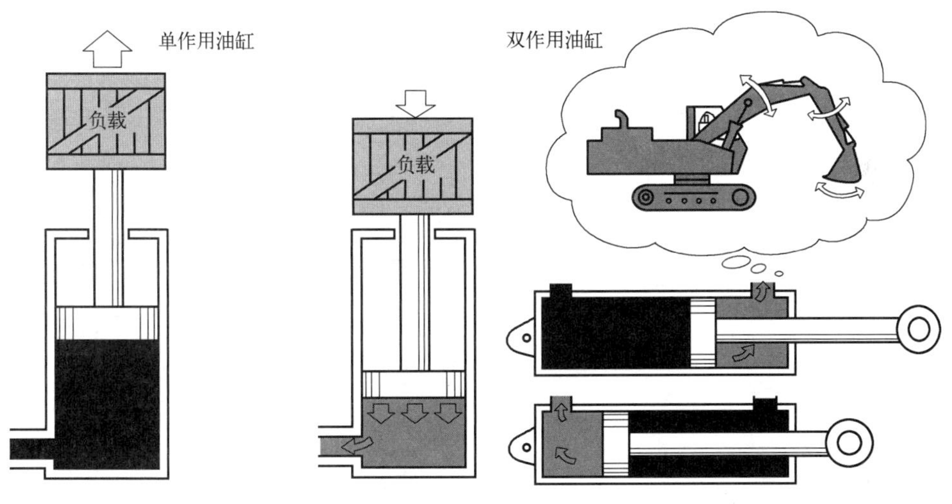

图 5-5　油缸的作用

在这两种类型油缸中，活塞以受压液体推动它的方向在油缸缸体中滑行。这些活塞利用不同种类的密封组件以防止液压油泄漏。

5.1.4　液压马达

像液压油缸一样，液压马达是执行元件，是一种旋转执行元件。

液压马达的动作与液压泵相反。液压泵输出液体，而液压马达则由这种液体驱动，如图 5-6 所示。液压泵将机械能转变成受压液体压力能和动能。液压马达将这种液压能转变成机械能。

在液压传动中，泵和马达共同工作。泵受到机械驱动并将液体推至马达。来自泵的液体驱动马达，马达运动带动机械连杆工作。

有三种类型的液压马达，它们内部的转动部件由进入的液体驱动。这三种类型的液压马达是：齿轮马达、叶轮马达和柱塞马达。其中，柱塞马达又可分为轴向与径向两种类型。液压马达类型如图 5-7 所示。

马达的工作输出叫做扭矩。它是马达驱动轴上的旋转力。扭矩用力和力臂的乘积来度量，它不含速度。可提供的最大压力和每一循环排出液体容积决定马达的扭矩输出。输入流量决定马达速度。流量越大，速度越快。扭矩是马达驱动轴上的旋转力。扭矩及其计算如图 5-8 所示。

图 5-6　泵与马达的比较

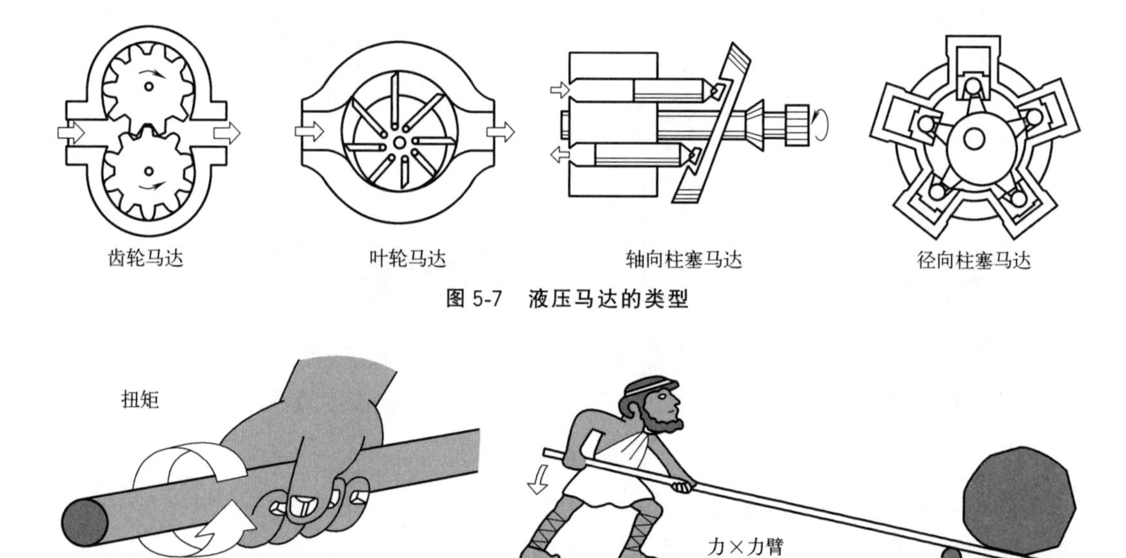

图 5-7　液压马达的类型

图 5-8　扭矩及其计算

5.1.5　液压回路图

在液压系统的所有部件之间都有管路。由于它们各自具备不同的功能，因此各自都有不同的名称。这些管路的主要名称是：

工作管路：压力管路、吸油管路、回油管路；

非工作管路：泄漏管路、先导管路。

工作管路传输与能量转换有关的油。吸油管路将油从油箱传送至泵；压力管路将处于压力下的油从泵传输至执行元件工作；回油管路是油中液压能量于执行元件处用完之后将油从执行元件送回油箱。

非工作管路是辅助管路，它不传输传送油的主能量。泄漏管路用于将泄漏油或排出的先导油送回油箱；先导管路传输控制部件操作所使用的油。

液压缸一般处于三种工作状态：中位、伸出和缩回，如图 5-9 所示。

要看懂液压回路图，需要了解各种常用液压元件表示符号的含义，如表 5-1 所示。

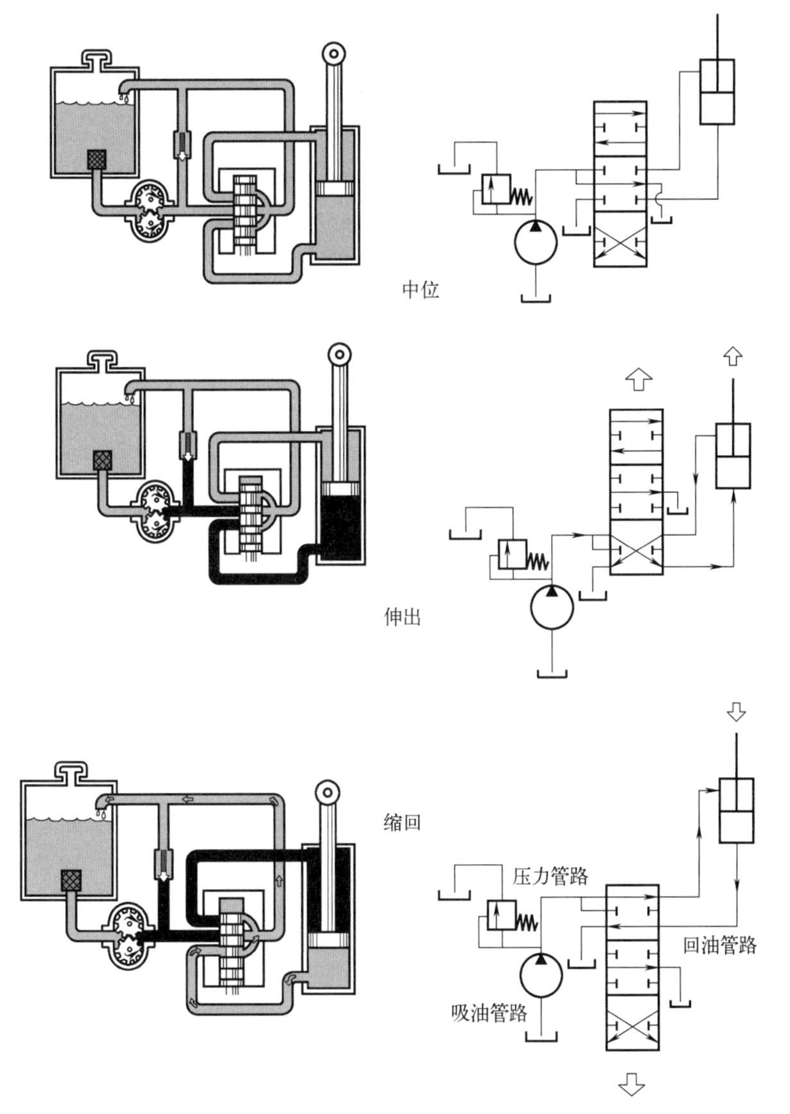

图 5-9　简单的液压回路图

表 5-1　液压元件表示符号

管路和功能		管路和功能	
管路，工作	————————	回油管路 液位以上 液位以下	
管路，先导	— — — — —		
管路，泄漏	------------		
连接管路		堵头或闭合的接口	
交叉管路		节流阀：固定	
流动方向		节流阀：可变	

续表

泵		阀	
单方向定排量		三位四通换向阀	
单方向变排量		控制方法	
执行元件		弹簧式	
定排量双向旋转		人力控制	
变排量双向旋转		手柄式	
液压缸-单作用		脚踏或踏板式	
液压缸-双作用		机械控制	
阀		定位式	
单向阀		电磁铁，单作用	
截止阀 （手动，关闭）		先导压力控制 直接控制 间接控制	
溢流阀		其他	
减压阀		组件	
流量控制阀可调节 （单向可变节流阀）		油箱 开放式 加压式	
二位二通换向阀		压力表	
二位三通换向阀		电动机	M
二位四通换向阀		弹簧式蓄能器	

续表

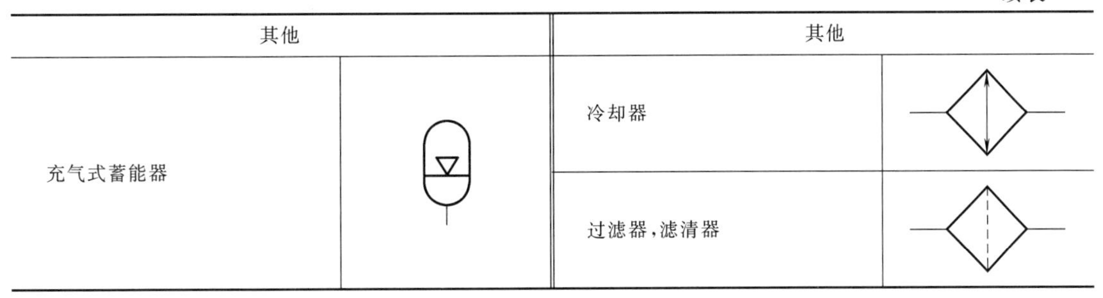

其他		其他	
充气式蓄能器		冷却器	
		过滤器，滤清器	

第 2 节　泵体

5.2.1　液压泵

5.2.1.1　概述

泵是液压系统的心脏。泵可以使油运动并使油进入工作状态。像我们曾经说过的那样，液压泵将机械能转换成受压液体的压力能和动能。

当今的大部分机器使用以下三种类型之一的液压泵：齿轮泵、叶轮泵和柱塞泵，如图 5-10 所示。

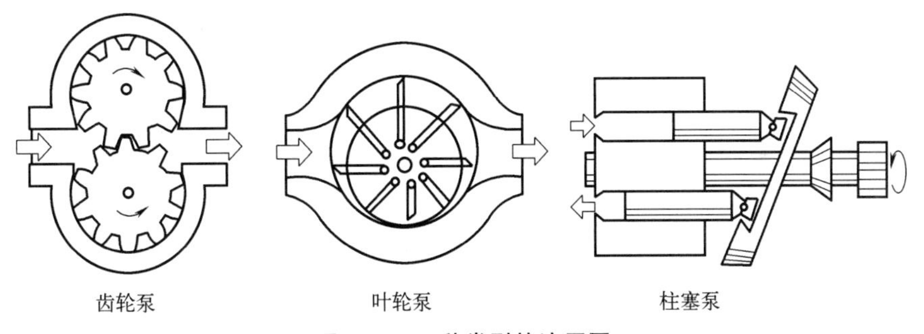

图 5-10　三种类型的液压泵

三种类型的泵均按转动原理运行；泵内部的转动装置推动液体流动。

柱塞泵可分为轴向柱塞泵与径向柱塞泵两种类型，如图 5-11 所示。

之所以称为轴向柱塞泵是因为泵的柱塞安装在与泵的中心管线（轴）平行的管线上。径向柱塞泵的柱塞从泵中心向外伸展。两种类型的泵均使用往复式活塞。柱塞前后运动，但是它们由旋转运动驱动。

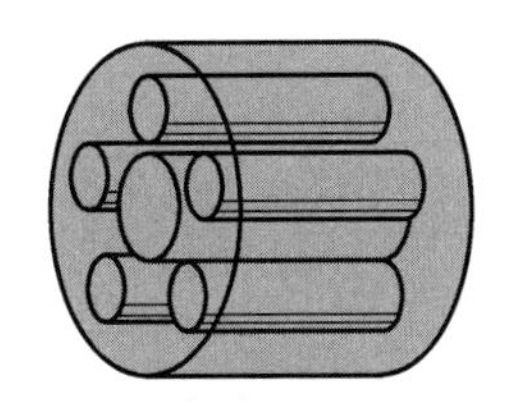

轴向柱塞泵

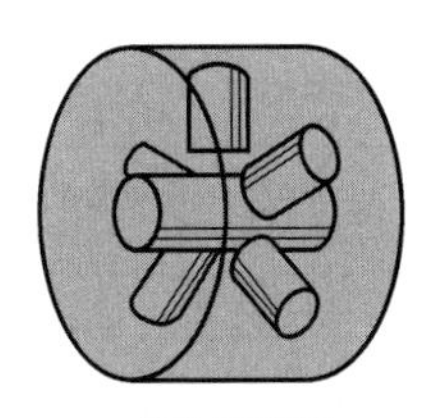

径向柱塞泵

图 5-11　柱塞泵类型

排量是指在每一次循环中泵可以移动或转移的油的容量。根据工作油量的变化，液压泵可分为定量泵与变量泵两种类型。

定量泵每一循环移动相同量的油。想要改变这种泵的排出容量，必须改变泵的转速。变量泵每一循环可改变它们推动的油的容量。这一过程甚至可以在不改变泵转速的情况下完成。这种泵有一种可以改变油输出的内部机械结构。系统压力下降，排量自动增大；系统压力上升，排量自动减小。这两种泵的结构与特性比较如表 5-2 所示。

表 5-2　定量泵与变量泵的比较

项目	定量泵	变量泵
液压输出	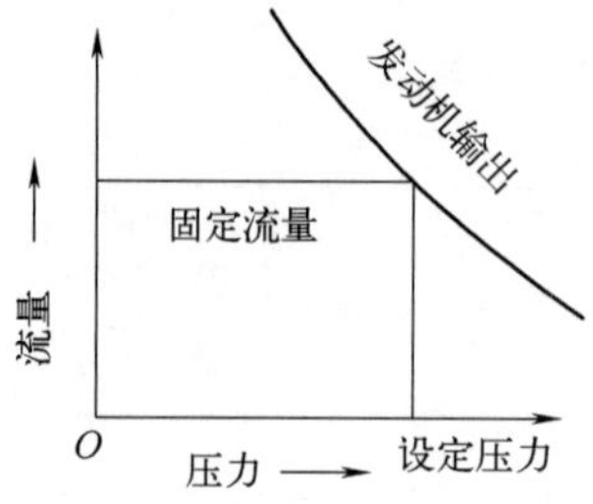 发动机输出 固定流量 流量 O 压力 设定压力 固定排量	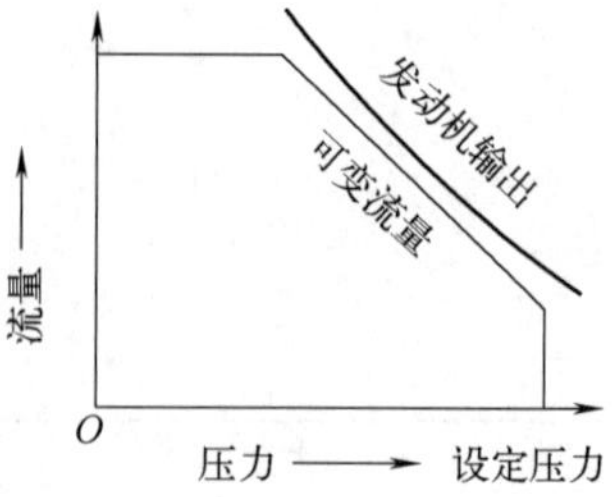 发动机输出 可变流量 流量 O 压力 设定压力 排量随压力增加自动调节(压力补偿)
结构	简单 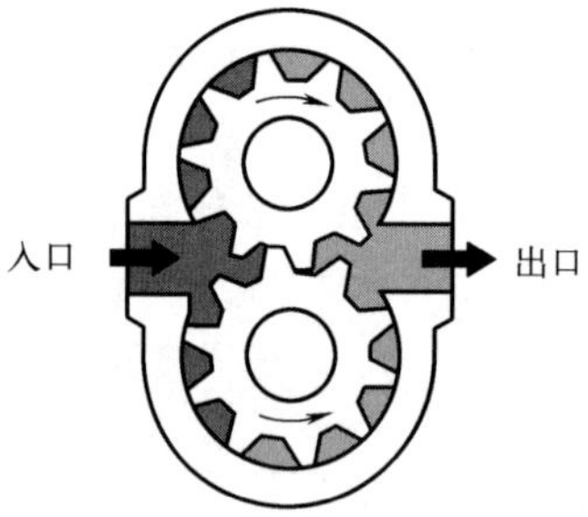 入口 出口	复杂 控制杆 调节器 入口 驱动轴 油缸体 闸瓦 配流盘 出口 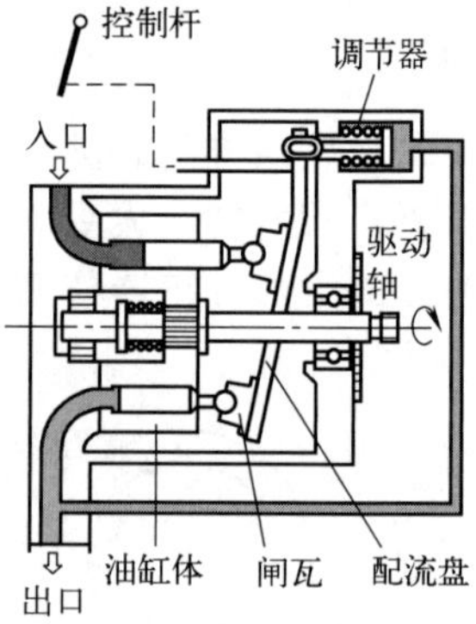

5.2.1.2　川崎 K3V 系列

以沃尔沃 EC210EL S挖掘机为例，该机装载的液压泵型号代码为 K3V112DT-1V9R -1E＊＊-V，代码表示的含义如表 5-3 所示。

表 5-3　K3V 系列液压泵型号含义

代码	说明
K3V	系列名称
112	尺寸(排量:cm^3/r)
DT	S:单一油泵;DT:Tandem 类型双重泵
1V9	设计系列号码
R	从轴端观察到的轴转动,R 为顺时针,L 为逆时针
1E＊＊	调节器类型
V	氟化橡胶 O 形环

此泵总成包括由花键联轴器（114）[1]连接的两个泵。这两个泵在发动机旋转传输到前驱动轴（111）上的时候同时驱动。

吸油和供油口都内建在两个泵的连接部分，在阀体（312）内。共用的吸油口对前后两个泵都工作。

前后泵的结构和操作原理都是相同的，因此只需要解释前泵。该泵包括驱动组件、旋转斜盘组件和阀体组件等。

❶ 括号内序号见图 5-13。

驱动组件包括前驱动轴（111）、油缸体（141）、活塞和履带板（151、152）、设定板（153）、球面轴瓦（156）和液压弹簧（157）。驱动轴由轴承（123、124）支承。履带板填嵌在活塞内，形成一个球面耦合。它有一个凹孔以释放由负荷压力形成的推力，形成液压平衡，这样可轻便地滑过履带板（211）。

子组件包括一个柱塞与一个滑靴，由于液压弹簧通过设定板与球面轴瓦的动作而压在履带板上；同样，油缸体由于液压弹簧的动作而压在阀板（313）上。

旋转斜盘组件包括旋转斜盘（212）、履带板（211）、旋转斜盘支承件（251）、倾斜轴瓦（214）、倾斜销（531）以及伺服活塞（532）。旋转斜盘由其滑动表面反面的一个油缸式部件与旋转斜盘支承件（251）支持。

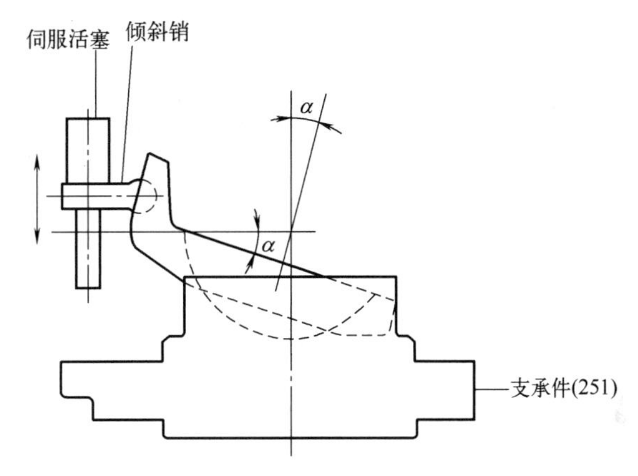

图 5-12 旋转斜盘运动

当调节器控制的液压油流到位于伺服活塞两端的工作室时，伺服活塞就会移动到右边或左边。伺服活塞的动作作用在倾斜销上产生的动力引起旋转斜盘在支承件（251）上滑动，改变倾斜角度（α），如图 5-12 所示。

阀体组件包括阀体（312）、阀板（313、314）及阀板销（885）。阀板连在阀体上，从两个半月形油口出油并从油缸体收集机油。通过阀板排出的机油经过阀体被导向一个外部油管管线。

油泵轴由发动机驱动，通过一个花键钻孔转动油缸体。如果旋转斜盘倾斜，安排在油缸体内的活塞做一次相对于油缸体的往复运动，同时与油缸体一起翻转。

一个活塞将做 180°的运动，离开阀板（机油抽吸行程），然后做另一个 180°动作，朝向阀板（机油排出行程），此时油缸体旋转。当旋转斜盘倾斜角度为零时，活塞不做行程或排出机油。

通过锁紧螺母（808）和拧紧（或松开）调整螺钉（954）来调整油流。

只有最大油流可调整而无须改变其它控制特性。

通过锁紧螺母（806）和拧紧（或松开）调整螺钉（953）来调整油流。

与最大油流调整相似，其它特性不会改变。但是，如果拧得太紧，要达到最大供油压力（或释放）所要求的功率就会增加。

K3V 系列液压泵内部结构如图 5-13 所示。

液压泵紧固件拧紧力矩参数如表 5-4 所示。

表 5-4 液压泵紧固件拧紧力矩参数

编号	尺寸	力矩/(N·m)
401	M20	430
406	M8	29
407	M6	12
466	G1/4	36
468	G3/4	170
497	M7×0.75	18
531,532	M24×2	240
806	M16	130
808	M20	240

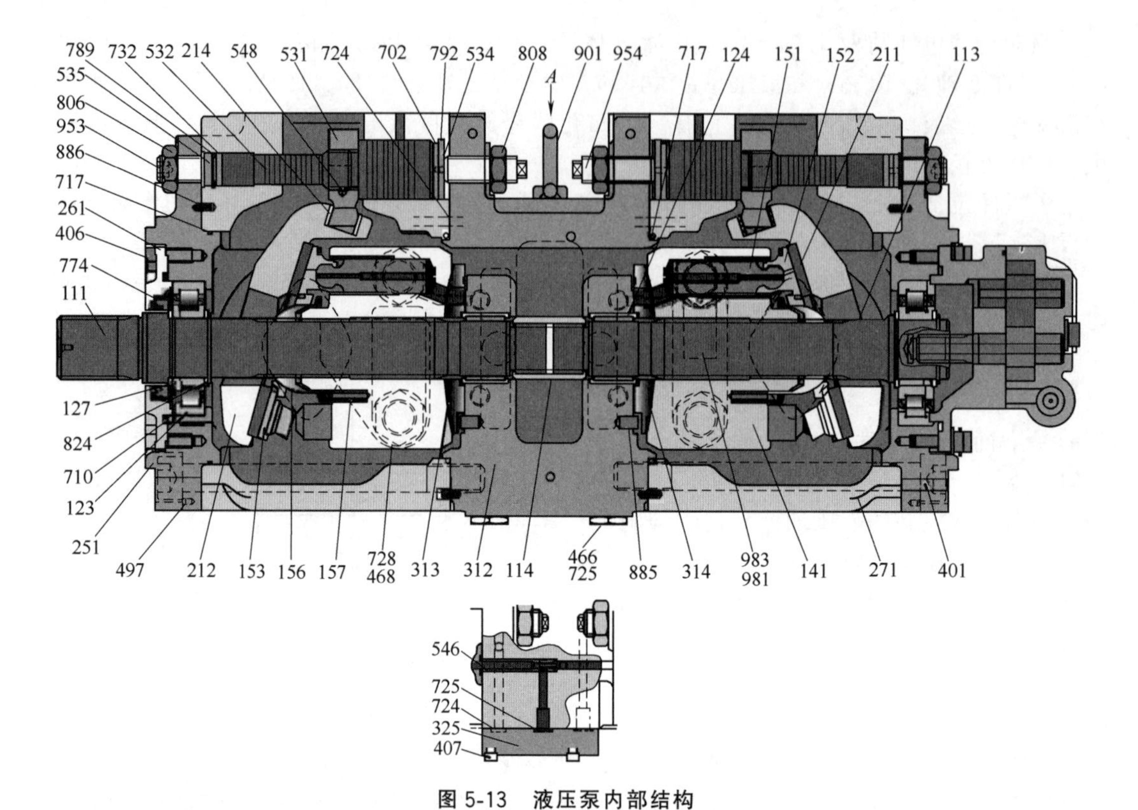

图 5-13　液压泵内部结构

111—驱动轴；113—驱动轴；114—花键联轴器；123—轴承；124—轴承；127—轴承隔离件；141—油缸体；151—活塞；152—履带板；153—设定板；156—球面轴瓦；157—液压弹簧；211—履带板；212—旋转斜盘；214—倾斜轴瓦；251—旋转斜盘支承件；261—密封盖；271—油泵壳体；312—阀体；313—阀板；314—阀板；325—盖；401—螺钉；406—螺钉；407—螺钉；466—可变螺距塞；468—可变螺距塞；497—塞子；531—倾斜销；532—伺服活塞；534—挡块（长）；535—挡块（短）；546—间隔器；548—回馈销；702—O 形环；710—O 形环；717—O 形环；724—O 形环；725—O 形环；728—O 形环；732—O 形环；774—油封；789—托环；792—托环；806—锁紧螺母；808—锁紧螺母；824—卡环；885—阀板销；886—弹簧销；901—吊环螺栓；953—调整螺钉；954—调整螺钉；981—铭牌；983—销

液压泵接口分布如图 5-14 所示，接口尺寸及拧紧力矩见表 5-5。

表 5-5　液压泵接口尺寸及拧紧力矩

编号	接口名称	接口尺寸	拧紧力矩/(N·m)
A1,A2	供油孔口	SAE 6000 3/4″	57
B1	吸入节气门	SAE 2500 2 1/2″	98
Dr	排放节气门	G3/4-20	170
Psv1、Psv2	伺服液压节气门	9/16-18UNF-2B-12.7	16
a1,a2	仪表孔口	G1/4-15	36
a3,a4,a5	仪表孔口	9/16-18UNF-2B-12.7	16
A3	齿轮泵供油节气门	3/4-16UNF-2B-15	53
B3	齿轮泵吸油节气门	1 1/16-12UN-2B-19	74

5.2.1.3　川崎 K5V 系列

以沃尔沃 EC480EL S 挖掘机为例，其搭载的液压泵型号代码为 K5V 212 DP H 1V1 R 0E83 V，代码含义见表 5-6。

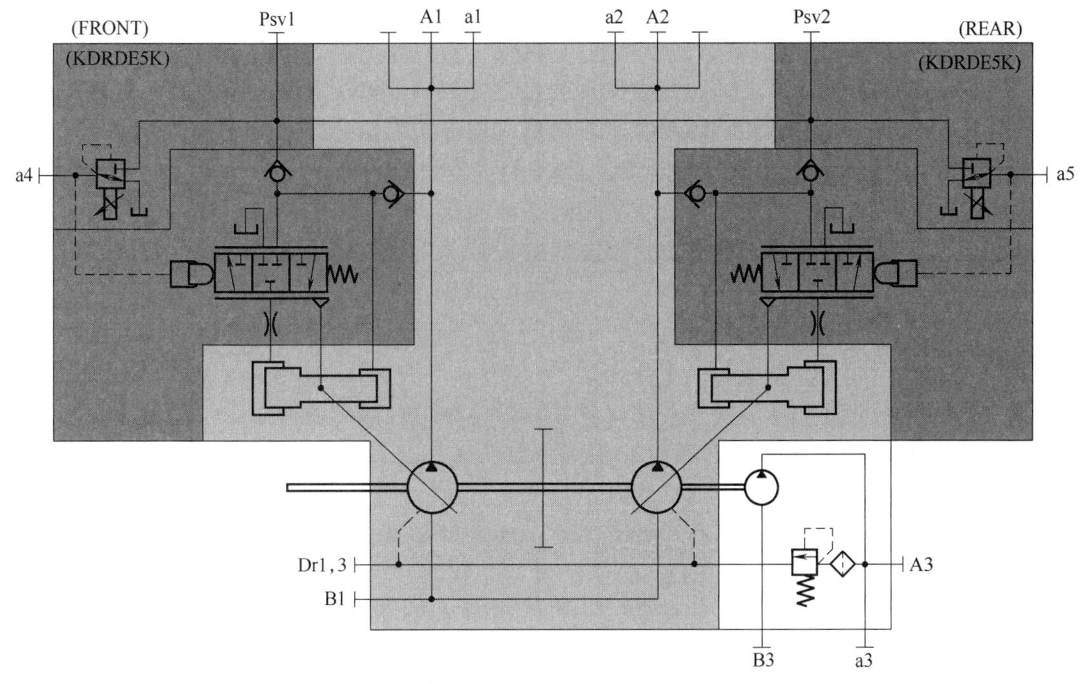

图 5-14　液压泵接口分布图

表 5-6　液压泵型号代码含义

代码	说明
K5V	系列名称
212	尺寸(排量为 cm^3/r)
DP	并联型双联泵
H	带增压器
1V1	设计系列号码
R	轴转动，从轴端观察，R 表示顺时针，L 表示逆时针
0E83	调节器类型
V	氟化橡胶 O 形环

该泵装置由两台泵并联而成，并通过主动齿轮（191）[1]和从动齿轮（192）连接。通过驱动轴（111）、主动齿轮（191）和从动齿轮（192）将原动机的转动传递到驱动轴（113），可以同时驱动两个泵。

此外，通过主动齿轮，先导齿轮泵（PTO）可连接至驱动轴（113）后方，4 号泵可连接至驱动轴（111）后方，5 号泵可连接至 PTO 装置。

这些油泵可以大略地定级为旋转组，执行旋转动作并作为全泵的主要部分的工作：旋转斜盘组可改变输油率，阀罩组可转换油液的吸入与排出，PTO 组可传输齿轮泵的驱动轴。

旋转组由驱动轴（111、113）、油缸体（141）、柱塞和滑靴（151、152）、固定板（153）、球面衬套（156）、液压弹簧（157）、轴承隔离圈（128、129、130、131）、主动齿轮（191）等组成。滑靴填装到柱塞上以形成球形接头，从而降低由负载压力产生的推力，并且滑靴具有槽，可以在液压平衡的情况下在滑靴板（211）上平稳滑动。柱塞滑靴子组通过固定板和球面衬套被液压弹簧推到滑靴板上，从而在滑靴板上平稳滑动。同样，油缸体被液压弹簧推到阀板（313、314）上。

[1] 括号内序号见图 5-15。

旋转斜盘组由旋转斜盘（212）、滑靴板（211）、旋转斜盘支承件（251、252）、倾斜衬套（214）、倾斜销（531）和伺服柱塞（532）组成。旋转斜盘由滑靴滑动面相对侧形成的圆柱部分处的旋转斜盘支承件支承。伺服柱塞通过将受到调节器控制的液压力引入在伺服柱塞两端提供的液压室而向左或向右移动时，旋转斜盘通过倾斜销的球形部分从旋转斜盘支承件上方滑过，并且倾斜角度（α）可以改变。

阀罩组包括阀罩（312）、阀板（313、314）和阀板销（885）。此阀板有两个油口，阀板固定在阀罩上，提供或收集来自和去往油缸体的油液。由阀板转换的油液通过阀罩连接到外部管道。

PTO 组由第 2 齿轮和第 3 齿轮组成。通过传递各齿轮的旋转，可通过主动齿轮驱动 5 号泵。

现在，假设驱动轴由马达或发动机旋转，油缸体也通过花键连接而旋转。同样，驱动轴（113）和油缸体也通过主动齿轮（191）和从动齿轮（192）旋转。如果旋转斜盘是倾斜的，则设置在油缸体内的柱塞相对于油缸体做往复式旋转。

因此，柱塞与阀板（吸油行程）分离 180°。当旋转斜盘倾斜角度为零时，柱塞无行程，不排油。同时，先导齿轮泵（PTO）、4 号泵和 5 号泵也被驱动，通过花键连接传递驱动轴（111、113）和主动齿轮（191）的转动。

K5V 系列液压泵内部结构如图 5-15 所示。

5.2.2 先导泵

先导泵使用齿轮泵。它是依靠泵缸与啮合齿轮间所形成的工作容积变化和移动来输送液体或使之增压的回转泵，结构特点如图 5-16 所示：一对相互啮合的齿轮和泵缸把吸入腔和排出腔隔开。齿轮转动时，吸入腔侧轮齿相互脱开处的齿间容积逐渐增大，压力降低，液体

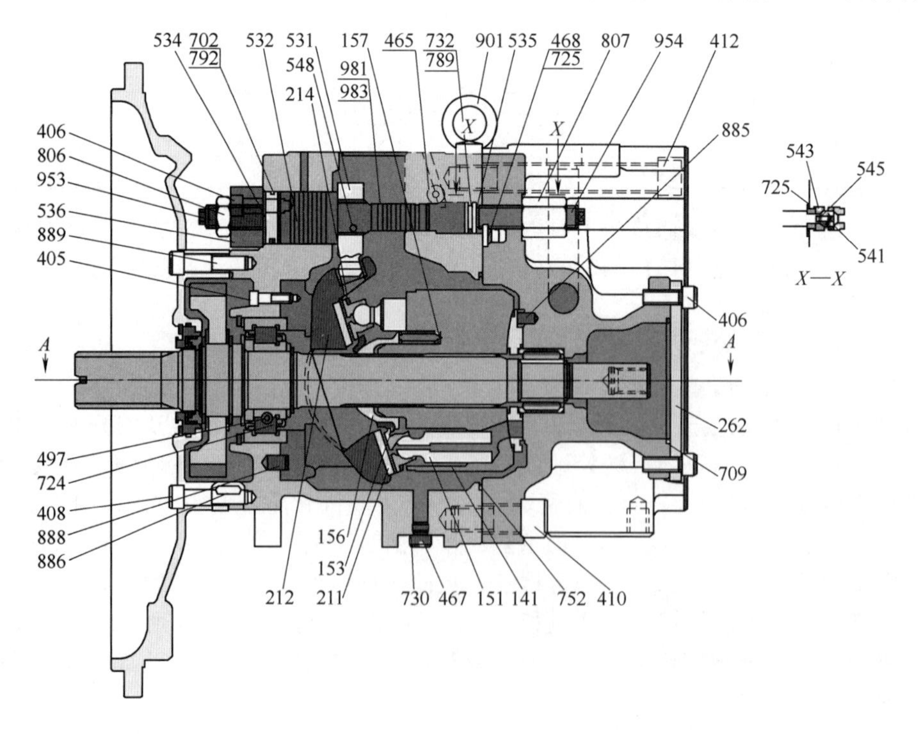

图 5-15

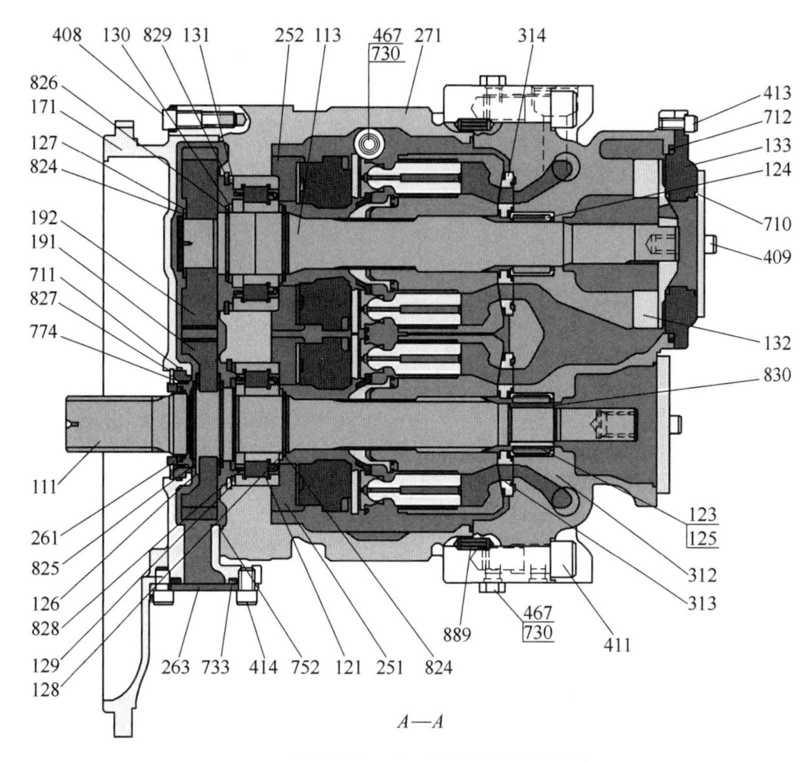

图 5-15　K5V 液压泵内部结构

111—驱动轴；113—驱动轴；121—轴承；123—轴承；124—滚针轴承；125—内轴承；126—间隔器；127—间隔器；128—轴承隔离圈；129—轴承隔离圈；130—轴承隔离圈；131—轴承隔离圈；132—增压器；133—增压器盖；141—油缸体；151—柱塞；152—滑靴；153—固定板；156—球面衬套；157—液压弹簧；171—前机壳；191—主动齿轮；192—从动齿轮；211—滑靴板；212—旋转斜盘；214—倾斜衬套；251—旋转斜盘支承件；252—旋转斜盘支承件；261—盖（前部）；262—盖；263—PTO 盖；264—盖；271—油泵壳体；312—阀罩；313—阀板；314—阀板；405—螺栓；406—螺栓；407—螺栓；408—螺栓；409—螺栓；410—螺栓；411—螺栓；412—螺栓；413—螺栓；414—螺栓；465—塞；467—塞；468—塞；497—塞；531—倾斜销；532—伺服柱塞；534—限位器（长）；535—限位器（短）；536—盖；541—底座；543—限位器 1；545—钢球；548—回馈销；702—O 形环；709—O 形环；710—O 形环；711—O 形环；712—O 形环；713—O 形环；724—方形圈；725—O 形环；730—O 形环；732—O 形环；733—O 形环；752—垫圈；774—油封；789—托环；792—托环；806—螺母；807—螺母；824—卡环；825—卡环；826—卡环；827—卡环；828—卡环；829—卡环；830—卡环；885—阀板销；886—弹簧销；887—销；888—销；889—销；901—吊环螺栓；953—定位螺钉；954—固定螺钉；981—铭牌；983—销

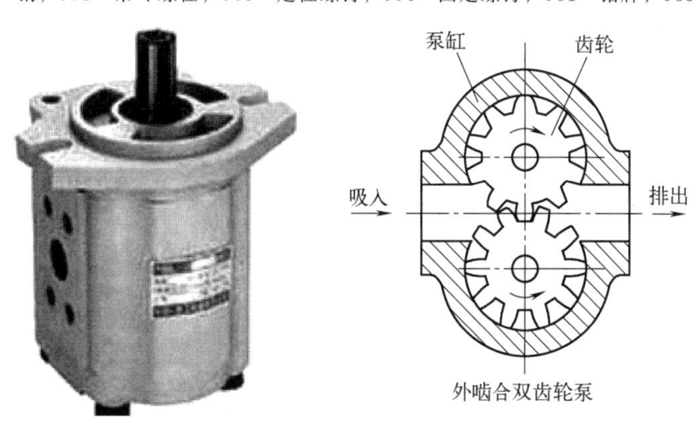

图 5-16　先导泵结构特点

在压差作用下进入齿间。随着齿轮的转动，齿间的液体被带至排出腔。这时排出腔侧轮齿啮合处的齿间容积逐渐缩小，而将液体排出。

齿轮泵适用于输送不含固体颗粒、无腐蚀性、黏度范围较大的润滑性液体。泵的流量可至 $300m^3/h$，压力可达 3×10^7Pa。它通常用作液压泵。齿轮泵结构简单紧凑，制造容易，维护方便，有自吸能力，但流量、压力脉动较大且噪声大。齿轮泵必须配带安全阀，以防止由于某种原因如排出管堵塞使泵的出口压力超过容许值而损坏泵或原动机。

第3节 阀体

5.3.1 阀体类型

阀在液压系统中起控制作用。阀控制液压系统中的压力、流动方向和流量大小。

常见的控制阀主要有以下三种：压力控制阀、方向控制阀和流量控制阀，如图 5-17 所示。

压力控制阀用于限制液压系统中的压力、泵的卸载或调整进入管路的油压。有多种类型的压力控制阀，如溢流阀、减压阀和卸载阀。

方向控制阀控制系统中油的流动方向。典型的方向控制阀是单向阀和滑阀。

流量控制阀控制液压系统中油的流量。它们通过限制流量或转移流量完成以上操作。

可以用几种方式控制这些阀：手动、液动、电动或气动。

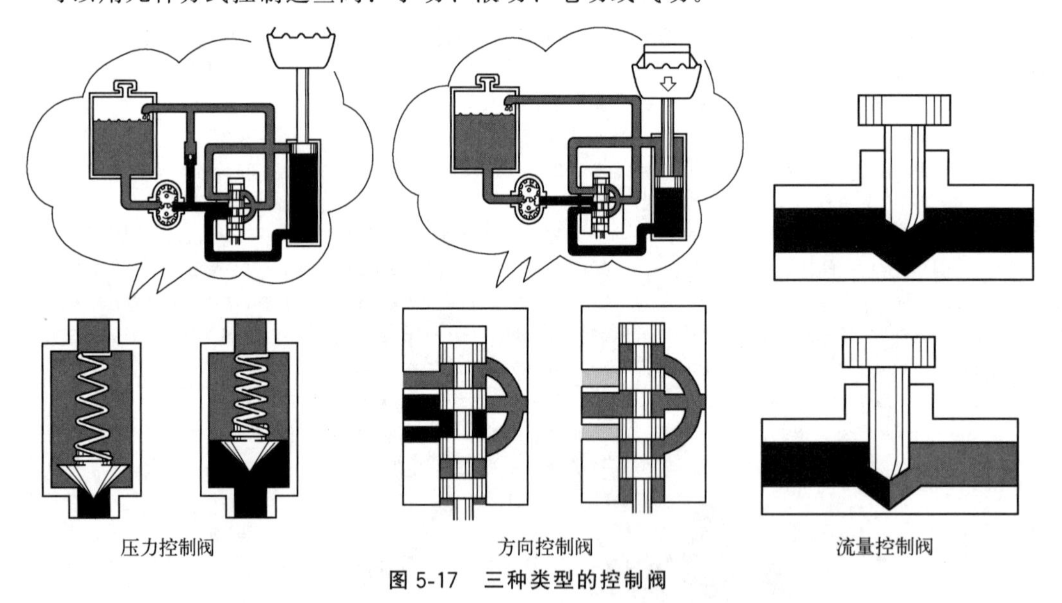

图 5-17 三种类型的控制阀

5.3.2 溢流阀

可利用压力控制阀进行以下操作：限制系统内部压力、减压、调整进入管路的油压、泵的卸载。

溢流阀有时被叫作安全阀，因为它们在压力达到设定值时将释放过量的油。它们可以防止系统部件由于过载而损坏。

常见的两种类型的溢流阀是直动式溢流阀与先导式溢流阀。

直动式溢流阀只能简单地打开和关闭，如图 5-18 所示。

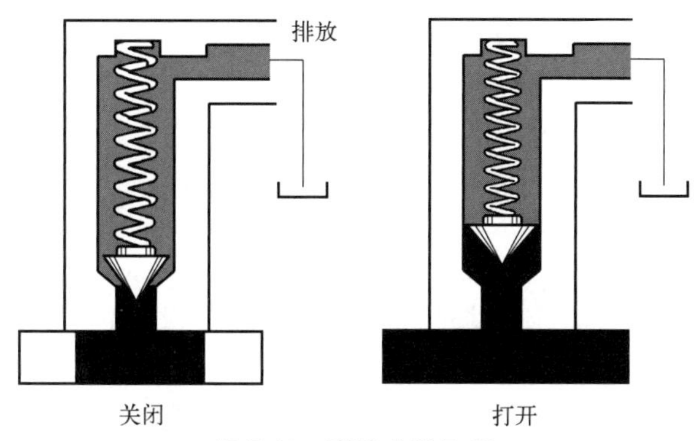

图 5-18　直动式溢流阀

先导式溢流阀利用先导油路控制主溢流阀芯，如图 5-19 所示。

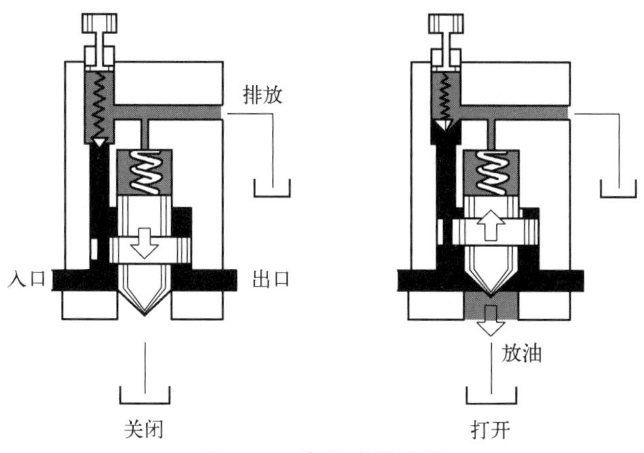

图 5-19　先导式溢流阀

直动式溢流阀通常用于流量较小以及非经常性开启的场合。先导式溢流阀在必须释放大容量过量油的场合是必需的。

5.3.3　滑阀和单向阀

方向控制阀像警察指挥交通一样，可以控制油的流向。这种阀的典型类型有单向阀和滑阀两种。

单向阀和滑阀利用不同的阀元件控制油的流向。单向阀利用提动头和弹簧允许油以单一方向流动。滑阀利用的是滑动的阀柱。阀柱前后滑动，打开和关闭油通过的通道。两种阀的原理示意图如图 5-20 所示。

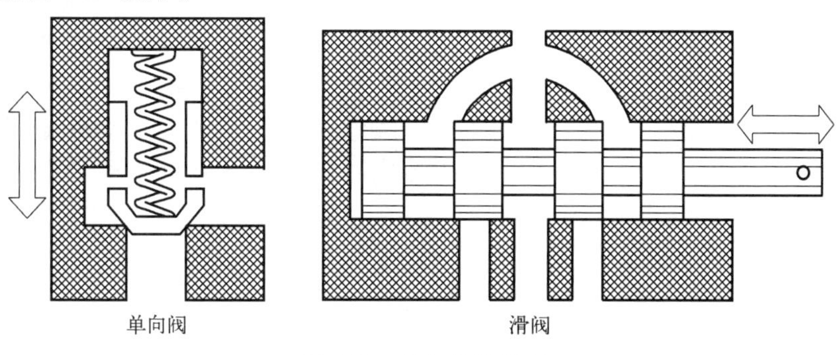

图 5-20　单向阀和滑阀

单向阀十分简单，它也被称为单路阀。这是指它被打开后允许油以一个方向流动，但是关阀后可防止油以相反方向流动。

可以通过图 5-21 了解单向阀的工作情况。这是轴向单向阀，它为直行管道连接设计，允许油直通流过。当入口一侧压力大于出口一侧压力时，阀门提动头打开，油可通过开口自由流过。入口一侧压力下降时，提动头关闭，阀门截止回流并堵住出口一侧的压力油。

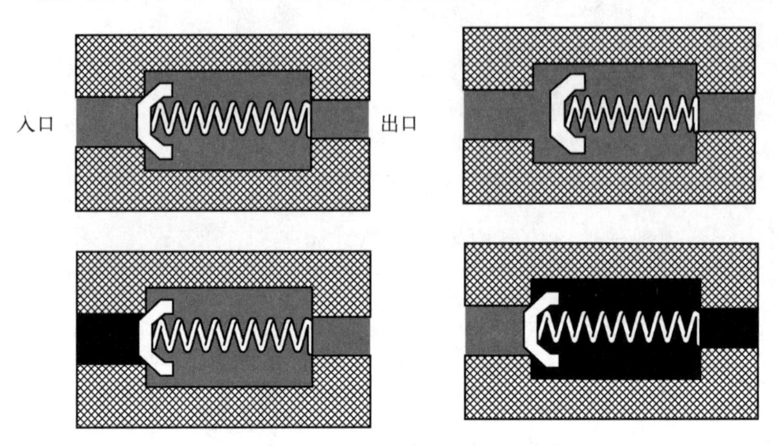

图 5-21 轴向单向阀

滑阀是典型的方向控制阀，它可用于控制执行元件的操作。平时所说的控制阀即为滑阀。滑阀控制油流，以启动、运行和停止执行元件。

阀柱从中间位置向右或向左移动时，它打开一些油的通道，关闭另一些通道。它以这种方式控制油从执行元件流进和流出。阀柱处于密闭进出油的位置。

阀柱通常质地坚硬并经磨光，具有光滑、精确、耐用的表面。它们甚至经过镀铬以便耐受磨损、生锈和腐蚀。

图 5-22 中的滑阀显示三种位置：中位、左位和右位。我们称之为 4 通阀，因为它拥有 4 条可能的通道，这些通道通向油缸两端，以及油箱和泵。把阀门向左移动时，油从泵流向油缸左侧，油缸右侧的油流向油箱。结果，活塞向右移动。如果将栏杆向右移动，动作方向相反，活塞向左移动。在中间位置，中位的油流向油箱。油缸两端的通道关闭。

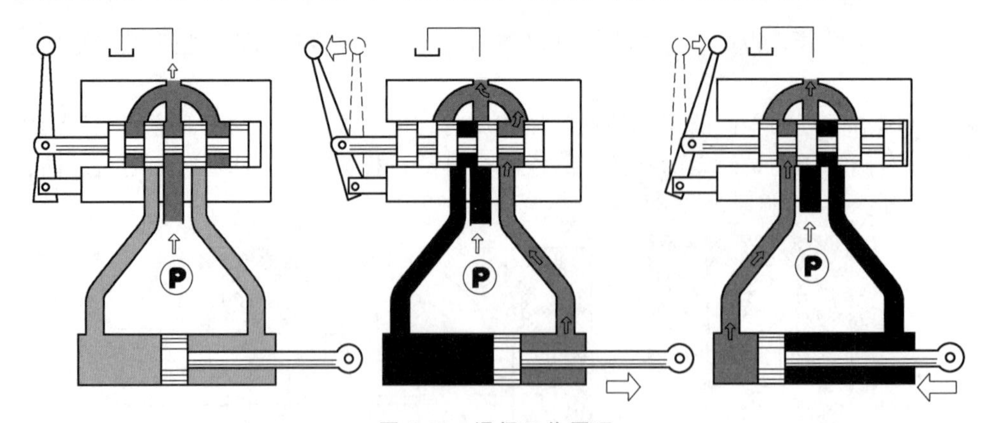

图 5-22 滑阀工作原理

5.3.4 分配阀

流量控制阀用于通过计量流量控制执行元件速度。“计量”意指测量或调节从执行元件进出的流量。分配阀是流量控制阀的一种，可控制流动容量，还可分配两条或多条回路之间的流量。

流量分配器也是流量控制阀的一种，用途是分配单一来源的油流。

图 5-23 中的流量分配器将两出口的流量分成大约 75∶25。因为 No. 1 出口大于 No. 2 出口，使得这种分配成为可能。

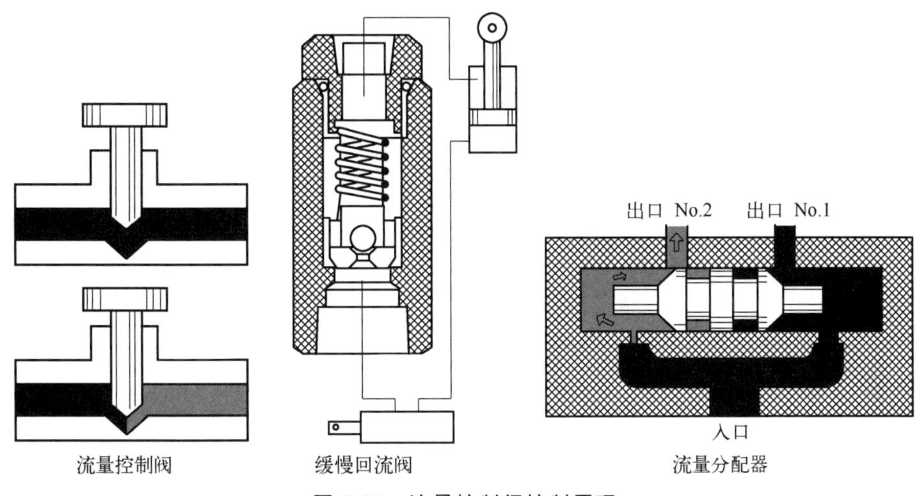

图 5-23　流量控制阀控制原理

第 4 节　执行器与控制器

5.4.1　液压缸

5.4.1.1　概述

液压缸是液压系统中的一种执行机构。一般由缸体、缸杆（活塞杆）及各种密封件组成，缸体内部由活塞分成两个部分，分别通一个油孔。由于液体的压缩比很小，所以当其中一个油孔进油时，活塞将被推动使另一个油孔出油，活塞带动活塞杆做伸出（缩回）运动，反之亦然。液压缸内部结构如图 5-24 所示。

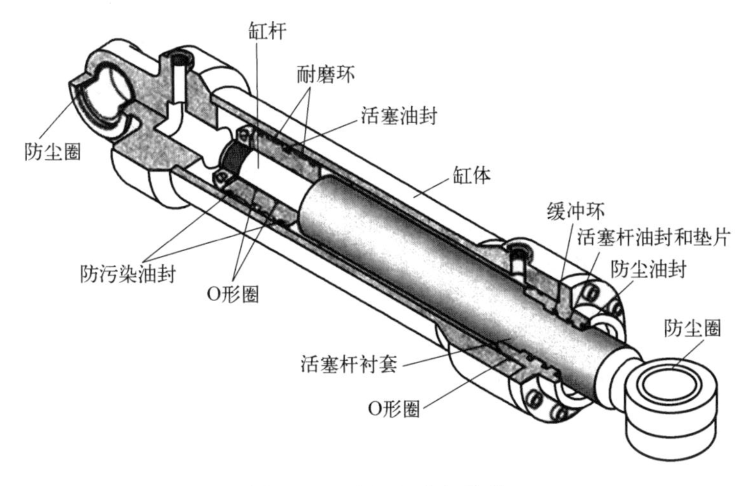

图 5-24　液压缸内部结构

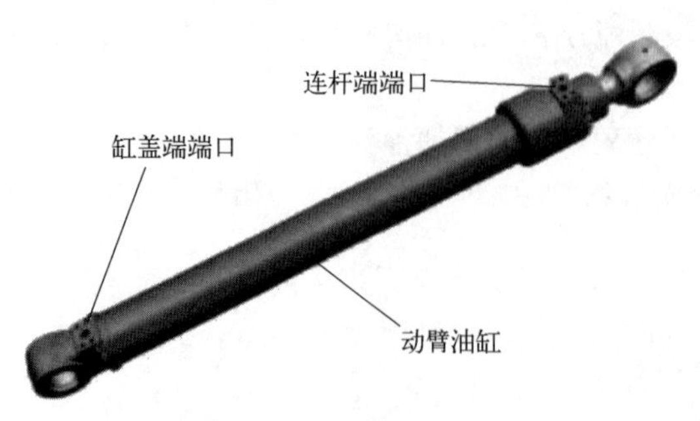

图 5-25 动臂油缸结构

5.4.1.2 动臂油缸

以卡特挖掘机为例，动臂油缸升起和降下动臂。当液压油流入动臂油缸的缸盖端端口时，油缸伸出。此动作会使动臂上升。当液压油流入动臂油缸的连杆端端口时，油缸缩回。此动作导致动臂下降。动臂油缸结构如图 5-25 所示。

动臂油缸由下述部件构成：缸体、活塞、连杆、缸盖、缓冲器等。

动臂油缸有各种油封，可防止液压油从活塞泄漏。动臂油缸还包含连杆端的缓冲器。油缸内部结构如图 5-26 所示。

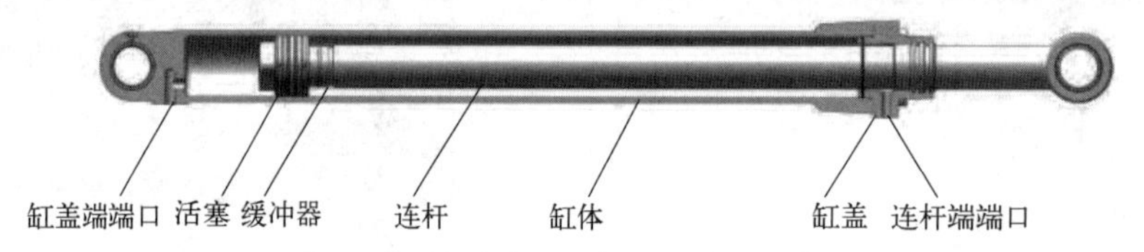

图 5-26 动臂油缸剖视图（典型示例）

动臂油缸各种密封件安装位置如图 5-27 所示。

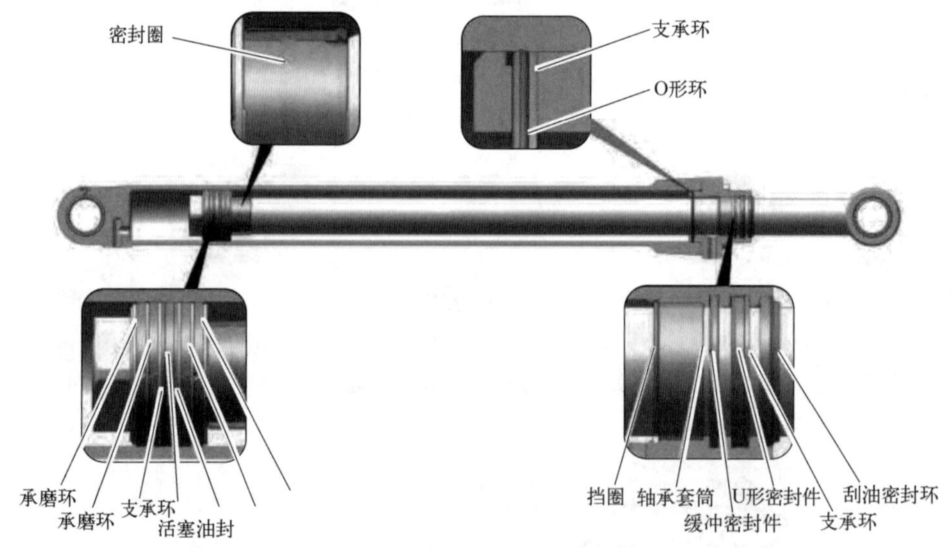

图 5-27 动臂油缸的剖面图

承磨环为活塞提供支承面并防止活塞接触油缸壳体的内径。承磨环还用作阻火器。活塞油封阻止机油在油缸壳体和活塞之间流动。支承环帮助将密封件固定到位。

轴承套筒为连杆提供支承面并防止油缸缸盖磨损。挡圈将轴承套筒固定到位。缓冲密封件是第一个承压密封件。缓冲密封件旨在减小 U 形密封件和支承环上的压力峰值，以延长寿命。U 形密封件从外部阻止机油流经油缸缸盖。密封件还阻止外部油液进入油缸。

刮油密封环有一个朝外的唇形密封，可以在缩回期间刮去连杆上的碎屑。刮油密封环旨在防止颗粒进入油缸。

缸盖密封件 O 形环防止油缸壳体和缸盖之间发生漏油。支承环将 O 形环固定到位。

缓冲密封件阻断机油在连杆和缓冲器之间的流动。当动臂油缸伸出并靠近伸出冲程末端时，机油被缓冲器阻断。此动作导致连杆在达到最大伸出前减速。

5.4.1.3　斗杆油缸

斗杆油缸结构如图 5-28 所示。

斗杆油缸缩回和伸出斗杆。当液压油流入斗杆油缸的缸盖端端口时，油缸伸出。此动作导致斗杆向机器内移动。当液压油流入斗杆油缸的连杆端端口时，油缸缩回。此动作导致斗杆向机器外移动。

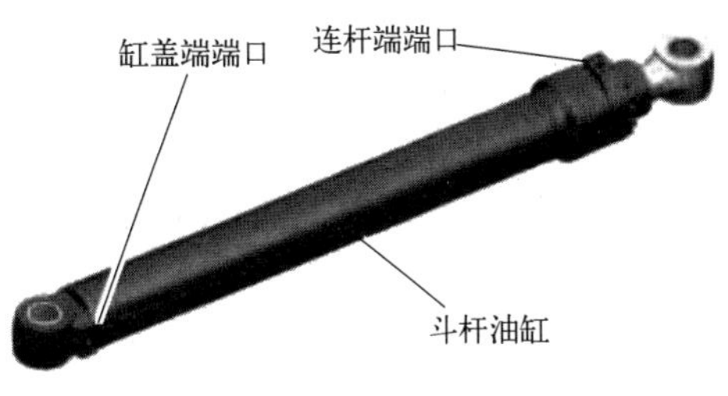

图 5-28　斗杆油缸结构

斗杆油缸内部结构如图 5-29 所示。

斗杆油缸由下述部件构成：缸体、活塞、连杆、缸盖等。

斗杆油缸有各种油封，可防止液压油从活塞泄漏。斗杆油缸还包括缸盖端的缓冲器和连杆端的缓冲器。

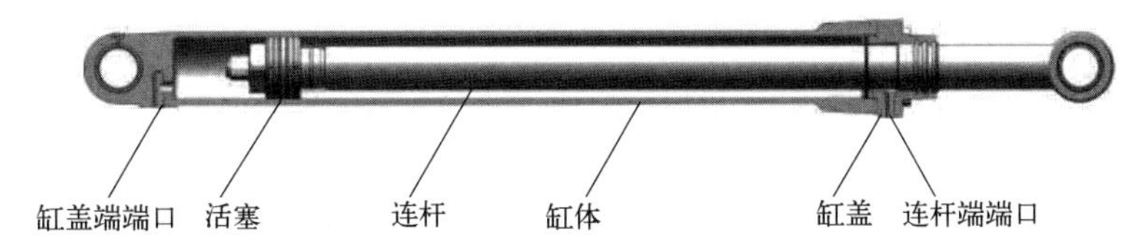

图 5-29　斗杆油缸剖视图（典型示例）

斗杆油缸内密封件安装位置如图 5-30 所示。

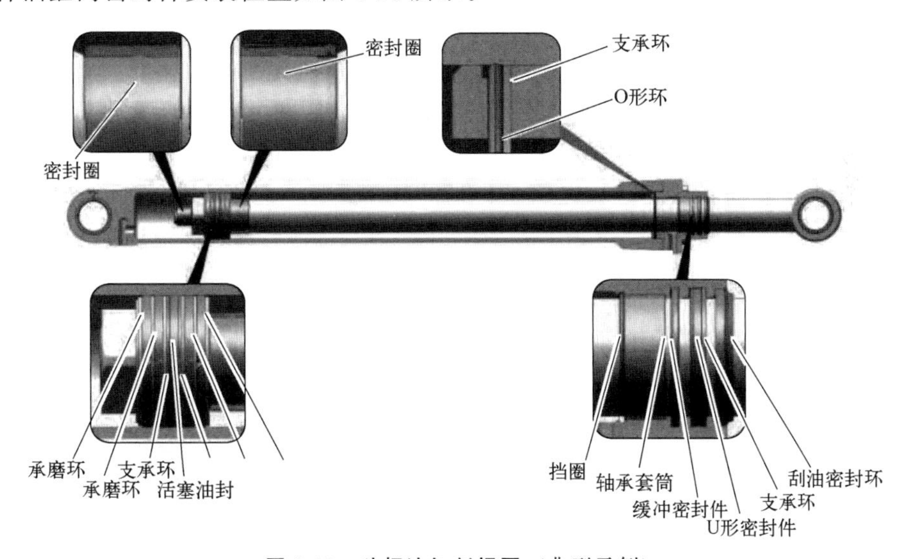

图 5-30　斗杆油缸剖视图（典型示例）

活塞油封的承磨环为活塞提供支承面并防止活塞接触油缸壳体的内径。承磨环还用作阻火器。

活塞油封阻止机油在油缸壳体和活塞之间流动。支承环帮助将密封件固定到位。

轴承套筒为连杆提供支承面并防止油缸缸盖磨损。挡圈将轴承套筒固定到位。

缓冲密封件是第一个承压密封件。缓冲密封件旨在减小 U 形密封件和支承环上的压力峰值，以延长寿命。

U 形密封件从外部阻止机油流经油缸缸盖。密封件还阻止外部油液进入油缸。

刮油密封环有一个朝外的唇形密封，可以在缩回期间刮去连杆上的碎屑。刮油密封环旨在防止颗粒进入油缸。

缸盖密封件O形环防止油缸壳体和缸盖之间发生漏油。支承环将O形环固定到位。

缓冲密封件阻断机油在连杆和缓冲器之间流动。

当斗杆油缸伸出并靠近伸出冲程末端时，机油被缓冲器阻断。此动作导致连杆在达到最大伸出前减速。当斗杆油缸缩回并靠近缩回冲程末端时，机油被缓冲器阻断。此动作导致连杆在达到最大缩回前减速。

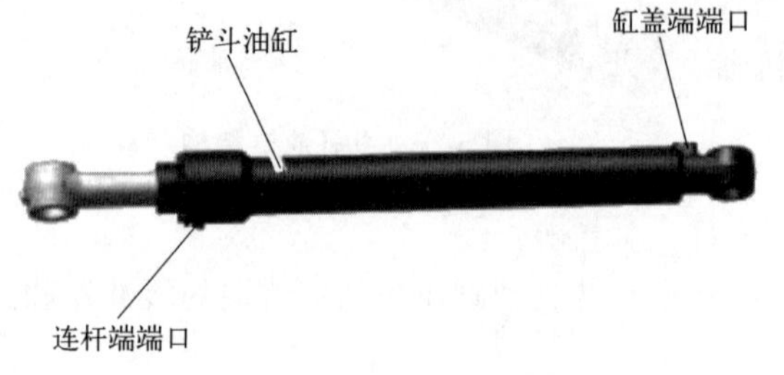

图 5-31　铲斗油缸结构

5.4.1.4　铲斗油缸

铲斗油缸开启和闭合铲斗。当液压油流入铲斗油缸的缸盖端端口时，油缸伸出。此动作导致机器上的铲斗闭合。当液压油流入铲斗油缸的连杆端端口时，油缸缩回。此动作导致机器上的铲斗开启。铲斗油缸结构如图 5-31 所示。

铲斗油缸由下述部件构成：油缸壳体、活塞、连杆、缸盖等。油缸内部结构如图 5-32 所示。

图 5-32　铲斗油缸的剖面图

铲斗油缸密封件安装位置如图 5-33 所示。

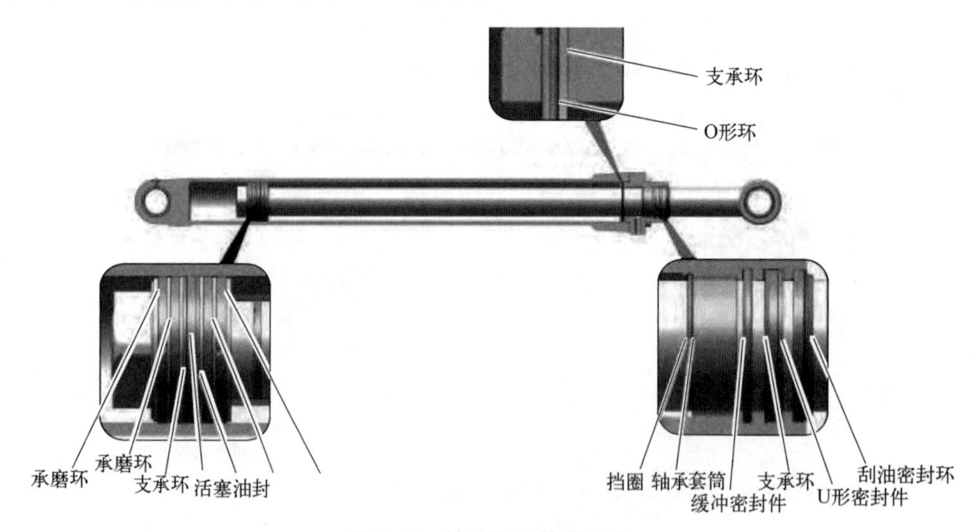

图 5-33　铲斗油缸的剖面图

活塞油封的承磨环为活塞提供支承面并防止活塞接触油缸壳体的内径。承磨环还用作阻火器。

活塞油封阻止机油在油缸壳体和活塞之间流动。支承环帮助将密封件固定到位。

轴承套筒为连杆提供支承面并防止油缸缸盖磨损。挡圈将轴承套筒固定到位。

缓冲密封件是第一个承压密封件。缓冲密封件旨在减小U形密封件和支承环上的压力峰值，以延长寿命。

U形密封件从外部阻止机油流经油缸缸盖。密封件还阻止外部油液进入油缸。

刮油密封环有一个朝外的唇形密封，可以在缩回期间刮去连杆上的碎屑。刮油密封环旨在防止颗粒进入油缸。

缸盖密封件 O 形环防止油缸壳体和缸盖之间发生漏油。支承环将 O 形环固定到位。

5.4.2　蓄能器

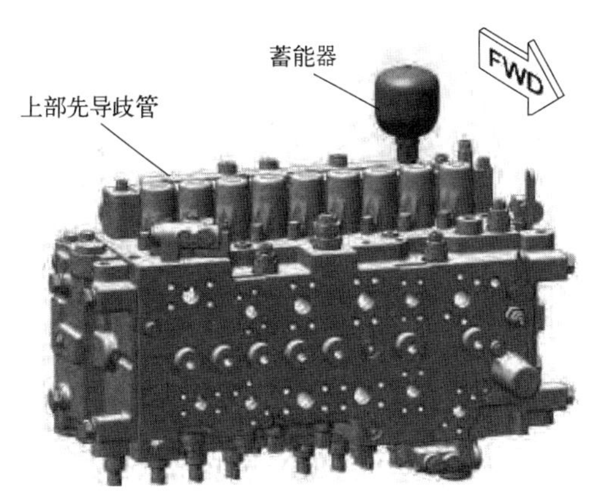

图 5-34　蓄能器安装位置

以卡特 320GC 挖掘机为例，蓄能器储存用于主控制阀的先导油，蓄能器安装位置如图 5-34 所示。在一些操作过程中，由于泵供应的流量不足，先导系统需要更多的机油。当先导泵流量不足时，蓄能器会向先导系统提供先导油。向先导系统供应的先导油不充足，可能是由以下两个原因引起的：

① 当发动机停机并且停止向主控制阀供油时，机具降下；

② 组合作业。

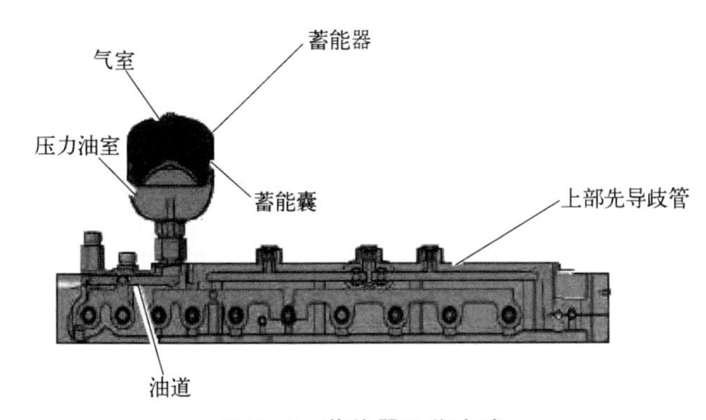

图 5-35　蓄能器工作方式

先导油流经先导歧管的油道，然后，机油流入压力油室。先导油作用在蓄能囊上，气室中的氮气受到压缩。蓄能器工作方式如图 5-35 所示。

5.4.3　调节器

以卡特 320GC 挖掘机为例，泵 1 和泵 2 调节器的结构和操作相同。泵调节器位于主泵壳体侧面。以下是对泵 1 调节器的说明。泵调节器控制原理如图 5-36 所示。

泵调节器通过电子控制系统控制。机器 ECM 持续监视各种输入。机器 ECM 向泵调节器上的泵控制电磁阀发送脉冲宽度调制（PWM）驱动信号。泵控制电磁阀通过改变流向逆活塞的液压信号压力对泵输出流量进行控制。

机器 ECM 控制输送至泵控制电磁阀的 PWM 驱动信号并根据下列输入确定所需泵流量。

预期发动机转速——通过发动机转速刻度盘确定。

实际发动机转速——通过发动机转速传感器确定。

液压扭矩输出——液压扭矩输出随发动机转速刻度盘设定变化。

泵 1 排量——由泵 1 控制电磁阀电流确定。

泵 2 排量——由泵 2 控制电磁阀电流确定。

请求流量——通过左侧操纵手柄位置、右侧操纵手柄位置或行驶先导压力传感器确定。

泵 1 输送压力——由主控制阀上的泵 1 压力传感器测量泵 1 输送压力。

泵 2 输送压力——由主控制阀上的泵 2 压力传感器测量泵 2 输送压力。

机器 ECM 向泵控制电磁阀发送 PWM 驱动信号，以控制泵旋转斜盘的角度。电流减小时，泵冲程减小。泵控制电磁阀将机油引入冲程活塞，以减小泵冲程。电流增大时，泵冲程增大。泵控制电磁阀将机油引导至逆活塞一端，以加大泵的冲程。

泵排量控制电流值如图 5-37 所示。

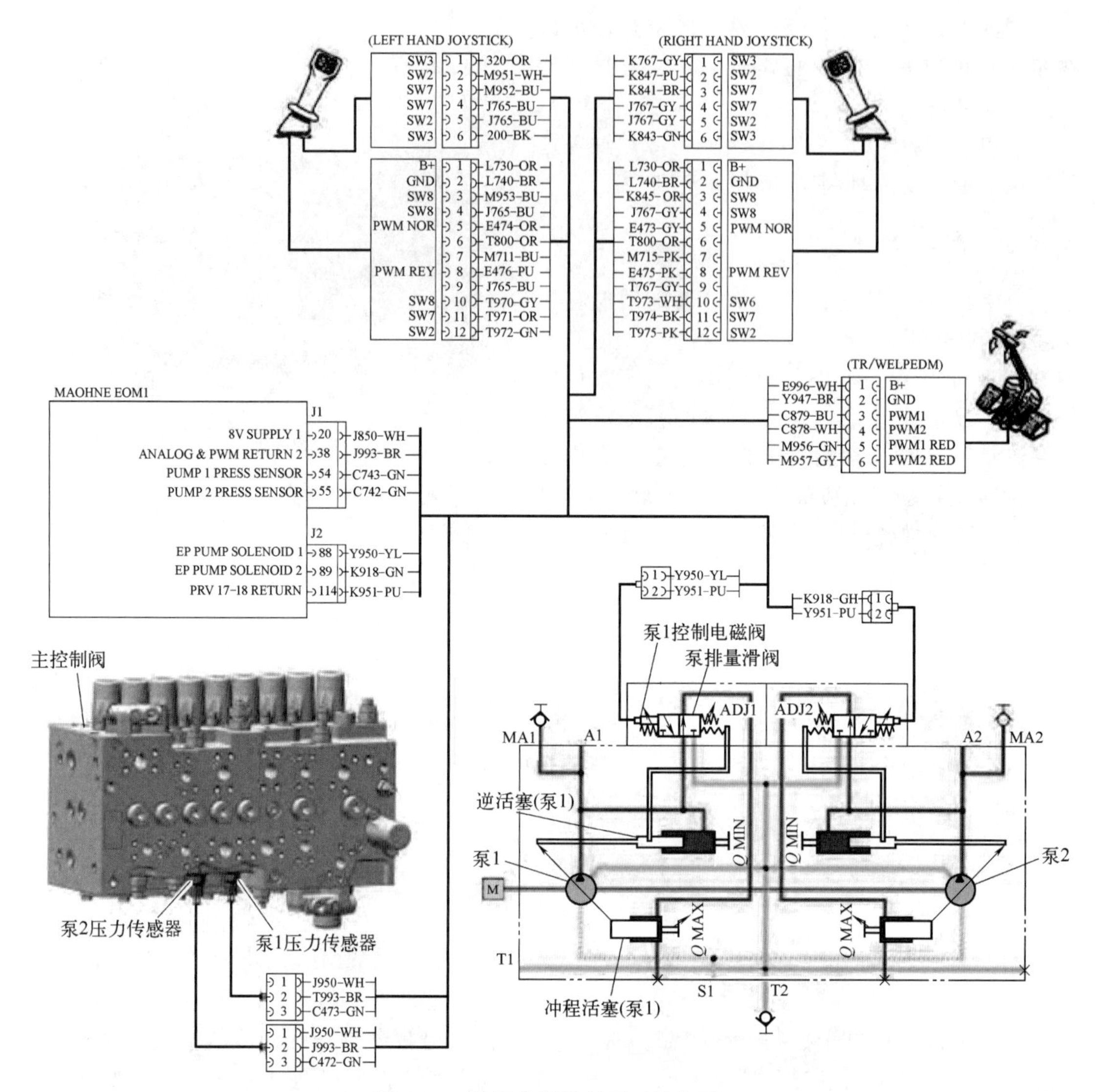

图 5-36 泵调节器控制原理示意图

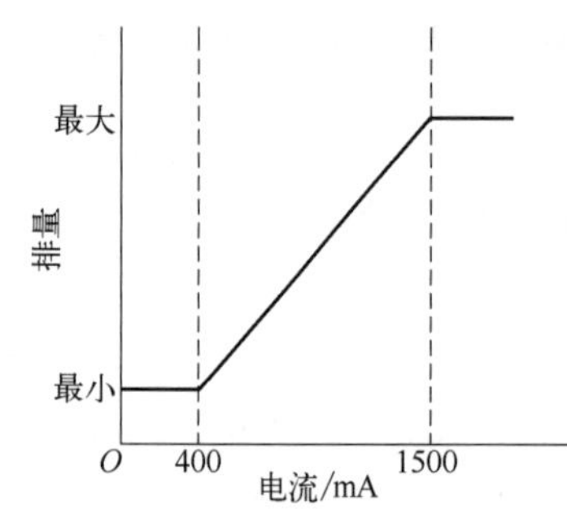

图 5-37 泵排量（近似电流值）

通过机器 ECM 确定 P-Q 特性曲线，见图 5-38。每个泵的输出特性取决于以下输入信号：预期发动机转速、实际发动机转速、液压扭矩输出、泵 1 排量、泵 2 排量、请求流量、泵 1 输送压力、泵 2 输送压力。

P-Q 特性曲线（B）从压力/流量点（A）体现出各泵的流速。P-Q 特性曲线上的每个点均代表泵输出功率保持在稳定速率下的流速和压力。

泵控制电磁阀安装位置如图 5-39 所示。

图 5-40 显示泵控制总成的单独控制部分。控制部分协同工作，并根据需求改变泵旋转斜盘角度，以调节泵流量。

泵输送压力被引至逆活塞的一端，朝最大角度增大泵冲程。泵旋转斜盘连接至逆活塞。

作用在逆活塞一端的泵压力与泵排量滑阀一起工作，以便在所有液压控制处于空挡位置，或机器处在行驶功能操作期间，液压需求降低时，减小旋转斜盘的行程。逆活塞和泵排

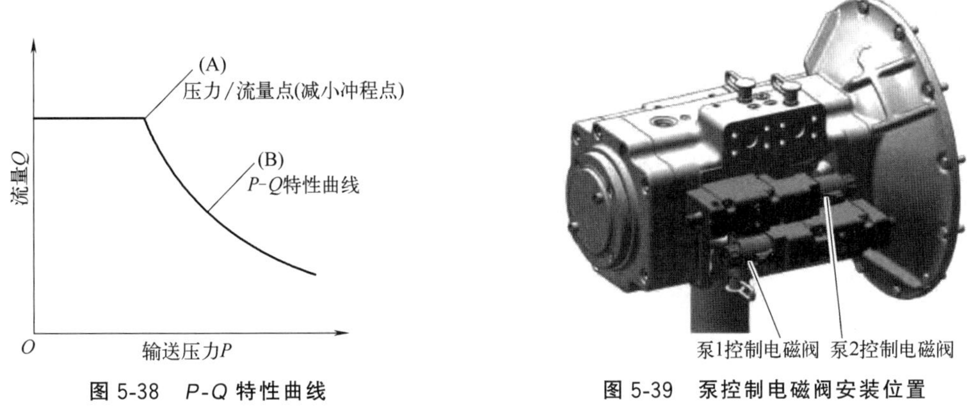

图 5-38　*P*-*Q* 特性曲线

图 5-39　泵控制电磁阀安装位置

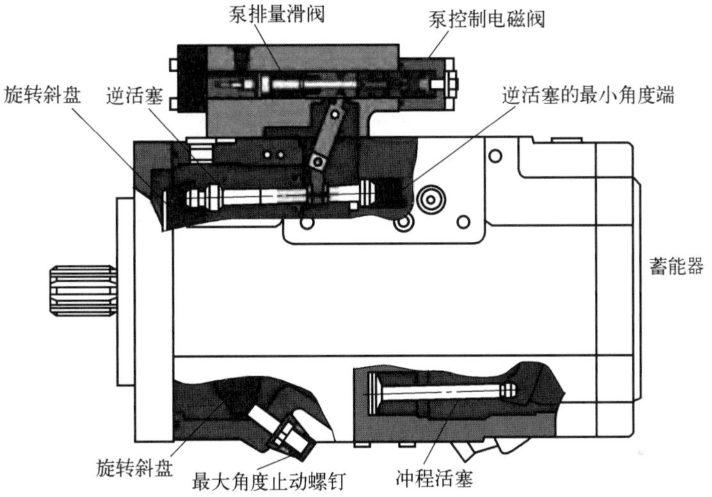

泵排量滑阀
泵控制电磁阀
旋转斜盘
逆活塞
逆活塞的最小角度端
蓄能器
旋转斜盘
最大角度止动螺钉
冲程活塞

图 5-40　泵 1 调节器

量滑阀一起工作，以便在液压需求增大时增大旋转斜盘行程。冲程活塞和泵排量滑阀一起工作，以便在液压需求减小时减小旋转斜盘行程。

泵排量滑阀由泵控制电磁阀和弹簧控制。泵调节器液压原理如图 5-41 所示。

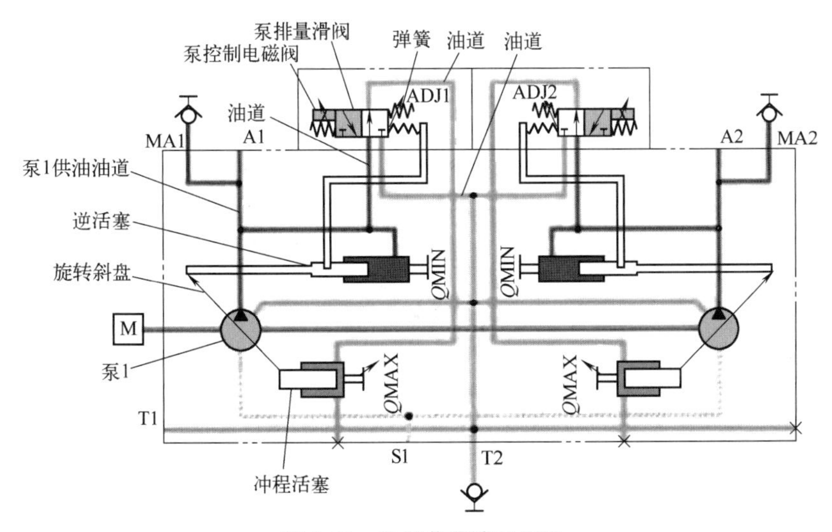

图 5-41　泵调节器液压原理

泵油供应至油道并流向逆活塞一端。泵油还经油道流入泵排量滑阀。此时，可以由泵排量滑阀调节油道内的油压，以提供液压信号压力。

泵控制电磁阀接收来自机器 ECM 的 PWM 驱动信号时，泵排量滑阀移动。此时，油压可以流经油道进入冲程活塞。此动作会导致泵加大行程。

工作在备用模式的完全减小冲程时，减小冲程位置的泵调节器和旋转斜盘如图 5-42 所示。当所有液压控制阀处于中间位置时，泵旋转斜盘保持在备用状态。

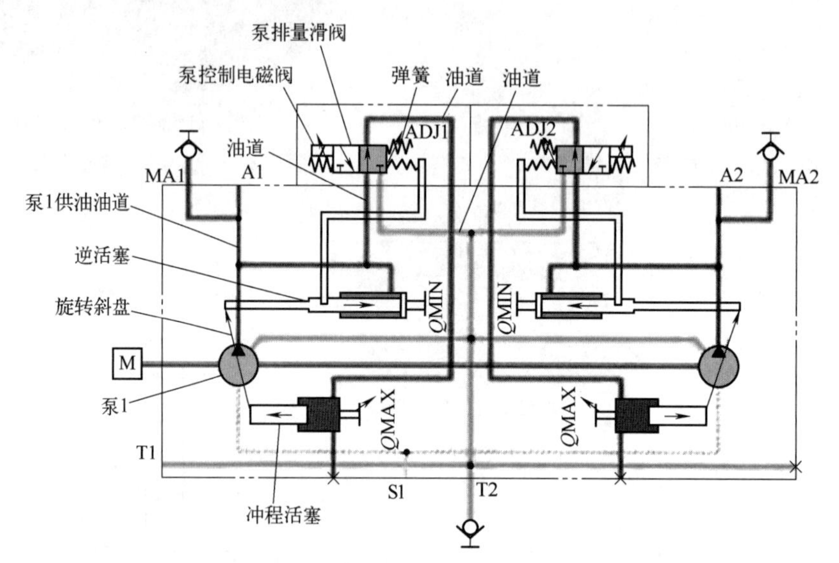

图 5-42 泵 1 调节器（备用- 完全减小冲程位置）

机器 ECM 发送 PWM 驱动信号，减小泵控制电磁阀处的电流。泵控制电磁阀导致泵排量滑阀在弹簧的弹力作用下移动。随后，机油流经油道进入冲程活塞。旋转斜盘移至减小冲程位置，使泵冲程减小。

当调节器操作在恒定流量位置时，液压原理如图 5-43 所示。泵油进入油道并作用在逆活塞的一端。部分泵油经过油道流向泵排量滑阀。

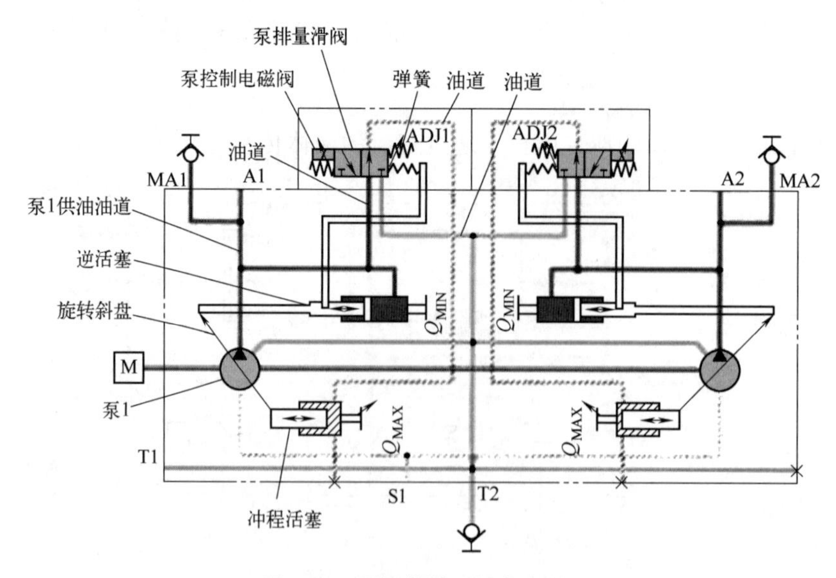

图 5-43 泵调节器（恒定流量）

机器 ECM 发送 PWM 驱动信号，增大泵控制电磁阀处的电流。泵控制电磁阀导致泵排量滑阀克服弹簧的弹力移动。随后，计量信号油流经油道进入冲程活塞。进出冲程活塞的机油由泵排量滑阀进行计量。旋转斜盘的角度保持恒定，直到机器 ECM 改变发送至泵控制电磁阀的电气信号。

当调节器操作在流量增加-完全加大行程时，液压原理如图 5-44 所示。

泵油进入油道并作用在逆活塞的一端。

机器 ECM 发送 PWM 驱动信号，增大泵控制电磁阀处的电流，从而增大泵行程。泵控制电磁阀导致泵排量滑阀克服弹簧的弹力移动。供至泵控制电磁阀的指令信号越强，泵排量将越大。泵将增大行程，直到冲程活塞接触到最大角度止动螺钉。

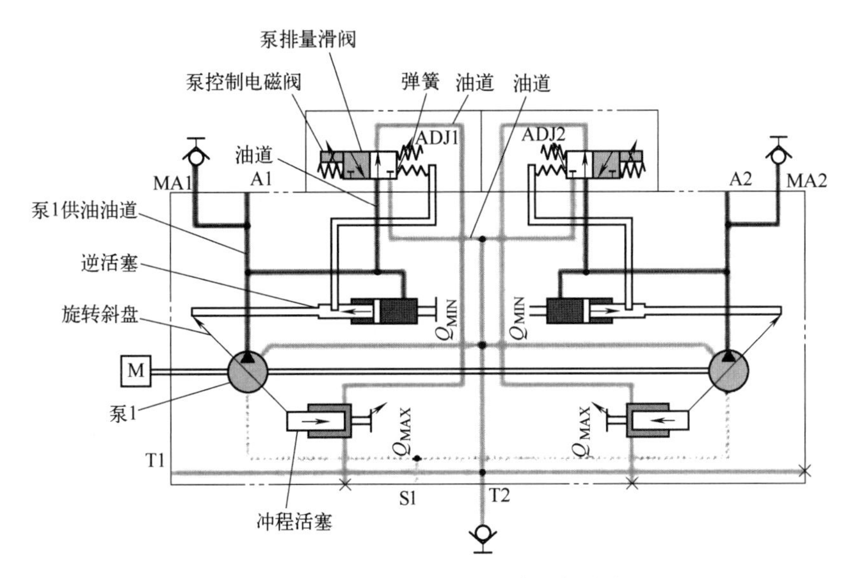

图 5-44　泵调节器（流量增加-完全加大行程）

第 5 节　液压系统工作原理

5.5.1　概述

液压系统的运行是利用帕斯卡原理，通过密封的液体传递力和运动。在液压挖掘机中，原动机输出的机械能通过泵转化为液压能，再通过控制阀的调节作用，将液压能传递给执行机构，最终驱动执行机构进行各种动作。在液压系统中，液体流动的路径是通过控制阀进行控制的。当控制阀开启时，液压油从泵流入到执行机构中，推动活塞运动；当控制阀关闭时，液压油无法流动，活塞停止运动。

以卡特液压挖掘机为例，主液压系统液压回路如图 5-45 所示。

5.5.2　先导液压系统

先导液压系统回路如图 5-46 所示。

从先导泵（59）流出的机油经过先导管路（66）、先导油滤清器（61）和先导管路（60），流向先导歧管（51）。当液压启动操纵杆移到 UNLOCKED（解锁）位置时，机器 ECM 接通液压起动电磁阀（54）。然后，先导油促使阀（46）移动。现在，先导油流过阀

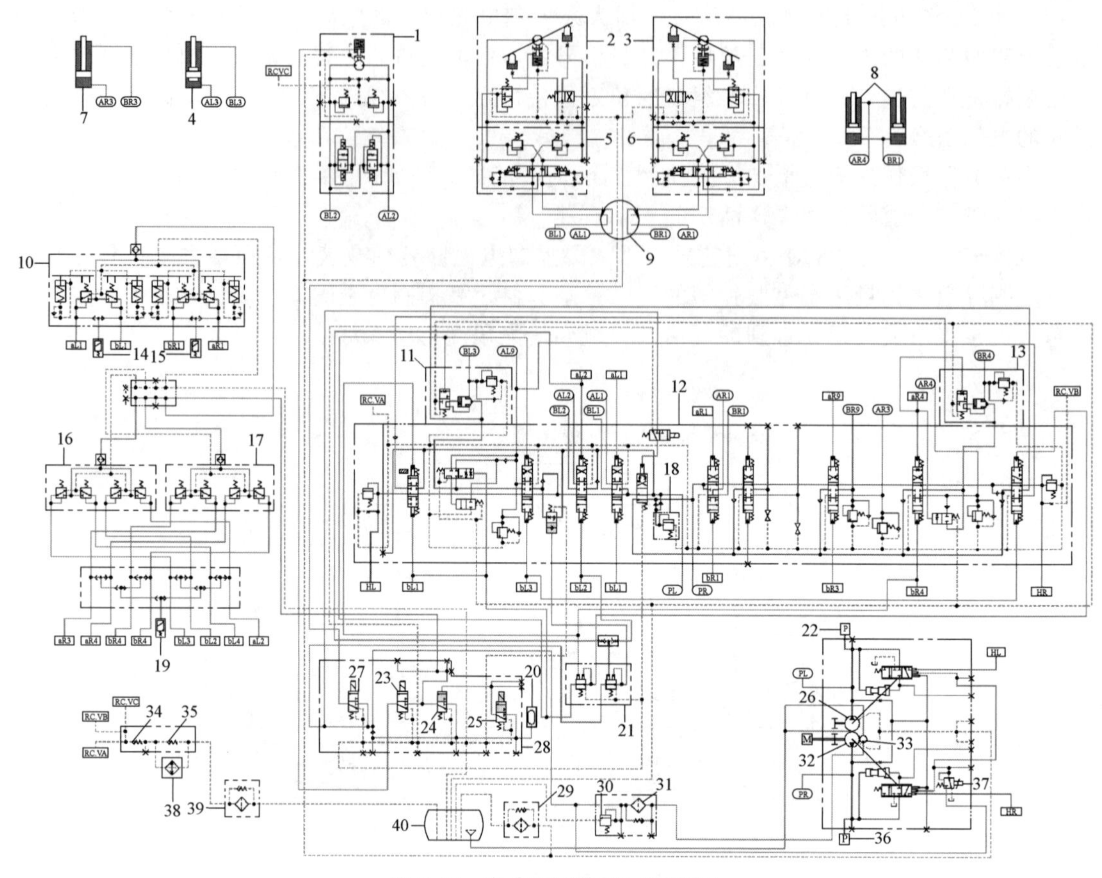

图 5-45 主液压系统液压回路图

1—回转马达；2—左行驶马达；3—右行驶马达；4—斗杆油缸；5—左行驶制动阀；6—右行驶制动阀；7—铲斗油缸；8—动臂油缸；9—回转接头；10—先导控制阀（行驶）；11—斗杆沉降阻尼阀；12—主控制阀；13—动臂沉降阻尼阀；14—压力开关；15—压力开关；16—先导控制阀（回转和斗杆）；17—先导控制阀（动臂和铲斗）；18—主安全阀；19—压力开关；20—蓄能器；21—减压阀（动臂优先模式或回转优先模式）；22—压力传感器（引导轮泵）；23—回转制动器电磁阀；24—阀门；25—电磁阀（液压锁定）；26—引导轮泵；27—行驶速度电磁阀；28—先导歧管；29—排油滤清器；30—先导卸压阀；31—先导滤清器；32—驱动泵；33—先导泵；34—低速回油单向阀；35—旁通单向阀；36—压力传感器（驱动泵）；37—比例减压阀（动力换挡压力）；38—油冷却器；39—回油滤清器；40—液压油箱

（46）和先导管路（43）。接下来，先导油流向控制机具、回转和行驶功能的先导控制阀（5、25 和 26），以执行机器操作。当移动操纵手柄和/或行驶操纵杆/踏板时，先导油流向主控制阀（11），以控制机器功能。

当操作操纵手柄时，先导控制阀将先导泵机油经过先导管路输送到主控制阀上的先导口，以移动主控制阀上的滑阀。

从先导控制阀流出的先导油经过先导管路流向主控制阀底部的孔口，以执行相反的操作。

先导回路可划分为以下回路类型：动力换挡压力系统、先导控制阀回路、压力开关回路、直行阀回路、回转制动器、动臂优先、回转优先、行驶速度自动切换、起重（如有配备）。

以下示例用于说明动臂下降操作和动臂上升操作。机器的斗杆操作、铲斗操作、行驶操作和回转操作按照与动臂操作相同的方式完成。

当动臂操纵手柄移到动臂上升位置时，从先导控制阀（26）流出的先导油经过先导管路（37），流向动臂Ⅰ控制阀（17）。在先导压力的作用下，动臂Ⅰ控制阀移动。驱动泵输送的机油流向动臂油缸的缸盖端，以执行动臂上升操作。

当动臂操纵手柄移到动臂下降位置时，从先导控制阀（26）流出的先导油经过先导管路（6），流向动臂Ⅰ控制阀（17）。在先导压力的作用下，动臂Ⅰ控制阀移动。先导油还流过先导管路（7），以打开动臂沉降阻尼阀（12）。动臂油缸缸盖端的回油经过动臂沉降阻尼阀和动臂Ⅰ控制阀，流向液压油箱。现在执行动臂下降操作。

压力开关（19和21）与行驶先导控制阀（5）相连。压力开关（40）与先导控制阀（25和26）相连。当所有操纵手柄和/或行驶操纵杆/踏板都处于NEUTRAL（空挡）位置时，传递到压力开关的先导压力很低。压力开关（19、21和40）处于OFF（断开）状态。机器ECM识别出所有压力开关的OFF（断开）状态。AEC系统启动，以降低发动机转速。

如果任何操纵手柄和/或行驶操纵杆/踏板移离NEUTRAL（空挡）位置，传递到压力开关的先导压力将升高。如果压力开关（19、21和/或40）为ON（接通），则机器ECM启动AEC系统以升高发动机转速。

如果行驶操纵杆/踏板与任一操纵手柄同时移离NEUTRAL（空挡）位置，先导压力将使压力开关（19、21和40）处于ON（接通）位置。此时，将向机器ECM发送电信号。机器ECM接通直行电磁阀（13）。现在，先导压力启动直行控制阀（18）。

直行控制阀将引导轮泵提供的液压油流输送到行驶控制阀（24和16）。而驱动泵将所有机油输送至主控制阀中的其他阀。

如果机器配有直行踏板，将可通过独立的压力开关向机器ECM发送信号。当直行踏板离开NEUTRAL（空挡）位置时，将向机器ECM发送信号，以接通直行电磁阀（13）。

当液压起动操纵杆置于UNLOCKED（解锁）位置时，油道（57）中的先导油经过阀（46）和油道（53），流向回转制动器电磁阀（45）。当任何操纵手柄移离NEUTRAL（空挡）时，先导管路（39）中的先导压力升高，启动机具/回转压力开关（40）。然后，机具/回转压力开关向机器ECM发送电信号。机器ECM发出的电信号接通回转制动器电磁阀（45）。管路（4）中的先导油流向回转制动器（1）。这些机油释放回转制动器。

在动臂上升和斗杆进入组合操作过程中，先导管路（36和38）中的先导压力启动动臂优先减压阀。动臂优先减压阀可通过禁用斗杆Ⅱ控制阀，使机油在这些组合液压操作过程中优先流向动臂油缸的缸盖端。

在回转操作过程中，先导油从先导控制阀（25）流向回转优先减压阀（47）。回转优先减压阀移动。先导管路（42）中来自先导歧管（51）的先导油流被回转优先减压阀阻断。惰轮泵输出的大部分机油流向回转马达。

油道（56）中的先导油流向行驶速度电磁阀（52）。当右控制台上的行驶速度开关设置在HIGH SPEED（高速）位置时，行驶速度电磁阀打开。这样将使先导油流过行驶速度电磁阀（52）和管路（41）。然后，机油流向左行驶马达（2）的油量切换阀和右行驶马达（3）的油量切换阀。在油量切换阀工作时，行驶速度保持在HIGH SPEED（高速）位置。

当右控制台上的行驶速度开关设置在HIGH SPEED（高速）位置时，用于感应泵输出压力的压力传感器根据行驶负载控制行驶速度。例如，在高负载情况下低速行驶，而在低负载情况下高速行驶。

机器具有起重特性，允许主液压回路存在较高系统压力。控制台上的开关启动电磁阀。电磁阀将先导压力传递至主安全阀的先导油口。先导压力通过阀传递，以移动活塞，从而产生作用在主安全阀上的更高弹力。主安全阀上的弹力增加，使主安全系统的释放压力增大。

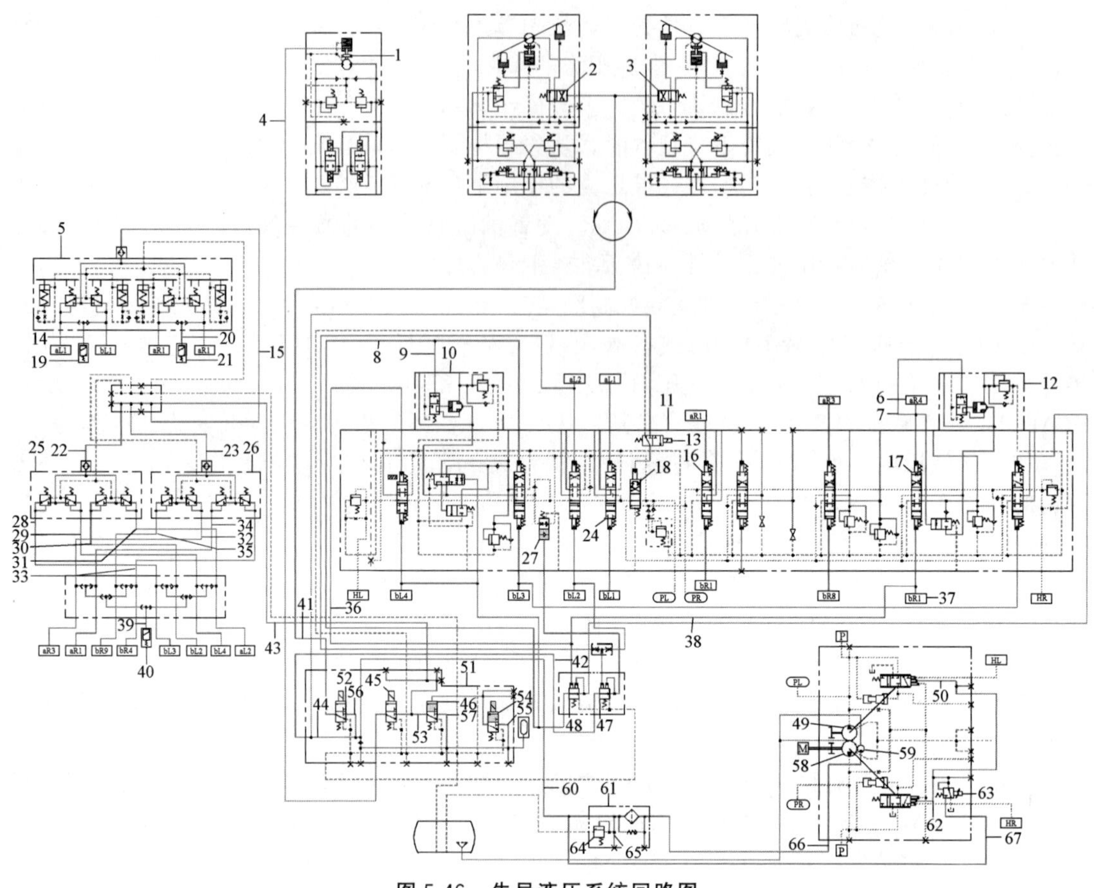

图 5-46　先导液压系统回路图

1—回转制动器；2—油量切换阀（左行驶马达）；3—油量切换阀（右行驶马达）；4—管路（从回转制动器电磁阀流出的先导油）；5—行驶先导控制阀；6—先导管路（动臂下降）；7—先导管路（动臂沉降阻尼阀）；8—先导管路（斗杆进入）；9—先导管路（斗杆沉降阻尼阀）；10—斗杆沉降阻尼阀；11—主控制阀；12—动臂沉降阻尼阀；13—电磁阀（直行）；14—先导管路（传递到左行驶压力开关的先导压力）；15—先导管路（流向行驶先导控制阀的先导油）；16—右行驶控制阀；17—动臂Ⅰ控制阀；18—直行控制阀；19—行驶压力开关（左）；20—先导管路（传递到右行驶压力开关的先导压力）；21—行驶压力开关（右）；22—先导管路（流向斗杆和回转先导控制阀的先导油）；23—先导管路（流向动臂和铲斗先导控制阀的先导油）；24—左行驶控制阀；25—斗杆和回转先导控制阀；26—动臂和铲斗先导控制阀；27—可变回转优先阀；28—先导管路（斗杆伸出）；29—先导管路（斗杆进入）；30—先导管路（右回转）；31—先导管路（左回转）；32—先导管路（铲斗关闭）；33—先导管路（动臂上升）；34—先导管路（动臂下降）；35—先导管路（铲斗打开）；36—先导管路（从动臂先导控制阀流出的先导油）；37—先导管路（ 动臂上升）；38—先导管路（流向动臂优先减压阀的先导油）；39—先导管路（传递到机具/回转压力开关的先导压力）；40—机具/回转压力开关；41—先导管路（传递到油量切换阀的先导压力）；42—先导管路（流向回转优先减压阀的先导油）；43—先导管路（流向先导控制阀的先导油）；44—先导管路（流向直行控制阀的先导油）；45—回转制动器电磁阀；46—阀（液压启动）；47—回转优先减压阀；48—动臂优先减压阀；49—引导轮泵；50—油道（动力换挡压力）；51—先导歧管；52—行驶速度电磁阀；53—油道；54—液压启动电磁阀；55—油道；56—油道；57—油道；58—驱动泵；59—先导泵；60—先导管路（流向先导歧管的先导油流）；61—先导油滤清器；62—油道（动力换挡压力）；63—比例减压阀（动力换挡压力）；64—先导安全阀；65—油道；66—先导管路（从先导泵流向先导油滤清器的先导油）；67—先导管路（流向泵调节器的先导油流）

先导歧管上的孔口和电磁阀如图 5-47 所示。

先导回路压力受到先导安全阀（64）限制。

先导泵（59）输送的机油执行以下主要功能：产生先导压力，以控制主泵的输出流量；

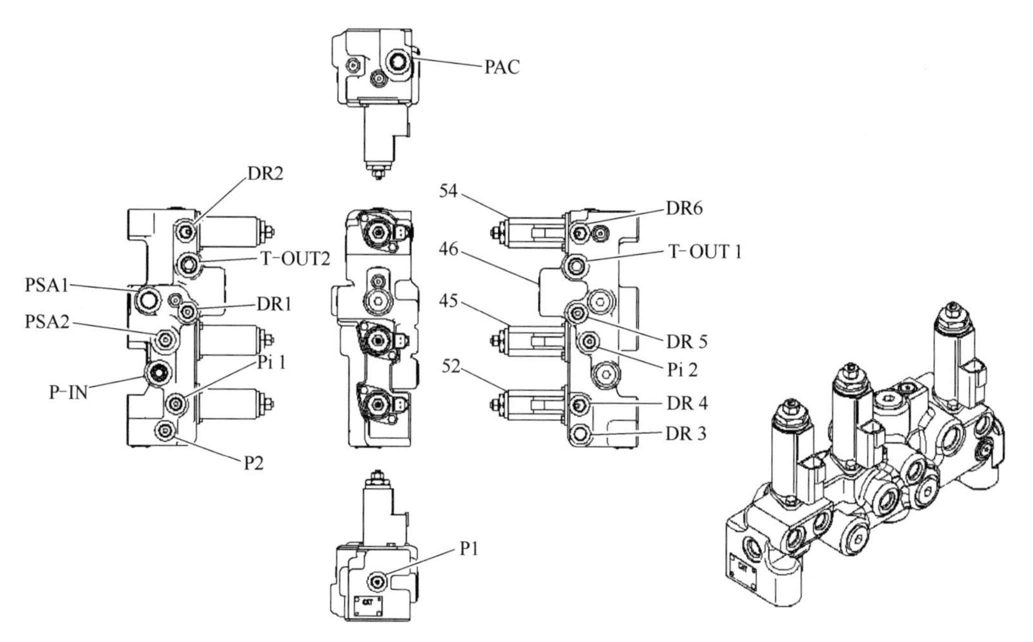

图 5-47　先导歧管上的孔口和电磁阀

45—回转制动器电磁阀；46—液压启动电磁阀；52—行驶速度电磁阀；54—液压启动电磁阀

对机具、回转和行驶先导控制阀产生先导压力，以执行机器操作；产生先导压力，以自动操作控制装置。每个先导回路执行一种上述功能。

先导回路控制系统原理如图 5-48 所示。

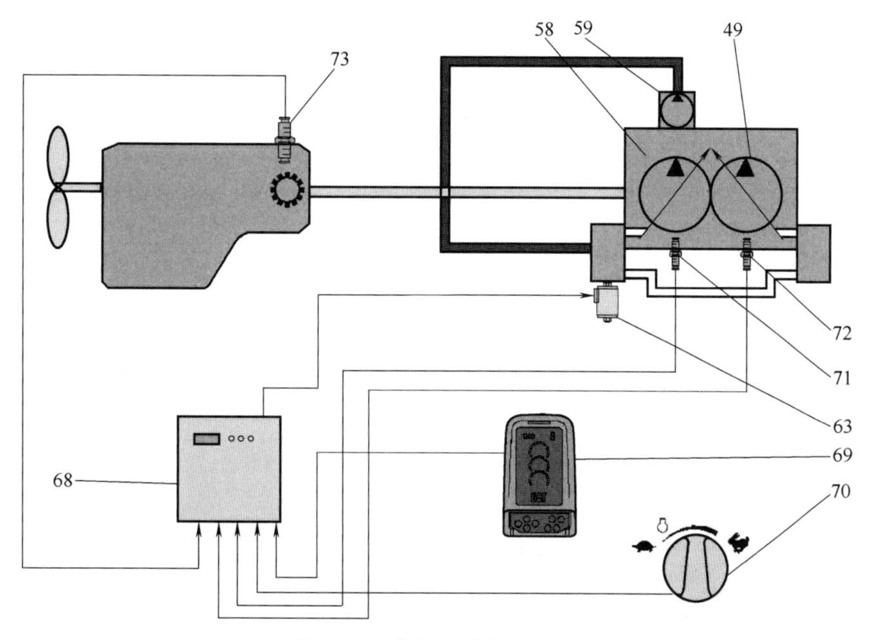

图 5-48　先导回路控制系统

49—引导轮泵；58—驱动泵；63—比例减压阀（PS 压力）；59—先导泵；68—机器 ECM；69—监控器；70—发动机转速旋钮；71—驱动泵压力传感器；72—引导轮泵压力传感器；73—发动机转速传感器

在机器运行过程中，机器 ECM（68）接收以下部件发出的输入信号：发动机转速旋钮（70）、位于飞轮壳上的发动机转速传感器（73）、驱动泵压力传感器（71）、引导轮泵压力传感器（72）、驾驶室中的监控器（69）。

机器 ECM（68）连续监测所有的输入信号。机器 ECM 处理输入信号，然后向驱动泵调节器的比例减压阀（63）发送输出信号。比例减压阀协助控制驱动泵（58）和引导轮泵（49）的输出流量。

先导泵（59）输送的机油经过先导油滤清器流向驱动泵调节器的比例减压阀（63）。机器 ECM（68）发出的电信号促使比例减压阀（63）将先导压力调节到较低的压力水平。降低的压力称为动力换挡压力（PS）。比例减压阀通过驱动泵调节器和引导轮泵调节器传递降低的先导压力。驱动泵（58）和引导轮泵（49）的输出流量根据动力换挡压力进行控制。动力换挡压力用于调节允许的液压泵最大输出。

当机器 ECM 探测到任何输入信号变化时，机器 ECM 向比例减压阀发送的输出信号将会变化。传递到驱动泵和引导轮泵调节器的动力换挡压力也将变化，以调节允许的液压泵最大输出。这样将保持所需的发动机转速。

图 5-49　先导管路位置分布图

发动机转速降低将使动力换挡压力升高。如果动力换挡压力升高，将出现驱动泵和引导轮泵减少冲程的状况。允许的最大液压功率输出降低。

发动机转速升高将使动力换挡压力降低。如果动力换挡压力降低，将出现驱动泵和引导轮泵加大冲程状况。允许的最大液压功率输出升高。

先导管路的位置分布如图 5-49 所示，对应控制阀功能见表 5-7。

表 5-7　先导管路对应控制阀功能

先导管路	控制阀	机器的操作
76	动臂Ⅰ控制阀	动臂下降
77	铲斗控制阀	铲斗关闭
78	回转控制阀	左回转
79	动臂Ⅱ控制阀	动臂上升
80	斗杆Ⅱ控制阀	斗杆进入
81	右行驶控制阀	反向右行
82	左行驶控制阀	反向左行
83	斗杆Ⅰ控制阀	斗杆进入

5.5.3　动臂液压系统

5.5.3.1　**动臂上升**（高速）

动臂上升（高速）液压示意图如图 5-50 所示。

当引导轮泵（27）和驱动泵（28）同时向动臂油缸（1）的缸盖端供油时，可高速完成动臂上升操作。在高速操作过程中，动臂Ⅰ控制阀（19）运行，同时动臂Ⅱ控制阀（16）运行。当只有驱动泵（28）向动臂油缸（1）的缸盖端供油时，可低速完成动臂上升操作。在低速操作过程中，动臂Ⅰ控制阀（19）单独运行。

驱动泵（28）输送的机油经过主控制阀（11）的平行反馈油道（17），流向动臂Ⅰ控制阀（19）。引导轮泵（27）输送的机油经过主控制阀（11）的平行反馈油道（8），流向动臂Ⅱ控制阀（16）。

当动臂的操纵手柄完全移到动臂上升位置时，先导油从先导控制阀（22）流过先导管路（24）。然后，先导油分流到两条油路。部分先导油经过先导管路（21）流向主控制阀（11）的孔口（7）。其余先导油流向主控制阀的孔口（20）。

先导管路（21）中的部分机油同样经过先导管路（23和25），流向动臂优先减压阀（26）。在动臂上升和斗杆进入组合操作过程中，流向动臂优先减压阀（26）的先导油将使动臂回路优先获得机油流量。这样将使动臂高速上升。

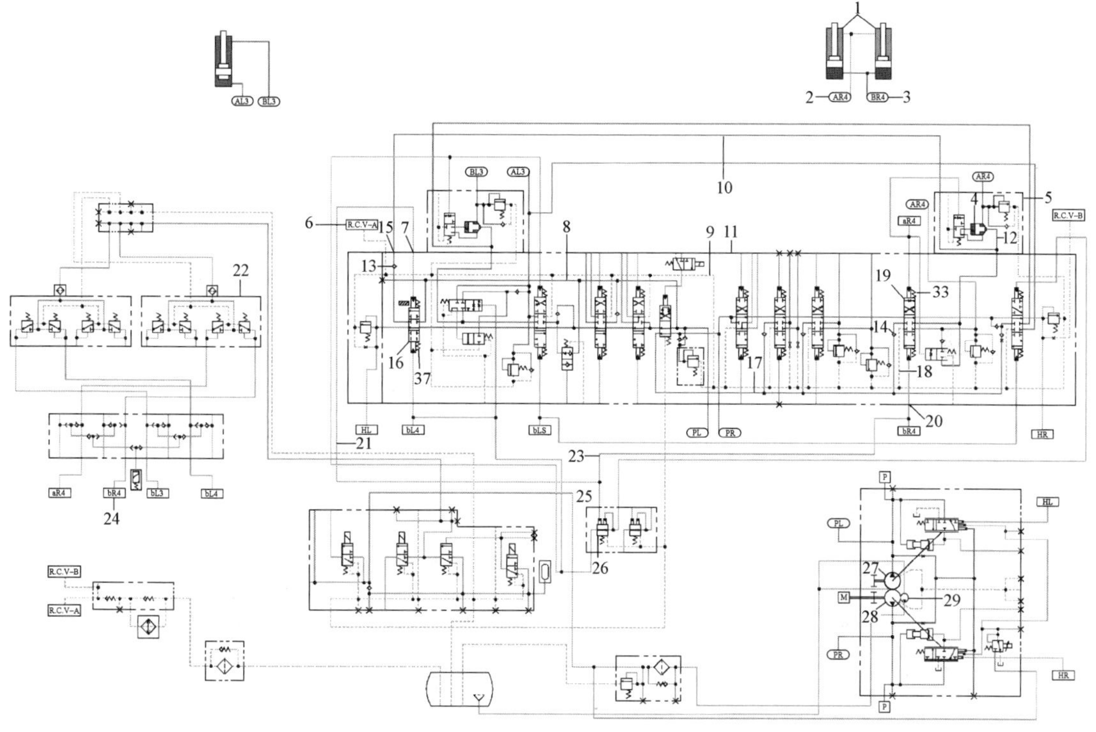

图5-50　动臂上升（高速）液压示意图

1—动臂油缸；2—管路（从动臂油缸连杆端流出的机油流）；3—管路（流向动臂油缸缸盖端的机油流）；4—阀；5—动臂沉降阻尼阀；6—回油管；7—孔口；8—平行反馈油道；9—回油通道；10—管路；11—主控制阀；12—油道；13—单向阀；14—负载单向阀；15—孔口；16—动臂Ⅱ控制阀；17—平行反馈油道；18—回油通道；19—动臂Ⅰ控制阀；20—孔口；21—先导管路；22—先导控制阀（动臂和铲斗）；23—先导管路；24—先导管路；25—先导管路；26—动臂优先减压阀；27—引导轮泵；28—驱动泵；29—先导泵；33—弹簧；37—弹簧

主控制阀室动臂控制阀位置如图5-51所示。动臂沉降阻尼阀安装位置见图5-52。

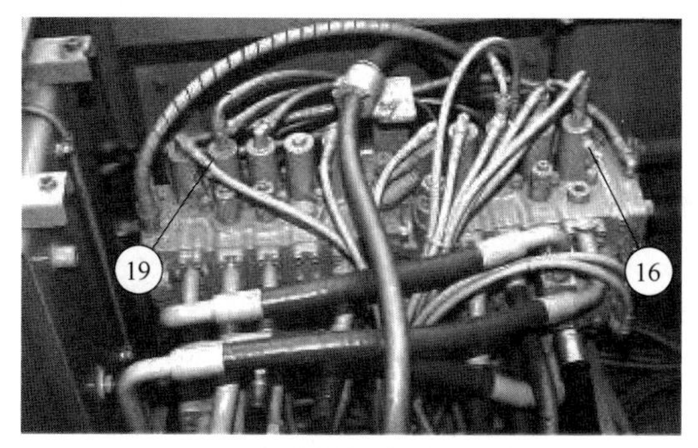

图5-51　主控制阀室动臂控制阀位置

16—动臂Ⅱ控制阀；19—动臂Ⅰ控制阀

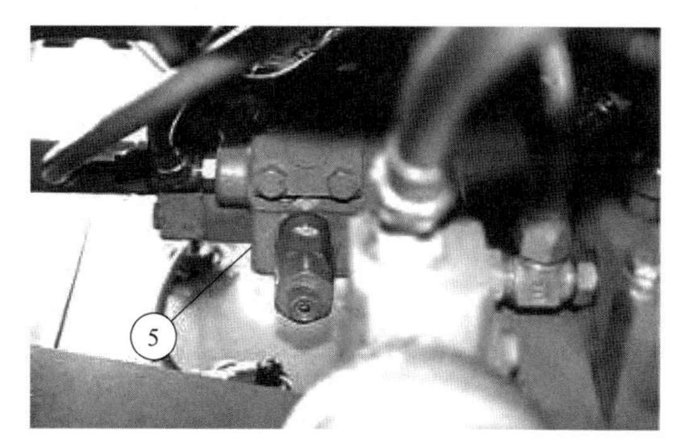

图5-52　动臂沉降阻尼阀（仰视图）

5—动臂沉降阻尼阀

动臂Ⅰ控制阀在动臂上升位置的内部液压流状态如图5-53所示。从孔口（20）流出的先导油顶着弹簧（33）的弹力，移动动臂Ⅰ控制阀的滑阀（35）。驱动泵输送的机油从平行反馈油道（17）中经过负载单向阀（14）、油道（31、34）和孔口（30），流向动臂沉降阻尼阀。驱动泵输送的机油向右移动动臂沉降阻尼阀中的阀（4），然后，驱动泵输送的机油经过管路（3），流向动臂油缸（1）的缸盖端（见图5-50）。

动臂Ⅱ控制阀在动臂上升位置的内部液压流状态如图5-54所示。

动臂Ⅱ控制阀的孔口（7）中的先导油流量顶着弹簧（37）的弹力移动滑阀（38）。现在，引导轮泵输送的机油从平行反馈油道（8）经过油道（36、39）、单向阀（13），流出孔口（15），然后流向管路（10）（图5-50）。引导轮泵输送的机油与驱动泵输送的机油在动臂沉降阻尼阀合流。组合泵机油经过油道（12）和管路（3），流向动臂油缸（1）的缸盖端（图5-50）。

注：回转优先阀不会对动臂Ⅱ控制阀产生影响。

动臂油缸（1）连杆端的回油经过管路（2），流向动臂Ⅰ控制阀（19）。然后，这部分机油经过油道（32）、回油通道（18、9）和回油管（6），流向液压油箱。见图5-50、图5-53。

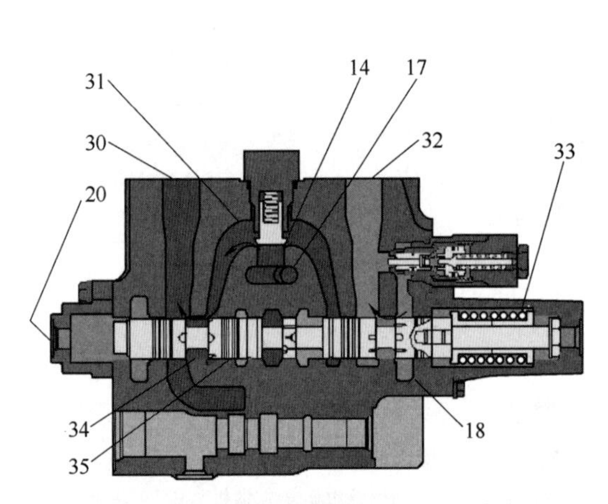

图5-53 动臂Ⅰ控制阀（动臂上升位置）

14—负载单向阀；17—平行反馈油道；18—回油通道；20—孔口；30—孔口；31—油道；32—油道；33—弹簧；34—油道；35—滑阀

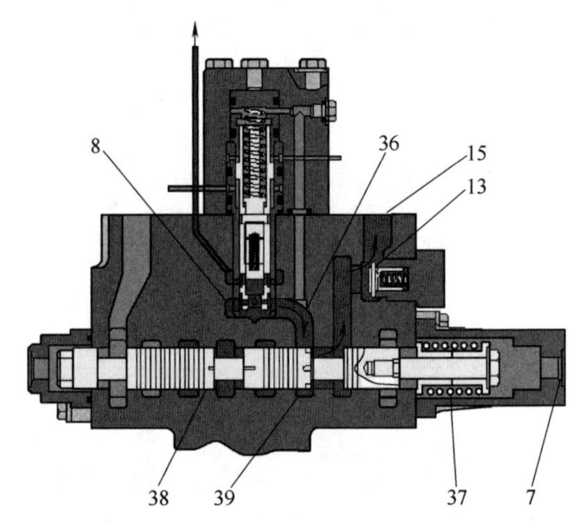

图5-54 动臂Ⅱ控制阀（动臂上升位置）

7—孔口；8—平行反馈油道；13—单向阀；15—孔口；36—油道；37—弹簧；38—滑阀；39—油道

5.5.3.2 动臂上升（低速）

参照图5-50，当动臂操纵手柄移到动臂上升半程以下的位置时，输送至动臂Ⅰ控制阀（19）和动臂Ⅱ控制阀（16）的先导压力过低。

动臂低速上升时，动臂Ⅰ控制阀（19）打开，动臂Ⅱ控制阀（16）仍然关闭。动臂Ⅰ控制阀（19）中弹簧（33）的弹力小于动臂Ⅱ控制阀（16）中弹簧（37）的弹力。由于低先导压力的作用，动臂Ⅰ控制阀（19）将打开，而动臂Ⅱ控制阀（16）仍关闭。

驱动泵（28）输送的机油现在流向动臂油缸（1）的缸盖端。如果引导轮泵（27）未输送机油，动臂上升时油缸连杆的移动速度将会下降。此时执行低速动臂操作。

5.5.3.3 动臂优先

在动臂上升和斗杆进入组合操作过程中，参照图5-55，动臂先导控制阀（22）产生的先导压力启动动臂优先减压阀（26）。在组合液压操作过程中，动臂优先减压阀（26）使机油优先流向动臂油缸（1）的缸盖端。

当斗杆操纵手柄移到斗杆进入位置时，从斗杆先导控制阀（41）流出的先导油中有一部分经过动臂优先减压阀（26），流向斗杆Ⅱ控制阀（40）。在动臂上升操作中，随着动臂操纵手柄移离 NEUTRAL（空挡）位置，动臂先导控制阀（22）产生的先导压力逐渐增大。先导压力逐渐增大，促使动臂优先减压阀（26）的滑阀逐渐移动。

从斗杆先导控制阀（41）流向斗杆Ⅱ控制阀（40）的部分先导油被引导到液压油箱。作用于斗杆Ⅱ控制阀（40）的先导压力降低。斗杆Ⅱ控制阀（40）向 NEUTRAL（空挡）位置移动。从主泵流向斗杆液压回路的机油流量降低。这样将使从主泵流出的机油更多地流向动臂油缸（1）的缸盖端。

由于动臂先导控制阀（22）产生的先导压力直接对应于操纵手柄的移动量或位置，所以动臂优先性逐渐变化。因此，动臂优先功能由动臂操纵手柄的位置控制，在动臂上升操作过程中，当操纵手柄达到特定位置时，动臂优先功能自动启动。

动臂上升和斗杆进入液压示意图如图 5-55 所示。

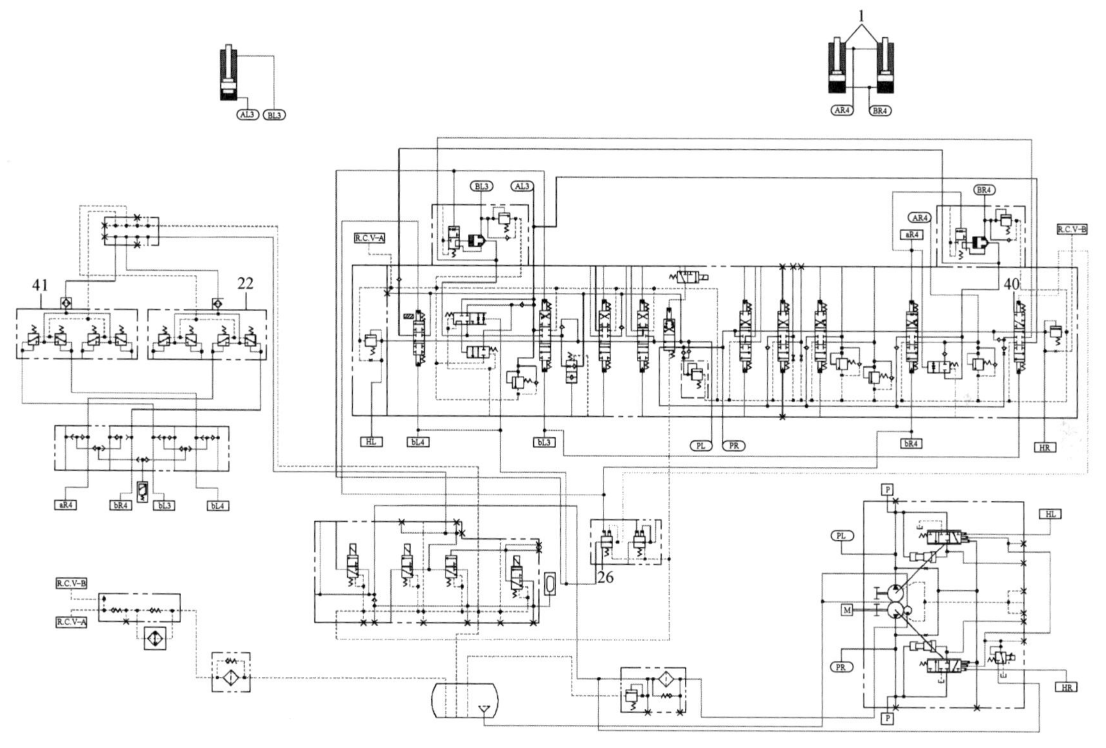

图 5-55　动臂上升和斗杆进入液压示意图

1—动臂油缸；22—先导控制阀（动臂和铲斗）；26—动臂优先减压阀；
40—斗杆Ⅱ控制阀；41—先导控制阀（斗杆和回转）

5.5.3.4　动臂下降

在动臂下降操作过程中，参照图 5-56，只有驱动泵（28）通过动臂Ⅰ控制阀（19）向动臂油缸（1）供油。动臂Ⅰ控制阀（19）单独运行。在动臂下降操作过程中，动臂Ⅱ控制阀（16）不可操作。

动臂下降操作涉及再生回路。当动臂操纵手柄移到动臂下降位置时，动臂Ⅰ控制阀（19）中的节流孔（43）和动臂再生阀（41）在动臂液压回路中可操作。从动臂油缸（1）的缸盖端流出的回油经过动臂再生阀（41），流向动臂油缸连杆端。

当动臂操纵手柄移到动臂下降位置时，从先导控制阀（22）流出的先导油流过先导管路

(52)。然后，先导油分流到三条油路。部分先导油经过孔口（46），流向动臂Ⅰ控制阀（19）。而另一部分先导油经过孔口（42），流向动臂再生阀（41）。其余的先导油流过动臂沉降阻尼阀（5）的先导管路（53）。

由于先导压力促使动臂Ⅰ控制阀（19）的滑阀顶着弹簧（33）的弹力移动，驱动泵输送的机油在流过中位旁通油道（45）时受到节流孔（43）限制。反向流量控制管路（44）中的反向流量控制压力降低。驱动泵由于反向流量控制操作而执行加大冲程运动。

动臂下降液压示意图如图 5-56 所示。

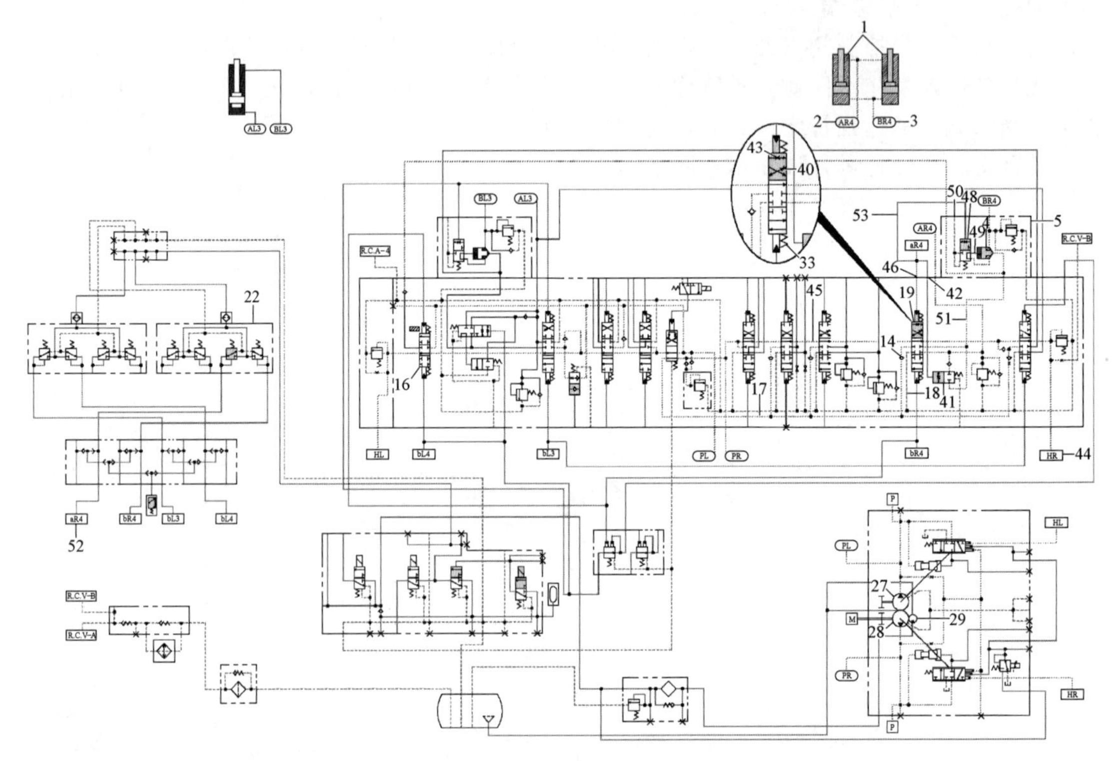

图 5-56 动臂下降液压示意图

1—动臂油缸；2—管路（流向动臂油缸连杆端的机油流）；3—管路（从动臂油缸缸盖端流出的机油流）；4—阀；5—动臂沉降阻尼阀；14—负载单向阀；16—动臂Ⅱ控制阀；17—平行反馈油道；18—回油通道；19—动臂Ⅰ控制阀；22—先导控制阀（动臂和铲斗）；27—引导轮泵；28—驱动泵；29—先导泵；33—弹簧；40—节流孔；41—动臂再生阀；42—孔口；43—节流孔；44—反向流量控制管路；45—中位旁通油道；46—孔口；48—阀；49—油道；50—排油管；51—油道；52—先导管路；53—先导管路

动臂Ⅰ控制阀在动臂下降位置的液压回路如图 5-57 所示。从孔口（46）流出的先导油顶着弹簧（33）的弹力，移动动臂Ⅰ控制阀（19）的滑阀（35）。驱动泵输送的机油从平行反馈油道（17）流过负载单向阀（14）、油道（49）和孔口（32）。然后，驱动泵输送的机油经过管路（2），流向动臂油缸（1）的连杆端。

从动臂油缸（1）缸盖端流出的回油经过管路（3），流进动臂沉降阻尼阀（5）。由于阀（48）在先导管路（53）所产生的先导压力作用下移动，油道（49）向排油管（50）打开。回油压力将阀（4）向右移动。管路（3）中的回油流进油道（51）。

一部分回油流进动臂Ⅰ控制阀（19）的孔口（30）。回油流量受到节流孔（40）限制。油道（51）中的回油压力升高。大部分回油流过动臂再生阀（41）。现在，回油通过管路（2）输送到动臂油缸连杆端。

动臂液压回路包括再生回路。在动臂下降操作过程中，回油可通过此再生回路，从动臂油缸的缸盖端输送到动臂油缸的连杆端。动臂再生阀在动臂下降过程中的液压示意图如图5-58、图5-59所示。

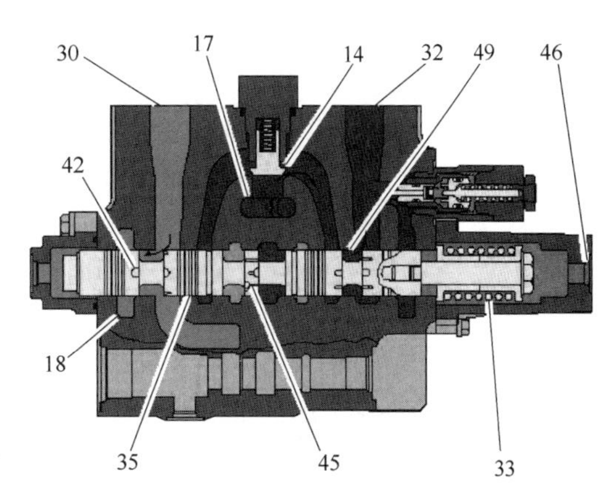

图5-57　动臂Ⅰ控制阀（动臂下降位置）

14—负载单向阀；17—平行反馈油道；18—回油通道；30—孔口；32—孔口；33—弹簧；35—滑阀；42—节流孔；45—节流孔；46—孔口；49—油道

当动臂操纵手柄移到动臂下降位置时，从先导控制阀（动臂和铲斗）流出的先导油流进先导口（42）。动臂再生阀的滑阀（58）向下移动。从动臂油缸的缸盖端流出的回油经过油道（59）和动臂再生阀滑阀上的节流槽，流向单向阀（57）。单向阀（57）打开，回油流过油道（56）。从动臂油缸的缸盖端流出的回油在油道（56）中与驱动泵输送的机油合流。现在，合流的机油流向动臂油缸的连杆端。

只有驱动泵输送的机油用于动臂下降操作。由于动臂再生阀将动臂油缸的缸盖端流出的回油向连杆端输送，因此在动臂下降操作过程中能够更加有效地利用驱动泵输送的机油。

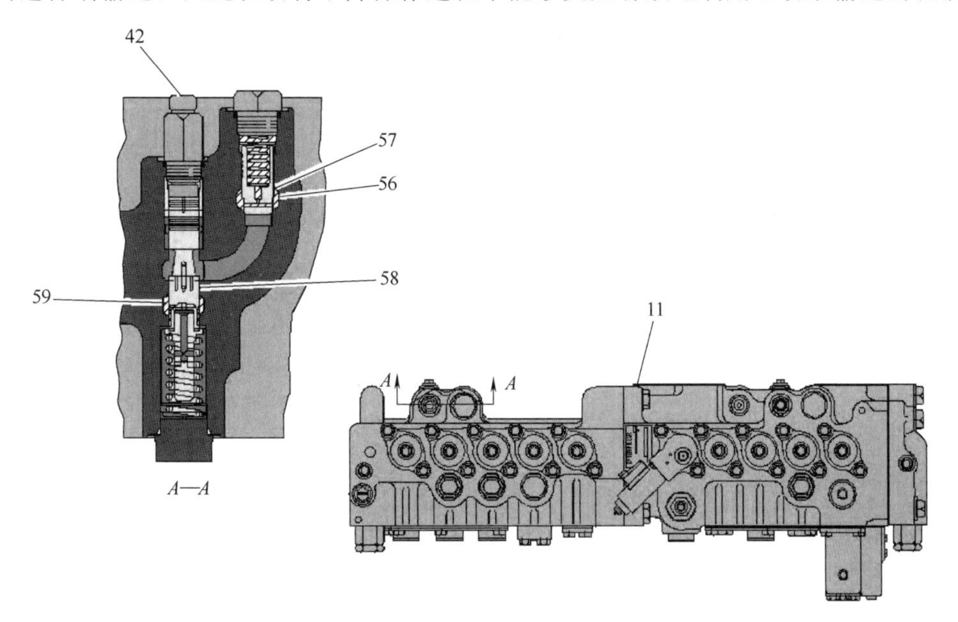

图5-58　动臂再生阀（动臂缓慢下降）

11—主控制阀；42—先导口；56—油道；57—单向阀；58—滑阀（动臂再生阀）；59—油道

5.5.4　斗杆液压系统

5.5.4.1　斗杆伸出

斗杆伸出液压示意图如图5-60所示。

当斗杆液压回路独立于其他液压回路单独工作时，在斗杆进入操作和斗杆伸出操作中均可使用斗杆Ⅰ控制阀（21）和斗杆Ⅱ控制阀（13）。在斗杆Ⅰ控制阀和斗杆Ⅱ控制阀的操作过程中，驱动泵（29）和引导轮泵（28）输送的机油合流。两台泵输送的机油流向斗杆油缸

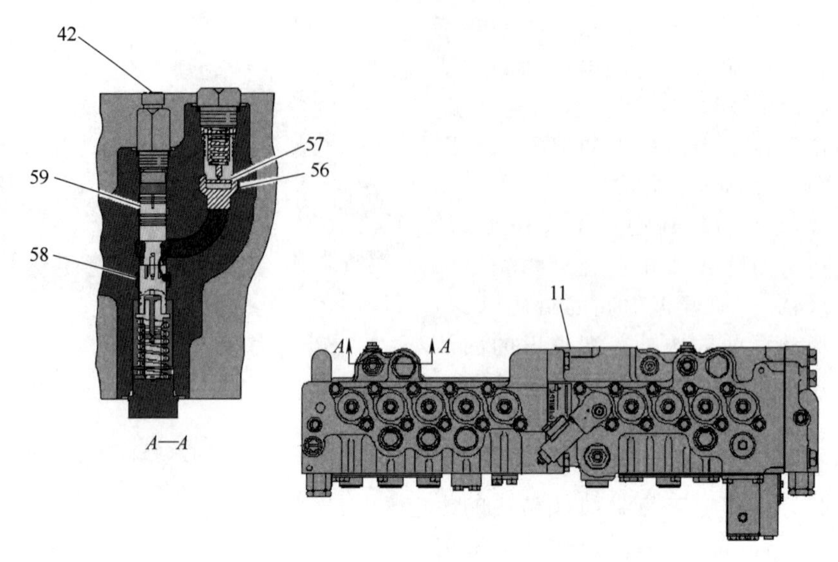

图 5-59 动臂再生阀（动臂快速下降）

11—主控制阀；42—先导口；56—油道；57—单向阀；58—滑阀（动臂再生阀）；59—油道

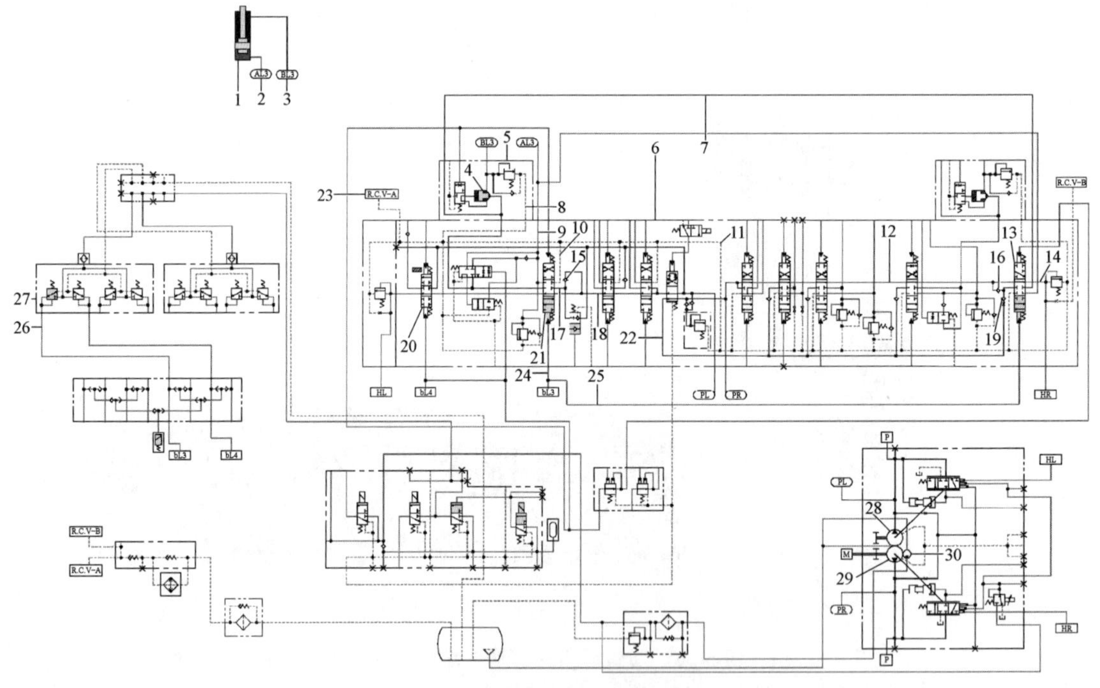

图 5-60 斗杆伸出液压示意图

1—斗杆油缸；2—管路（从斗杆油缸缸盖端流出的机油流）；3—管路（流向斗杆油缸连杆端的机油流）；4—阀；5—斗杆沉降阻尼阀；6—主控制阀；7—管路；8—油道；9—回油通道；10—回油通道；11—回油通道；12—中位旁通油道；13—斗杆Ⅱ控制阀；14—中位旁通油道；15—负载单向阀；16—单向阀；17—油道；18—中位旁通油道；19—单向阀；20—动臂Ⅱ控制阀；21—斗杆Ⅰ控制阀；22—平行反馈油道；23—回油管；24—先导管路；25—先导管路；26—先导管路；27—先导控制阀（斗杆和回转）；28—引导轮泵；29—驱动泵；30—先导泵

（1），以执行斗杆操作。

驱动泵（29）输送的机油经过主控制阀（6）的平行反馈油道（22），流向斗杆Ⅱ控制阀（13）。引导轮泵（28）输送的机油经过主控制阀（6）的中位旁通油道（18），流向斗杆Ⅱ控制阀（13）。

当斗杆操纵手柄移到斗杆伸出位置时，先导油从先导控制阀（27）流过先导管路（26）。然后，先导油分流到两条油路。部分先导油经过先导管路（24），流向主控制阀（6）的斗杆Ⅰ控制阀（21）。其余的先导油经过先导管路（25），流向主控制阀的斗杆Ⅱ控制阀（13）。

先导管路（24）中的先导油移动斗杆Ⅰ控制阀（21）的滑阀。中位旁通油道（18）中由引导轮泵（28）输送的机油流过负载单向阀（15）、油道（17和8）。然后引导轮泵输送的机油流进斗杆沉降阻尼阀（5）。阀（4）向左移动，输送的机油经过管路（3）流向斗杆油缸（1）的连杆端。

先导管路（25）中的先导油移动斗杆Ⅱ控制阀（13）的滑阀。中位旁通油道（12）中由驱动泵（29）输送的机油不能经过斗杆Ⅱ控制阀流向中位旁通油道（14）和回油通道（11）。现在，驱动泵输送的部分机油经过单向阀（16）和斗杆Ⅱ控制阀，流向管路（7）。驱动泵输送的其余机油经过平行反馈油道（22）、单向阀（19）和斗杆Ⅱ控制阀，流向管路（7）。管路（7）中所有由驱动泵输送的机油流向斗杆沉降阻尼阀（5），然后与引导轮泵输送的机油合流。组合泵机油流向斗杆油缸（1）的连杆端。在组合泵机油的作用下，油缸以更快的速度回缩。

斗杆油缸缸盖端的回油经过管路（2）和回油通道（9），流向斗杆Ⅰ控制阀（21）。然后，回油经过回油通道（10）和回油管（23），流向液压油箱。

主控制阀上的斗杆控制阀位置如图5-61所示，斗杆沉降阻尼阀位置如图5-62所示。

图5-61 主控制阀上的斗杆控制阀位置

13—斗杆Ⅱ控制阀；21—斗杆Ⅰ控制阀

图5-62 斗杆沉降阻尼阀位置（仰视图）

5—斗杆沉降阻尼阀

5.5.4.2 斗杆收回

斗杆进入液压示意图如图5-63、图5-64所示。

斗杆进入操作涉及再生回路。当斗杆操纵手柄移到斗杆进入位置时，斗杆再生阀（31）和斗杆卸载阀（32）在斗杆液压回路中可操作。斗杆油缸（1）连杆端的回油流向斗杆油缸的缸盖端。通过再生回路，能够更加有效地利用斗杆油缸的回油。这样，在斗杆进入操作中，驱动泵和引导轮泵输送的机油能够用于执行其他机具功能。

当斗杆操纵手柄移到斗杆进入位置时，从先导控制阀（27）流出的先导油流过先导管路（33）。然后，先导油分流到若干条油路。部分先导油经过先导管路（34、35和36），流向斗杆Ⅰ控制阀（21）。先导管路（36）中的先导油还将流过斗杆沉降阻尼阀（5）的油道（37）。部分先导油经过先导管路（38），流向斗杆再生阀（31）。其余的先导油经过先导管路（39）、动臂优先减压阀（40）和先导管路（41），流向斗杆Ⅱ控制阀（13）。

由于先导压力推动斗杆Ⅰ控制阀（21）的滑阀向下移动，因此引导轮泵输送的机油经过中位旁通油道（18）、负载单向阀（15）、斗杆Ⅰ控制阀（21）和油道（9），流向管路（2）。

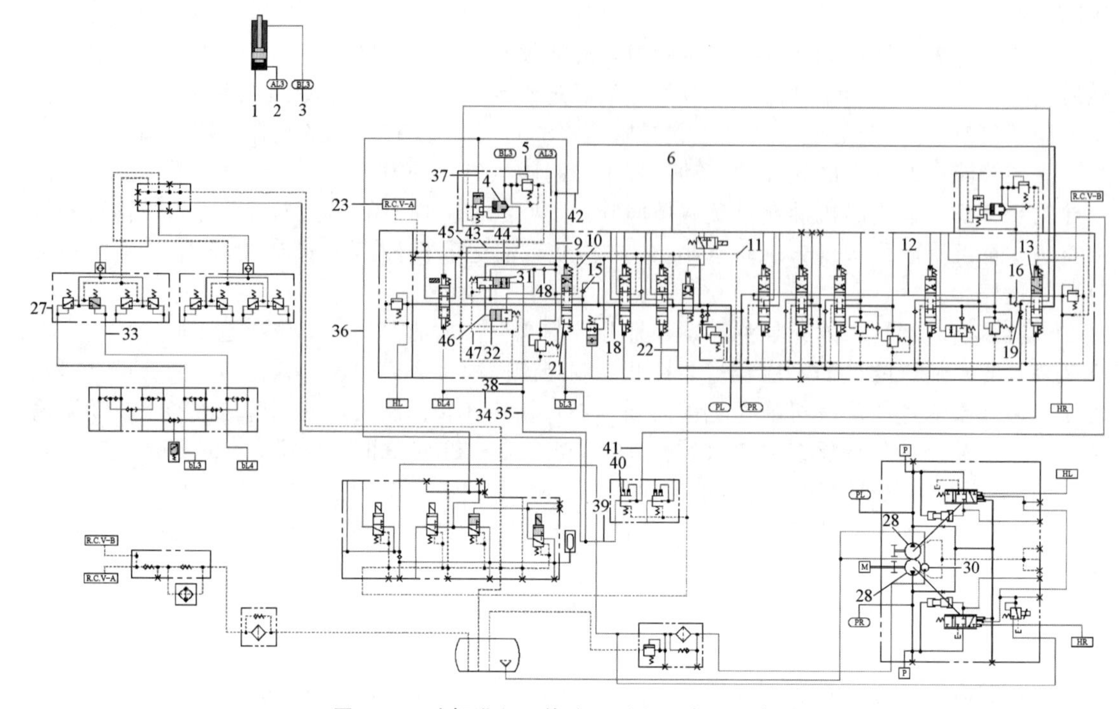

图 5-63　斗杆进入（快速、再生）液压示意图

1—斗杆油缸；2—管路（流向斗杆油缸缸盖端的机油流）；3—管路（从斗杆油缸连杆端流出的机油流）；4—阀；5—斗杆沉降阻尼阀；6—主控制阀；9—油道；10—回油通道；11—回油通道；12—中位旁通油道；13—斗杆Ⅱ控制阀；15—负载单向阀；16—单向阀；18—中位旁通油道；19—单向阀；21—斗杆Ⅰ控制阀；22—平行反馈油道；23—回油管；27—先导控制阀（斗杆和回转）；28—引导轮泵；29—驱动泵；30—先导泵；31—斗杆再生阀；32—斗杆卸载阀；33—先导管路；34—先导管路；35—先导管路；36—先导管路；37—油道；38—先导管路；39—先导管路；40—动臂优先减压阀；41—先导管路；42—管路；43—油道；44—油道；45—油道；46—油道；47—油道；48—单向阀

在先导管路（41）中的先导压力作用下，斗杆Ⅱ控制阀（13）中的滑阀向下移动。驱动泵输送的部分机油从中位旁通油道（12）经过单向阀（16）和斗杆Ⅱ控制阀（13），流向管路（42）。驱动泵输送的其余机油经过平行反馈油道（22）、单向阀（19）和斗杆Ⅱ控制阀（13），流向管路（42）。管路（42）中所有由驱动泵输送的机油流向管路（2），然后与引导轮泵输送的机油合流。组合泵机油流向斗杆油缸（1）的缸盖端。

斗杆油缸连杆端的回油经过管路（3）流向斗杆沉降阻尼阀（5）。斗杆沉降阻尼阀中的阀（4）向左移动，回油流进油道（43）。油道（43）中的部分回油经过斗杆Ⅰ控制阀（21）、回油通道（10）和回油管（23），流向液压油箱。其余回油经过再生回路流向斗杆油缸的缸盖端。

当斗杆操纵手柄缓慢移动时，先导压力不会移动斗杆Ⅱ控制阀（13）。先导压力不移动斗杆再生阀（31）。

斗杆液压回路包括再生回路。在斗杆进入操作过程中，回油可通过此再生回路，从斗杆油缸的连杆端输送到斗杆油缸的缸盖端。

当斗杆操纵手柄移到斗杆进入位置时，从先导控制阀（斗杆和回转）流出的先导油流过先导管路（38）。斗杆再生阀（31）向下移动。斗杆油缸连杆端的回油流过油道（43），然后经过阀（31）上的节流槽流向单向阀（48）。单向阀（48）打开，回油流过油道（9）。油道（9）中的斗杆油缸连杆端回油与驱动泵和引导轮泵输送的机油合流。现在，合流后的机油流进斗杆油缸的缸盖端。

斗杆再生阀内部结构及工作状态如图 5-65 所示。

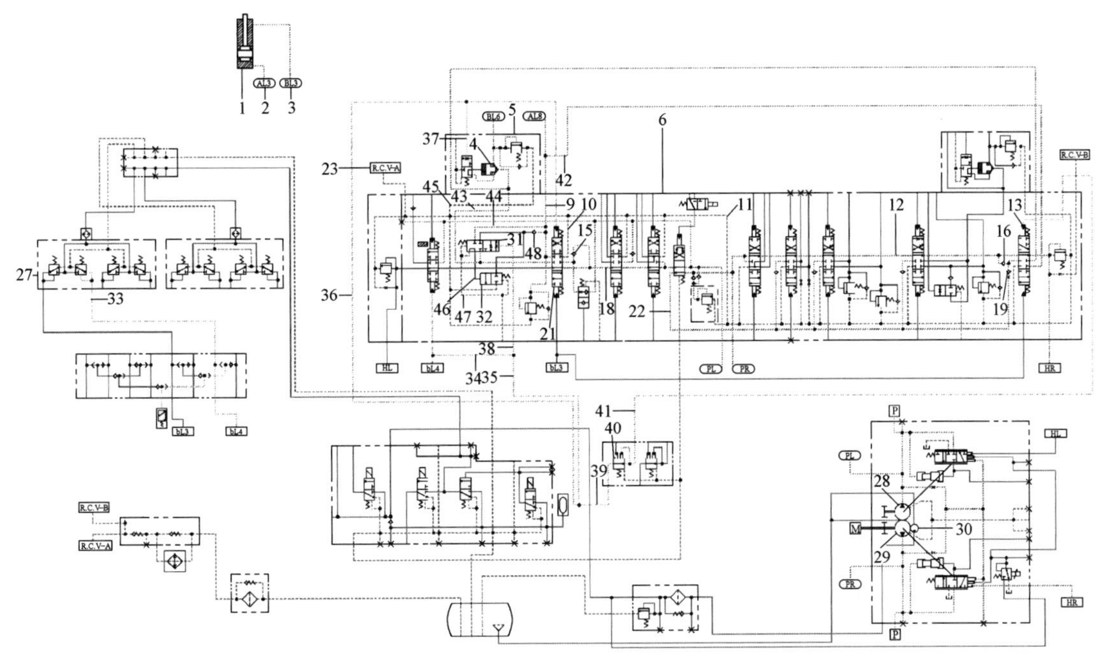

图 5-64 斗杆进入（缓慢、无再生）液压示意图

1—斗杆油缸；2—管路（流向斗杆油缸缸盖端的机油流）；3—管路（从斗杆油缸连杆端流出的机油流）；4—阀；5—斗杆沉降阻尼阀；6—主控制阀；9—油道；10—回油通道；11—回油通道；12—中位旁通油道；13—斗杆Ⅱ控制阀；15—负载单向阀；16—单向阀；18—中位旁通油道；19—单向阀；21—斗杆Ⅰ控制阀；22—平行反馈油道；23—回油管；27—先导控制阀（斗杆和回转）；28—引导轮泵；29—驱动泵；30—先导泵；31—斗杆再生阀；32—斗杆卸载阀；33—先导管路；34—先导管路；35—先导管路；36—先导管路；37—油道；38—先导管路；39—先导管路；40—动臂优先减压阀；41—先导管路；42—管路；43—油道；44—油道；45—油道；46—油道；47—油道；48—单向阀

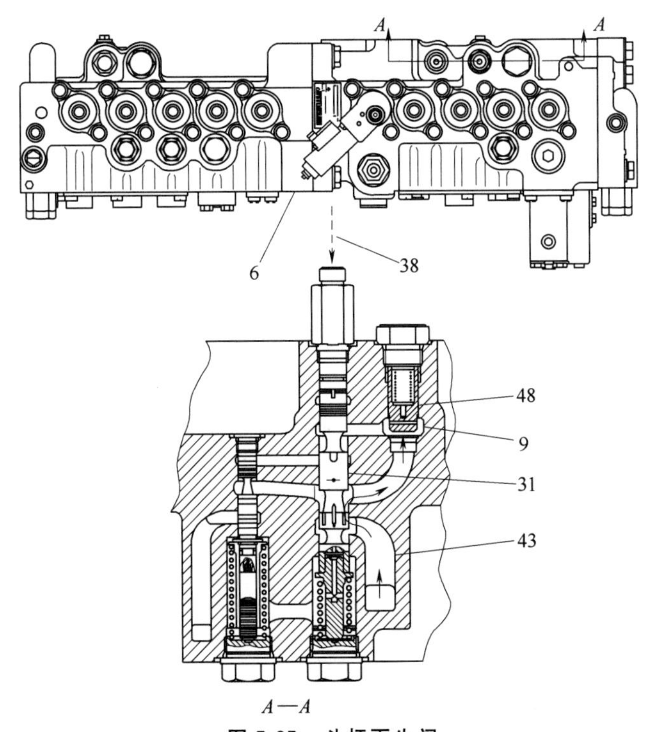

图 5-65 斗杆再生阀

6—主控制阀；9—油道；31—斗杆再生阀；38—先导管路；43—油道；48—单向阀

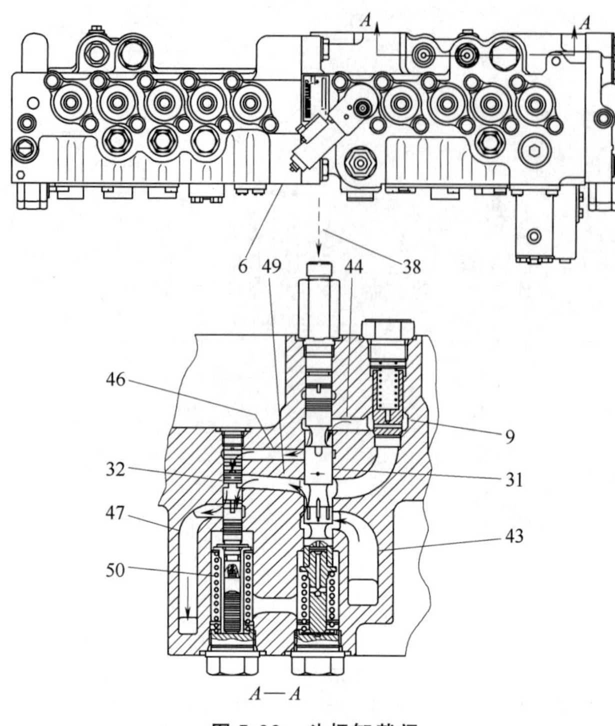

图 5-66　斗杆卸载阀

6—主控制阀；9—油道；31—斗杆再生阀；32—斗杆卸载阀；38—先导管路；43—油道；44—油道；46—油道；47—油道；49—油道；50—弹簧

在斗杆进入操作过程中，斗杆卸载阀（32）与斗杆再生阀（31）共同作用，以释放斗杆油缸缸盖端的高压。

斗杆卸载阀内部结构与工作状态如图 5-66 所示。

由于在斗杆进入操作的再生循环中机油被压入斗杆油缸缸盖端，因此斗杆油缸缸盖端的压力升高。高压机油流过油道（9）和油道（44）。现在，高压机油作用于斗杆卸载阀（32）末端。当高压机油的压力超过弹簧（50）的弹力时，斗杆卸载阀向下移动。油道（43）中的斗杆油缸连杆端回油流过斗杆再生阀（31）上的节流槽，依次经过油道（49）、斗杆卸载阀（32）和油道（47），然后流进液压油箱的回油回路。斗杆油缸连杆端的回油迅速卸下负载。此时，斗杆油缸的再生回路不可操作。

当斗杆油缸缸盖端的机油压力降低时，作用于斗杆卸载阀（32）的机油压力也将降低。弹簧（50）的弹力推动斗杆卸载阀向上移动。斗杆油缸连杆端的回油流向斗杆油缸的缸盖端。再生回路恢复可操作性。

5.5.5　铲斗液压系统

铲斗液压系统回路如图 5-67 所示。

驱动泵（21）输送的机油经过主控制阀（5）的中位旁通油道（8），流向铲斗控制阀（9）。引导轮泵（22）输送的机油流过主控制阀（5）的中位旁通油道（7）。

当液压锁止操纵杆处于 UNLOCKED（解锁）位置时，先导泵（23）输送的机油经过先导歧管（20），流向先导控制阀（15）。当铲斗操纵手柄移到铲斗关闭位置时，先导油经过先导控制阀（15）和先导管路（1），流向铲斗控制阀（9）。在先导压力的作用下，铲斗控制阀的滑阀顶着弹簧（13）的弹力移动。铲斗控制阀滑阀另一端的先导油经过先导管路（18）和先导控制阀（15），流向液压油箱。

由于铲斗控制阀中的滑阀已完全移动，中位旁通油道（8）被阻断。驱动泵输送的机油不会流向反向流量控制节流孔（14），因此中位旁通油道（8）中不会产生反向流量控制压力。由于没有反向流量控制压力通过反向流量控制管路（19）传递到驱动泵调节器，因此驱动泵调节器将驱动泵的旋转斜盘移向角度最大的位置。驱动泵的输出流速升高，并经过平行反馈油道（16）、负载单向阀（12）、铲斗控制阀（9）和管路（3）流向铲斗油缸（4）的缸盖端。

由于向铲斗液压回路输送的机油仅由驱动泵供应，因此中位旁通油道（7）中的反向流量控制压力很高。引导轮泵（22）仍然保持在减少冲程位置。

铲斗油缸连杆端的回油经过管路（2）、铲斗控制阀（9）中的节流孔（11）、回油通道（17）和回油管（6），流向液压油箱。节流孔（11）限制铲斗油缸连杆端的回油流量。

铲斗打开操作与铲斗关闭操作相似。

当铲斗操纵手柄移到铲斗打开位置时，从先导控制阀（15）流出的先导油经过先导管路（18），流向铲斗控制阀。铲斗控制阀的滑阀顶着弹簧（10）的弹力移动。现在，驱动泵输送的机油流向铲斗油缸的连杆端。

当铲斗操纵手柄处于 NEUTRAL（空挡）位置时，弹簧（10 和 13）将铲斗控制阀的滑阀保持在 NEUTRAL（空挡）位置。从铲斗油缸的缸盖端和连杆端流出的机油被阻断。

向铲斗液压回路输送的机油仅由驱动泵（21）供应。

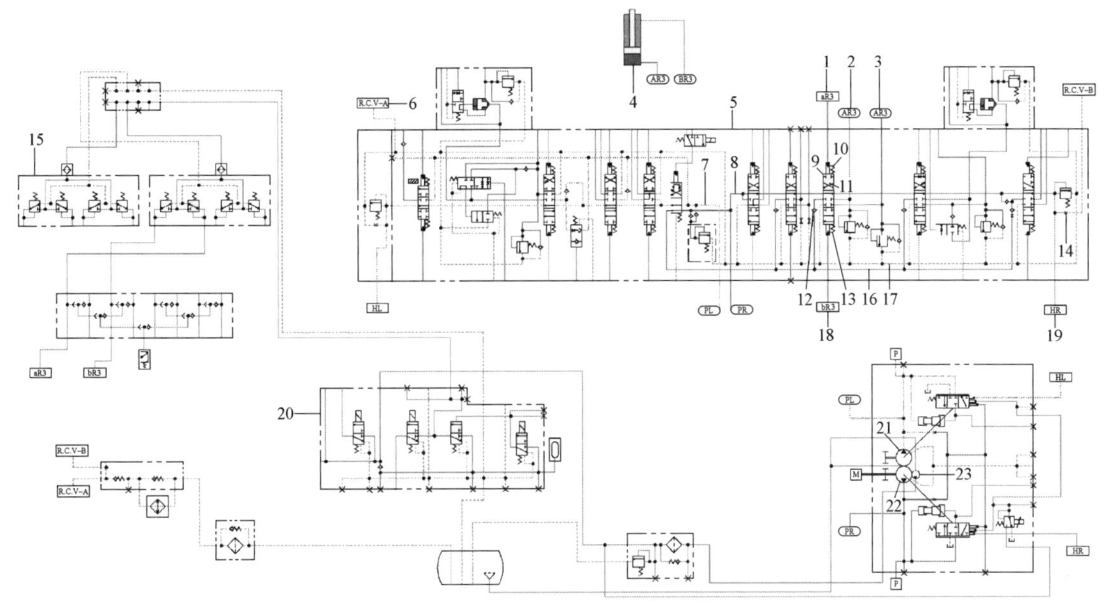

图 5-67　铲斗液压系统回路图

1—先导管路；2—管路；3—管路；4—铲斗油缸；5—主控制阀；6—回油管；7—中位旁通油道；8—中位旁通油道；9—铲斗控制阀；10—弹簧；11—节流孔；12—负载单向阀；13—弹簧；14—反向流量控制节流孔；15—先导控制阀（动臂和铲斗）；16—平行反馈油道；17—回油通道；18—先导管路；19—反向流量控制管路；20—先导歧管；21—驱动泵；22—引导轮泵；23—先导泵

铲斗控制阀安装位置如图 5-68 所示。

5.5.6　回转液压系统

5.5.6.1　左右回转

右回转液压示意图如图 5-69 所示。

引导轮泵（28）输送的机油经过主控制阀（14）的中位旁通油道（52），流向回转控制阀（18）。驱动泵（29）输送的机油流过主控制阀（14）的中位旁通油道（53）。

图 5-68　铲斗控制阀安装位置

9—铲斗控制阀

当液压启动操纵杆处于 UNLOCKED（解锁）位置时，先导泵（30）输送的机油流向先导歧管（35）和回转停车制动器电磁阀（31）。先导泵输送的机油还流向先导控制阀（23）。

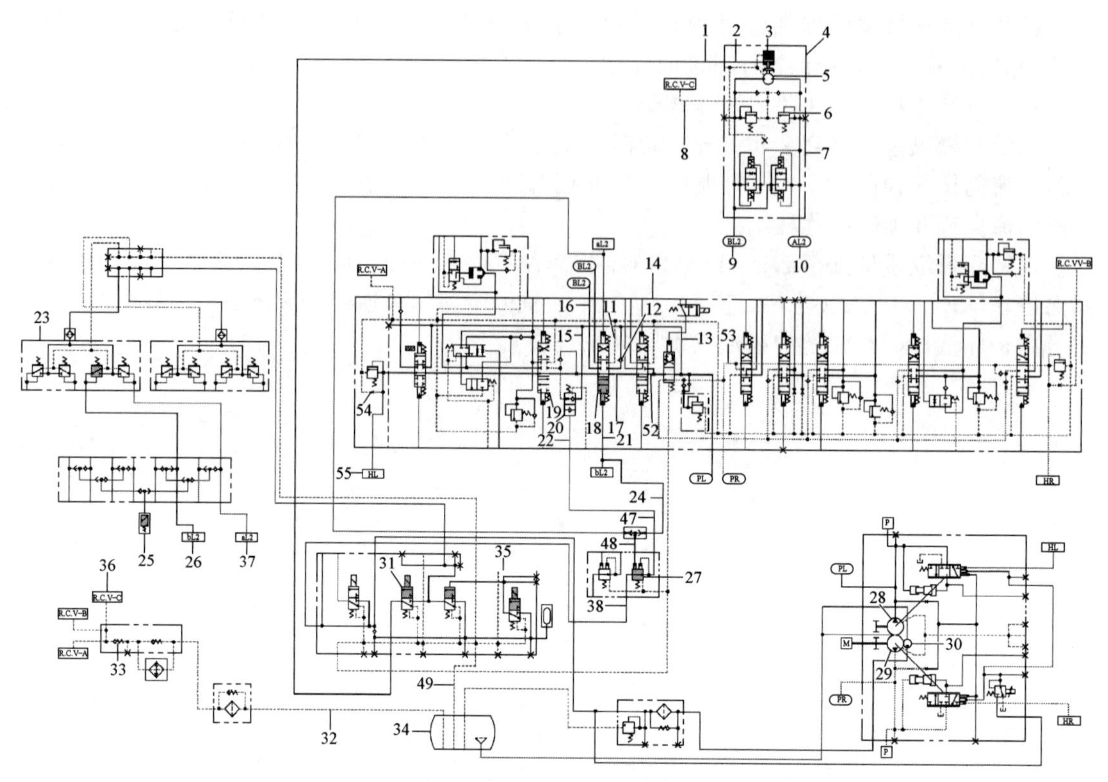

图 5-69　右回转液压示意图

1—先导管路；2—油道；3—回转停车制动器；4—回转马达；5—马达旋转总成；6—安全阀；7—反作用阀；8—回油管；9—管路；10—管路；11—油道；12—负载单向阀；13—平行反馈油道；14—主控制阀；15—平行反馈油道；16—油道；17—油道；18—回转控制阀；19—斗杆Ⅰ控制阀；20—可变回转优先阀；21—油道；22—油道；23—先导控制阀（回转和斗杆）；24—先导管路；25—机具/回转压力开关；26—管路；27—回转优先减压阀；28—引导轮泵；29—驱动泵；30—先导泵；31—电磁阀（回转停车制动器）；32—管路；33—低速回油单向阀；34—液压油箱；35—先导歧管；36—排油管；37—先导管路；38—先导管路；47—管路；48—油道；49—管路；52—中位旁通油道；53—中位旁通油道；54—反向流量控制节流孔；55—反向流量控制管路

当回转操纵手柄移到右回转位置时，机具/回转压力开关感应到先导压力升高。机具/回转压力开关切换到 ON（接通）位置。然后，机具/回转压力开关向机器 ECM 发送输入信号。接下来，机器 ECM 接通回转停车制动器电磁阀（31）。回转停车制动器电磁阀移动。先导油经过先导管路（1）流向回转停车制动器（3）。回转停车制动器释放以执行回转操作。

先导泵（30）输送的机油从先导控制阀（23）流过管路（26），然后流进回转控制阀（18）。回转控制阀（18）的滑阀向上移动。回转控制阀滑阀另一端的先导油经过先导管路（37）和先导控制阀（23），流向液压油箱（34）。

由于回转控制阀（18）的滑阀已完全移动，中位旁通油道（52）被阻断。引导轮泵输送的机油不会流向反向流量控制节流孔（54），因此中位旁通油道（52）中不会产生反向流量控制压力。由于没有反向流量控制压力通过反向流量控制管路（55）传递到引导轮泵调节器，因此引导轮泵调节器将引导轮泵的旋转斜盘移向角度最大的位置。引导轮泵的输出流速升高。引导轮泵输送的机油经过平行反馈油道（13）、负载单向阀（12）、油道（17）、回转控制阀（18）、油道（16）和管路（9），流向回转马达。机油流进回转马达，然后流向马达旋转总成（5）。马达旋转总成旋转。

向回转液压回路输送的机油仅由引导轮泵供应。由于仅执行回转操作，驱动泵（29）输送的机油所流向的控制阀均处于 NEUTRAL（空挡）位置。中位旁通油道（53）中的反向流量控制压力未被任何控制阀阻断。驱动泵（29）仍然保持在减少冲程位置。

马达旋转总成（5）的回油经过管路（10）流向主控制阀。回油经过回转控制阀（18）、油道（11）、回油管（8）和低速回油单向阀（33），流向液压油箱（34）。上部结构向右回转（顺时针方向）。

左回转操作与右回转操作相似。

当回转操纵手柄移到左回转位置时，从先导控制阀（23）流出的先导油流过先导管路（37），流进回转控制阀（18）。回转控制阀的滑阀向下移动。平行反馈油道（13）中由引导轮泵输送的机油流过油道（17）和管路（10）。输送的机油流进马达旋转总成（5）。对于左回转操作，供油口和回油口与右回转操作相反。这样，上部结构将向左回转（逆时针方向）。

当回转操纵手柄调回 NEUTRAL（空挡）位置时，回转控制阀每端的弹簧使回转控制阀的滑阀保持在 NEUTRAL（空挡）位置。流向回转马达的机油流和从回转马达流出的机油流被回转控制阀阻断。

向回转液压回路输送的机油仅由引导轮泵（28）供应。当任一操纵手柄移离 NEUTRAL（空挡）位置时，回转停车制动器（3）将被释放。回转马达安装在回转驱动上部。而回转驱动安装在上部结构上。回转驱动分两级降低马达转速。此外，回转驱动带动上部结构旋转。

带精细回转电磁阀的回转马达液压回路如图 5-70 所示。

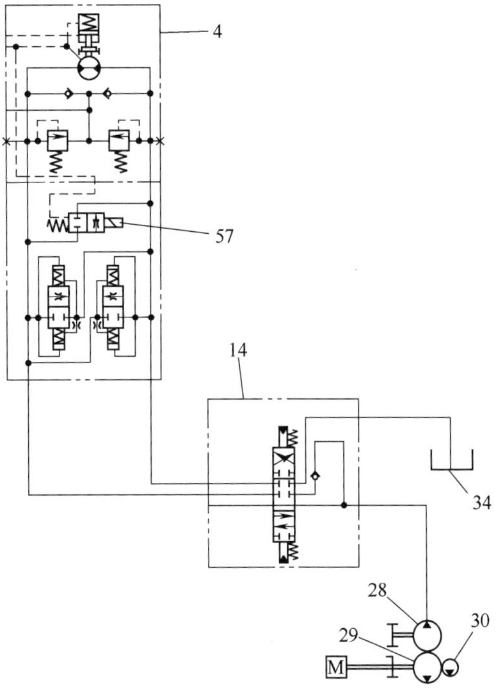

图 5-70 带精细回转电磁阀的回转马达（如有配备）液压回路

4—回转马达；14—主控制阀；28—引导轮泵；29—驱动泵；30—先导泵；34—液压油箱；57—精细回转电磁阀

回转液压系统管路分布如图 5-71、图 5-72 所示。

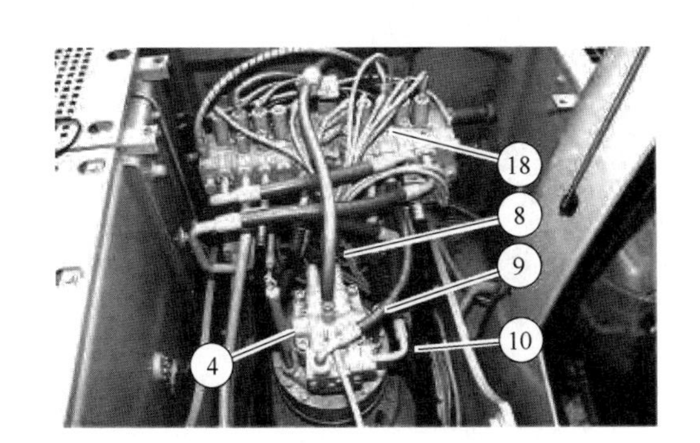

图 5-71 回转液压系统管路分布一

4—回转马达；8—回油管；9—管路；10—管路；18—回转控制阀

图 5-72 回转液压系统管路分布二

31—电磁阀（回转停车制动器）；35—先导歧管

5.5.6.2 回转优先

先导控制阀传递的先导压力与操纵手柄的移动量或位置直接对应。先导控制阀传递的先导压力作用于回转优先减压阀和可变回转优先阀。随着回转操纵手柄逐渐移离 NEUTRAL（空挡）位置，先导压力升高。由于先导压力逐渐升高，回转优先性也逐渐变化。因此，回转优先由回转操纵手柄的位置控制，当操纵手柄到达特定位置时，将自动启动回转优先功能。

启动回转优先后，引导轮泵将通过输出流量向回转液压回路供应液压油。由于回转优先可提高回转加速度，因此回转优先对于负载操作非常有用。当需要更大的回转力时，回转优先对平整操作和挖沟操作也非常有用。

斗杆Ⅰ控制阀内部液压示意图如图 5-73 所示。

当回转操纵手柄处于 NEUTRAL（空挡）位置时，没有先导压力作用于回转优先减压阀（27）的滑阀（40）。先导压力通过先导管路（38）、回转优先减压阀（27）、管路（47）和油道（22），全部传递到可变回转优先阀（20）。可变回转优先阀的滑阀（43）顶着弹簧（41）的弹力向上移动。平行反馈油道（15）中由引导轮泵输送的机油流过平行反馈油道（15）和可变回转优先阀（20）。输送的机油流进斗杆Ⅰ控制阀。

当回转操纵手柄稍微移离 NEUTRAL（空挡）位置以执行右回转操作时，先导控制阀中降低的先导压力传递到管路（26）（图 5-69）。然后，先导油流分流到两条油路。部分先导油经过油道（21）流向回转控制阀（18）（图 5-69）。回转控制阀的滑阀稍微移动，移动量与回转操纵手柄的移动量对应。其余的先导油流过先导管路（24）和油道（48）。先导压力作用于回转优先减压阀（27）的滑阀（40）的台肩部位。滑阀（40）顶着弹簧（50）的弹力移动。

油道（22）中的先导压力虽然降低，但仍高于弹簧（41）的弹力，因此可变回转优先阀（20）的滑阀（43）仍然保持在向上移动的位置。引导轮泵向斗杆Ⅰ控制阀输送的机油未受到限制。回转优先功能未启动。

右回转操作［回转优先 OFF（断开）］液压示意图如图 5-74 所示。

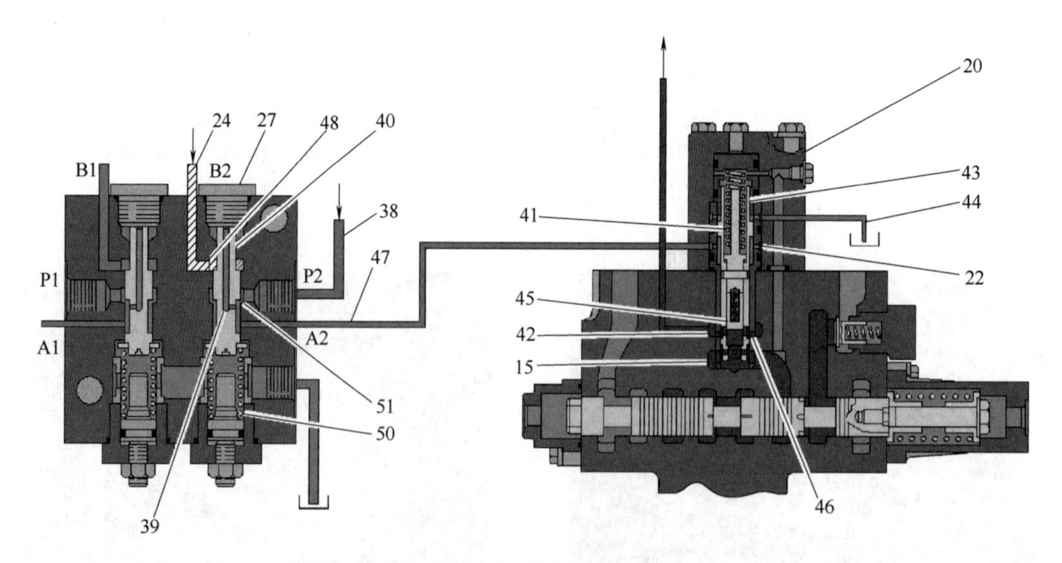

图 5-73 斗杆Ⅰ控制阀［回转优先 OFF（断开）］

15—平行反馈油道；20—可变回转优先阀；22—油道；24—先导管路（回转先导压力）；27—回转优先减压阀；38—先导管路（先导系统压力）；39—销孔；40—滑阀；41—弹簧；42—油道（斗杆Ⅰ）；43—滑阀；44—排油管；45—单向阀；46—节流孔；47—管路；48—油道；50—弹簧；51—油道

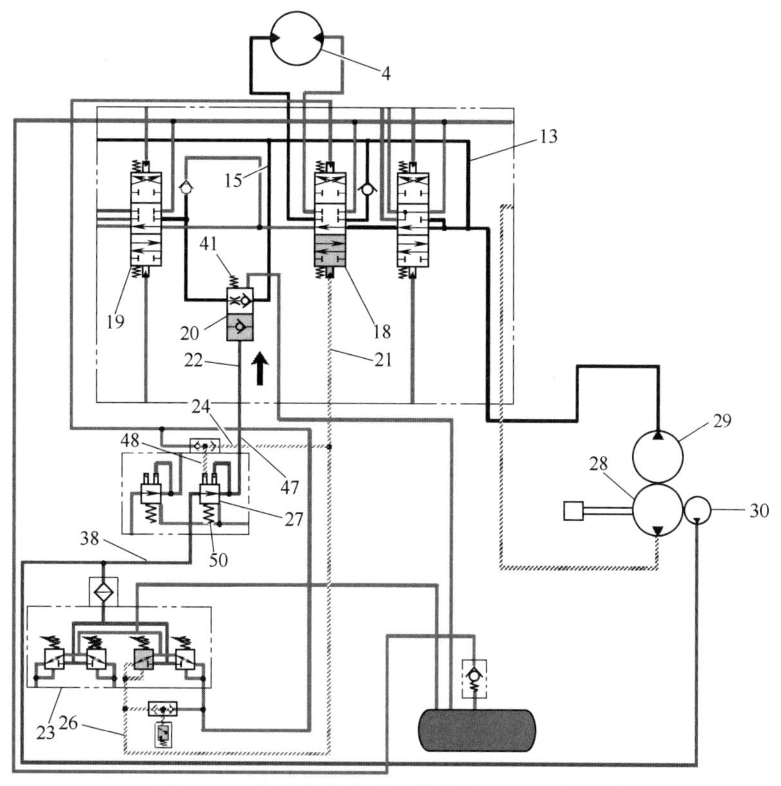

图 5-74　右回转操作［回转优先 OFF（断开）］

4—回转马达；13—平行反馈油道；15—平行反馈油道；18—回转控制阀；19—斗杆Ⅰ控制阀；20—可变回转优先阀；21—油道；22—油道；23—先导控制阀（回转和斗杆）；24—先导管路；26—管路；27—回转优先减压阀；28—引导轮泵；29—驱动泵；30—先导泵；38——先导管路；41—弹簧；47—管路；48—油道；50—弹簧

斗杆Ⅰ控制阀［回转优先 ON（接通）］内部液压示意图如图 5-75 所示。

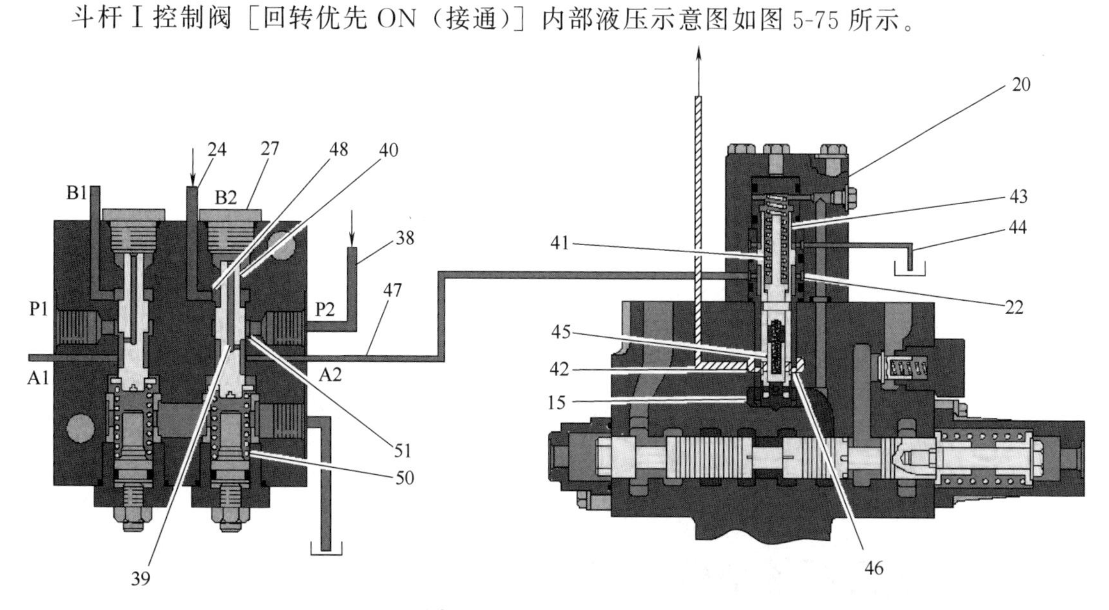

图 5-75　斗杆Ⅰ控制阀［回转优先 ON（接通）］

15—平行反馈油道；20—可变回转优先阀；22—油道；24—先导管路（回转先导压力）；27—回转优先减压阀；38—先导管路（先导系统压力）；39—销孔；40—滑阀；41—弹簧；42—油道（斗杆Ⅰ）；43—滑阀；44—排油管；45—单向阀；46—节流孔；47—管路；48—油道；50—弹簧；51—油道

右回转操作［回转优先 ON（接通）］示意图如图 5-76 所示。

在右回转操作过程中，当回转操纵手柄移到 FULL STROKE（全程）位置时，油道（21）中的先导压力升高。回转控制阀（18）的滑阀完全向上移动。先导管路（24）和油道（48）中的先导压力也将升高。回转优先减压阀（27）的滑阀顶着弹簧（50）的弹力完全移动。

油道（51）限制从先导管路（38）流过回转优先减压阀（27）的先导油流量（图 5-75）。管路（47）和油道（22）中的先导压力也将降低。可变回转优先阀（20）的滑阀被弹簧（41）的弹力向下推动。

平行反馈油道（15）中由引导轮泵（28）输送的机油受到单向阀（45）的节流孔（46）限制。引导轮泵输送的部分机油流进油道（42）（图 5-75）。现在，回转优先功能已启动。引导轮泵输送的大部分机油专门用于回转系统，这部分机油经过回转控制阀流向回转马达。最终，可通过回转操纵手柄实现回转优先，并获得更大的回转力。

油道（51）中的部分先导油经过先导管路（38）流向滑阀（40）（图 5-75）。通过油道（22）传递到可变回转优先阀（20）的先导压力与回转操纵手柄的位置相对应。

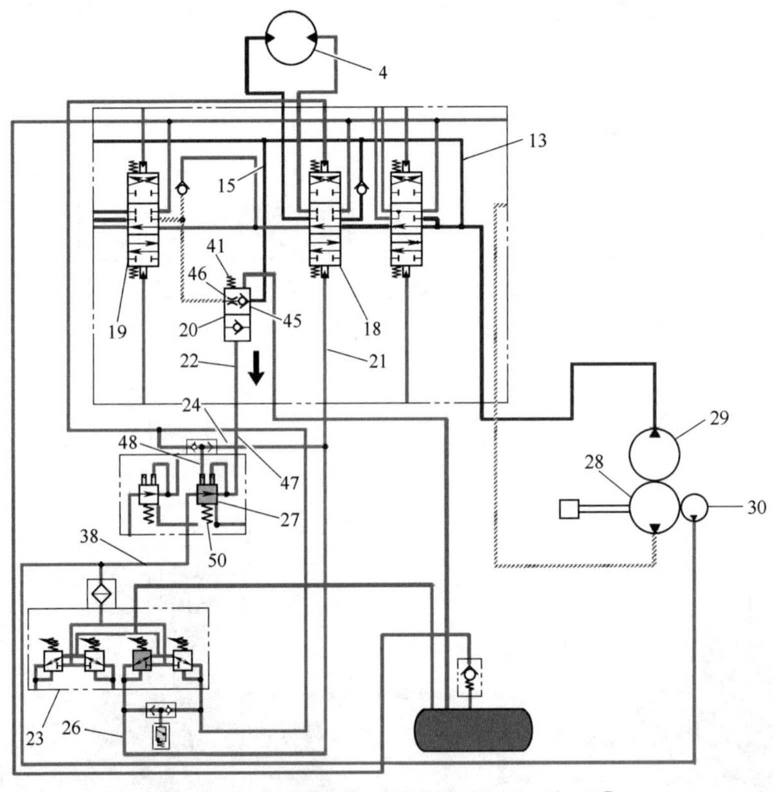

图 5-76　右回转操作［回转优先 ON（接通）］

4—回转马达；13—平行反馈油道；15—平行反馈油道；18—回转控制阀；19—斗杆Ⅰ控制阀；20—可变回转优先阀；21—油道；22—油道；23—先导控制阀（回转和斗杆）；24—先导管路；26—管路；27—回转优先减压阀；28—引导轮泵；29—驱动泵；30—先导泵；38—先导管路；41—弹簧；45—单向阀；46—节流孔；47—管路；48—油道；50—弹簧

第 6 节　液压系统部件拆装

5.6.1　液压系统压力释放

以卡特 320D 挖掘机为例，执行任何维修前，释放所有液压回路内的液压力。

① 将机器停放在水平地面上。

② 将斗杆油缸连杆完全收回。调整铲斗的位置，使铲斗与地面平行。降下动臂，直至铲斗水平落在地面上，如图 5-77 所示。

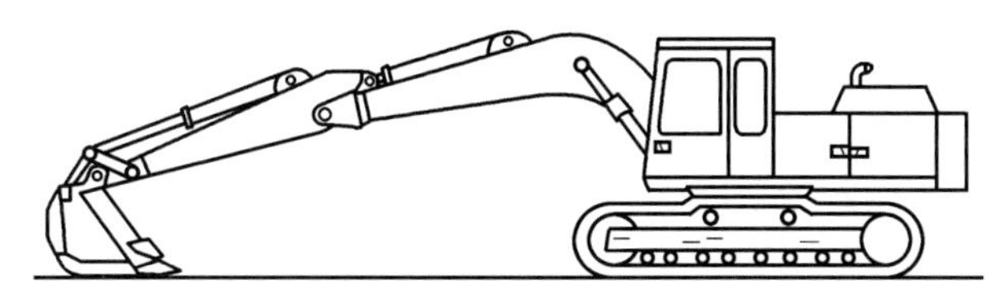

图 5-77　挖掘机维修位置

③ 关闭发动机。

④ 将发动机启动开关转到接通位置，但不启动发动机。

⑤ 将左侧控制台向下推到锁定位置。

⑥ 仅将需要维修的液压回路的操纵手柄或踏板移到全程位置。这样将仅释放该单液压回路中的高压。这样也将释放先导液压回路中可能存在的任何压力。

注：对于需要启动开关才能工作的液压回路来说，为液压回路的工作启动必要的开关。

⑦ 释放完液压回路的液压力后，将左侧控制台拉到解锁位置。

⑧ 将发动机启动开关转到断开位置。

⑨ 缓慢松开液压油箱上的加注口塞以释放压力。加注口塞应保持松开状态至少 45s。这样将释放回流液压回路中可能存在的压力。

⑩ 用手拧紧液压油箱上的加注口塞。

⑪ 液压回路内的压力现在释放完成，可以断开或拆卸管路和部件。

5.6.2　油泵拆解

以沃尔沃 EC480ELS 挖掘机为例，油泵零部件分解图如图 5-78 所示。

拆解注意事项：

- 在拆卸前彻底清洁油泵组件。
- 选择一个干净的工作区域。
- 在油泵壳体部件和调节器上做相应标记，以便重新装配时能指出正确位置。
- 注意不要混杂前后油泵的不同部件。
- 彻底清洁壳体内部的所有部件。
- 检查分析所有故障，判断出最根本的故障原因。

① 选择适合拆解的场所。注意在工作台顶部铺开橡胶片、布或者类似的东西，以防止零件损坏。拆解过程中使用螺栓 2-M10-L16 固定油泵壳体（271），如图 5-79 所示。

② 使用清洁油或类似东西清除泵表面上的粉尘和锈迹等。

③ 拆下出油口塞（467，油泵壳体的下部），让油液从油泵壳体（271）内流出。注意为了便于油液从油泵壳体内流出，拆下加油口塞（467，油泵壳体上部）。

④ 拆下内六角圆柱头螺栓，并拆下调节器，如图 5-80 所示。

⑤ 拆下内六角圆柱头螺栓，并拆下增压器盖（133）、增压器（132）。

⑥ 拧松紧固阀罩（312）的内六角圆柱头螺栓（410、411、412）。注意开始此作业前，拆下调节器。

⑦ 将泵水平放置在工作台上，分离油泵壳体（271）和阀罩（312），如图 5-81 所示。

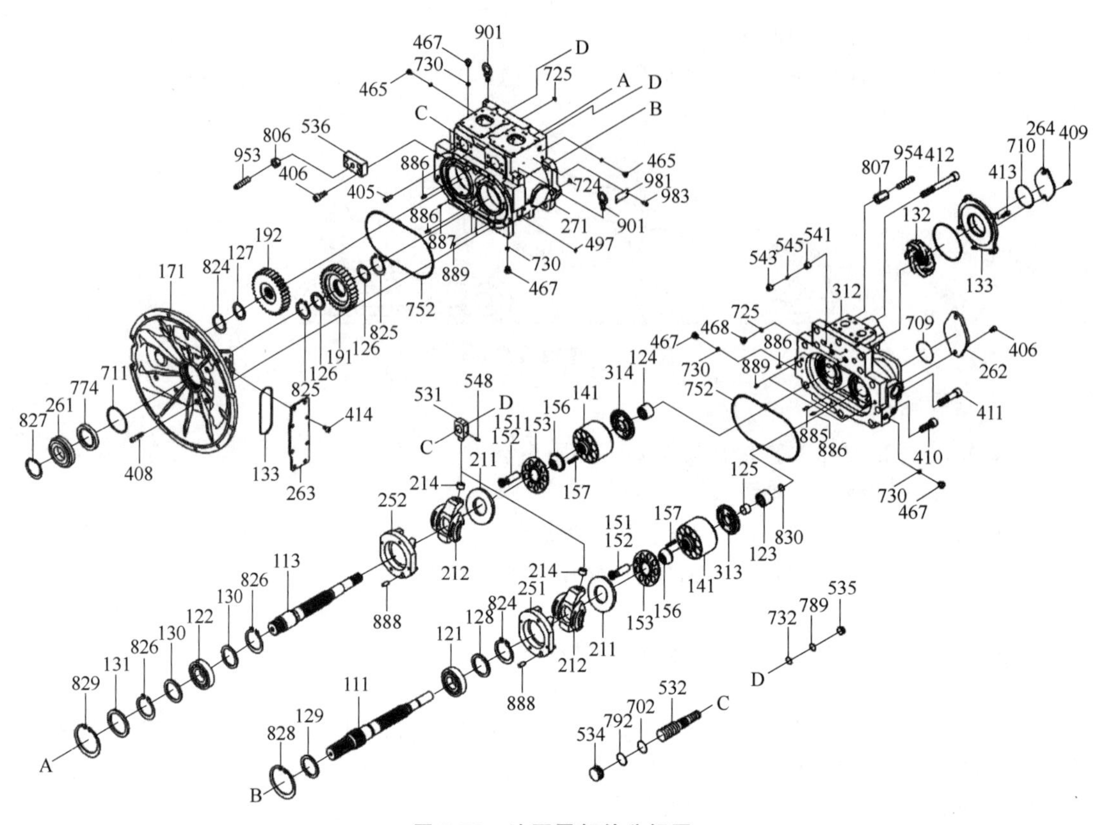

图 5-78 油泵零部件分解图

111—驱动轴；113—驱动轴；121—轴承；122—轴承；123—轴承；124—滚针轴承；125—内轴承；126—间隔器；127—间隔器；128—轴承隔离圈；129—轴承隔离圈；130—轴承隔离圈；131—轴承隔离圈；132—增压器；133—增压器盖；141—油缸体；151—柱塞；152—滑靴；153—固定板；156—球面衬套；157—液压弹簧；171—前机壳；191—主动齿轮；192—从动齿轮；211—滑靴板；212—旋转斜盘；214—倾斜衬套；251—旋转斜盘支承件；252—旋转斜盘支承件；261—前盖；262—盖；263—PTO 盖；264—盖；271—油泵壳体；312—阀罩；313—阀板；314—阀板；405—螺栓；406—螺栓；407—螺栓；408—螺栓；409—螺栓；410—螺栓；411—螺栓；412—螺栓；413—螺栓；414—螺栓；465—塞；467—塞；468—塞；497—塞；531—倾斜销；532—柱塞；534—限位器（长）；535—限位器（短）；536—盖；541—底座；543—限位器 1；545—钢球；548—回馈销；702—O 形环；709—O 形环；710—O 形环；711—O 形环；712—O 形环；713—O 形环；724—O 形环；725—O 形环；730—O 形环；732—O 形环；733—O 形环；752—垫圈；774—油封；789—托环；792—托环；806—螺母；807—螺母；824—卡环；825—卡环；826—卡环；827—卡环；828—卡环；829—卡环；830—卡环；885—阀板销；886—弹簧销；887—销；888—销；889—销；901—吊环螺栓；953—定位螺钉；954—定位螺钉；981—铭牌；983—销

图 5-79 固定油泵壳体

图 5-80 拆下调节器

注意此作业过程中，用起重机吊起阀罩（312），因为其很重（约 60kg，132lb）。从相对驱动轴（111 和 113）的水平位置拆下阀罩（312）（滚针轴承可能会损坏）。使用导向螺栓时，保持固定姿势。拆卸阀罩（312）时，注意不要损坏油泵壳体（271）和阀罩（312）之间的装配表面。注意不要掉落阀板（313、314）、O 形环（724、725）和垫圈（752），因为它们可能会脱落。

图 5-81　分离油泵壳体

⑧ 如有必要，从阀罩（312）上拆下轴承（123、124）。注意尽量不要拆下轴承（123、124），除非其超出使用寿命。不要松开阀罩的六角螺母（807）。一旦拧松，流量设置将发生变化。

⑨ 在驱动轴（111 和 113）正上方将油缸体（141）从油泵壳体（271）中拔出。同时，将柱塞和滑靴（151、152）、固定板（153）、球面衬套（156）和液压弹簧（157）同时拔出，如图 5-82 所示。

注意不要损伤油缸体（141）、球面衬套（156）、滑靴（152）和旋转斜盘（212）等的滑动表面。

⑩ 如图 5-83 所示，将滑靴板（211）和旋转斜盘（212）从油泵壳体（271）上拆下。

图 5-82　取出柱塞总成

图 5-83　取出旋转斜盘

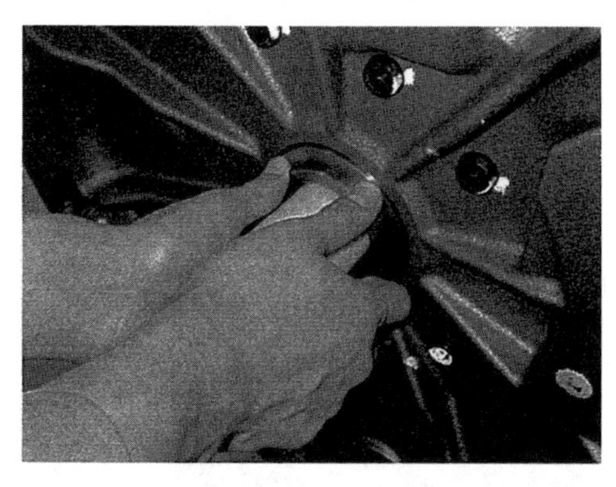

图 5-84　拆下前盖

注意从油泵壳体（271）内拆下旋转斜盘/滑靴板分总成，并使用一字形螺丝刀从旋转斜盘（212）上拆下滑靴板（211）。

⑪ 如图 5-84 所示，从前机壳（171）上拆下卡环（827）和前盖（261）。

注意：作业时，固定泵。固定过程中，注意不要损坏装配表面。要拆下前盖（261），应使用一字形螺丝刀将前盖（261）和驱动轴（111）呈一条直线放在槽上。由于油封（774）安装在前盖（261）上，拆卸过程中注意不要损坏油封唇口部分。

⑫ 拧松紧固前机壳（171）的内六角圆柱头螺栓（408）。注意：作业时固定泵，固定过程中不要损坏装配表面。

⑬ 如图 5-85 所示，分离前机壳（171）和油泵壳体（271）。

图 5-85 分离前机壳

注意：不要使前机壳（171）脱落，因为其很重（约 28kg，62lb）。从相对驱动轴（111）的水平位置拆下前机壳（171）。使用导向螺栓时，保持固定姿势。

此外，拆卸前机壳时不要损坏驱动轴（111）的油封滑动表面。拆卸前机壳（171）时，垫圈（752）可能会附着到前机壳（171）上。拆下时要小心，不要损坏前机壳（171）和油泵壳体（271）之间的装配表面。

⑭ 拆下卡环（824、825）、间隔器（126、127）、主动齿轮（191）和从动齿轮（192），如图 5-86 所示。

⑮ 拆下卡环（828、829）和轴承隔离圈（129、131）。然后，用塑料锤等轻敲轴的后端，从油泵壳体（271）上拆下驱动轴（111 和 113），如图 5-87 所示。

图 5-86 拆下主动齿轮与从动齿轮等部件

图 5-87 拆下驱动轴

注意：拆下驱动轴（113）时要小心，因为转动止动销（887）位于从动侧的滚柱轴承（123）内。

⑯ 如有必要，从驱动轴（111 和 113）上拆下卡环（824、826）、轴承隔离圈（128、130）和滚柱轴承（121、122）。

注意：尽量不要拆下滚柱轴承（121、122），除非其已达到使用寿命。拆下时使用规定夹具，因为滚柱轴承是收缩装配到轴上的。

⑰ 松开用于紧固旋转斜盘支承件（251、252）和油泵壳体（271）的内六角圆柱头螺栓（405）。

注意：胶黏剂（Three bond 品牌 1305N 号）涂抹在内六角圆柱头螺栓（405）上。

⑱ 如图 5-88 所示，从油泵壳体（271）上拆下旋转斜盘支承件（251、252）。

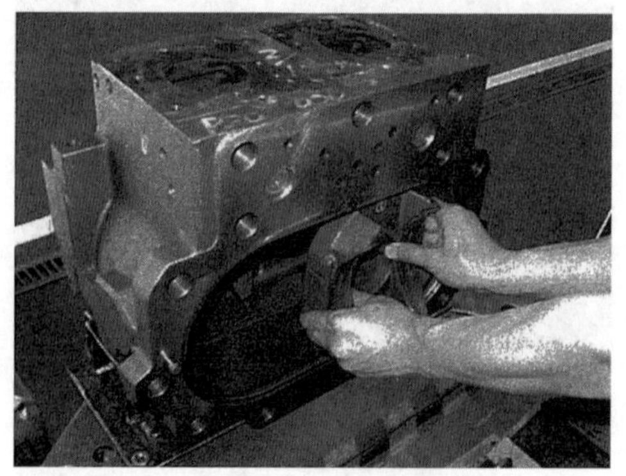

图 5-88 拆下旋转斜盘支承件

⑲ 如有必要，从油泵壳体（271）上拆下限位器（长）（534）、限位器（短）（535）、柱塞（532）、倾斜销（531）和盖（536）。

注意：拆下倾斜销（531）时，使用保护器以防止销头损坏。因为倾斜销（531）与柱塞（532）的安装部位使用了胶黏剂（Three bond 品牌 1305N 号），不要损坏柱塞（532）。不要拧松伺服盖（536）上的六角螺母（806）。一旦拧松，流量设置将发生变化。

5.6.3　主控制阀拆解和组装

以卡特 320D 挖掘机为例。

5.6.3.1　主控制阀的拆解步骤

① 拆下盖（1）。

② 拆下螺塞（3）。

③ 拆下阀（2 和 6）。

④ 拆下螺栓（4）和垫块（5）。

以上部件位置见图 5-89。

⑤ 拆下弹簧（7）和提升阀（8）。

⑥ 拆下垫片（9、10）、弹簧（11）、阀（12）和 O 形密封圈（13）。

⑦ 拆下弹簧（14）和提升阀（15）。

以上部件位置见图 5-90。

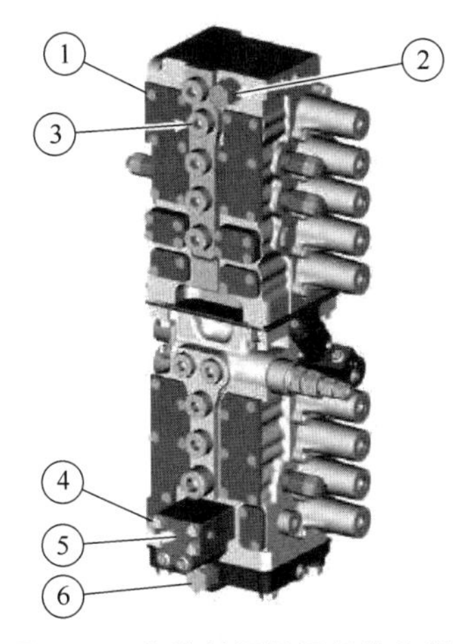

图 5-89　主控制阀拆解部件位置 1

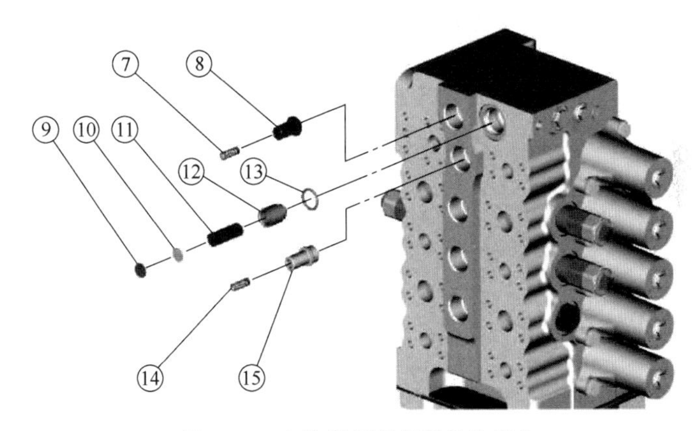

图 5-90　主控制阀拆解部件位置 2

⑧ 拆下活塞（16）、弹簧（17）、阀（18）、芯（19）、壳体（20）、弹簧（21、22）、O 形密封圈（23、24）。

⑨ 拆下垫片（25）、弹簧（26）、阀（27）和 O 形密封圈（28）。

以上部件位置见图 5-91。

⑩ 拆下弹簧（29）、提升阀（30）和弹簧（31）。

⑪ 拆下套管（32）。

⑫ 拆下弹簧（33）、提升阀（34）和套管（35）。

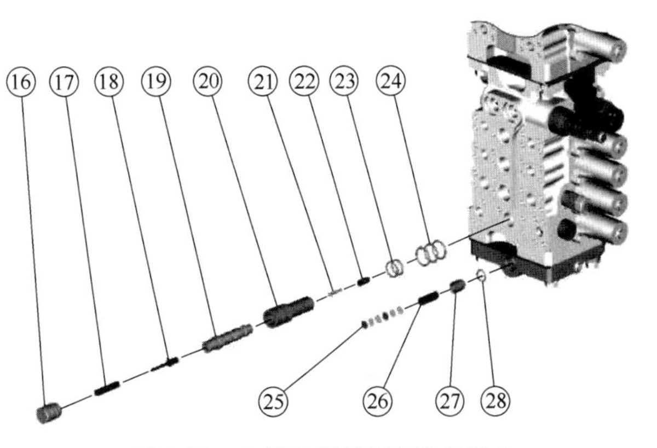

图 5-91　主控制阀拆解部件位置 3

以上部件位置见图 5-92。

⑬ 拆下螺塞（36、39）和O形密封圈。

⑭ 拆下螺栓（37）和壳体（38）。

以上部件位置见图 5-93。

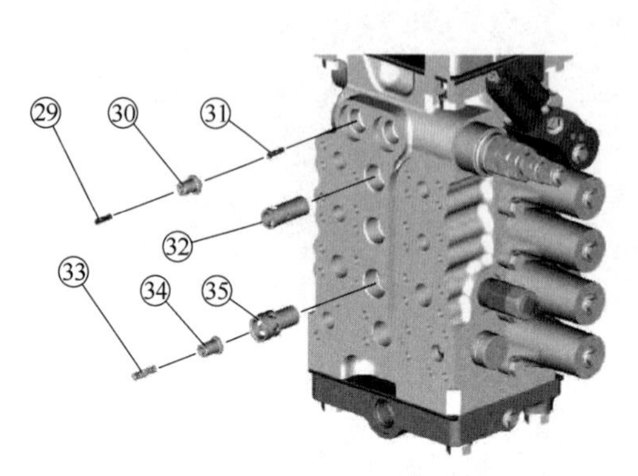

图 5-92 主控制阀拆解部件位置 4

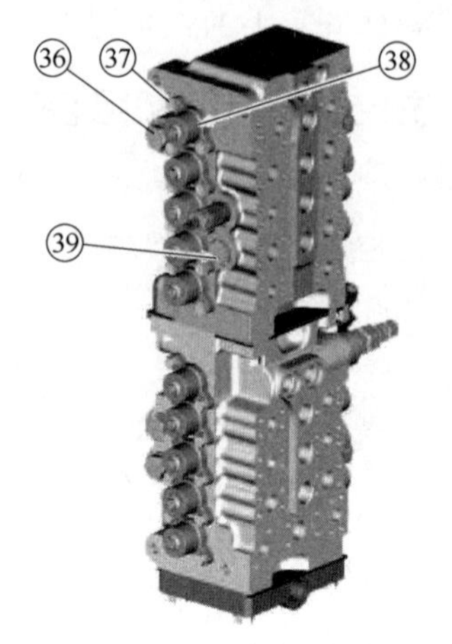

图 5-93 主控制阀拆解部件位置 5

⑮ 拆下螺母（42）、垫圈（43）、挡圈（44）、调整螺钉（45）、O形密封圈（46、47）、弹簧（48）、滑阀（49）、弹簧（50）、垫片（51）、弹簧（52）、滑阀（53）、导套（54）、壳体（55、56）、O形密封圈（57）、O形密封圈支承环（58）。

⑯ 拆下弹簧（40）和提升阀（41）。

以上部件位置见图 5-94。

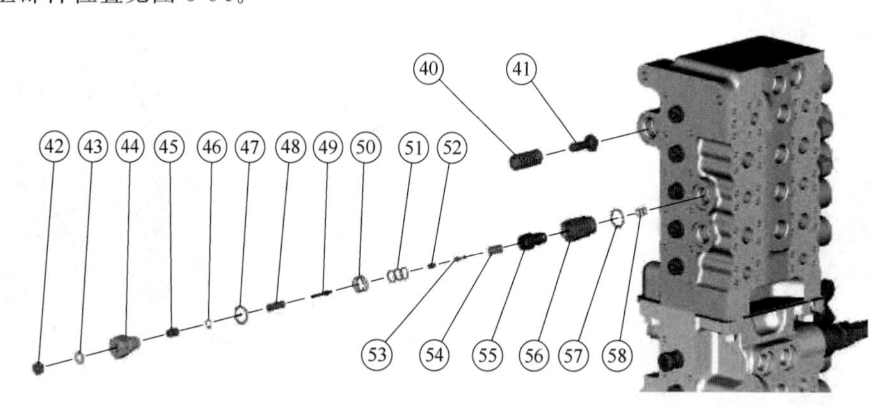

图 5-94 主控制阀拆解部件位置 6

⑰ 拆下弹簧（59、60）、滑阀（61）、O形密封圈（62、63）。

⑱ 拆下弹簧（64）、提升阀（65）和滑阀（66）。

以上部件位置见图 5-95。

⑲ 如图 5-96 所示，拆下螺栓（67）和壳体（68）。

⑳ 拆下螺栓（73）、挡圈（72）、弹簧（71）、挡圈（70）和滑阀（69），如图 5-97 所示。

5.6.3.2 主控制阀的组装步骤

① 如图 5-98 所示，将密封垫（189）、O形密封圈（190）、盖（191）、垫圈（192）和螺栓（193）安装至壳体（188）。

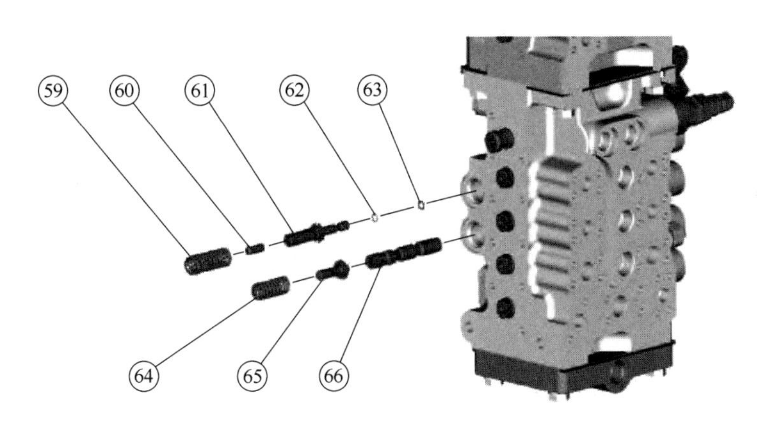

图 5-95　主控制阀拆解部件位置 7

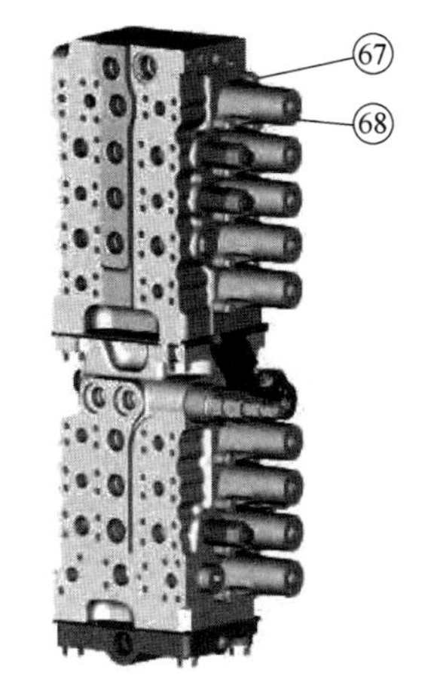

图 5-96　主控制阀拆解部件位置 8

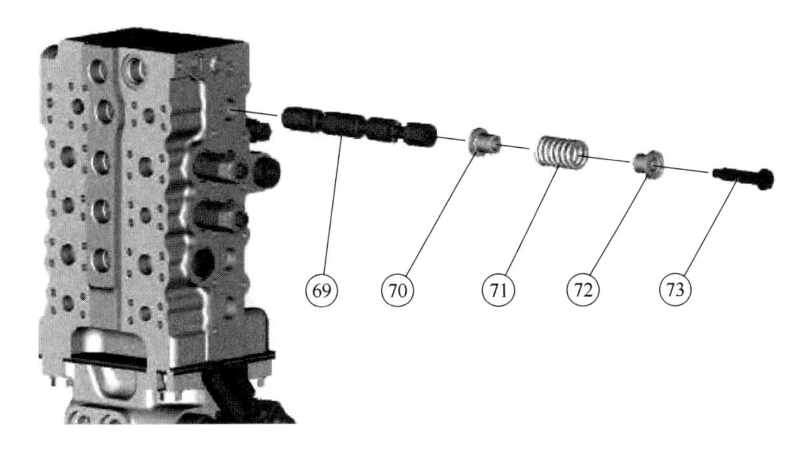

图 5-97　主控制阀拆解部件位置 9

② 安装 O 形密封圈（185）和垫片（184）。

③ 将壳体（183）安装到壳体（188）上。

④ 安装垫圈（186）和螺栓（187）。

以上部件位置见图 5-99。

⑤ 如图 5-100 所示，安装垫片（174）、弹簧（175）、销（182）、隔套（177）、O 形密封圈（181）、弹簧（176）、螺栓（180）、滑阀组件（178）和 O 形密封圈（179）。

⑥ 如图 5-101 所示，将 O 形密封圈（172、171、170）、阀组件（169）、螺塞（168、173）环（167）、O 形密封圈（166）、滑阀（164）、壳体（163）、螺栓（165）、调整螺钉（162）和螺母（161）安装至阀组件（150）中。

⑦ 安装提升阀（155）、弹簧（156、157）、支承环（159）、O 形密封圈（158）和螺塞（160）。

⑧ 安装 O 形密封圈（151、152）、壳体（153）和盖（154）。

⑨ 安装阀组件（150）和螺栓（149）。

以上部件位置见图 5-102。

⑩ 安装 O 形密封圈和螺塞（148）。

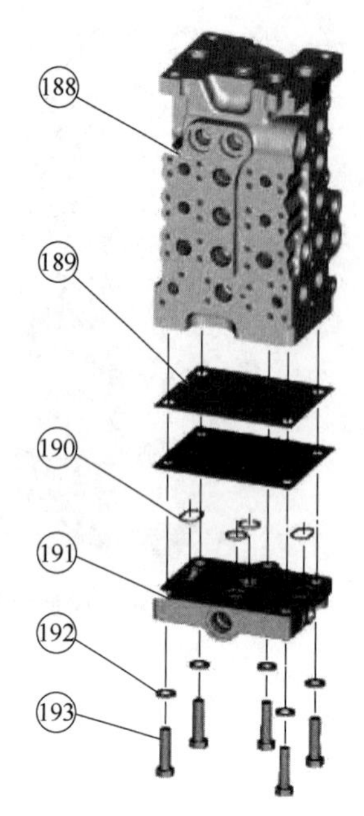

图 5-98 主控制阀组装部件位置 1

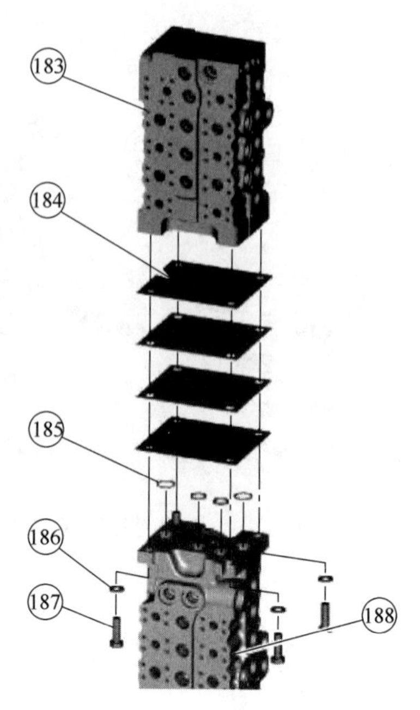

图 5-99 主控制阀组装部件位置 2

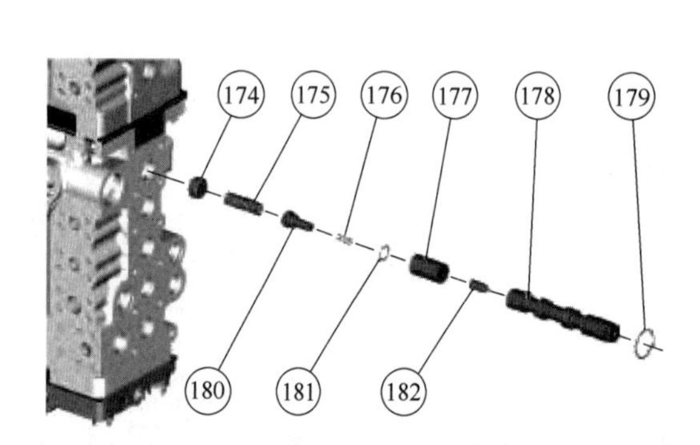

图 5-100 主控制阀组装部件位置 3

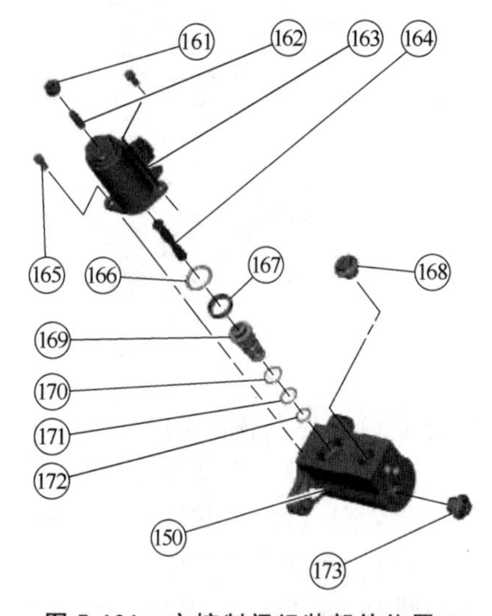

图 5-101 主控制阀组装部件位置 4

⑪ 安装阀（143）、弹簧（144）、O 形密封圈（145）、支承环（146）和螺塞（147）。拧紧螺塞（147）至扭矩为（220±20）N·m。

⑫ 安装滑阀（138）、O 形密封圈（139、140）和壳体（141）。拧紧壳体（141）至扭矩为（105±10）N·m。安装盖（142）。

以上部件位置见图 5-103。

⑬ 如图 5-104 所示，安装 O 形密封圈（112、113）、垫圈（114、115）、提升阀（116）、弹簧（117）、O 形密封圈（118）、壳体（119）、支承环（120）、O 形密封圈（121）、活塞（122）、提升阀（123）、支承环（125）、O 形密封圈（124）、壳体（126）、O 形密封圈（127）、弹簧（128）、O 形密封圈（129）、滑阀（130）、壳体（131）、螺母（132）、O 形密封圈（133）、壳体（134）、螺母（135）、壳体（136）和螺塞（137）。

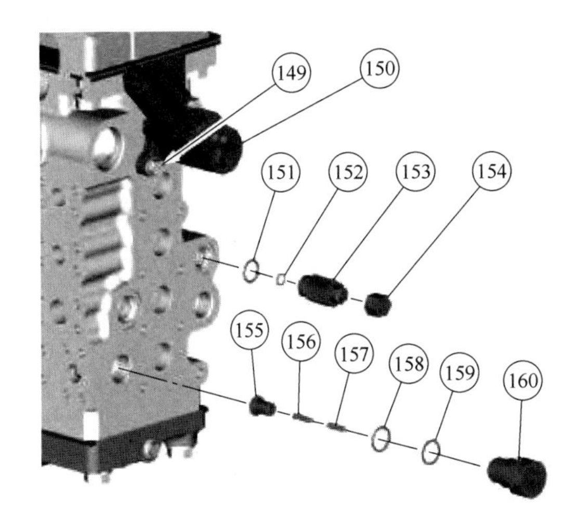

图 5-102　主控制阀组装部件位置 5

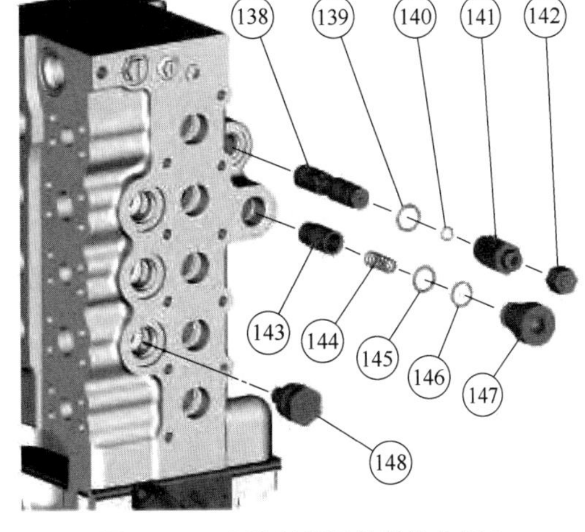

图 5-103　主控制阀组装部件位置 6

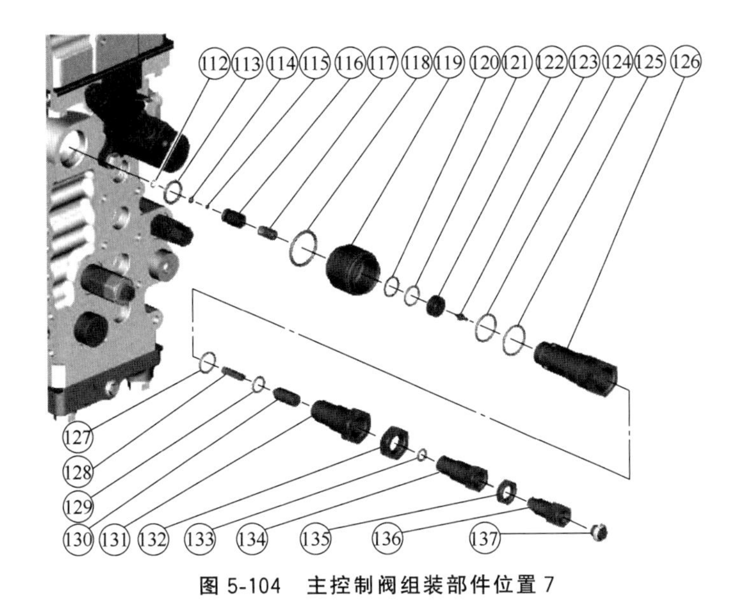

图 5-104　主控制阀组装部件位置 7

⑭ 安装 O 形密封圈（102）和壳体（103）。拧紧壳体（103）至扭矩为（95±14）N·m。

⑮ 安装环（104、105）、滑阀（106）、弹簧（107）、壳体（108）、导套（109）、环（110、111）、滑阀（93）、弹簧（94、95）、O 形密封圈（96、97）、挡圈（98）、调整螺钉（99）、垫圈（100）和螺母（101）。

以上部件位置见图 5-105。

⑯ 安装 O 形密封圈（74）和壳体（75）。拧紧壳体（75）至扭矩为（95±14）N·m。

⑰ 安装环（76、77）、滑阀（78）、弹簧（79）、壳体（80）、导套（81）、O 形密封圈（82）、环（83）、滑阀（84）、弹簧（85、86）、O 形密封圈（87、88）、挡圈（89）、调整螺钉（90）、垫圈（91）、螺母（92）。

以上部件位置见图 5-106。

⑱ 如图 5-107 所示，安装滑阀（69）、挡圈（70）、弹簧（71）、挡圈（72）和螺栓（73）。

⑲ 如图 5-108 所示，安装壳体（68）和螺栓（67）。

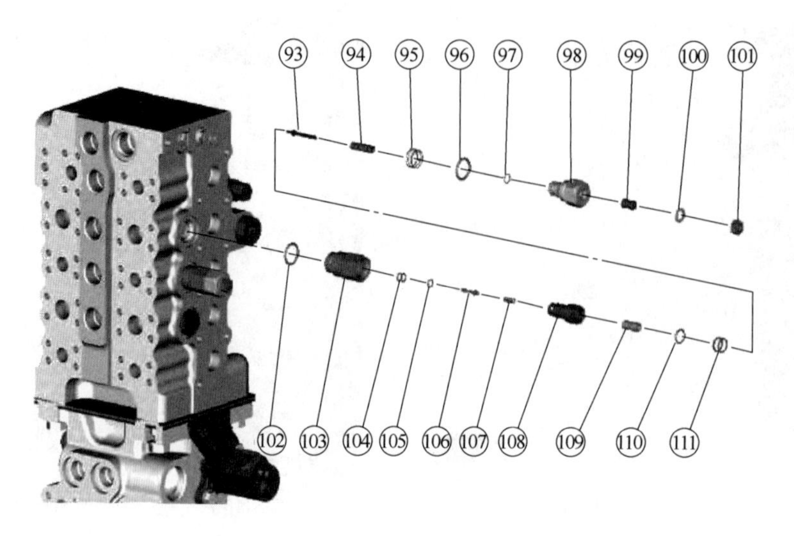

图 5-105　主控制阀组装部件位置 8

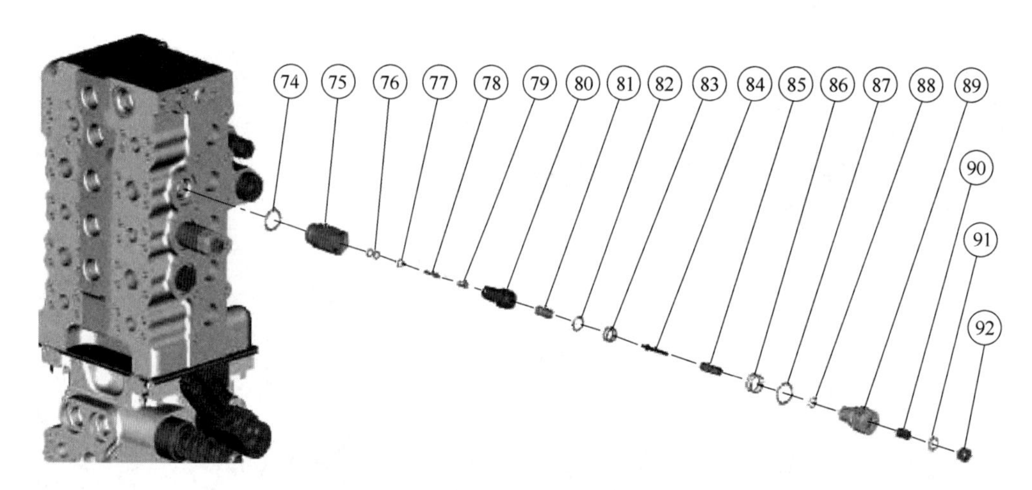

图 5-106　主控制阀组装部件位置 9

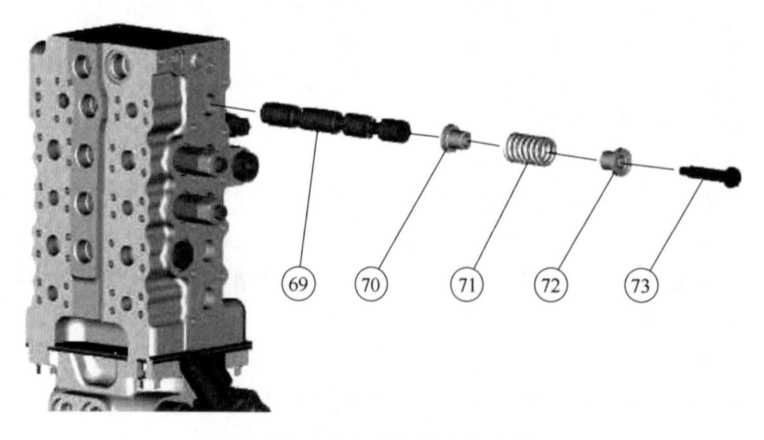

图 5-107　主控制阀组装部件位置 10

⑳ 安装 O 形密封圈（63、62）、滑阀（61）、弹簧（60、59）。

㉑ 安装滑阀（66）、提升阀（65）和弹簧（64）。

以上部件位置见图 5-109。

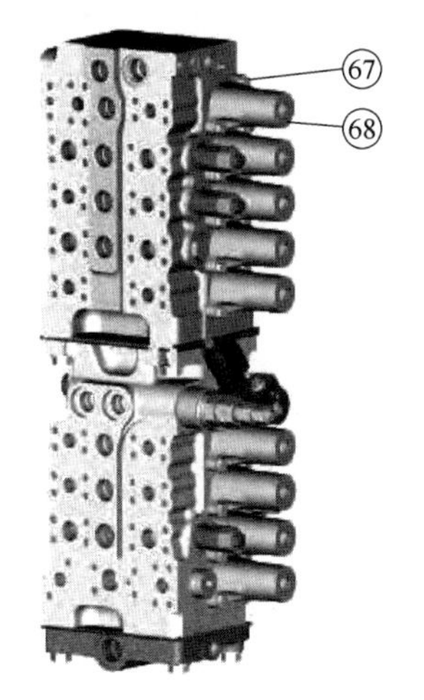

图 5-108　主控制阀组装部件位置 11

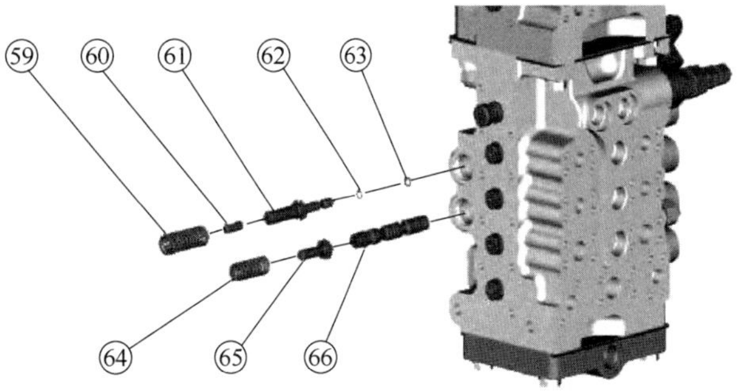

图 5-109　主控制阀组装部件位置 12

5.6.4　油缸的拆解与装配

5.6.4.1　拆装注意事项

• 在重新安装一个油缸时，重要的是要排空油缸内的气体。

注意以下程序：

① 让发动机低怠速运转。

② 操作油缸的伸缩 4～5 次。不要操作到冲程的终端，而要停留在离冲程终端大约还有 100mm（4in）的地方（不要在冲程终端放开）。

③ 操作油缸到其冲程终端 4～5 次。

在完成上述程序后，用通常工作条件来运转发动机，开始实际工作操作。

• 如果要存放油缸 1 个月以上，应该用油脂涂抹油缸活塞杆，以防止镀铬部位生锈（氧化）。

• 用液压油清洗包件。其它油会缩短包件的寿命。

• 在销与轴瓦上涂抹润滑油脂。

• 油漆烘干机的过高温度可能影响油缸包件和密封件，导致油缸故障或漏油。

• 油缸活塞杆上的喷漆可能损伤刮油密封，使杂质进入油缸组件。喷漆前应该先包扎暴露的镀铬板，喷漆后要彻底清洁连杆。

• 盐水、含有氯化物或酸的材料会引起镀铬板脱皮、剥落或生锈。每天工作完成后要清洁油缸活塞杆并使用防锈剂。

• 油缸活塞杆的横向加载（弯曲）或过度振动会损坏油缸盖干衬套、刮油密封环和连杆电镀铬，造成油渗漏和污染的进入。

• 高压水可能将脏物和污水冲入刮油密封环下，使油缸渗入杂质。冲洗时始终要使水喷嘴与连杆保持 45°以上的角度。

5.6.4.2　拆卸前的准备

拆卸前，清洁工作场地和设备。

拆卸工作要求如下：

要拆卸油缸，油缸盖与活塞杆必须完全伸开。因此，首要前提是工作场地必须有进行这类操作的足够空间。该场地还必须有足够宽度以安放拆下的零件、清洁和测量设备等。

液压缸为精密机械产品，装配有橡胶与塑料材料的包件和密封件。因此，要谨慎操作，确保液压缸不沾染灰尘、砂土、金属碎屑、焊接残渣和其它杂质。如果液压缸装配后有坚硬物质卡在油缸筒或活塞杆内，内部筒面和活塞杆表面在操作油缸时就会刮伤，因而使其失灵。活塞密封和活塞杆密封的损伤会导致漏油。由于这个原因，要避免在工作场地附近进行打磨和焊接操作，以保持场地清洁。

拆卸工作的设施要求：

吊车和起重机——吊车和起重机必须能够将油缸起吊在装配状态下。它们还必须能够在有负荷情况下进行平移和直线动作，以插入或拔出活塞杆。

工作台——工作台必须足够坚固稳定，能容纳油缸缩得最短时的全长，承受拧紧油缸盖和活塞杆时扭矩形成的旋转力。

支承架——如果活塞杆在松开状态下完全伸开，轴瓦和密封件可能损坏，因为轴瓦和活塞可能由于活塞杆的重量而铰在一起。此时要求有一个架子来支承活塞杆以防止这样的损伤。

液压源——拆卸和装配活塞杆和活塞螺母时，以及装配完成进行漏油测试时需要一个液压源。

压缩空气源——用来在油缸排油和清洁后进行干燥。

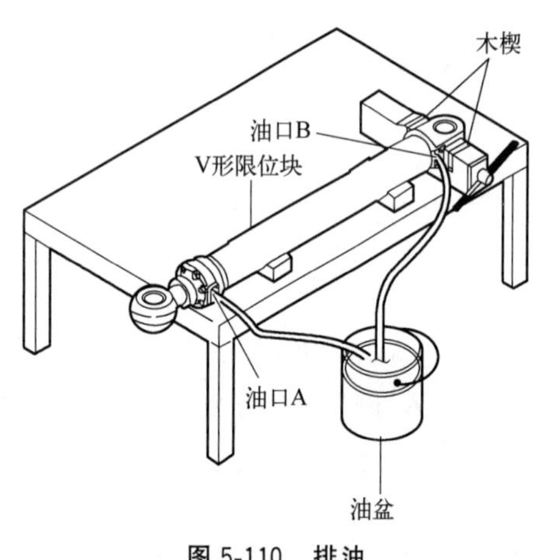

图 5-110　排油

油盆和油罐——必须有一个油盆来接收油缸排出的机油，以及操作中倒出的机油。油罐是用来收集溅在地板上的机油与废油。

其它——加长机油软管、木垫、抹布和吸纸等也有必要准备。

在将油缸拿到工作场地前，要对其彻底清洁，去除油缸上的污泥和油垢等。

排油时将木楔放在工作台上撑住油缸，用夹具夹住以防止其旋转。推/拉活塞杆直到油缸内的所有液压油被排出。此时，在每个油口连接一根合适的软管，以便将液压油排到一个容器内。场景如图 5-110 所示。

5.6.4.3　拆卸步骤

① 从油缸筒上拆下油缸盖组件。

A. 拆下油缸盖总成的安装螺钉。

B. 从油缸上拆下活塞杆和油缸盖总成，如图 5-111 所示。

活塞杆和油缸盖装置拆除后，油缸内部的液压油将会排出。可在油缸盖下面放一个合适的容器。如果难以拆卸，可将活塞杆稍微转动，再将其拉出油缸。

② 将活塞杆和油缸盖总成放在支承块上，如图 5-112 所示。

③ 对于大臂和铲斗油缸，使用专用夹具拆卸侧定位螺钉。

④ 对于小臂油缸，拆下定位螺钉、销和垫柱塞。使用专用夹具拆卸侧定位螺钉。

⑤ 在拆下侧定位螺钉后，拆下活塞总成、托环、垫环和油缸盖总成。

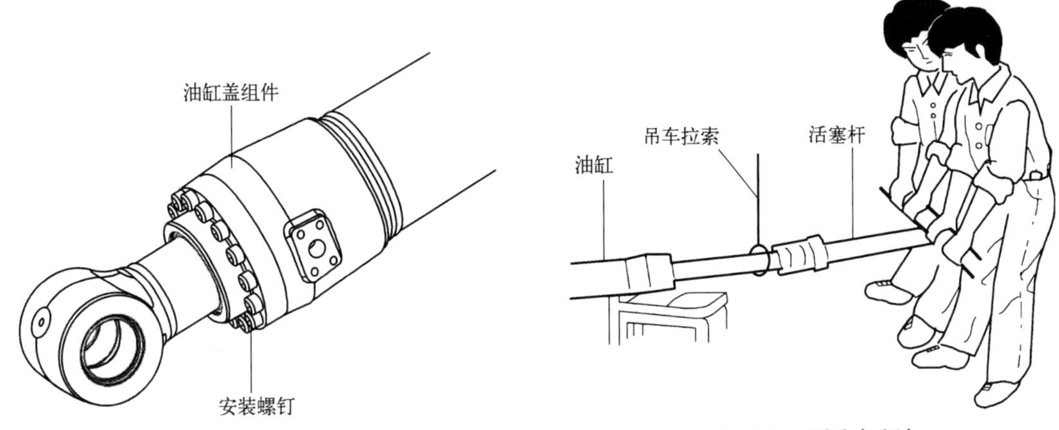

图 5-111　油缸盖拆卸　　　图 5-112　活塞杆拆卸

注意：拆卸油缸盖总成时要小心，不要损坏连杆密封或活塞杆螺纹。逆时针旋转活塞总成，将其拆下。

⑥ 拆卸活塞组件。注意：如果没有损坏，不要拆下防污染密封、耐磨环和密封。

⑦ 从活塞上拆下防污染密封、耐磨环、密封、O形环。注意：在拆卸后，不要重复使用防污染密封、耐磨环、密封和O形环。

⑧ 拆卸油缸盖组件。

注意：如果没有损坏，不要拆下密封、托环和刮油密封环。拆下的密封件不可再使用。重新装配时，垫片如磨损也应该更换。如果衬套没有损坏就不要拆卸。如果拆卸，重新装配时就要更换成新衬套。

⑨ 拆卸后的检查。先清洁，再用肉眼观察所有部件是否有磨损、裂缝和其它问题。部件检查与相关故障解决方法见表5-8。

表 5-8　部件检查与相关故障解决方法

检查部件	部分	故障	解决方法
活塞杆	活塞杆眼的后部	有裂缝	更换
	活塞杆眼焊接	有裂缝	更换
	附加活塞的分级部件	有裂缝	更换
	螺纹	卡住	重新安放或更换
	弯曲	测量弯曲度	
	板状表面	金属板没有磨损到基本金属层	更换或重镀
		金属板上没有锈	更换或重镀
		没有划痕	重新调整、重镀或更换
	活塞杆	外直径磨损	重新调整、重镀或更换
	安装部件上的轴瓦	外直径磨损	更换
油缸筒	底部焊接	有裂缝	更换
	头部焊接	有裂缝	更换
	筒壁部焊接	有故障	如果漏油或油明显从侧面通过就要更换
	柱筒内部	内部表面磨损	更换
油缸盖	轴瓦	内部表面磨损	更换
		内部表面有伤痕	如果伤痕深到表层下就要更换

5.6.4.4　部件修理方法

检查所有密封件和部件，看其是否有过分损伤或磨损。

修理活塞杆故障时，注意以下程序：

① 用一块油石可磨平纵向的划痕。如果划痕太深，达到可嵌入指甲的程度，则应该更换活塞杆。

② 如果有平顺的凹痕，可用一块油石磨掉凹痕周围突出的部分；如果缺陷或凹痕太大，则应该更换或重镀活塞杆。

注意：重镀后务必重新打磨。镀层厚度必须至少在 0.25mm（0.010in）。在用油石重新打磨时如果镀层磨到了金属底层，连杆就要电镀。

如果活塞杆与连杆衬套之间的间隙超过了 0.25mm（0.010in），则必须更换衬套。

活塞杆的弯曲度：活塞杆可允许的弯曲度最大为 1mm/m（0.040″）。

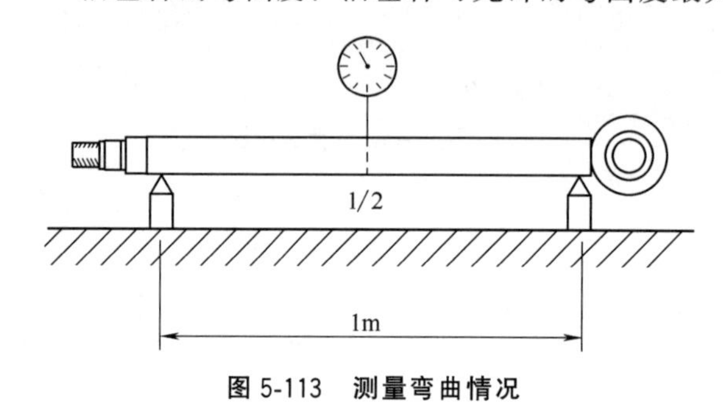

图 5-113　测量弯曲情况

测量时，用 V 形限位块撑住活塞杆平行部分两端，在两个 V 形限位块中间放上一个千分表，转动活塞杆，然后在千分表上读取最大幅度与最小幅度之间的差额，如图 5-113 所示。

弯曲限度：V 形限位块之间的长度为 1m（3′3″）；千分表内的中间数值×1/2 为 1mm（0.040″），超过应更换。

注意：如果弯曲不在上述极限之内，油缸就会因为弯曲部分而不能平顺操作。装配后的功能测试中要特别注意这一点。如果油缸发出不正常的声音或不能平顺操作，就应该更换连杆。

5.6.4.5　安装步骤

(1) 活塞组件

① 安装刮油密封环至活塞凹槽中。注意检查装配方向和间隔。

② 插入活塞。

③ 将 O 形环插入活塞的内侧。

④ 安装活塞密封件至活塞凹槽中。注意在装配时不要损伤活塞密封件。检查装配方向和弯折情况。

⑤ 安装刮油密封环。注意检查装配方向和间隔。

以上部件相关位置见图 5-114。

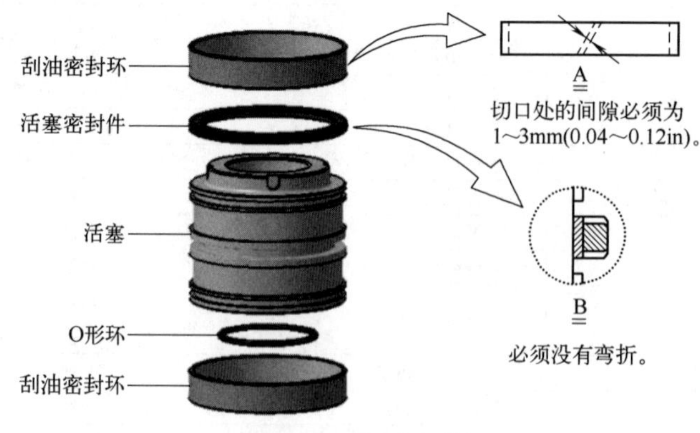

图 5-114　活塞组件

(2) 缸盖罩壳组件

① 使用夹具安装杜氏衬套至缸盖内侧。

② 安装固定环。

③ 安装刮油密封环。

④ 安装 O 形环和托环。

⑤ 倒置缸盖。

⑥ 安装杆密封和托环。

⑦ 安装缓冲器密封件。

⑧ 安装刮油密封环。

⑨ 安装固定环。

以上部件安装位置见图 5-115。

注意：为了在插入时防止损坏密封件，检查密封件的装配槽上是否有尖棱。如果有，用油石磨掉尖棱。使用铜、铝合金或塑料夹具时，要小心夹具上的锐利边缘。如果可能，用手塞入盘根，不要用夹具。

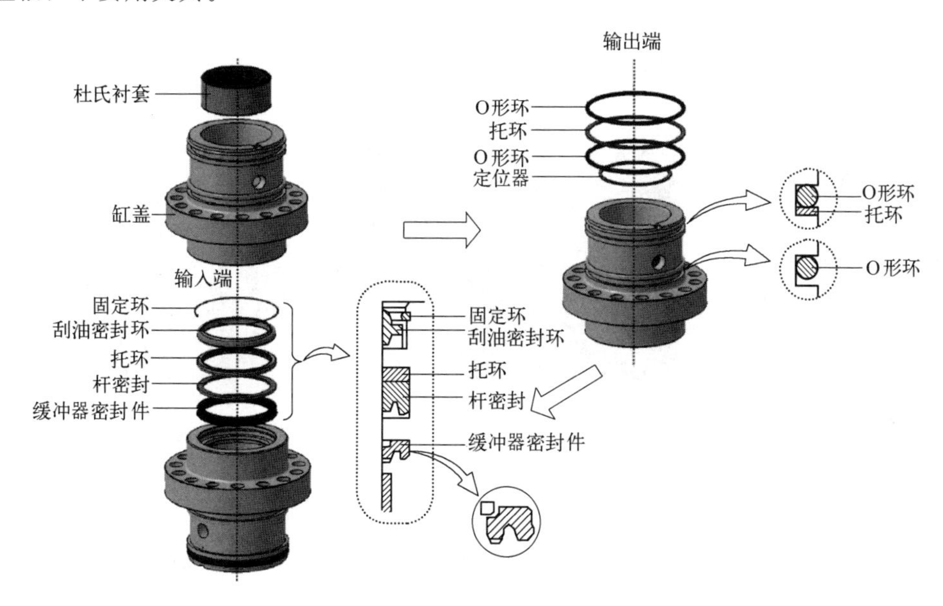

图 5-115　缸盖罩壳组件

(3) 油缸连杆组件

① 在油缸连杆和缸盖内侧涂抹液压油。

② 安装缸盖至油缸连杆。

③ 安装垫环。

④ 将缓冲柱塞插入油缸连杆的端部，并安装销。注意将垫环的缺口部分按连杆螺纹方向安装。

⑤ 用专用夹具拧紧活塞。拧紧扭矩：(950±95) N·m。拧紧活塞后，尝试向左或向右转动垫环，垫环必须能够自由转动。

⑥ 将钢球插入缸盖后，用 T 形扳手插入通风装置，并涂抹密封剂。

⑦ 拧紧通风装置。拧紧扭矩：(30±3) N·m。

以上部件相关位置见图 5-116。

(4) 侧面组件作业和敛缝

① 如图 5-117 所示，在油缸连杆上装配缸盖。

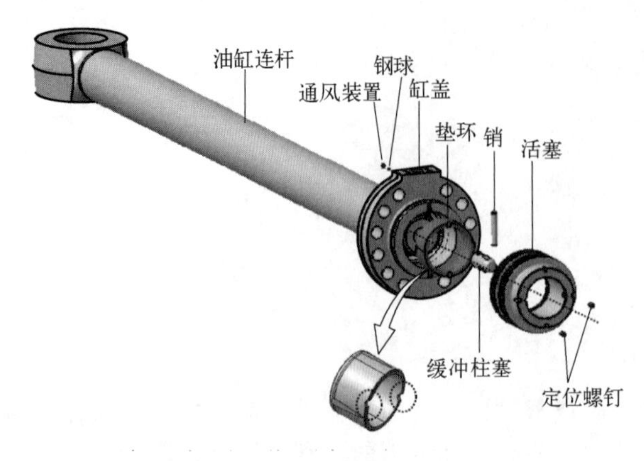

图 5-116 油缸连杆组件

注意：在装配缸盖时，插入塑料盖或类似的材料，以防止密封件损坏。如果是新的缸盖，不要忘记装配并拧紧排气塞至规定扭矩。

② 如图 5-118 所示，装配缓冲环和活塞，然后拧紧。拧紧扭矩：(950±95) N·m。缸盖上的油道不能受到污染。

③ 对侧面组件进行机加工时，罩上塑料罩或类似物，避免密封件受损和保持清洁，如图 5-119 所示。

④ 如图 5-120 所示，在活塞和连杆配合面上标出攻螺纹位置后，继续执行钻孔程序。推荐的加工位置：如果装配现有活塞，则在另一侧进行攻螺纹。

图 5-117 缸盖罩壳装配

图 5-118 活塞装配

图 5-119 覆盖塑料膜

⑤ 钻孔。首先，如图 5-121 所示钻一个 $\phi5$ 的基础孔。然后使用 $\phi10.3$ 主钻机钻出距离表面 34～36mm 的深度。

⑥ 清除毛刺，鼓风清洁钻孔区域，然后用 M12×1.75 丝锥攻出 28～29mm 的深度，如图 5-122 所示。

⑦ 清除毛刺，再次鼓风和使用干净的机油进行清洁，如图 5-123 所示。

⑧ 在定位螺钉的反向螺纹上涂抹乐泰剂 ♯277，如图 5-124 所示。

⑨ 以固定 3～4mm（0.12～0.16in）的敛缝间隔安装螺钉，如图 5-125 所示。

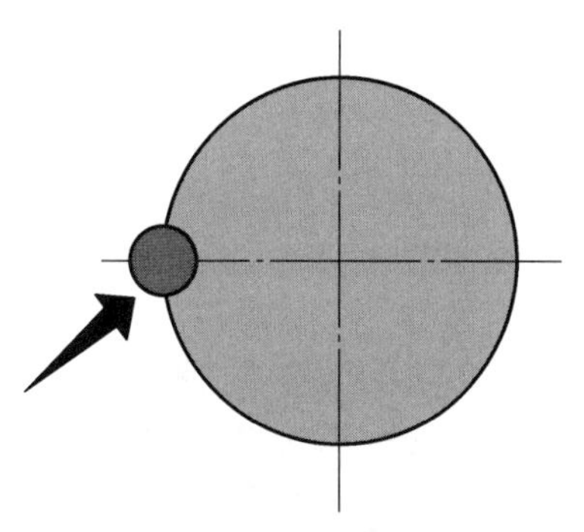

图 5-120　钻孔位置

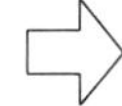

图 5-121　钻孔，钻削

图 5-122　钻孔，攻螺纹

图 5-123　锐边，清洁

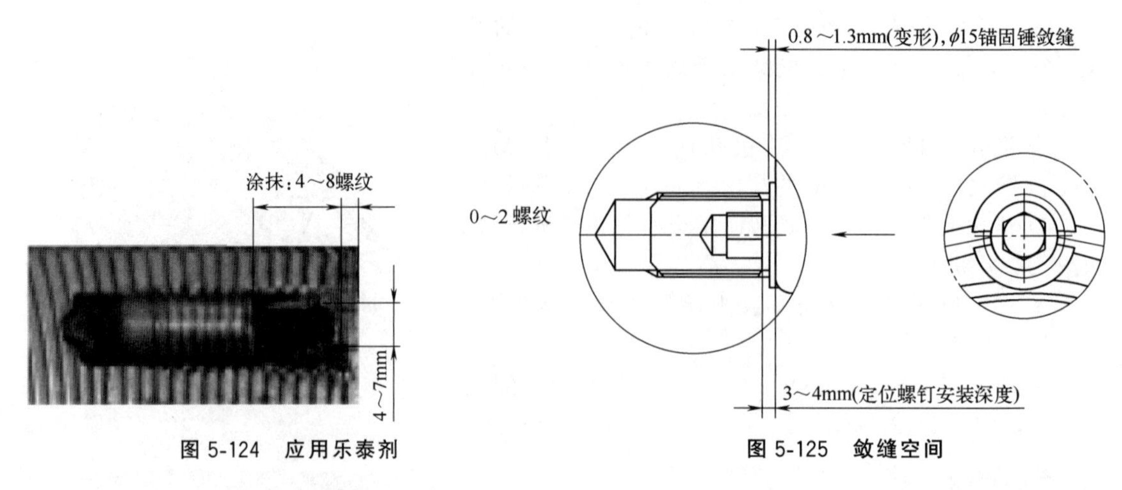

图 5-124 应用乐泰剂 图 5-125 敛缝空间

注意安装后保持敛缝间隔 3～4mm。

⑩ 如图 5-126 所示安装完定位螺钉后进行敛缝。然后拧紧扭矩至 30N・m。再次清除锐边。注意检查确认敛缝区域的变形情况。

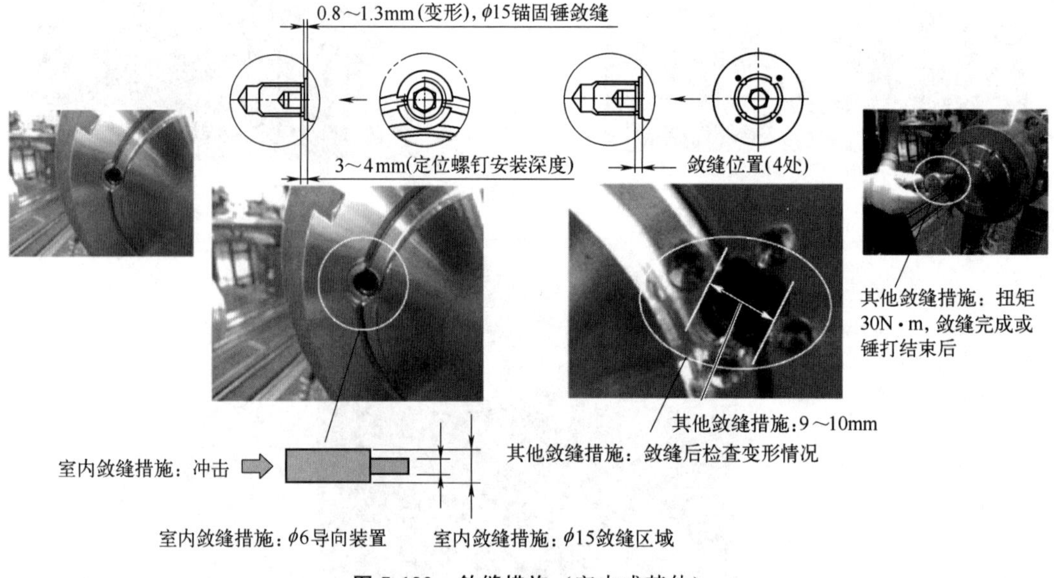

图 5-126 敛缝措施（室内或其他）

(5) 缸盖螺钉位置

① 固定油缸管，使其不会移动。

② 安装油缸连杆至油缸管。

③ 以对角方式拧紧缸盖螺钉，如图 5-127 所示。

注意：必要时拆下衬套，并用新的进行更换。

装配后检查无负荷功能：将油缸在无负荷情况下水平放置。注意不要将液压力提高到高于机器环路的最大压力。在缸盖 O 形环和密封上涂的油脂会渗出，擦掉它并重新测试油缸。

(6) 泄漏测试

① 在油缸的缩入侧与伸出侧各施加测试压力三分钟，检查连杆部分和焊接部位有无外部泄漏。做外部泄漏测试时，按照图 5-128 所示连接油缸。

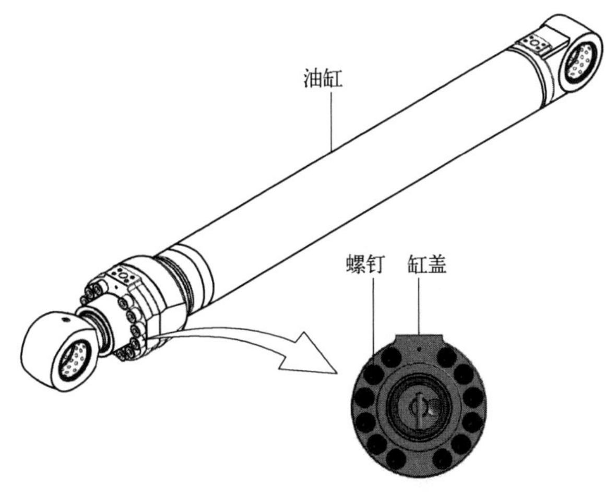

图 5-127　油缸连杆组件

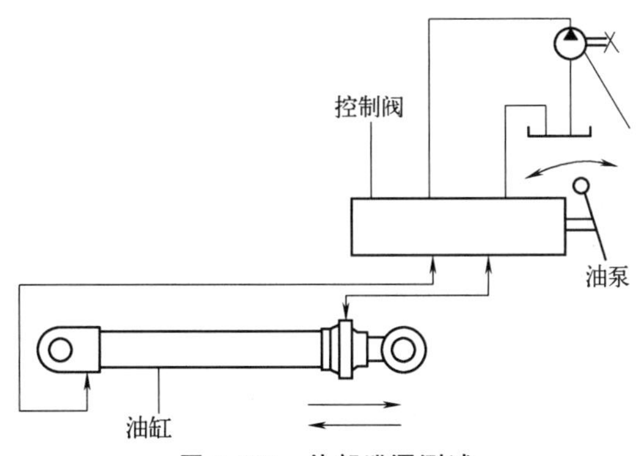

图 5-128　外部泄漏测试

② 完成测试后，在每个油口安装一个塞子，如图 5-129 所示。

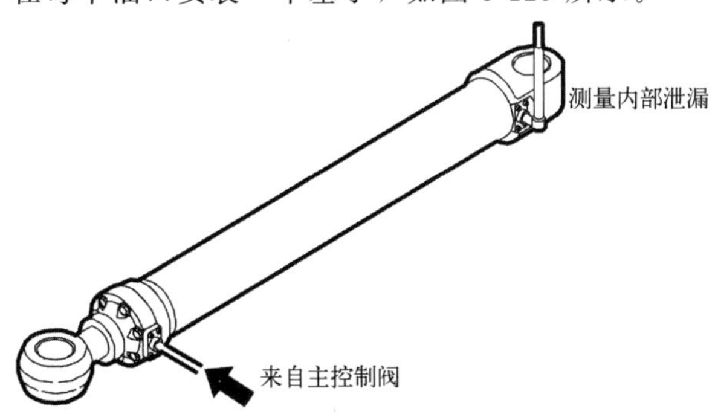

图 5-129　内部泄漏测试

注意：如要储存，要把油缸放在木质的 V 形块上，把油缸全部缩入，如图 5-130 所示。

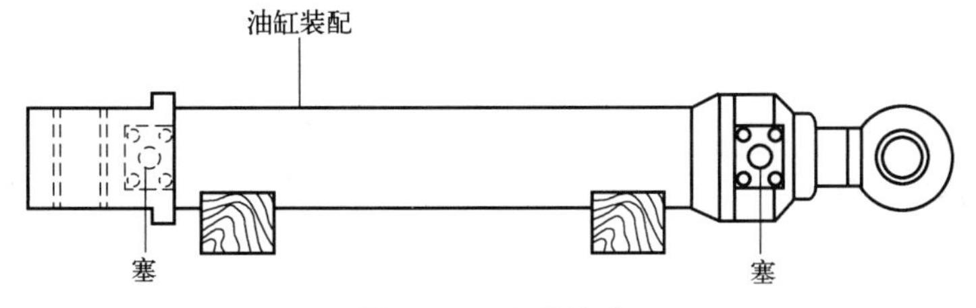

图 5-130　存放技术

各油缸部件拆装的紧固件拧紧扭矩参数如表 2-9 所示。

表 5-9　紧固件拧紧扭矩参数

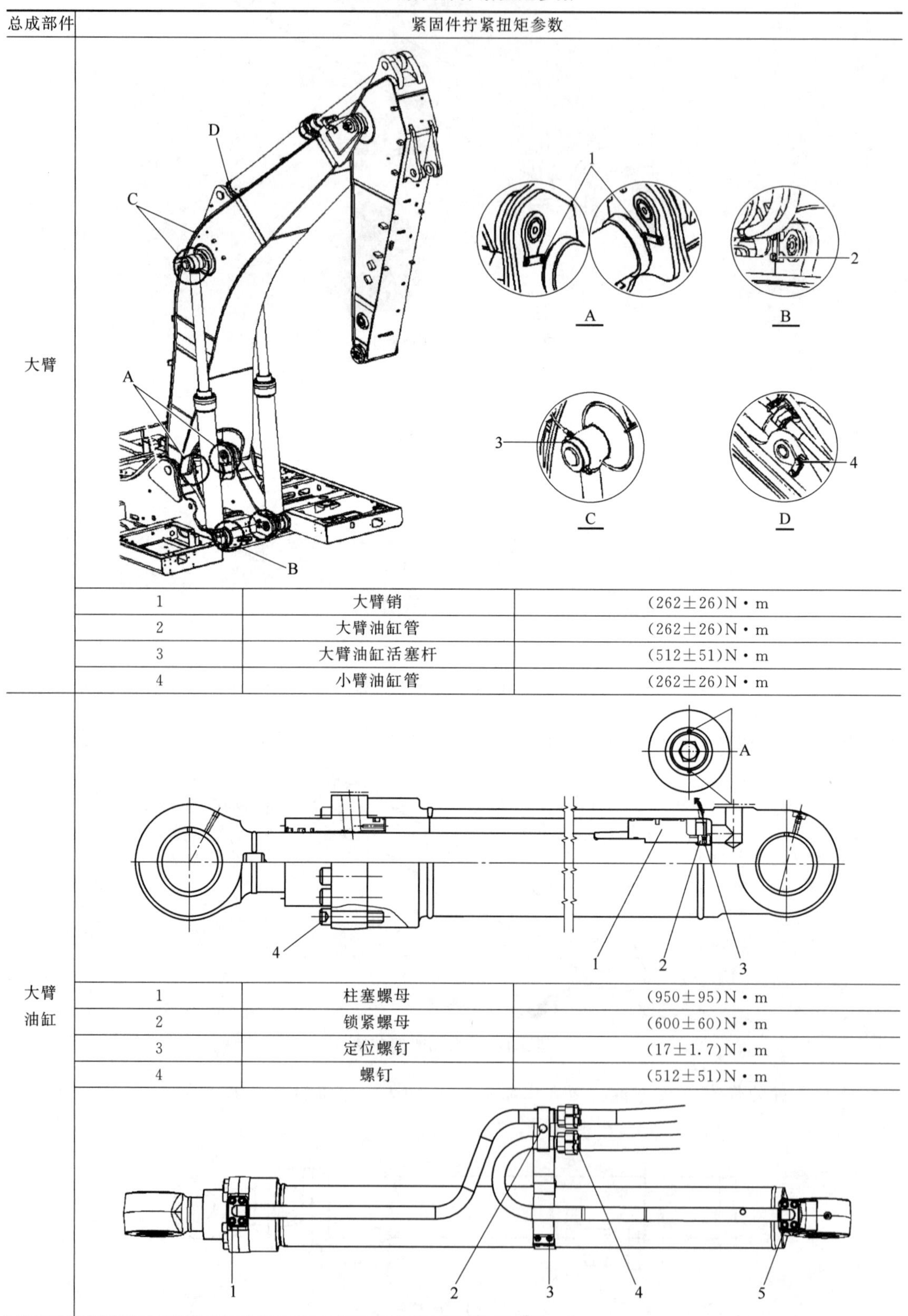

总成部件	紧固件拧紧扭矩参数		
大臂	1	大臂销	(262±26)N・m
	2	大臂油缸管	(262±26)N・m
	3	大臂油缸活塞杆	(512±51)N・m
	4	小臂油缸管	(262±26)N・m
大臂油缸	1	柱塞螺母	(950±95)N・m
	2	锁紧螺母	(600±60)N・m
	3	定位螺钉	(17±1.7)N・m
	4	螺钉	(512±51)N・m

续表

<table>
<tr><th>总成部件</th><th colspan="3">紧固件拧紧扭矩参数</th></tr>
<tr><td rowspan="5">大臂油缸</td><td>1</td><td>螺钉</td><td>(172±18)N・m</td></tr>
<tr><td>2</td><td>螺钉</td><td>(262±26)N・m</td></tr>
<tr><td>3</td><td>螺钉</td><td>(64±6.9)N・m</td></tr>
<tr><td>4</td><td>法兰</td><td>(172±18)N・m</td></tr>
<tr><td>5</td><td>螺钉</td><td>(172±18)N・m</td></tr>
<tr><td rowspan="10">大臂润滑脂管路</td><td colspan="3">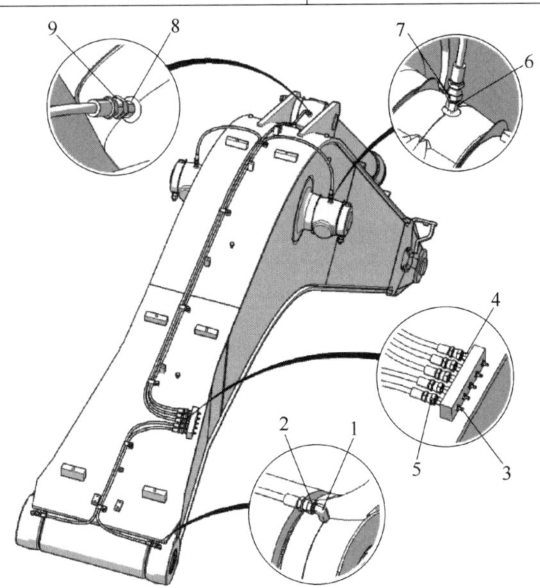
</td></tr>
<tr><td>1</td><td>连接器</td><td>(21.6±2.0)N・m</td></tr>
<tr><td>2</td><td>装置</td><td>(30.0+3.0,−0.0)N・m</td></tr>
<tr><td>3</td><td>接嘴</td><td rowspan="2">(21.6±2.0)N・m</td></tr>
<tr><td>4</td><td>连接器</td></tr>
<tr><td>5</td><td>装置</td><td>(30.0+3.0,−0.0)N・m</td></tr>
<tr><td>6</td><td>连接器</td><td>(21.6±2.0)N・m</td></tr>
<tr><td>7</td><td>装置</td><td>(30.0+3.0,−0.0)N・m</td></tr>
<tr><td>8</td><td>连接器</td><td>(21.6±2.0)N・m</td></tr>
<tr><td>9</td><td>装置</td><td>(30.0+3.0,−0.0)N・m</td></tr>
<tr><td>小臂</td><td colspan="3">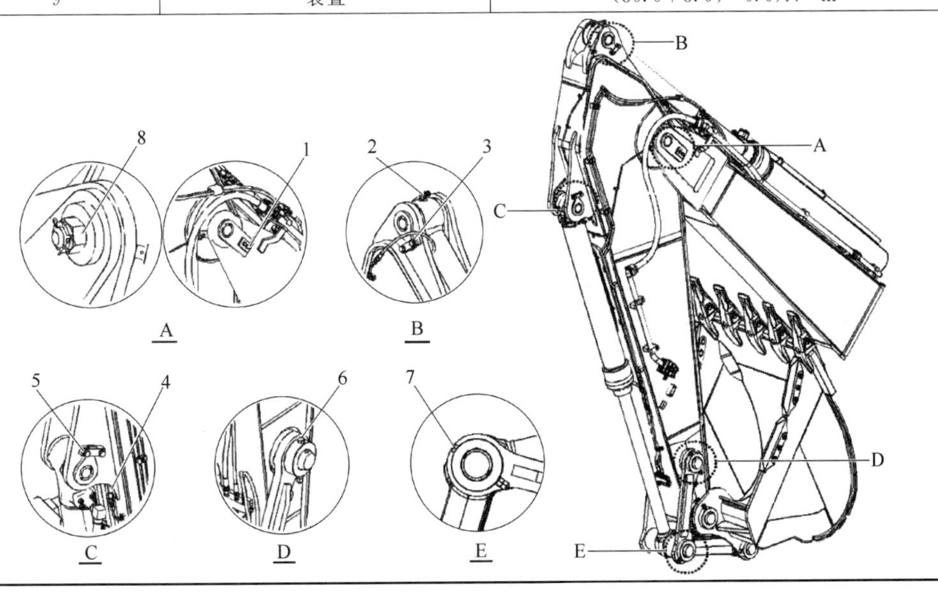
</td></tr>
</table>

续表

总成部件	紧固件拧紧扭矩参数		
小臂	1	对接式大臂/小臂	(262±26)N·m
	2	润滑脂软管	(30±3)N·m
	3	小臂油缸活塞杆销	(262±26)N·m
	4	润滑脂软管	(30±3)N·m
	5	铲斗油缸管	(262±26)N·m
	6	连杆	(512±51)N·m
	7	轭	(512±51)N·m;LR:(262±26)N·m
	8	槽顶螺母	不要拧紧槽顶螺母。将其锁定,使其不会与隔离圈接触,并装配开口销
小臂油缸	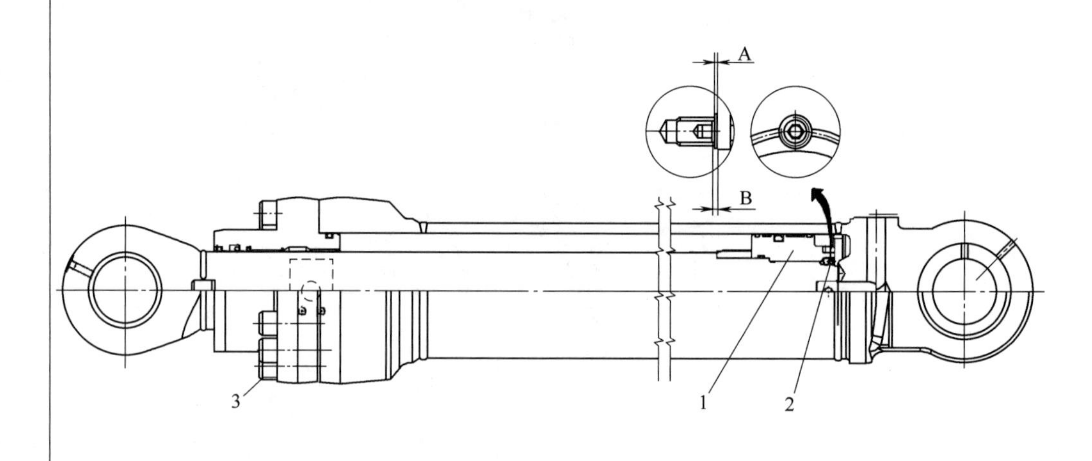 		
	1	柱塞螺母	(950±95)N·m
	2	定位螺钉	(30±3)N·m
	3	螺钉	(690±70)N·m
	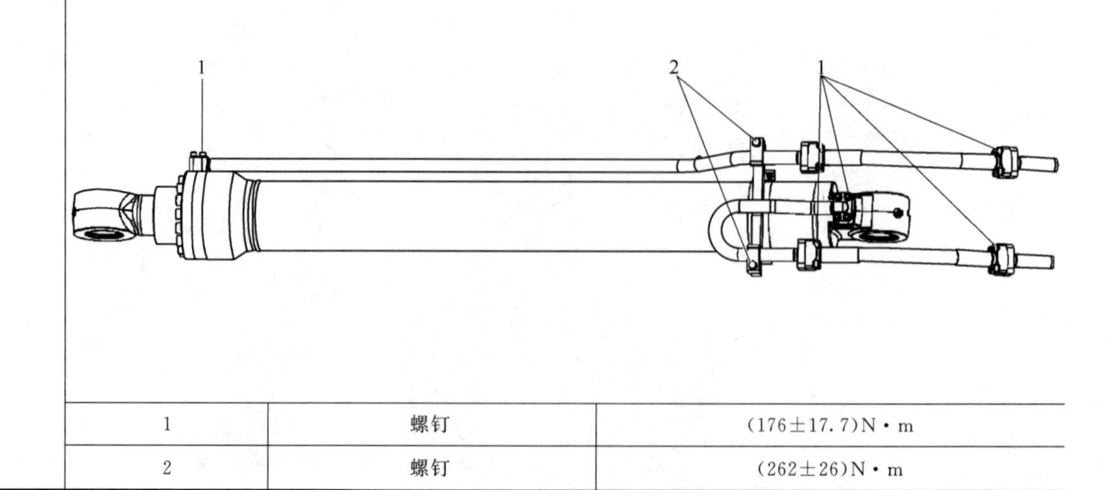 		
	1	螺钉	(176±17.7)N·m
	2	螺钉	(262±26)N·m

续表

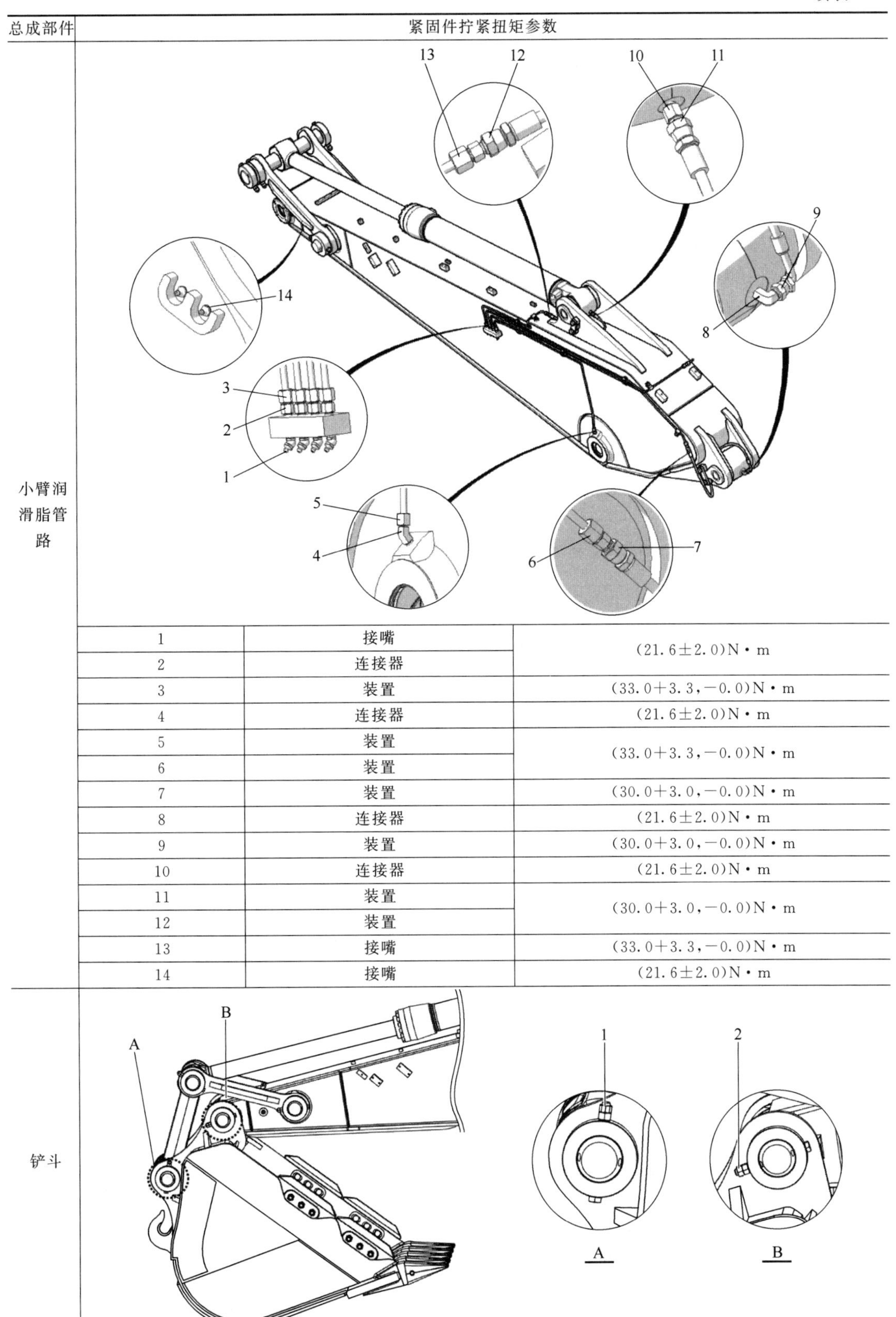

总成部件	紧固件拧紧扭矩参数		
小臂润滑脂管路	1	接嘴	(21.6±2.0)N·m
	2	连接器	
	3	装置	(33.0+3.3,−0.0)N·m
	4	连接器	(21.6±2.0)N·m
	5	装置	(33.0+3.3,−0.0)N·m
	6	装置	
	7	装置	(30.0+3.0,−0.0)N·m
	8	连接器	(21.6±2.0)N·m
	9	装置	(30.0+3.0,−0.0)N·m
	10	连接器	(21.6±2.0)N·m
	11	装置	(30.0+3.0,−0.0)N·m
	12	装置	
	13	接嘴	(33.0+3.3,−0.0)N·m
	14	接嘴	(21.6±2.0)N·m
铲斗			

续表

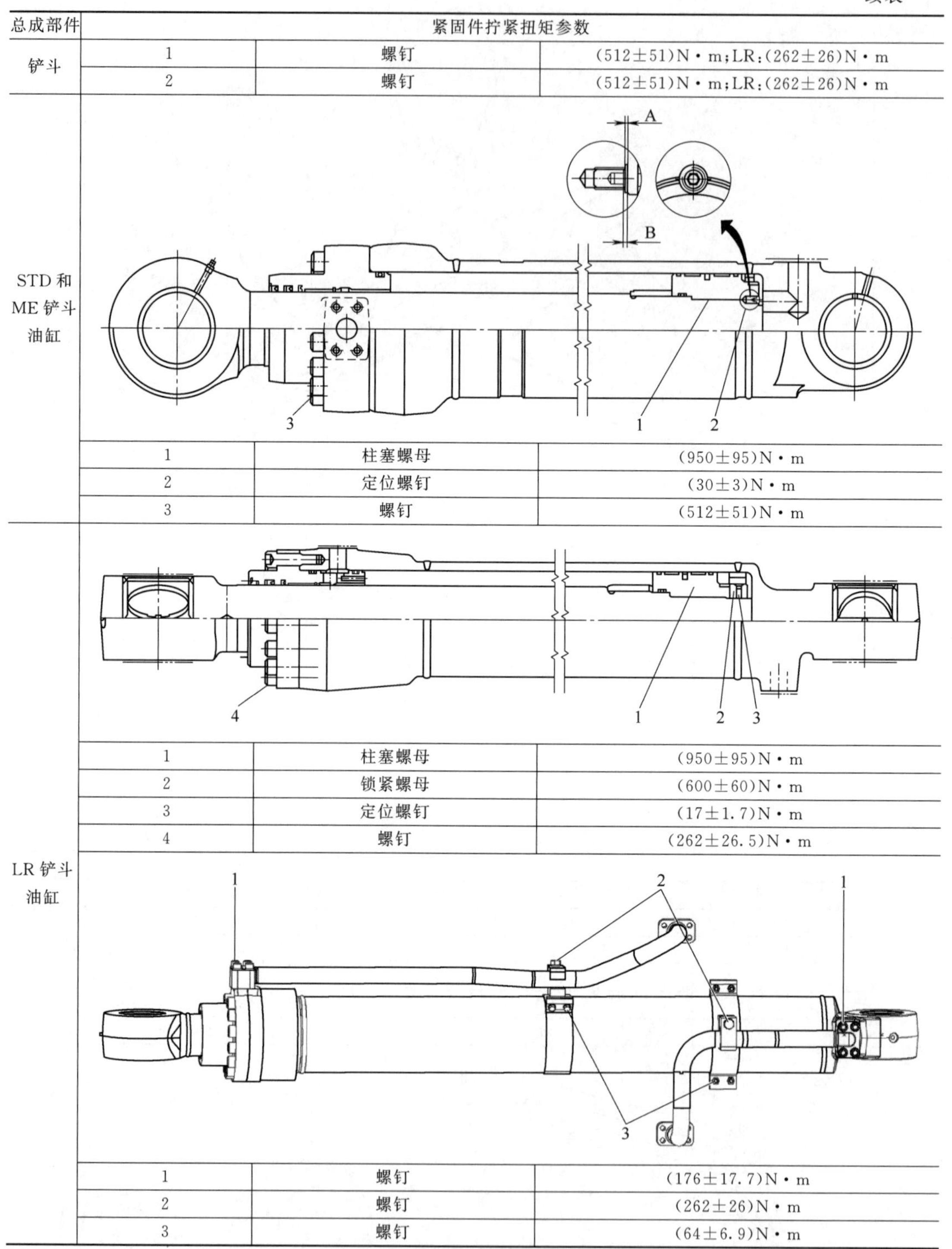

总成部件	紧固件拧紧扭矩参数		
铲斗	1	螺钉	(512±51)N·m;LR:(262±26)N·m
	2	螺钉	(512±51)N·m;LR:(262±26)N·m
STD 和 ME 铲斗油缸	1	柱塞螺母	(950±95)N·m
	2	定位螺钉	(30±3)N·m
	3	螺钉	(512±51)N·m
LR 铲斗油缸	1	柱塞螺母	(950±95)N·m
	2	锁紧螺母	(600±60)N·m
	3	定位螺钉	(17±1.7)N·m
	4	螺钉	(262±26.5)N·m
	1	螺钉	(176±17.7)N·m
	2	螺钉	(262±26)N·m
	3	螺钉	(64±6.9)N·m

第 7 节　液压系统测试与调整

这里以卡特 325C 型挖掘机为例介绍该机液压系统的随机测试与调整方法。

5.7.1　准备工作

为了防止造成人身伤害和机具的损坏，在机器上作任何的测试与调整以前，必须首先释放液压系统的压力。压力释放的基本方法如下：

① 将机器停放在平整的硬实地面上；全部缩回斗杆缸活塞杆，并调整铲斗缸使铲斗底平面与地面平行；放下动臂直至铲斗与地面贴合。

② 将发动机熄火。

③ 将启动开关转到“NO”的位置（不启动发动机）。

④ 将液压锁控制杆放到“不锁”的位置。

⑤ 全行程往复操作所有操纵杆和操纵踏板。

⑥ 将液压锁控制杆放到“锁”的位置。

⑦ 将启动开关转到“OFF”的位置。

⑧ 慢慢地松开（不卸掉）液压油箱上的油堵以释放油箱内的压力（需 45s 以上），然后扭紧。

进行以上操作后，单个的液压回路、先导系统以及液压油箱的压力均可得到释放。

5.7.2　风扇马达转速（液压油冷却器）

测试方法：

① 将机器停放至平整路面后熄火，释放液压系统压力。

② 在液压油冷却风扇上安装卡特彼勒 9U7400 工具组。

③ 启动发动机，油门位置放在“10”。

④ 转速自动控制开关置“关”位，液压油温在（55±5）℃。在此状态下，风扇的标准转速应为（1750±10）r/min；高温环境下的转速应为（1900±10）r/min。

调整方法：如果转速不在上述标准内，则调整风扇泵上的溢流阀。对应于标准转速，其溢流阀的调定压力应为 11600kPa；对应于高温环境下的转速，其溢流阀的调定压力应为 14000kPa。溢流阀调整螺钉每转 1/4 圈，其压力的变化约为 3300kPa。

5.7.3　先导溢流阀

测试方法：

① 将机器停放至平整路面后熄火，释放液压系统压力。

② 在先导油滤芯座上的测压接头上安装一块 6000kPa 的测压表。

③ 启动发动机，油门位置放在“10”。

④ 转速自动控制开关置“关”位，液压油温在（55±5）℃。此时的标准压力应为（4100±200）kPa。

调整方法：如果压力不在上述标准内，则调整先导油滤芯座上的溢流阀。

5.7.4　主溢流阀

测试方法：

① 将机器停放至平整路面后熄火，释放液压系统压力。

② 在液压主泵的右泵测压接头上安装一块 6000kPa 的测压表。

③ 启动发动机，油门位置放在“10”。

④ 转速自动控制开关置“关”位，液压油温在（55±5）℃；打开铲斗缸直到活塞杆完

全缩回。此时，标准压力应为（34300±490）kPa。

调整方法：如果压力不在上述标准内，则调整安装主溢流阀。在某些情况下，需暂时设定一下主溢流阀的压力，以满足特殊的要求。设定方法是，将主溢流阀调整螺钉顺时针转1/2圈。

5.7.5 行走溢流阀

测试方法：

① 将机器停放至平整路面后熄火。

② 暂时设定主溢流阀的压力。

③ 释放液压系统压力。

④ 在先导油滤芯座上的测压接头上安装一块6000kPa的测压表。

⑤ 启动发动机，油门位置放在“10”。

⑥ 转速自动控制开关置“关”位，液压油温在（55±5)℃。启动维修模式，让固定功率变化压力达到3000kPa；操作操纵杆，测对应溢流阀的压力，其标准压力为（36300±1470）kPa。

调整方法：如果压力不在上述标准内，则调整安装在行走马达上的溢流阀。测试调整完成后，需将主溢流阀压力恢复到正常值。

5.7.6 管路溢流阀

测试方法：

① 将机器停放至平整路面后熄火。

② 暂时设定主溢流阀的压力。

③ 释放液压系统压力。

④ 在先导油滤芯座上的测压接头上安装一块6000kPa的测压表。

⑤ 启动发动机，油门位置放在“10”。

⑥ 转速自动控制开关置“关”位，液压油温在（55±5)℃。启动维修模式，让固定功率变化压力达到2840kPa；操作操纵杆，测对应溢流阀的压力，其标准压力为（36800±1470）kPa。

调整方法：如果压力不在上述标准内，则调整主控制阀（俗称分配阀）上的对应溢流阀。测试调整完成后需将主溢流阀的压力恢复到正常值。

5.7.7 回转溢流阀

测试方法：

① 将机器停放至平整路面后熄火，释放液压系统压力。

② 在左边液压主泵的测压接头上安装一块6000kPa的测压表。

③ 切断回转制动电磁阀的电源。

④ 启动发动机，油门位置放在“10”。

⑤ 转速自动控制开关置“关”位，液压油温在（55±5)℃。操作操纵杆，待确认回转制动有效后再做左、右回转，测对应溢流阀的压力，其标准压力为（29400±980）kPa。

调整方法：如果压力不在上述标准内，则调整回转马达上对应的溢流阀。

第8节　液压系统故障排除

5.8.1　液压系统常见故障排除

挖掘机液压系统常见故障可参考表5-10进行检查与排除。

表5-10　液压系统常见故障与排除方法

故障现象	原因分析	排除方法
挖掘机全车无动作	1. 液压油箱油量不够，主泵吸空	加足液压油
	2. 吸油滤清器堵死	更换滤清器，清洗系统
	3. 发动机联轴器损坏（如胶盘、弹性盘）	更换
	4. 主泵损坏	更换或维修主泵
	5. 伺服系统压力过低或无压力	调整到正常压力，如伺服溢流阀调不上压力，则拆开清洗，如弹簧疲劳可加垫或更换
	6. 安全阀调定压力过低或卡死	调整到正常压力，如调不上压力，则拆开清洗，如弹簧疲劳可加垫或更换
	7. 主泵吸油管爆裂或拔脱	更换新管件
单边履带不能行驶	1. 给单边履带行走供油的主泵损坏	更换
	2. 履带轨断裂	连接
	3. 行走先导阀损坏，行走伺服压力过低	更换
	4. 主阀阀杆卡死，弹簧断裂	修复或更换
	5. 行走马达损坏	更换
	6. 行走减速器损坏	更换
	7. 回转接头上下腔沟通	换油封或清洗总成
	8. 行走油管爆裂	更换
挖掘机全车动作迟缓无力	1. 液压油箱油位不足	加足液压油
	2. 发动机转速过低	调整发动机转速
	3. 伺服系统压力过低	调整到规定压力
	4. 系统安全阀压力过低	调整到规定压力
	5. 主泵供油不足，提前变量	调整主泵变量点调整螺钉
	6. 主泵内泄严重，如配油盘与缸体间的球面磨损严重、压紧力不够、柱塞与缸体间磨损，造成内泄	更换主泵或修复
	7. 行走马达、回转马达、油缸均有不同程度的磨损，产生内泄	更换或修复磨损件
	8. 年久的挖掘机由于密封件老化，液压元件逐渐磨损，液压油变质，使作业速度随温度提高而减慢无力	更换液压油，更换全车密封件，重新调整液压元件配合间隙与压力
	9. 发动机滤清器堵塞，造成加载转速下降，严重时熄火	更换滤芯
	10. 液压油滤清器堵塞，会加快泵、马达、阀磨损而产生内泄	按保养大纲定期清洗和更换滤芯
	11. 主阀阀杆与阀孔间隙磨损过大，内泄严重	修复阀杆
左右行走无动作（其他正常）	1. 中央回转接头损坏，如沟槽损坏	应更换损坏件
	2. 行走操纵阀高压腔与低压腔击通	更换
	3. 行走操纵阀内泄严重，造成行走伺服压力过低	更换
	4. 主阀中行走阀过载压力过低或阀杆卡死	调整、研磨

续表

故障现象	原因分析	排除方法
左右行走无动作(其他正常)	5. 左右行走减速器有故障	修复
	6. 左右行走马达有故障	修复
	7. 油管爆裂	更换
行走时跑偏(其他正常)	1. 双泵的流量相差过大	调整
	2. 主泵变量点调整有误差或有一个泵内泄过大	调整或修复
	3. 主阀中有一行走阀阀芯内或外弹簧损坏或卡紧	更换
	4. 行走马达有磨损而产生内泄	修复或更换
	5. 中央回转接头密封件老化损坏	更换密封件
	6. 左右履带松紧不一	调整
	7. 行走制动器有带车现象	调整
	8. 先导阀有内泄或损坏	更换
未操作时行走机构有移动现象	1. 先导阀手柄压盘,压紧量过大	调整
	2. 先导阀阀芯有卡紧现象	更换
	3. 主阀阀杆有卡紧现象或阀杆弹簧断裂	修复
	4. 挖掘时行走抱闸未抱死	调整
动臂(斗杆、铲斗)只有单向动作	1. 先导阀阀芯卡死	修复
	2. 主阀阀芯卡死或阀杆弹簧断裂	修复或更换
动臂(斗杆、铲斗)无动作	1. 先导阀卡死,或内泄严重,或伺服压力过低	更换
	2. 主阀动臂阀杆卡死或过载压力过低	修复
	3. 供油油道漏油,拔脱,O形环损坏,管接头松动	更换损坏件
	4. 主阀内部有砂眼,高低压腔沟通	更换
动臂(斗杆、铲斗)下落过快或在一定高度不操作时工作油缸在自重下下坠	1. 先导操纵阀阀芯卡紧	修复或更换
	2. 过载阀压力过低	调整
	3. 油缸内泄大	更换密封,修复油缸内壁划痕和沟槽或更换油缸
	4. 油管接头松动,O形环损坏	更换
动臂(斗杆、铲斗)工作缓慢无力	1. 先导阀输出压力过低,先导阀有内泄	更换
	2. 动臂(斗杆)合流时,有一片阀未工作,造成没合流	修复、清洗
	3. 多路阀内泄严重或有砂眼	更换
	4. 过载压力低	调整
	5. 油缸内泄大	更换油封
	6. 主泵有内泄,工作不正常	修复或更换
未操作时动臂(斗杆、铲斗)有运动现象	1. 先导阀手柄压盘,压紧量过大	调整
	2. 先导阀阀芯卡紧	修复或更换
	3. 多路阀阀芯卡紧或内泄过大	研磨或更换
	4. 多路阀阀杆弹簧断裂	更换
	5. 工作油缸泄漏,作业设备在自重下下降	更换油封
	6. 主阀过载溢流阀压力过低或弹簧断裂	调整到规定压力,如弹簧断裂应更换
液压油温过高	1. 没有正确使用挖掘机要求的标号液压油	更换液压油
	2. 液压油冷却器外表油污、泥土多,通风孔堵塞	清洗
	3. 发动机风扇皮带打滑或断开	调整皮带松紧度或更换
	4. 液压油箱油位过低	加足液压油

续表

故障现象	原因分析	排除方法
液压油温过高	5. 液压油污染使马达、主阀、油缸等液压元件内部零件或密封件加速磨损产生内泄，引起油温升高，行走、回转、工作装置动作迟缓无力，而温度高又会使液压油恶化，安全阀封闭不严，造成溢流损失	及时更换各种滤芯
回转无动作（其他动作正常）	1. 液压油管破裂	更换
	2. 伺服阀内泄、阀杆卡住或损坏	修复或更换
	3. 主阀上回转阀杆卡死	修复
	4. 回转马达损坏	修复或更换
	5. 回转制动器没打开	调整
	6. 回转减速器内部损坏	修理、更换损坏的齿轮
	7. 回转支承损坏	更换
回转左右方向速度不等（其他正常）	1. 伺服阀内泄过大	更换
	2. 多路阀左右回转过载压力不等	调整
	3. 多路阀回转阀杆有轻微卡紧现象	研磨
	4. 回转制动抱闸	调整
回转迟缓无力（其他正常）	1. 液压油管外泄严重	更换管件和密封件
	2. 伺服阀内泄大，压力低于规定值	更换
	3. 多路阀回转过载压力低	调整
	4. 回转制动器带车	调整
	5. 回转马达内泄严重	修复或更换
	6. 多路阀高低压腔击通，阀体有铸造砂眼，造成单向动作或几个动作联动	更换
未操作回转机构而有回转现象	1. 先导阀手柄压盘，压紧量过大	调整
	2. 先导阀阀芯有卡紧现象	修复
	3. 主阀阀杆弹簧断裂	更换
挖掘机工作时产生异响、异常振动	1. 液压油箱油量不足	补油
	2. 油液中含水分、空气过多	更换
	3. 主泵柱塞打断，发出振动、噪声	更换
	4. 多路阀的安全阀发响	调整
	5. 联轴器损坏	更换
	6. 减速器齿轮损坏	更换
	7. 冷却风扇叶片刮导风罩	调整
	8. 硬管管卡未卡紧而振动	调整
	9. 滤清器堵塞	更换
	10. 吸油管进气	排气
	11. 发动机转速不均	调整
	12. 工作装置轴承没有润滑或研伤	加润滑油或更换轴或套
油缸无力、漏油	1. 密封件损坏	更换密封件
	2. 活塞杆拉磨出沟槽或活塞杆镀铬层局部脱落引起漏油	刷镀、喷涂、修复或更换
	3. 油缸工作爬行产生振动或噪声，原因是缸内有空气	排气
油泵系统不供油或供油不足	1. 发动机转速太低	调整到正常转速
	2. 主泵有故障	更换
	3. 油箱油量不足	补油
	4. 先导阀压力不足	调整
	5. 油管破裂，油管接头松动，O 形环损坏	更换

5.8.2 液压系统典型维修案例

5.8.2.1 大臂上升缓慢故障

故障现象：故障机型为神钢 SK2680-8，该机工作时，大臂上升动作缓慢且时有时无，其他动作均正常。

维修过程：

① 调出售后服务诊断仪窗口查看，当大臂出现无动作的故障时，其高压传感器和低压传感器数据异常，P1、P2 泵高压传感器压力都只有 3M，B-1 低压传感器的压力值只有 1M，对调 SE3 和 SE8 传感器后，现象依旧存在。

② 接着更换高压传感器后，故障未消失，大臂上升先导油路的压力始终为低压力值，由此断定其大臂上升先导油路有卸压处。

③ 交换驾驶室左右先导操纵手柄，现象仍然存在，证明压力在此无泄漏。

④ 检查 17 单向节流阀，无堵塞。

⑤ 交换大臂上升和小臂回收的先导油管，相当于另外引一根压力为 3M 的先导油推动大臂阀芯。结果引入这根（本来正常）后出现 SE7 低压传感器压力值偏低，只有 1M 左右，由此说明大臂阀芯有泄漏。

故障排除：更换大臂阀芯，故障消失。

5.8.2.2 大臂不能将机器正常撑起

故障现象：神钢 SK350-6E 挖掘机利用大臂撑起机器时，不能顺利将机器撑起，要停顿一下。

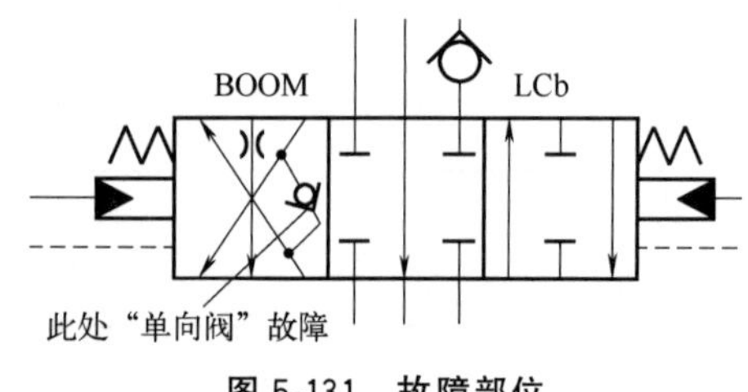

图 5-131 故障部位

故障分析：检查发现是由于大臂阀芯内部的再生单向阀动作不良，如图 5-131 所示，导致机器无法正常撑起。

故障排除：更换大臂阀芯后正常。

5.8.2.3 右行走无力故障

故障现象：小松 PC200-7 型挖掘机工作装置 L 模式下斗杆、右行走（前泵供油）动作缓慢，动作无力。前泵输出压力低。

维修过程：

① 工作模式 L 下斗杆溢流时前泵 172kg/cm^2，后泵 40kg/cm^2。动臂溢流时前泵 20kg/cm^2，后泵 389kg/cm^2。

② 对调两主溢流阀，故障依旧。

③ 检查卸荷阀，发现阀芯被异物卡住，如图 5-132 所示。主阀上的卸荷阀阀芯被异物卡住，导致阀芯常开，前泵输出液压油通过卸荷阀与油箱相连通，导致前泵工作压力低。

故障排除：更换新的卸荷阀后，故障现象消失。

5.8.2.4 挖掘机无力故障

故障现象：三一 SY215 挖掘机工作时复合动作缓慢，冒黑烟，尤其大臂提升慢，油耗高达 19L/h。

故障分析：①保养不及时，油路不畅，发动机高速运转时不能正常工作；②主压力或者先导压力低；③转速标定不正确，与额定转速相差较大或者位置传感器电压不正常，控制器不能使液压泵输出的功率达到正常值，转速太低。

维修过程：

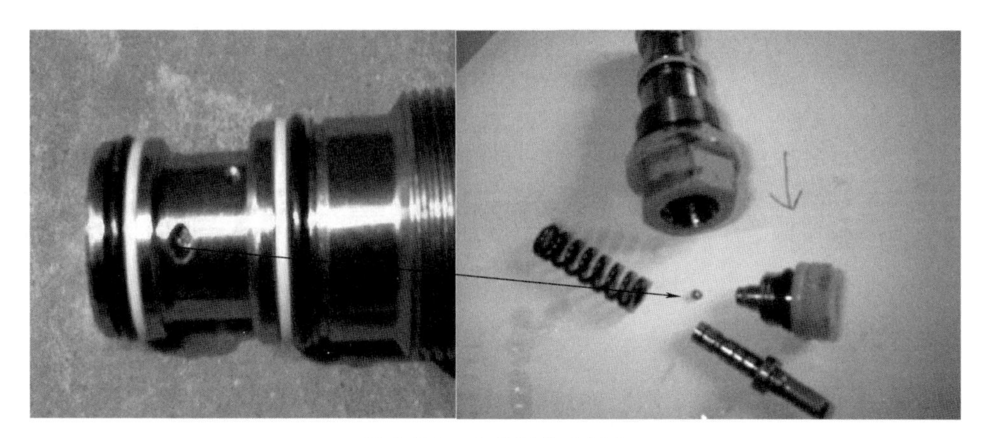

图5-132　卡住阀体的异物

① 咨询客户保养是否按照要求完成。

② 启机检查发现主压力在345kg左右，先导压力32kg，调节先导压力到38kg。

③ 转速在S模式下能达到2100r。

④ 位置传感器电压3.58V，重新标定转速，位置传感器电压标定到3.7V。试车检查，机器工作正常，没有发现黑烟，动作达到了出厂时的速度。

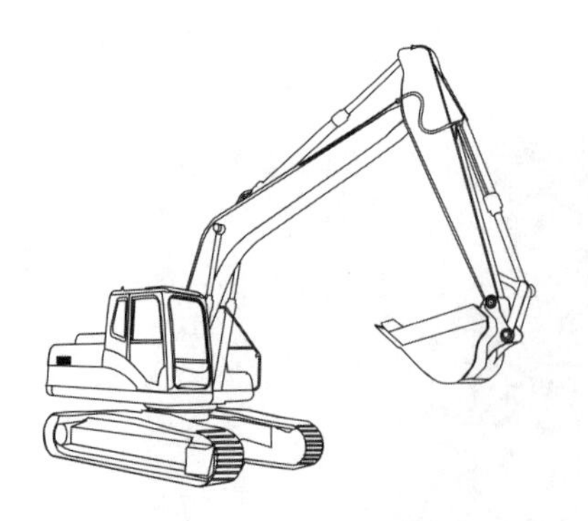

第6章

电气系统

第1节　电气基础

6.1.1　基本概念

6.1.1.1　电流

电流只能在闭合的电路中流动。最简单的电路可以由一个电源（例如电池）、一个耗能元件（例如白炽灯）和连接电源与耗能元件的导线组成。人们可以使用开关将电路接通和断开，如图 6-1 所示。

耗能元件
电源
开关

图 6-1　简单电路

电流具有不同的作用：

① 感应（电磁）；

② 电容（电容器）；

③ 电阻加热（灯丝）；

④ 电解（电镀）。

从电气-液压角度出发，在此应该特别提及的是电流的磁作用。人们使用电流表测量电流 I。电流的单位为安培（A）。

人们将电流划分为不同的形式，见表 6-1。

表 6-1　电流形式

电流形式	图形符号	电源	图解
直流	⎓	蓄电池 电池	I t
交流	∼	发电机	I t

直流电是一种在同一个方向以相同的强度连续流动的电流。交流电是一种方向和强度持续变化的电流。

与液压相比，人们可以把电流（电子）看作流量（油液）。一方面是电子流过导线，另一方面是油液流过管路。

6.1.1.2 电压

电压是指电路中两点之间的电位差。俗话说水往低处流，水的流动是因为有水压（水位差），并由高水位向低水位流动。在电路中，由于有电压（电位差）的存在，电流就会从高电位点流向低电位点，如图 6-2 所示。电压是产生电流不可缺少的条件。

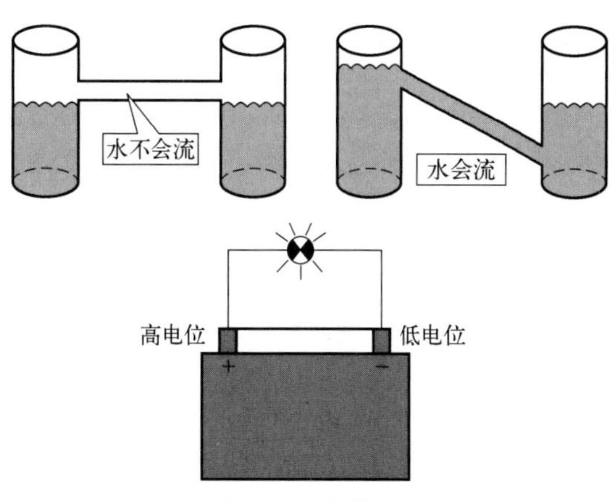

图 6-2 电位差

电压分为直流电压与交流电压。如果电压的大小及方向都不随时间变化，则称为稳恒电压或恒定电压，即直流电压，用大写字母 U 表示。如果电压的大小及方向随时间周期性地变化，则称为交流电压。汽车电路中的电压一般指的是 12V 的直流电压。

电压的方向规定为从高电位指向低电位的方向。电压在国际单位制中的单位为伏特（V），常用的单位还有千伏（kV）、毫伏（mV）、微伏（μV）等。

它们之间的关系是：1kV＝1000V；1V＝1000mV；1mV＝1000μV。

6.1.1.3 电阻

物质对电流的阻碍作用就叫该物质的电阻。电阻小的物质称为电导体，简称导体。电阻大的物质称为电绝缘体，简称绝缘体。

在物理学中，用电阻来表示导体对电流阻碍作用的大小。导体的电阻越大，表示导体对电流的阻碍作用越大。不同的导体，电阻一般不同，电阻是导体本身的一种性质。电阻元件是对电流呈现阻碍作用的耗能元件。

导体的电阻通常用字母 R 表示，电阻的单位是欧姆，简称欧，符号是 Ω，1Ω＝1V/A。比较大的单位有千欧（kΩ）、兆欧（MΩ）。

它们的换算关系是 1MΩ＝1000kΩ；1kΩ＝1000Ω。

电阻的大小跟下面这些因素有关。

材料：银导电最好，其次是铜、铝、铁。

温度：金属导体在常温下，温度越高电阻越大，反之电阻越小。刚开电炉子时屋里灯光会变暗，当炉丝发红后，灯又亮起来了。因为刚开始时，炉丝没有发热，温度低，电阻小，经过的电流大，炉丝发红后温度高，电流变小。

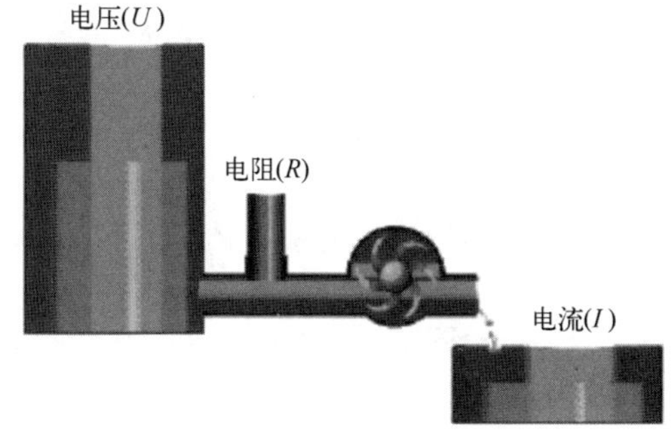

图 6-3 电的三要素与流水原理

长度：导体越长电阻越大，反之电阻越小。

导体的横截面积：导体越粗，电阻越小，反之电阻越大。例如 20W 的灯泡灯丝细、电阻大，100W 灯丝粗、电阻小。

6.1.1.4 欧姆定律

前面讲了电流、电压、电阻，它们称为电的三要素，它们之间的关系就是欧姆定律。

电压、电流和电阻之间的关系可以用图 6-3 的流水来代替说明。

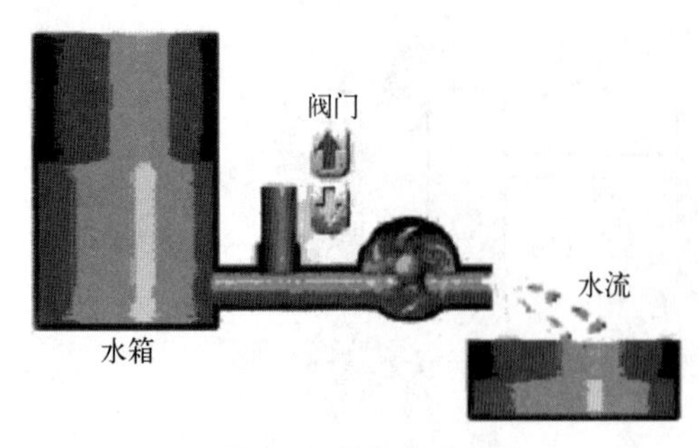

图 6-4 阀门与电阻

电压一定时，电阻越高，电流越小。

如图 6-4 所示，水流的压力随着位于水箱和水轮之间的阀门的打开高度而变化，因此水轮机的转速也随之变化。此阀门便相当于电路中的电阻。

如图 6-5 所示，增加水箱中水的容量可增加水轮的速度。另外，降低阀门的开度阻止水流，便减慢水轮的速度。

因此，调节水压及阀门高度便可以将水轮控制在设定的速度运行。同样，在电路中，改变电阻及电压值，可以对电路中各设备分配不同的做功量。

欧姆定律公式如图 6-6 所示。

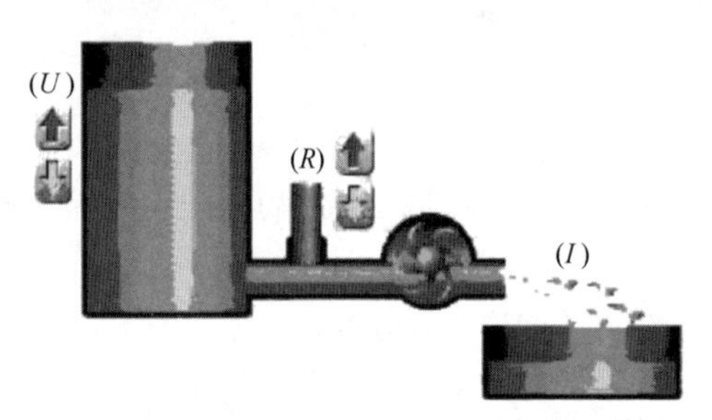

图 6-5 水流量（做功量）的调节

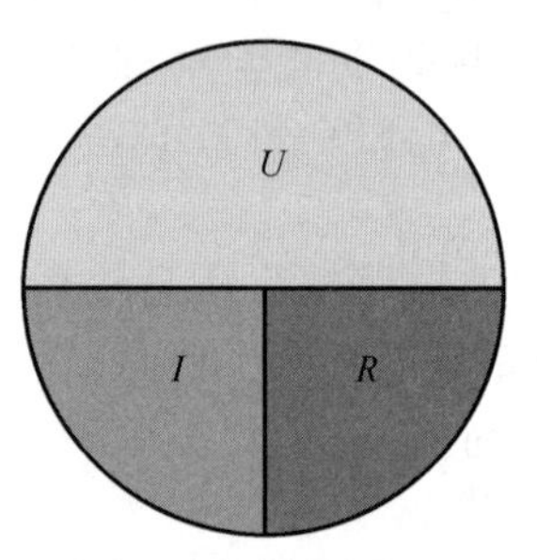

图 6-6 欧姆定律公式

这种关系可归纳如下：电流与电压成正比，与电阻成反比。

电压、电流及电阻间的这种关系根据欧姆定律，可写成公式形式：$U=RI$。

6.1.2 电子元件

6.1.2.1 电阻器

电阻器（简称电阻）是利用金属或非金属材料制成的便于安装的电路元件。几乎在所有的电路中都离不开电阻。其功能可归纳为：降低电压、分配电压、限制电流及向各种电子电路元器件提供必要的工作条件（如电压、电流）等。

(1) 电阻的种类

常见的电阻种类很多，按其结构形式可分为固定电阻、可变电阻和电位器三种；按制造材料可分为碳膜电阻、金属膜电阻、金属氧化膜电阻、贴片电阻（见图 6-7）等；按功能分

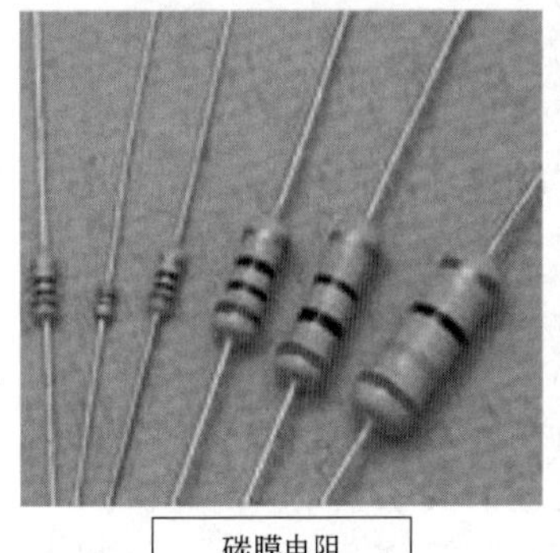

碳膜电阻

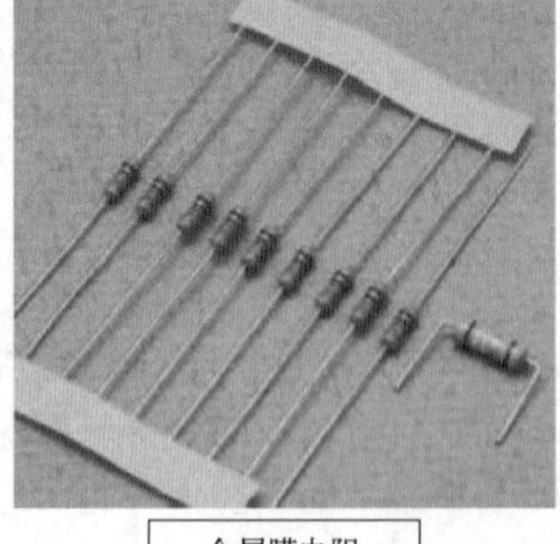

金属膜电阻

贴片电阻

图 6-7 电阻按制造材料分类

为负载电阻、采样电阻、分流电阻、保护电阻等。

(2) 电阻的标称值与允许误差

大多数电阻上都标有电阻的数值，这就是电阻的标称阻值，简称标称值。电阻的标称值往往和它的实际阻值不完全相同。电阻的实际阻值与其标称值的偏差，除以标称值所得到的百分比，叫作电阻的误差，电阻的实际阻值对于标称值的最大允许偏差范围称为允许误差。误差代码有 F、G、J、K 等，常见的误差范围是 0.01%、0.05%、0.1%、0.25%、0.5%、1%、2%、5%等。

(3) 电阻的单位标注

在电路图中，电阻值在兆欧以上的，标注单位为 M。电阻值在 1～100kΩ 之间，标注单位为 k。电阻值在 1000Ω 以下，标注单位为 Ω。

(4) 电阻的使用

使用电阻时，要根据电路的要求，选用不同种类和误差的电阻。在一般电路中，采用误差为 10%或 20%的碳膜电阻就可以了。

电阻的额定功率要为其需实际承受功率的 1.5～2 倍，只有这样才能保证电阻的耐用和可靠。

电阻在电路板上装配之前，要用万用表欧姆挡核实它的阻值。安装时，要让电阻的类别、阻值等符号容易看到，以便检查、核实。

(5) 电位器

电位器实际上是一个可变电阻，其典型的三线电位器结构如图 6-8 所示。它有三个引出端，其中 1、3 两端间电阻值为最大，1、2 或 2、3 两端间的电阻值可以通过接触弹簧片所在位置加以调节。接触弹簧片与旋转轴相连，即与端子 2 相连，在弹簧压力的作用下与电阻片保持接触。

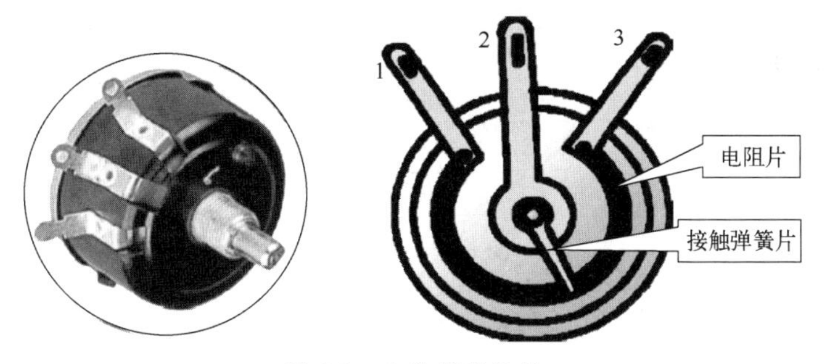

图 6-8　电位器的结构

如图 6-9 所示，可变电阻的端子连接除了三线制的，还有两线制。三线制的可变电阻称为电位器，两线制的可变电阻称为电阻器。电位器与一般可变电阻的不同之处在于它用在电路中需要经常改变电阻值的地方，如车载收音机的音量控制是通过电位器的调节来实现控制功能的。

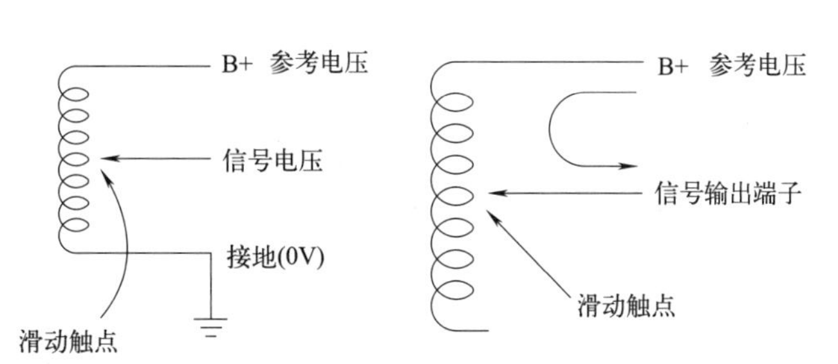

图 6-9　可变电阻接线

电位器在现代电控挖掘机上具有非常重要的作用，它的主要用途是作为位置传感器，如发动机电控系统的节气门位置传感器（见图 6-10）、加速踏板位置传感器等。这些传感器可以精确计量某些位置的微小变化，将位置信号转换成电压信号输出。

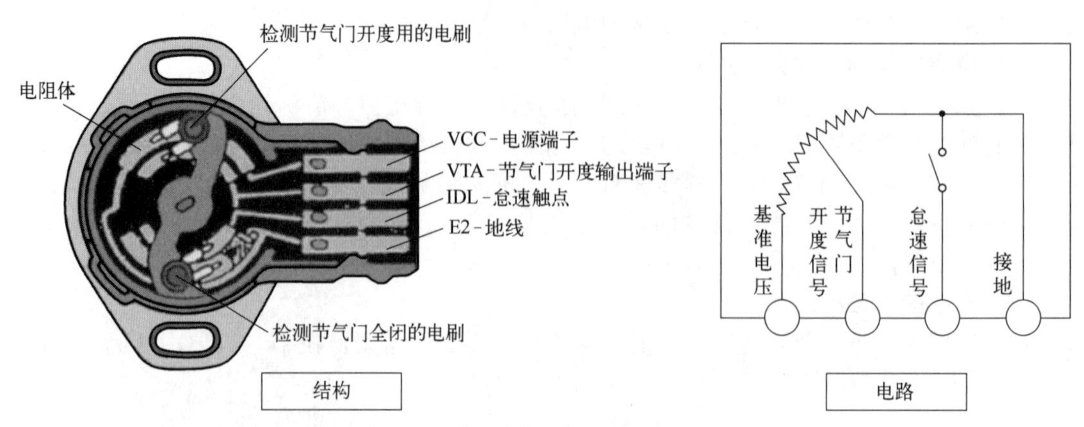

图 6-10 节气门位置传感器

6.1.2.2 电容器

各式各样的电容器如图 6-11 所示。电容器（简称电容，用字母 C 表示）是各种电路的主要元器件之一，它们在电路中分别起着不同的作用。电容器的功能有调谐、耦合、滤波、去耦、通交流隔直流（旁路交流电、隔断直流电）等。

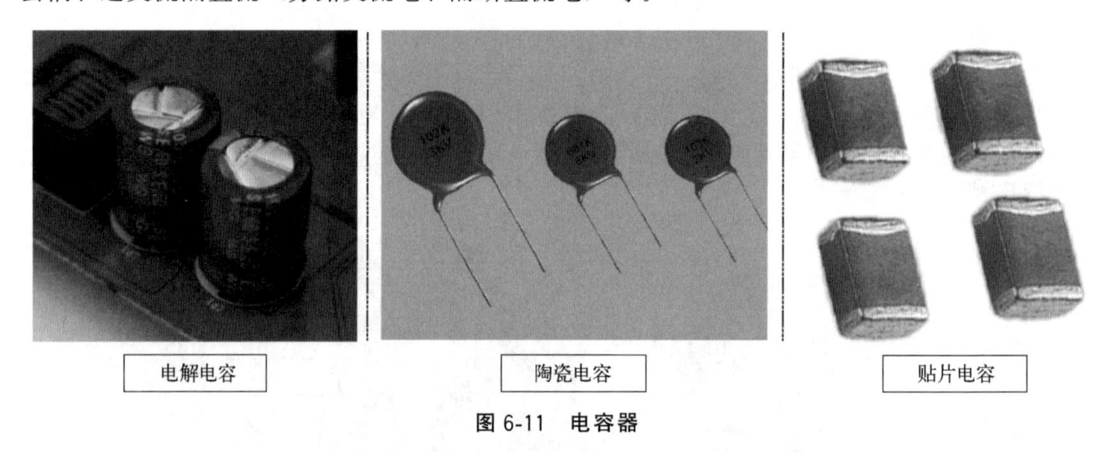

图 6-11 电容器

顾名思义，电容器就是“储存电荷的容器”。尽管电容器品种繁多，但它们的基本结构和原理是相同的。两片相距很近的金属片被某物质（固体、气体或液体）所隔开，就构成了电容器。两片金属片称为极板，中间的物质叫作介质。电容器也分为容量固定与容量可变的（见图 6-12）。但常见的是固定容量的电容，最多见的是电解电容和陶瓷电容。

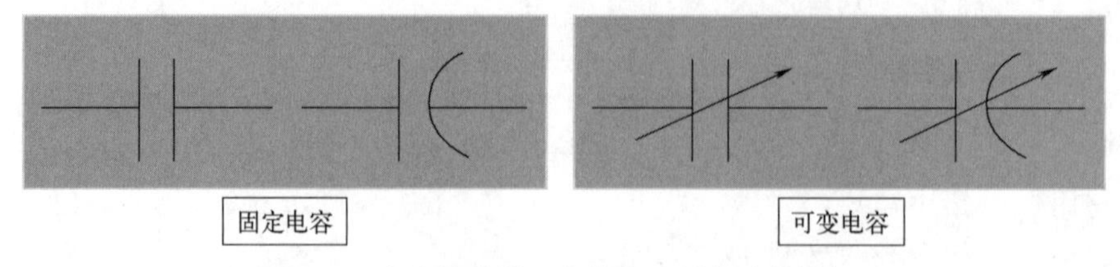

图 6-12 电容的种类（弯曲的一侧表示负极板）

在直流电路中，只有在电容器充电过程中，才有电流流过，充电过程结束后，电容器是不能通过直流电的，在电路中起着“隔直流”的作用。电容器充电的时候，蓄电池电压迫使电流流过充电电路，见图 6-13。

在电子线路中，电容既用来通过交流而阻隔直流，也用来存储和释放电荷以充当滤波器，平滑输出脉动信号。小容量的电容，通常在高频电路中使用，如收音机、发射机和振荡器中。大容量的电容往往是作滤波和存储电荷用。

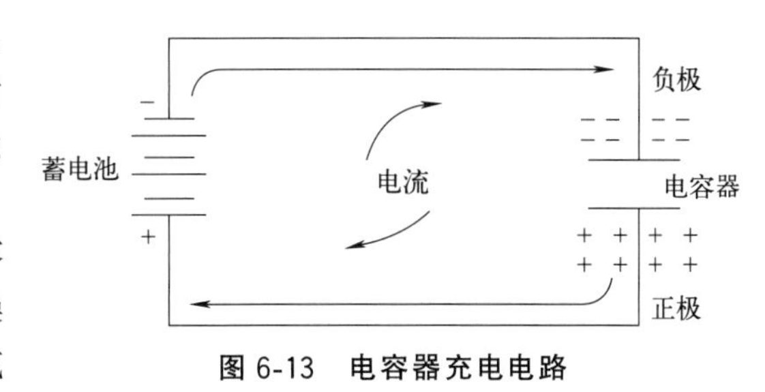

图 6-13 电容器充电电路

电容器的滤波原理如图 6-14 所示，电容器能很好地抑制电路噪声是因为绝大部分的噪声干扰是交流电产生的，而这些影响收音机或放大器的交流电通过电容接地了。

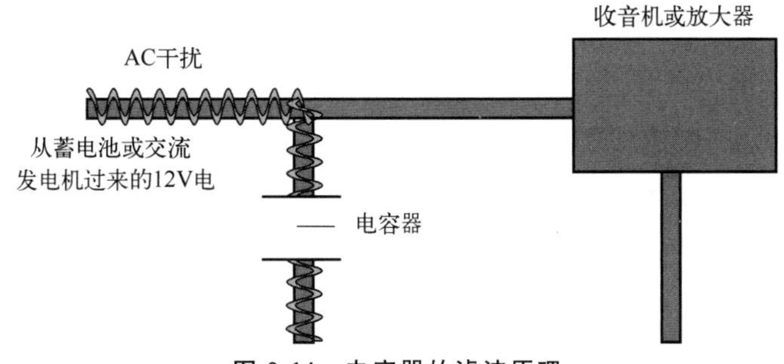

图 6-14 电容器的滤波原理

不同的电容器储存电荷的能力也不相同。规定把电容器外加 1V 直流电压时所储存的电荷量称为该电容器的电容量。电容的基本单位为法拉（F）。但实际上，法拉是一个很不常用的单位，因为电容器的容量往往比 1F 小得多，常用微法（μF）、皮法（pF）等，它们的关系是：

$$1\ 法拉(F)=1000000\ 微法(\mu F)$$

$$1\ 微法(\mu F)=1000000\ 皮法(pF)$$

电容器在长期可靠的工作中所承受的最大直流电压就是电容器的耐压，也叫电容器的直流工作电压。电容器的耐压值一般都直接标注在电容器的外壳上。使用时，若加在一个电容器的两端的电压超过了它的额定电压，电容器就会被击穿损坏。

6.1.2.3 电感器

电感元件是指电感器（电感线圈）和各种变压器。电感器也是电子电路重要的元件之一，它和电阻、电容、晶体管等进行组合，从而构成具有各种功能的电子电路。电阻器、电容器、电感器，一般称为无源元件；电子管、晶体管、集成电路等通常称为有源元件。

电感线圈的种类很多，按其电感形式可分为固定电感线圈和可变电感线圈。按铁磁体的性质来分，又可分为空心线圈、磁芯线圈和铜芯线圈等，如图 6-15 所示。

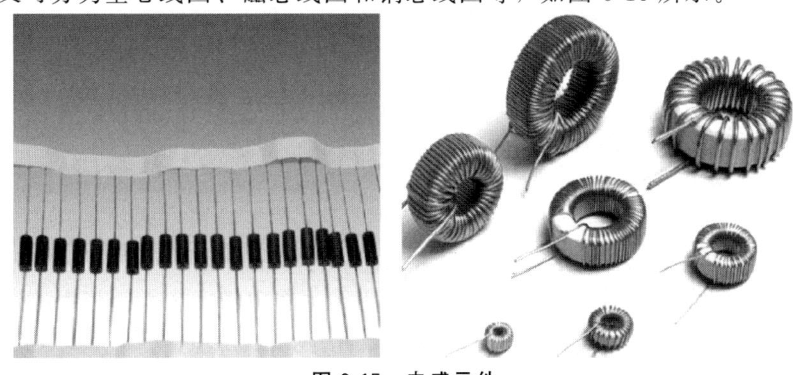
图 6-15 电感元件

6.1.2.4　变压器

变压器是利用电磁感应的原理来改变交流电压的装置，主要构件是初级线圈、次级线圈和铁芯（磁芯）。变压器是电子电路广泛采用的无源器件之一。其功用是对交流电或者交流信号进行电压变换、电流变换或阻抗变换，也可用来传递信号、隔断直流等。

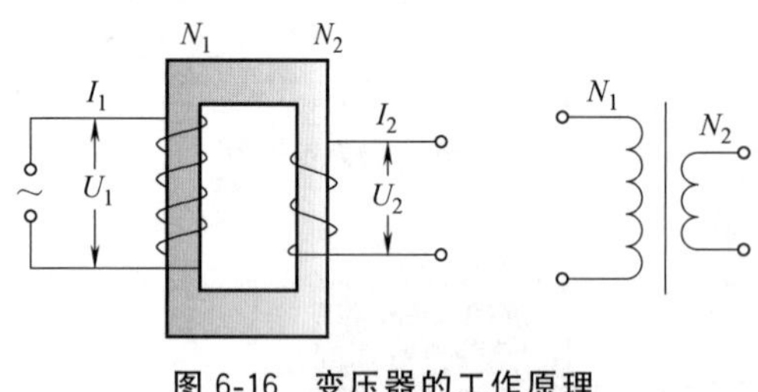

图 6-16　变压器的工作原理

如图 6-16 所示，变压器两组线圈圈数分别为 N_1 和 N_2，N_1 为初级线圈，N_2 为次级线圈。在初级线圈上加一交流电压，在次级线圈两端就会产生感应电动势。初级线圈上的电压是 U_1，次级线圈上的电压为 U_2。当 $N_2>N_1$ 时，其感应电动势要比初级所加的电压还要高，即 $U_2>U_1$，这种变压器称为升压变压器；当 $N_2<N_1$ 时，其感应电动势低于初级电压，即 $U_2<U_1$，这种变压器称为降压变压器。初级、次级电压和线圈圈数间具有下列关系：$U_1/U_2=N_1/N_2$。

变压器的种类很多，按其工作频率范围来分，可分为低频变压器、中频变压器和高频变压器三类。常见的电源变压器和输入、输出变压器属于低频变压器，收音机中的线圈是中频变压器，振荡线圈和磁性天线属于高频变压器。如果按照铁芯的材质来分，又可分为铁芯变压器、铁氧体芯变压器和空心变压器等几种。铁芯变压器用于低频电路中，而铁氧体芯或空心变压器则用于中、高频电路。

6.1.2.5　二极管

二极管又称晶体二极管，它是只往一个方向传送电流的电子元件。半导体按其导电类型的不同，分为 P 型半导体和 N 型半导体两类。如果把一小块半导体的一边制成 P 型，另一边制成 N 型，则在 P 型半导体和 N 型半导体的交接面处形成 PN 结。晶体二极管实际上是一个由 P 型半导体和 N 型半导体形成的 PN 结，P 为正极，N 为负极。负电极称为阴极，正电极称为阳极。二极管的结构如图 6-17 所示。

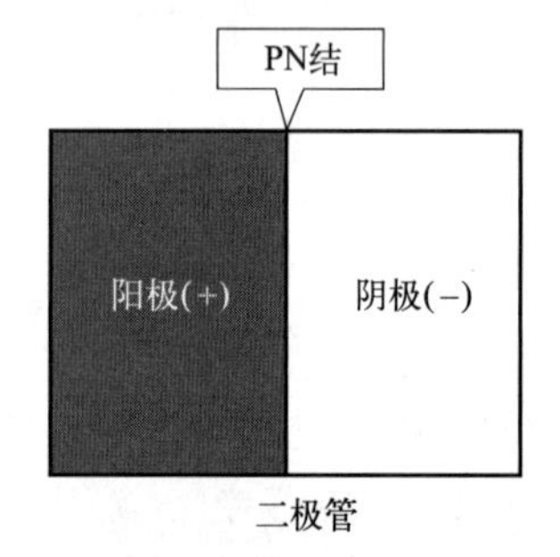

图 6-17　晶体二极管的结构

如图 6-18 所示，由于二极管允许电流只在一个方向流动，制造二极管时，在它的末端附近印有一条线，用于指示阴极（−）。

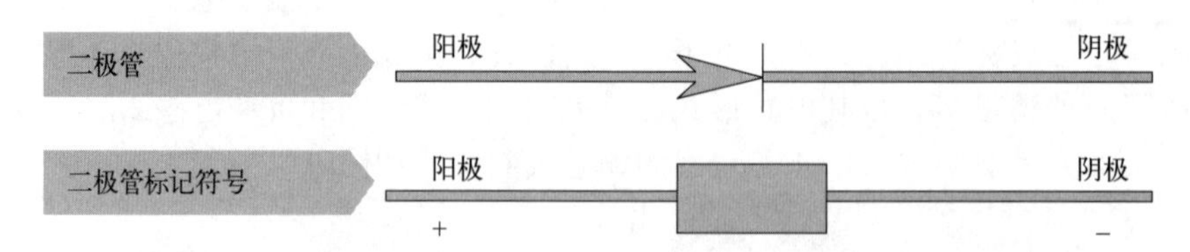

图 6-18　典型的二极管和二极管标记符号

二极管种类有很多（见图 6-19）。按照所用的半导体材料，可分为锗二极管（Ge 管）和硅二极管（Si 管）。根据其不同用途，可分为瞬态二极管、检波二极管、整流二极管、稳压二极管、开关二极管、隔离二极管、肖特基二极管、发光二极管、硅功率开关二极管、旋转二极管、光电二极管等。

如果二极管在电路中要处于通电状态，则二极管与蓄电池（电源）连接的正确极性是其阳极到＋、阴极到－，电流能流过二极管的这种情况被称为正向偏置，如图 6-20 所示。当加在二极管两端的正向电压很小时，二极管仍然不能导通，流过二极管的正向电流十分微

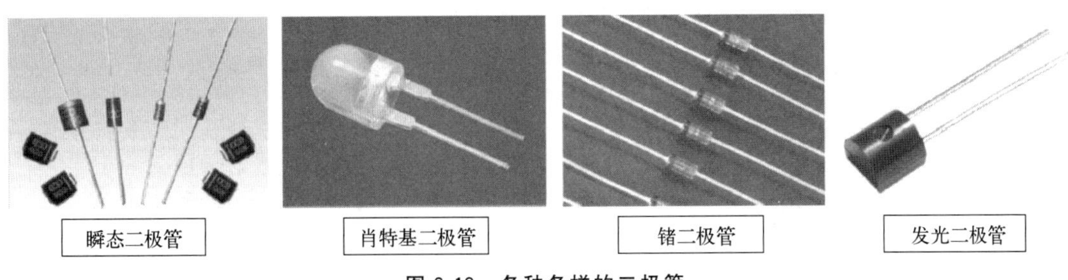

图 6-19　各种各样的二极管

弱。只有当正向电压达到某一数值以后，二极管才能真正导通。导通后二极管两端的电压基本上保持不变（锗管约为 0.3V，硅管约为 0.7V），这称为二极管的正向压降。

如果二极管的极性接反，电流将不能从 P 型和 N 型半导体交界处通过，这种连接方式称为反向偏置，如图 6-21 所示。当二极管两端的反向电压增大到某一数值，反向电流会急剧增大，二极管将失去单方向导电特性，这种状态称为二极管的击穿。

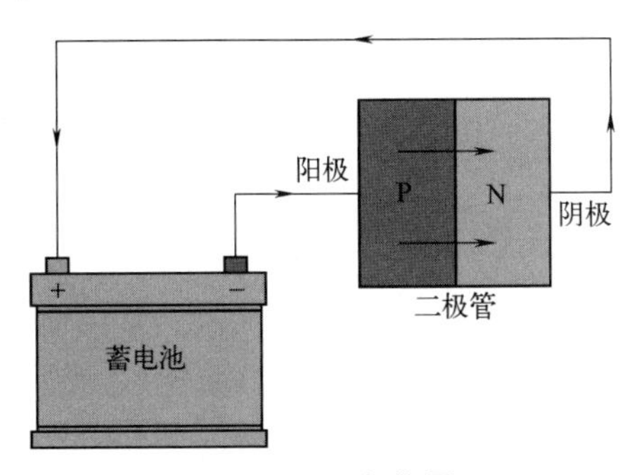

图 6-20　正向偏置

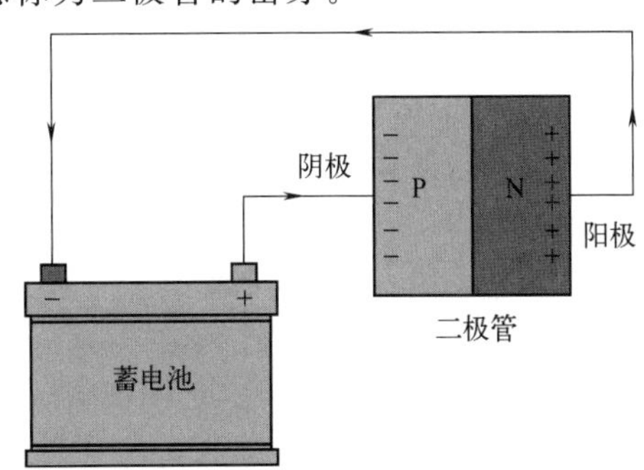

图 6-21　反向偏置

(1) 整流二极管

整流二极管是一种将交流电转变为直流电（即输入的是交流，输出的是直流）的半导体器件。例如车载发电机上的整流器就是使用整流二极管组成的桥式整流电路，将交流发电机产生的交流电转换成可供车辆电器使用的直流电（见图 6-22）。

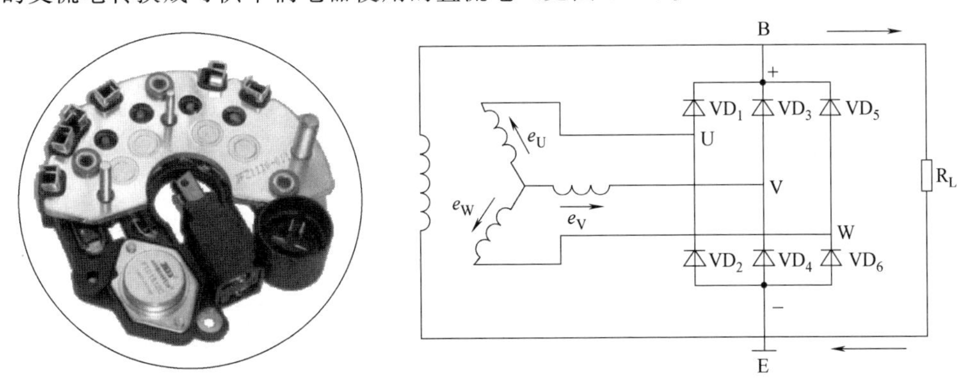

图 6-22　整流器与整流电路

(2) 稳压二极管

稳压二极管也是一种二极管，当外加的反向电压增大到一定数值时，其反向电流就会突然增大，此现象称为反向击穿。只要对反向电流进行限制，这种击穿就是非破坏性的。稳压管被击穿后，尽管通过管子的电流能在很大的范围内变化，但稳压管两端的电压变化很小或几乎不变。稳压管就是利用这种特性来实现稳压的（见图 6-23）。

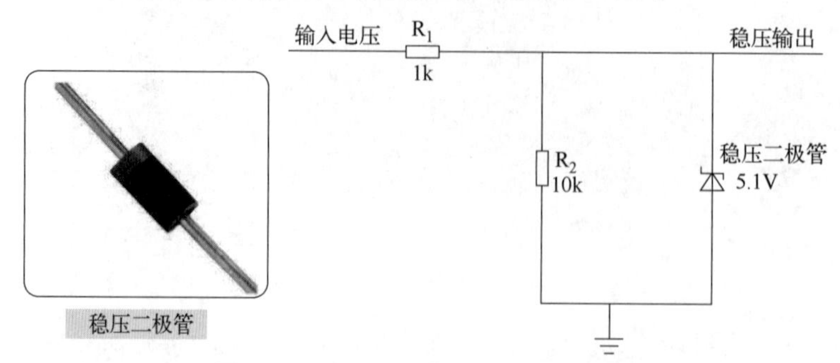

图 6-23　稳压二极管及简单稳压电路

如图 6-24 所示，稳压（齐纳）二极管通常用在车载电脑上，以防止车载电脑的精密电子元件被高压尖峰击毁。

（3）瞬态二极管

瞬态二极管简称 TVS，如图 6-25 所示，是一种二极管形式的高效能保护器件。当 TVS 的两极受到反向瞬态高能量冲击时，它能以 10s 量级的速度，将其两极间的高阻抗变为低阻抗，吸收高达数千瓦的浪涌功率，使两极间的电压钳位于一个预定值，有效地保护电子线路中的精密元器件，使其免受各种浪涌脉冲的损坏。

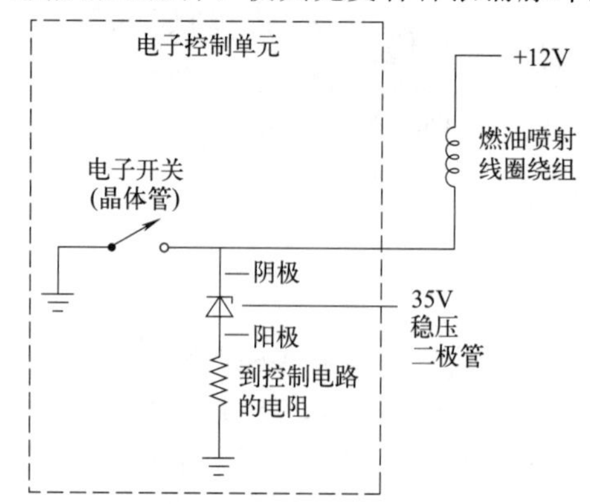

图 6-24　稳压二极管在车载电脑上的应用

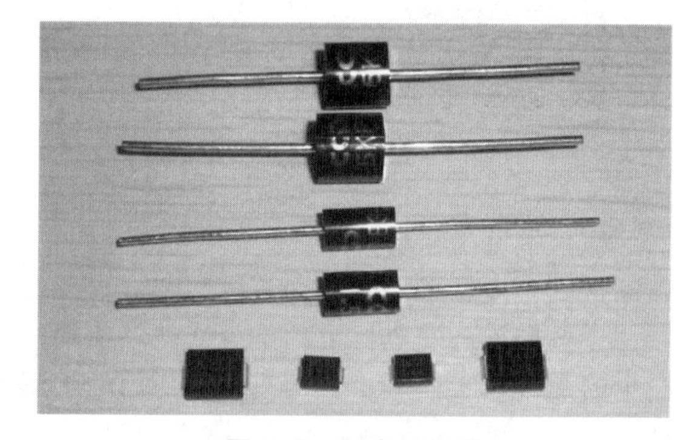

图 6-25　瞬态二极管

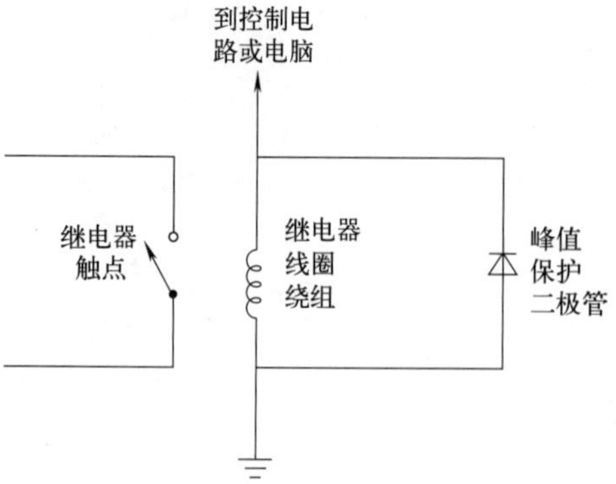

由于它具有响应速度快、瞬态功率大、漏电流低、击穿电压偏差与钳位电压较易控制、无损坏极限、体积小等优点，目前已广泛应用于计算机系统、通信设备、交/直流电源、汽车、电子整流器中。如图 6-26 所示，瞬态二极管常作为脉冲峰值保护二极管用在车载电脑控制电路上，以防止在供电线圈突然断电时产生破坏性的高压脉冲。

图 6-26　峰值保护二极管的应用

当线圈正在通电时，二极管是反向偏置的，阻止了电流通过二极管，电流以正常方向通过线圈，继电器正常工作［图 6-27（a）］。

当开关断开时，线圈周围建立的磁场瞬间崩溃，产生一个与供给电压方向相反的高电压冲击。这个电压浪涌正向偏置二极管，浪涌通过线圈的绕组无害消退［图 6-27（b）］。

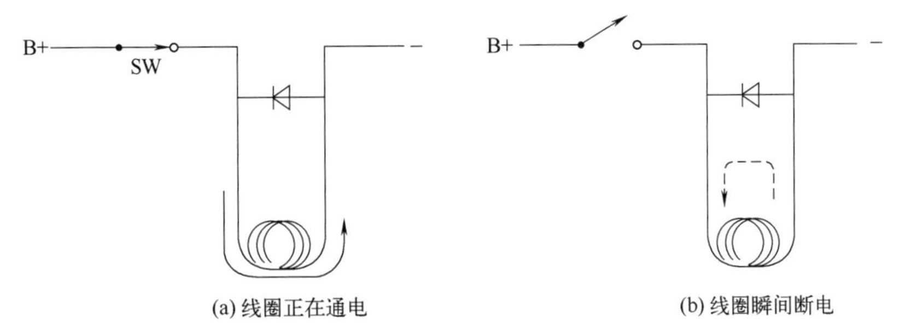

图 6-27 峰值保护二极管工作电路

(4) 发光二极管

发光二极管（图 6-28）也是晶体二极管的一种，可以把电能转化成光能；常简写为 LED。发光二极管与普通二极管一样是由一个 PN 结组成，也具有单向导电性。当给发光二极管加上正向电压，注入一定的电流后，电子与空穴不断流过 PN 结或与之类似的结构面，当电子与空穴复合时能辐射出可见光。发光二极管用磷化镓、磷砷化镓材料制成，体积小，正向驱动发光。其工作电压低，工作电流小，发光均匀，寿命长，可发红、黄、绿单色光。

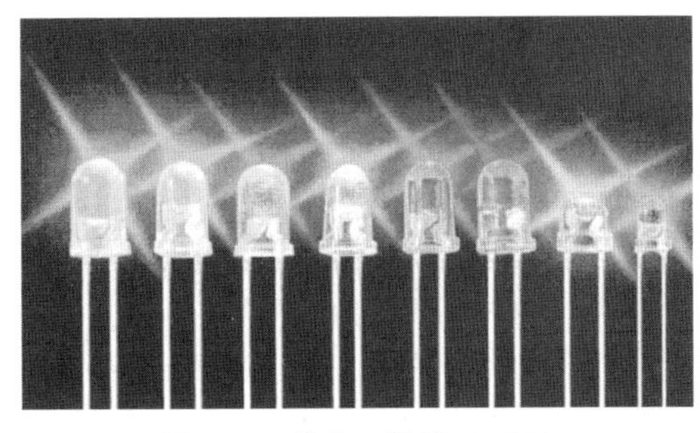

图 6-28 发光二极管（LED）

发光二极管在电路中的符号如图 6-29 所示，常用 VL 表示，在 VL 的后面加上数字表明具体为哪个发光二极管。

目前，LED 在汽车电器上应用越来越广泛。电子仪表的显示装置是用来向操作员指示车辆上各个主要系统工作情况的。如图 6-30 所示，一个七段 LED 可用于显示一个数字或字母。七段 LED 显示屏是由 7 个狭长的发光二极管（LED）制成的，通过 7 个 LED 的各种组合，所有的 0～9 的数字和所有的英文字母都能显示出来。LED 显示屏只需要很少的电力，而且十分耐用。

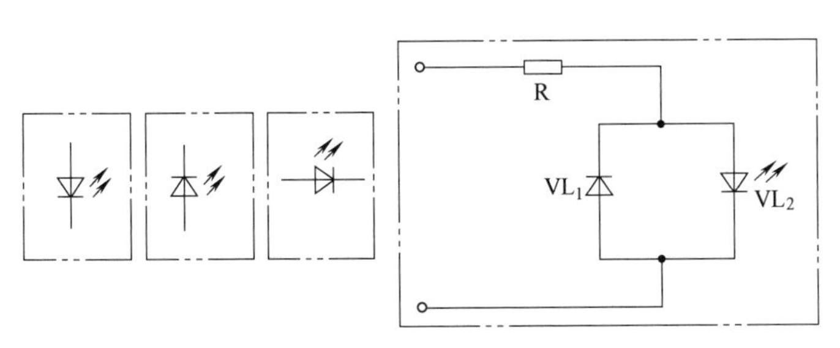

图 6-29 发光二极管的符号

图 6-30 七段 LED 显示

(5) 光电二极管

如图 6-31 所示，光电二极管（photo-diode）和普通二极管一样，也是由一个 PN 结组成的半导体器件，也具有单方向导电特性。但在电路中它不是作整流元件，而是作把光信号转换成电信号的光电传感器元件。

光电二极管是将光信号变成电信号的半导体器件。它的核心部分也是一个 PN 结，和普通二极管相比，在结构上有所不同，即为了便于接收入射光照，PN 结面积尽量做得大一

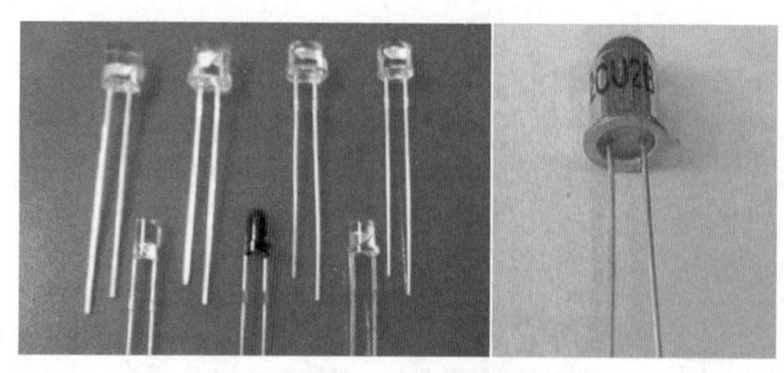

图 6-31　光电二极管

些，电极面积尽量小些，而且 PN 结的结深很浅，一般小于 1mm。

光电二极管的工作原理如图 6-32 所示。光电二极管是在反向电压作用之下工作的。没有光照时，反向电流很小（一般小于 0.1mA），称为暗电流。当有光照时，携带能量的光子进入 PN 结后，把能量传给共价键上的束缚电子，使部分电子挣脱共价键，从而产生电子空穴对，称为光电载流子。它们在反向电压作用下参加漂移运动，使反向电流明显变大，光的强度越大，反向电流也越大。这种特性称为“光电导”。光电二极管在一般照度的光线照射下，所产生的电流叫光电流。如果在外电路上接上负载，负载上就获得了电信号，而且这个电信号随着光的变化而相应变化。

光电二极管、光电三极管是电子电路中广泛采用的光敏器件。光电二极管和普通二极管一样具有一个 PN 结，不同之处是在光电二极管的外壳上有一个透明的窗口以接收光线照射，实现光电转换。光电二极管的图形符号如图 6-33 所示。光电二极管在现代汽车电器上主要用作光断路器，一种是透过型光断路器，另一种是反射型光断路器。

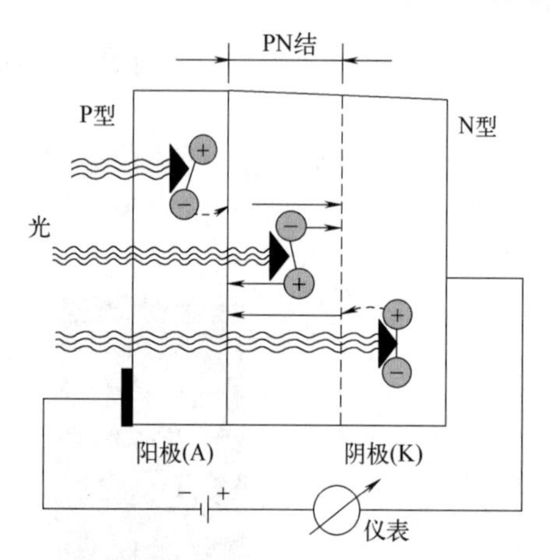

图 6-32　光电二极管的原理

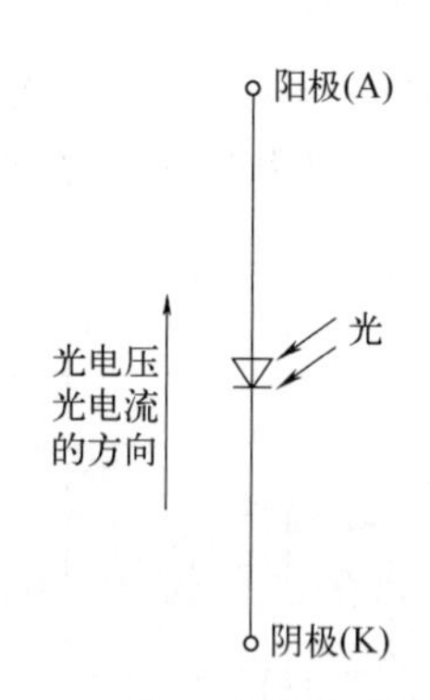

图 6-33　光电二极管的图形符号

透过型光断路器的工作原理如下：

透过型光断路器的结构与工作原理如图 6-34 所示，发光二极管和受光器件（光电二极管）保持某一间隔，使发光二极管和受光器件相对，通过受光侧的光量变化，以非接触的方法测出通过该间隔的物体的运动。如发动机控制系统的光电式凸轮轴位置传感器就是利用这一原理检测 1 缸上止点的位置。

反射型光断路器的工作原理如下：

发光二极管和受光器件配置在一个方向，通过物体将发光二极管的光反射，用受光器件进行检测。反射型光断路器也叫反射型光传感器，雨刮系统的雨量传感器就是利用这一原理制成的。雨量传感器通常安装在前挡风玻璃上，传感器根据检测到的雨量变化调节刮水电机的刮水速度。

反射型光断路器的结构与工作原理如图 6-35 所示。

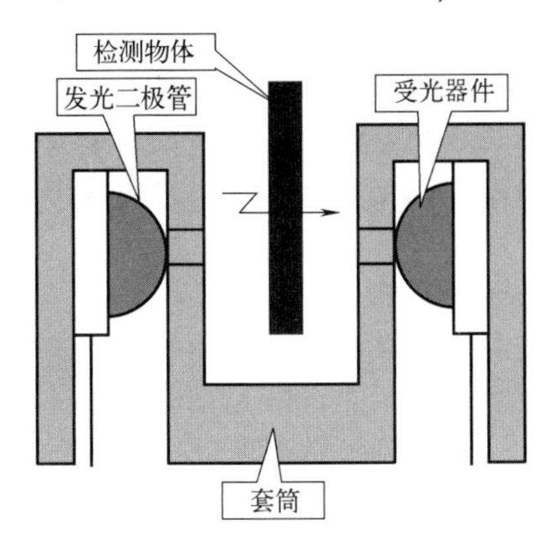

图 6-34　透过型光断路器的结构与工作原理

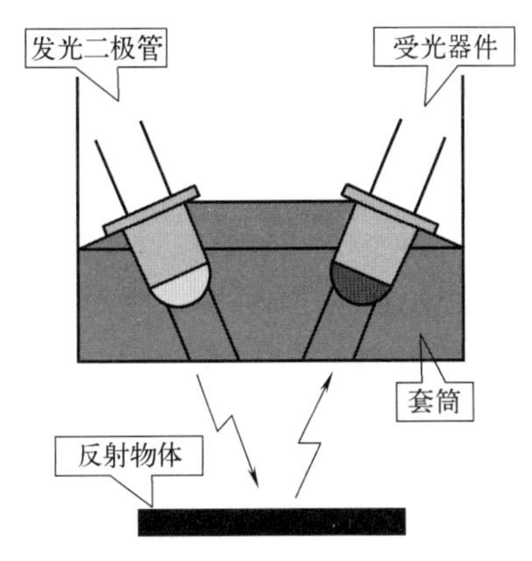

图 6-35　反射型光断路器的结构与工作原理

6.1.2.6　**三极管**

晶体三极管如图 6-36 所示，是半导体基本元器件之一，具有电流放大作用，是电子电路的核心元件，用 VT 表示。三极管是在一块半导体基片上制作两个相距很近的 PN 结，两个 PN 结把整块半导体分成三部分，中间部分是基区，两侧部分是发射区和集电区，排列方式有 PNP 和 NPN 两种。

(1) 晶体三极管的结构

如果把一小块半导体，中间制成很薄的 N 型区，两边制成 P 型区，形成两个 PN 结，将三个区都安上引线，即构成三个电极（图 6-37 中所示的基极、集电极、发射极），这便成为 PNP 型晶体三极管。用同样的方法，如果将半导体的中间制成很薄的 P 型区，两边制成 N 型区，即构成 NPN 型晶体三极管。

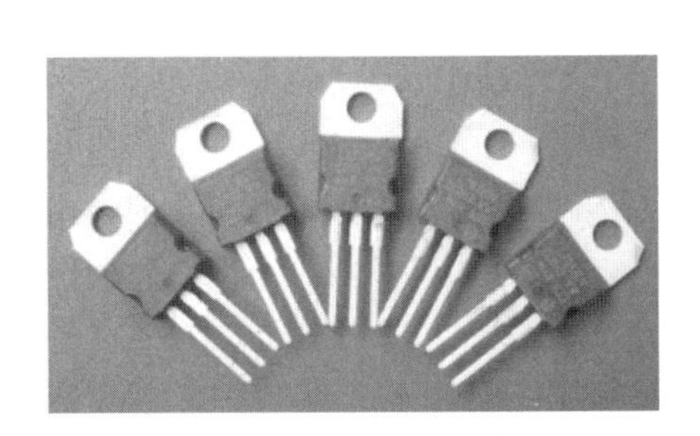

图 6-36　晶体三极管

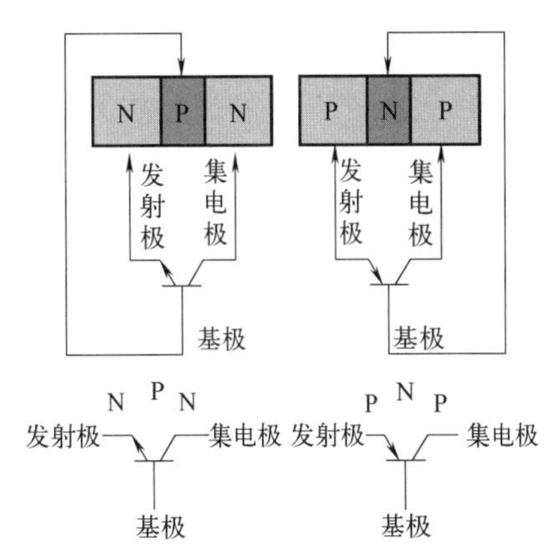

图 6-37　晶体三极管类型和结构

(2) 晶体三极管的工作原理

晶体三极管（以下简称三极管）按材料分有两种：锗管和硅管。而每一种又有 NPN 和 PNP 两种结构形式，但使用最多的是硅 NPN 和 PNP 两种三极管，两者除了电源极性不同外，其工作原理都是相同的，下面仅介绍 NPN 硅管的电流放大原理（见图 6-38）。

NPN 管是由两块 N 型半导体中间夹着一块 P 型半导体所组成，发射区与基区之间形成

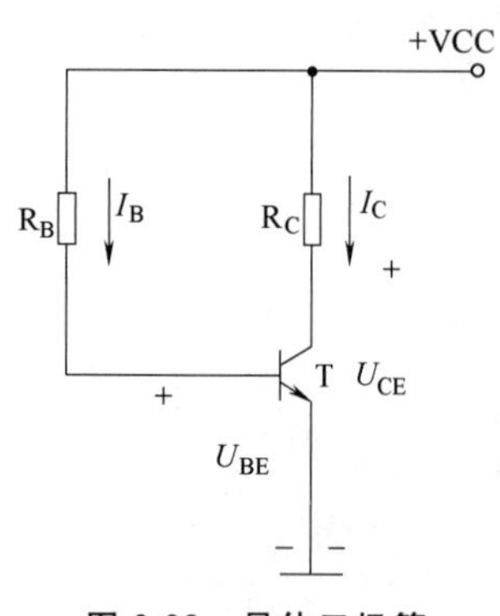

图 6-38 晶体三极管的工作原理

的 PN 结称为发射结，而集电区与基区形成的 PN 结称为集电结，三条引线分别称为发射极 E、基极 B 和集电极 C。当基极电压 U_{BE} 有一个微小的变化时，基极电流 I_B 也会随之有一小的变化，受基极电流 I_B 的控制，集电极电流 I_C 会有一个很大的变化，基极电流 I_B 越大，集电极电流 I_C 也越大，反之，基极电流越小，集电极电流也越小，即基极电流控制集电极电流的变化。但是集电极电流的变化比基极电流的变化大得多，这就是三极管的放大作用。

(3) 三极管的放大及开关功能

三极管的放大作用是利用基极电流的微小变化控制集电极电流的较大变化。必须注意的是不能误解为三极管把基极小电流变成了集电极大电流。同理，三极管还可以用作电压放大和功率放大。

三极管还有开关作用，三极管饱和（即导通）时就相当于开关闭合，三极管截止时相当于开关断开。所以将三极管接入电路后，集电极和发射极之间就等于装设了一个开关或触点。

三极管无论用于放大还是开关作用，三个电极之间的电压都有一定的正向、反向条件。用作放大时，对 NPN 型三极管而言，基极和集电极应接电路的正极，发射极接负极；而对 PNP 型三极管来说，基极和集电极接电路的负极，发射极接电路的正极。用作开关时，要使三极管饱和（即导通闭合电路），对 NPN 型三极管，应在基极加正电位，集电极和发射极加负电位；对 PNP 型三极管来说，则正好相反。若要使三极管截止（即断开电路）时，NPN 型三极管基极加负电位，集电极和发射极均为正电位；PNP 型则正好相反。

(4) 三极管基极的判别

根据三极管的结构示意图（如图 6-39 所示），三极管的基极是三极管中两个 PN 结的公共极，因此，在判别三极管的基极时，只要找出两个 PN 结的公共极，即为三极管的基极。具体方法是将万用表调至电阻挡的 $R\times1\text{k}$ 挡，先用红表笔放在三极管的一只引脚上，用黑表笔去碰三极管的另两只引脚，如果两次全通，则红表笔所接的引脚就是三极管的基极。

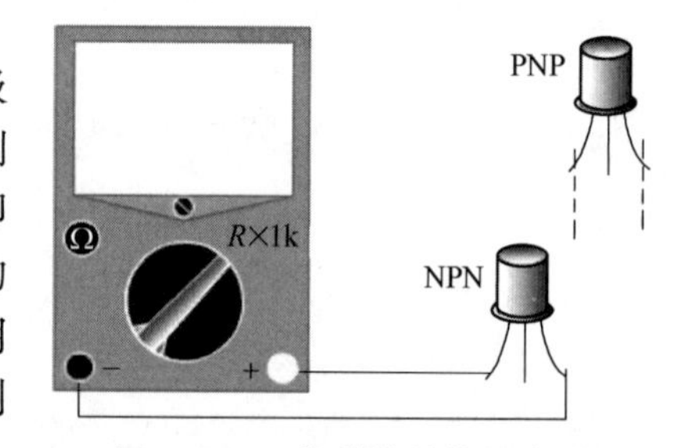

图 6-39 三极管的结构示意图

如果一次没找到，则红表笔换到三极管的另一个引脚，再测两次；如还没找到，则红表笔再换一下，再测两次。如果还没找到，则改用黑表笔放在三极管的一个引脚上，用红表笔去测两次看是否全通，若一次没成功再换。这样最多测量 12 次，总可以找到基极。

6.1.2.7 稳压器

78、79 系列三端稳压器件是最常用的线性降压型 DC/DC 转换器。单独的元件可用万用表测量各脚间电阻来粗略判别其是否损坏，最好是接入电路中测量。78 系列输出是正压；79 系列输出是负压。用万用表测量其输出电压就可以判断其好坏了。

稳压器用于电路的稳压，输出固定电压，以防止电压过高烧毁电路。

三端稳压器的通用产品有 78 系列（正电源）和 79 系列（负电源）。输出电压由具体型号中的后面两个数字代表，有 5V、6V、8V、9V、10V、12V、15V、18V、24V 等挡次；输出电流以 78（或 79）后面加字母来区分，L 表示 0.1A，M 表示 0.5A，无字母表示

1.5A，如 78L05 表示 5V0.1A。使用注意事项：输入/输出之间要有 2～3V 及以上的电压差。例：7805 型号的三端稳压器的固定输出电压是 5V，而输入电压至少大于 7V。

79 系列 7905，−5V，引脚：1—地、2—进、3—出。78 系列 7805，+5V，引脚：1—进、2—地、3—出。如图 6-40 所示。

6.1.2.8　集成电路（IC）

集成电路（integrated circuit，IC）是一种微型电子设备或部件。采用一定的工艺，将电路中所需的晶体管、电阻、电容、电感等部件与布线连接起来，制成一小块或几小块半导体晶片或介质基板，然后封装在管壳内，成为具有所需电路功能的微型结构；所有的元件都在结构上形成了一个整体，使电子元件向微小型化、低功耗、智能化、高可靠性迈出了一大步，其结构如图 6-41 所示（图例为 QFP 封装形式 IC）。

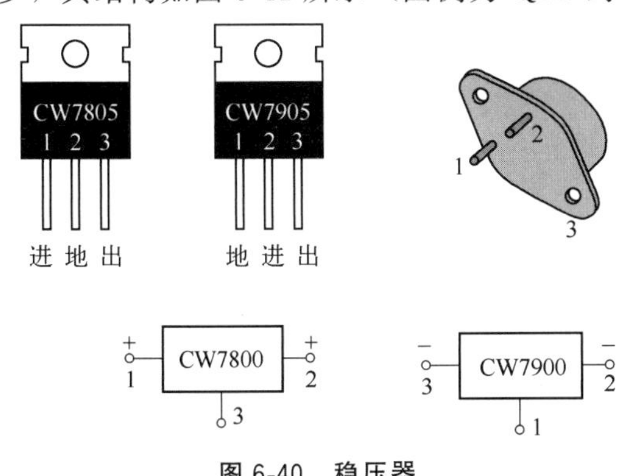

图 6-40　稳压器

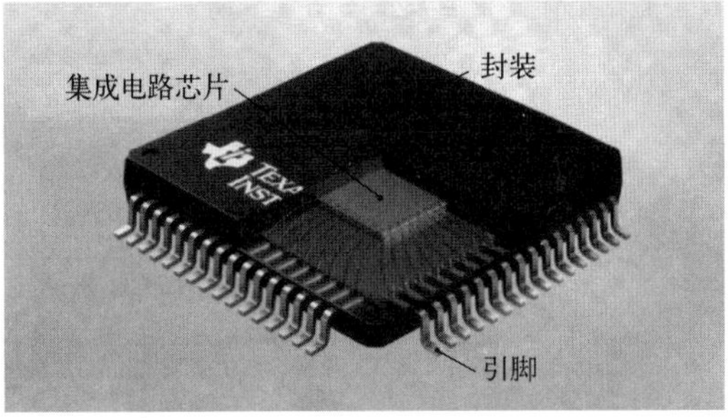

图 6-41　集成电路（IC）结构

集成电路可分为模拟集成电路、数字集成电路和数字/模拟混合集成电路三类。模拟集成电路又称线性电路，用于生成、放大和处理各种模拟信号（指范围随时间变化的信号），如半导体收音机的音频信号、录音机的磁带信号等。其输入信号与输出信号成比例关系。数字集成电路用于生成、放大和处理各种数字信号（时间和范围上的离散值信号），如 5G 手机和数码相机的数字信号处理器（DSP）、电脑 CPU。

芯片封装是将半导体集成电路芯片（IC 芯片）安装在具有保护性外壳中的过程。这个外壳不仅提供了机械保护，还具备电气连接和散热的功能，同时也便于在电路板上安装和连接。封装过程中，裸露的 IC 芯片被放置在封装底座或基板上，然后使用导线（引脚）将芯片的输入和输出连接到封装的外部。接着，封装材料如塑料或陶瓷将被用来密封保护芯片，并且形成特定的外部引脚结构，以便与其他电路和元件连接。以 BGA 封装芯片为例，封装结构如图 6-42 所示。

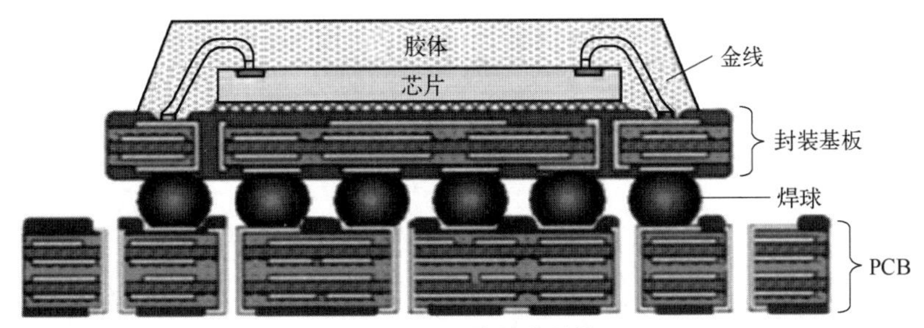

图 6-42　芯片封装结构

芯片的封装类型很多，其发展历程如图 6-43 所示。主流的芯片封装形式（采用引脚划分）主要有 7 种，即 DIP（双列直插型芯片，dual in-line package）、SOP（小外形封装，

small out-line package)、QFP（方形扁平封装，quad flat package）、QFN（方形扁平无引脚封装，quad flat no-leads package）、BGA（球栅阵列封装，ball grid array package）、LGA（平面栅格阵列封装，land grid array）、PGA（直针栅格阵列封装，pin grid array package）。

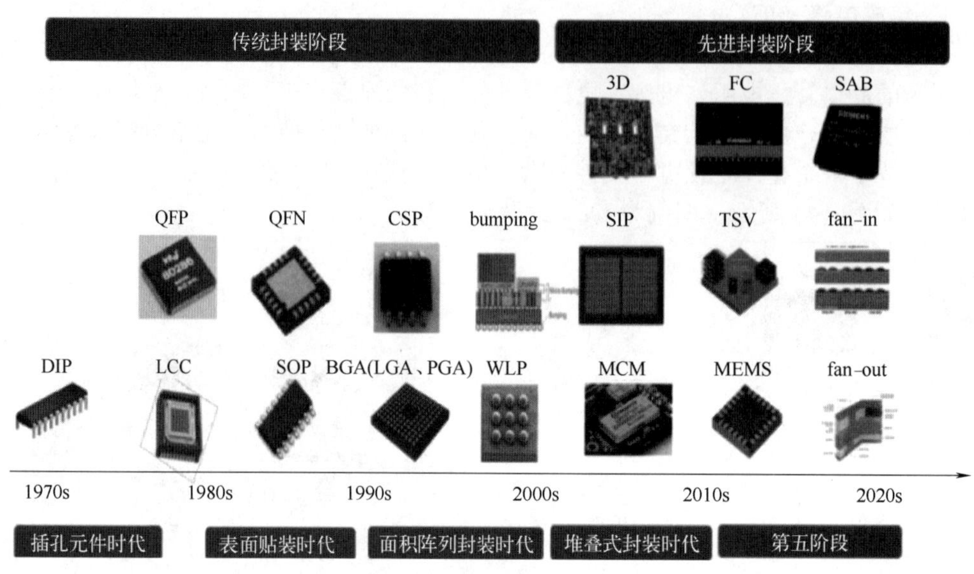

图 6-43　芯片封装演进图

6.1.3　常见电路

6.1.3.1　简单电路

电路的概念可通过图 6-44 来理解。如图 6-44（a）所示，把蓄电池的正极、负极与灯泡用导线连接起来形成的电通路称为电路或回路。如果用符号表示图中的电器，就会得到图 6-44（b）所示的电路图，图中 R 表示灯泡的电阻，箭头表示电流的方向。如果在图 6-44（b）电路中增设开关，就形成了图 6-44（c）所示电路，该电路可通过开关控制通与断。开关断开时，电路中没有电流通过，灯不亮，这种状态称为开路或断路。当开关闭合时，电路中有电流通过，灯亮，这种状态称为通路。

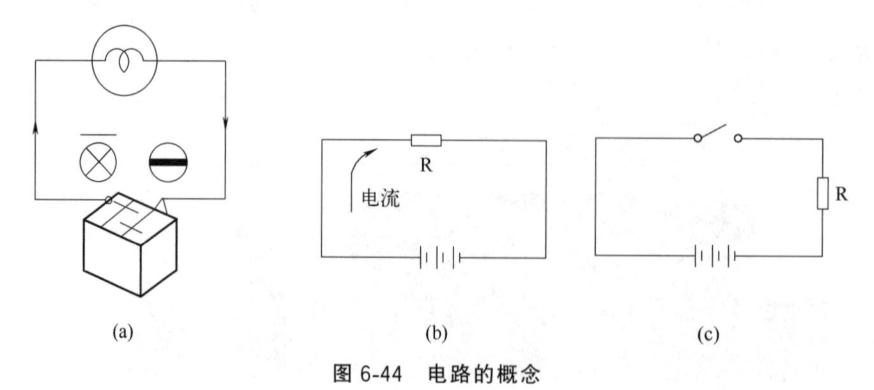

图 6-44　电路的概念

图 6-45 所示是一个简单的电路，一个完整的电路由电源、负载、控制和保护装置及连接导线组成。电路中的负载是将电能转换成其他形式能量的装置。负载可分为电阻组件、电感组件和电容组件三种。图中的蓄电池就是电源，保险丝是保护装置，开关用于控制电路通

断，是控制部件，而灯泡就是负载，导线和接地连接都属于电路连接。

上面的简单电路如果用电路符号来表示则如图 6-46 所示。

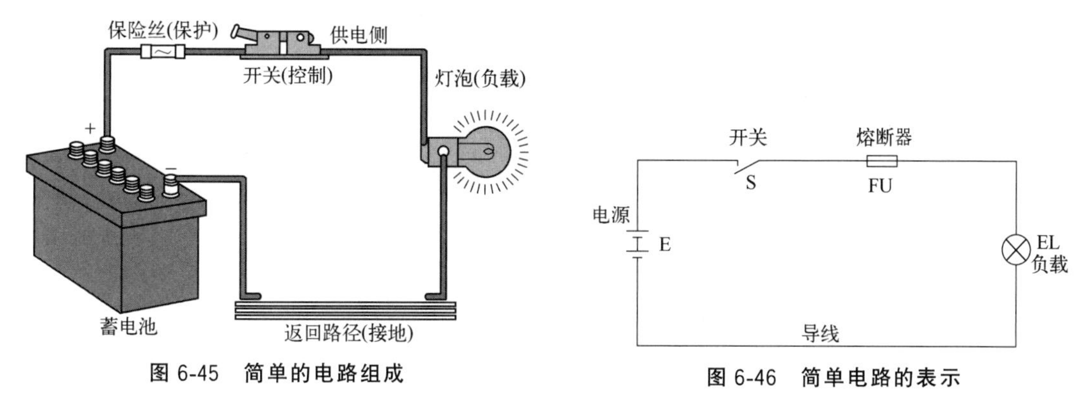

图 6-45 简单的电路组成

图 6-46 简单电路的表示

6.1.3.2 串联电路

串联就是将所有的负载（负载电阻）连接成一个通路，如图 6-47 所示。它的特点是各负载中通过的电流相等。串联电路的总电阻等于各电阻之和。在电源串联电路中，电源总电压等于各蓄电池电压之和。在柴油车的电源供应上，通常用两个 12V 蓄电池串联得到 24V 电压。

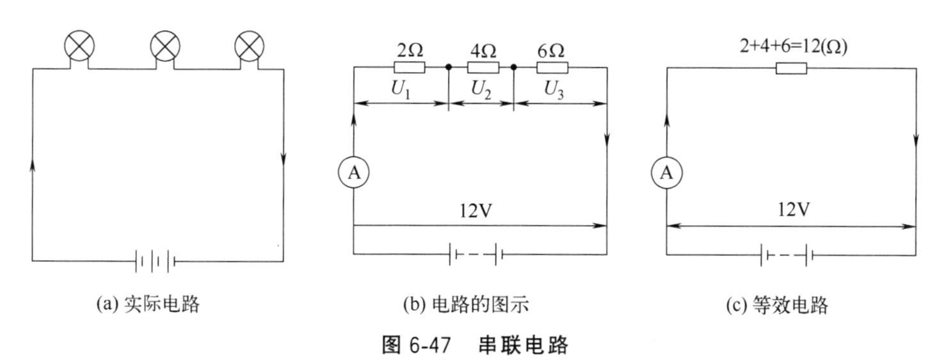

图 6-47 串联电路

在一个串联电路中，由于电荷移动的路线只有一条，因此相同的电流经过每个电阻（负载）。电阻越大，在电路中的串联分压就越大，也就是说每个电阻两端的电压跟它的阻值大小成正比。在图 6-48 所示的串联电路中，6Ω 的灯泡分得的电压就是 2Ω 灯泡的 3 倍。电路中串联的灯泡越多，灯泡的亮度将越暗淡。

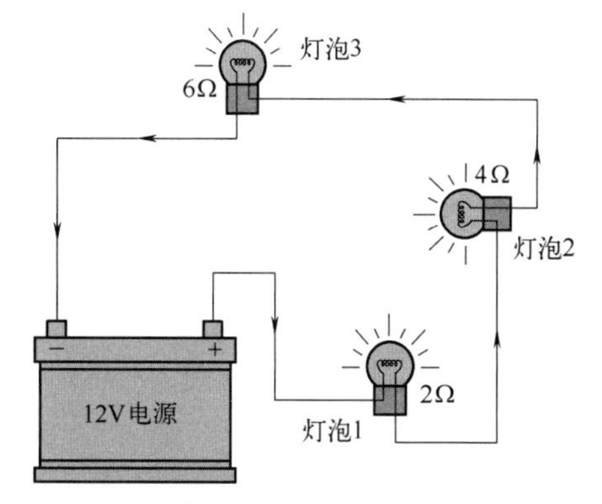

图 6-48 灯泡的串联电路

6.1.3.3 并联电路

将几个负载的一端和另一端分别与电源相连形成的电路，称为并联电路。如图 6-49 所示，电阻为 2Ω、4Ω、6Ω 的三个灯泡并联，当蓄电池的电压为 12V 时，因为每个灯泡上所加的电压都是 12V，根据欧姆定律，各灯泡中的电流分别为：2Ω 中的电流 $I_1=12/2=6A$；4Ω 中的电流 $I_2=12/4=3A$；6Ω 中的电流 $I_3=12/6=2A$。因此，蓄电池输出的总电流 $I=I_1+I_2+I_3=6+3+2=11$（A）。

$R=U/I=12/11=1.09$（Ω）。

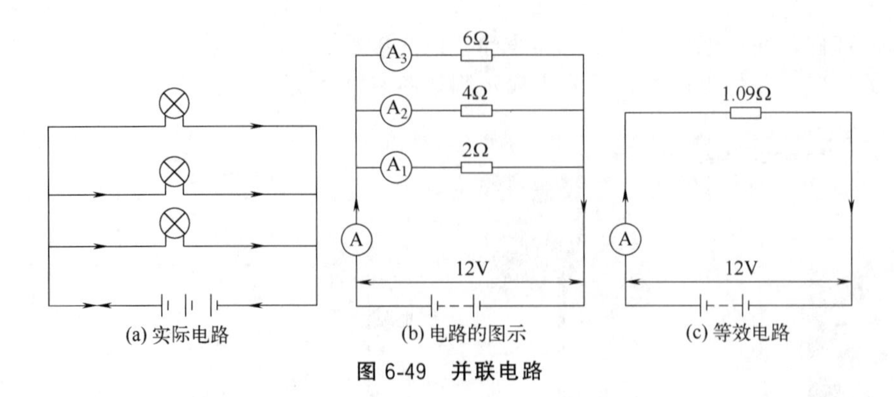

图 6-49　并联电路

可以看出，用 12V 蓄电池连接三个并联灯泡的总电流与只接一个 1Ω 左右的灯泡的电流是相同的。

并联时总电阻可利用下式求出：

$$1/R=1/R_1+1/R_2+1/R_3$$

将相同规格的蓄电池并联（正极与正极相连，负极与负极相连）时，无论并联几个，电压均保持不变，仅容量增加，是各蓄电池容量之和。当启动蓄电池亏电或电压过低时，常采用这种蓄电池并联的方式启动发动机。

6.1.4　混合电路

在混合电路中，用电器既有串联，也有并联。如图 6-50 所示的电路中灯泡 1 与灯泡 2 为串联关系，二者与灯泡 3 为并联关系，三个灯泡组成一个简单的混合电路。

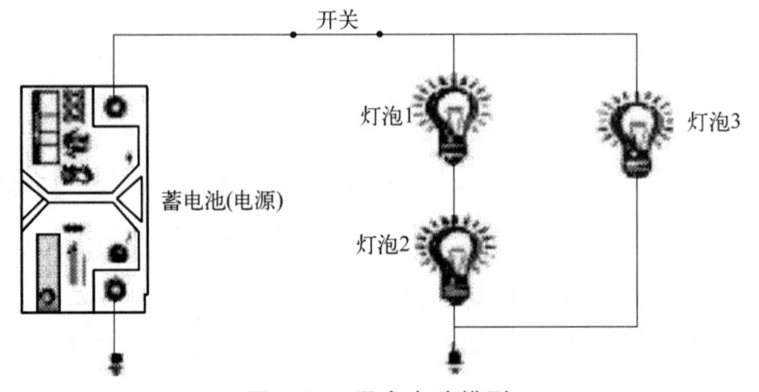

图 6-50　混合电路模型

串并联电路是指电路中一些元件串联，另一些元件并联的电路，示例电路如图 6-51。电源及控制或保护装置（开关、保险丝）一般为串联，负载一般为并联。串联部分的电流相同，并联部分的电流不同。作用于并联元件的电压相同，作用于串联元件的电压不同。如果串联部分电路断开，整个电路中电流停止流动。如果并联分路断开，电流继续在串联部分及其余分路中流动。

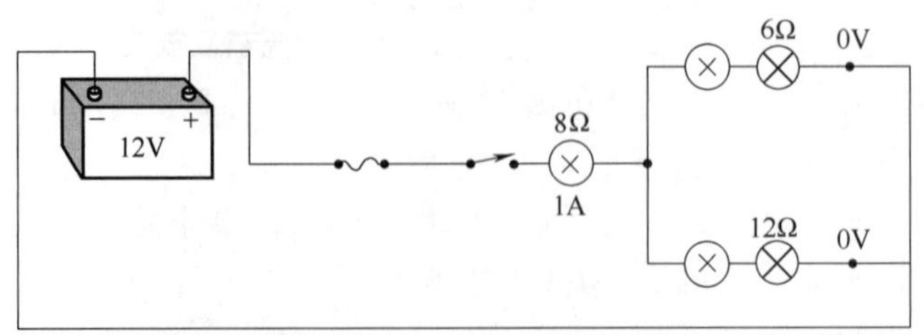

图 6-51　串并联电路一般结构

第2节 电路图识读

6.2.1 电路的表示符号

常见的挖掘机电路图符号如表6-2所示。

表6-2 电路图符号表示含义

项目	符号	项目	符号
电线	0.5W 用一直线来表示;0.5表示电线粗细;W表示电线的颜色为白色	电线交叉	
端子	o表示接线端;——o——表示接线端上连有导线	电线相连	
电池	表示电池组	接地	
保险丝	或	灯	; 表示灯中有两组灯丝,可以变光
开关	表示手动开关; 表示常开式按钮开关; 表示常闭式按钮开关		
马达(电动机)	M M即"Motor"的首字母	接头	CNF2 0.85B ① 0.85B 0.85R ② 0.85R 0.85L ③ 0.85L F2是接头号,同一车上所有接头号都是不一样的;〈是接头的阴侧,即母端子或插座,〈是接头的阳侧,即公端子或插头;①、②、③是接头内的针脚编号
电阻	定值电阻 可变电阻 可变电阻		
三极管	C B E 主要是通过B点电压来控制C和E之间的通路,当$U_B>0.7V$时,电流可以从C流向E、B;当$U_B<0.7V$时,电流不能从C流向E、B	发电机	G G即"Generator"的首字母
		二极管	A B 电流可以A→B,不可以B→A

6.2.2 电线粗细与颜色

6.2.2.1 电线粗细表示法

在电器维修中，一般都通过辨认电线的粗细与颜色来进行线路的查找和测量。以小松挖掘机为例，常用的电线直径规格如表 6-3 所示。

表 6-3 电线直径规格

公称尺寸	铜电线			电缆外径/mm	电流值/A		适用的电路
	股数	各股的直径/mm	横截面积/mm^2		额定值	60s 通 30s 停允许电流	
0.85	11	0.32	0.88	2.4	12	—	启动、照明、信号等电路
2	26	0.32	2.09	3.1	20	—	照明、信号等电路
5	65	0.32	5.23	4.6	37	—	充电和信号等电路
15	84	0.45	13.36	7.0	59	—	启动电路(点火塞)
40	85	0.80	42.73	11.4	135	500	启动电路
60	127	0.80	63.84	13.6	178	650	启动电路
100	217	0.80	109.1	17.6	230	900	启动电路

6.2.2.2 电线颜色标示法

电气线束常见有单色线与双色线，用不同颜色来区分不同信号的接线。电路图常用来表示颜色的代码及含义，见表 6-4。

表 6-4 电线颜色表示代码

次序	类别		充电	接地	启动	照明	仪表	信号	其它		
1	基本色	代号	W	B	B	R	Y	G	L	Br	P
		颜色	白色	黑色	黑色	红色	黄色	绿色	蓝色	棕色	桃红色
2	复合色	代号	WR	—	BW	RW	YR	GW	LW	BrW	PW
		颜色	白色和红色	—	黑色和白色	红色和白色	黄色和红色	绿色和白色	蓝色和白色	棕色和白色	桃红色和白色
3		代号	WB	—	BY	RB	YB	GR	LR	BrB	PB
		颜色	白色和黑色	—	黑色和黄色	红色和黑色	黄色和黑色	绿色和红色	蓝色和红色	棕色和黑色	桃红色和黑色
4		代号	ML	—	BR	RY	YG	GY	LY	BrR	—
		颜色	白色和蓝色	—	黑色和红色	红色和黄色	黄色和绿色	绿色和黄色	蓝色和黄色	棕色和红色	—
5		代号	WG	—	—	RG	YL	GB	LB	BrY	PY
		颜色	白色和绿色	—	—	红色和绿色	黄色和蓝色	绿色和黑色	蓝色和黑色	棕色和黄色	桃红色和黄色
6		代号	—	—	—	RL	YW	GL	—	BrG	PG
		颜色	—	—	—	红色和蓝色	黄色和白色	绿色和蓝色	—	棕色和绿色	桃红色和绿色

图 6-52 所示为单色线与双色线标示法。

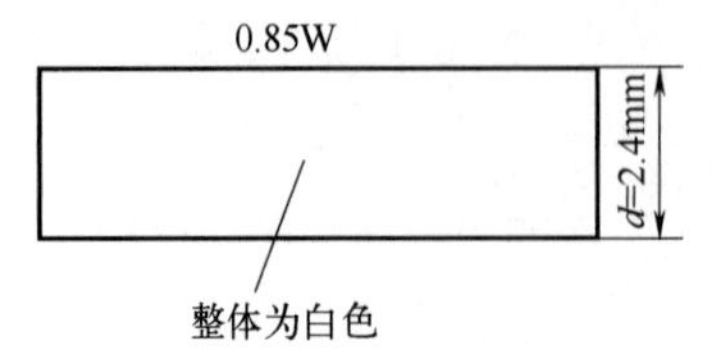

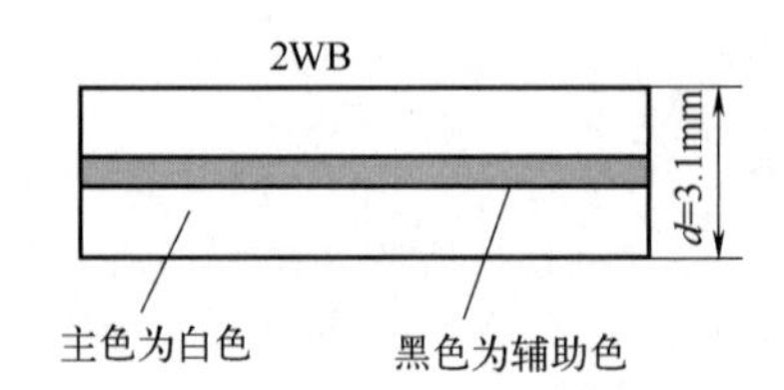

图 6-52 电线颜色标示法

6.2.3　电路图分析方法

挖掘机的电路图往往只给出一张比较复杂的总图，根据总图来进行线路查找是非常困难的，因此当遇到电器问题，我们一般用下面的方法进行分析。

① 画出个别回路图。要求标出从电池正极开始涉及的所有接头、开关、电线、继电器、电器元件等到接地的详细情况。

② 根据开关、传感器等元件所处的不同状态，分析正常时应该得到的现象。

③ 根据实际出现的电器故障现象，分析可能存在问题的地方，并列出检查顺序。

④ 检查测量问题点。注意根据接头号和电线的线径、颜色来找到问题点。

第3节　电路检测方法

6.3.1　万用表的使用

6.3.1.1　万用表的使用方法

① 检查万用表电源（电池）的消耗情况。用电阻量程检测万用表试棒的开路（无限大Ω）和试棒的短路（0Ω）情况。

② 用设定开关切换到要检测内容的高量程侧。然后，用试棒触及检测电路。

③ 检测电压时，测电路两端的电压；检测电流时，从电路的中间检测。

④ 内部电阻变化较大时，最好使用高量程检测电压、电流。

6.3.1.2　使用注意事项

① 用电流量程或电阻量程检测电压，往往会使检测电路或万用表破损。

② 必须切断电路电源之后，再检测电阻。另外，检测电阻时，试棒有电压，应检查是否会给电路带来影响。

③ 待万用表稳定之后再检测。不能检测快速变化的数字信号。

④ 如果数字显示式万用表的显示发生异常，检测值也不可靠，应更换电池并进行检查。

⑤ 使用数字显示式万用表时，应该将其设定在所需数据能被检测的量程范围。

6.3.2　怎样检测电阻

① 正确插接万用表接线端。

② 在万用表电阻测量区域选择最低电阻范围，如图6-53所示。

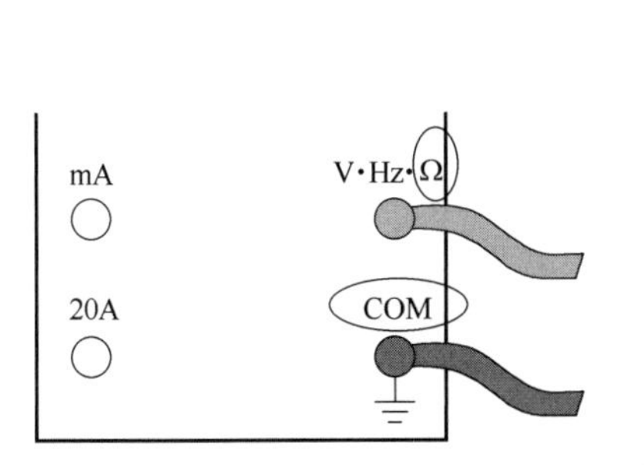

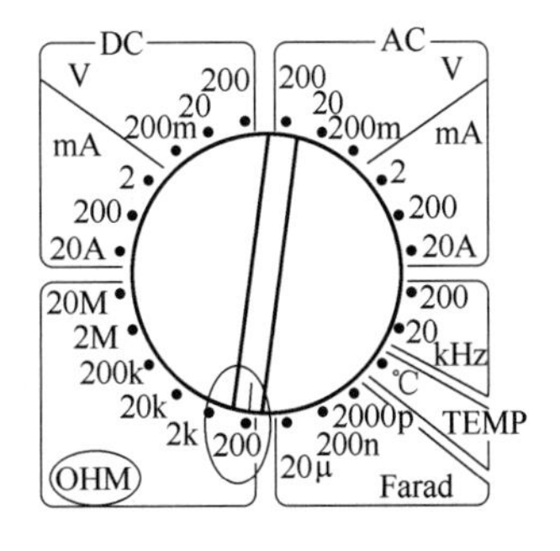

图6-53　选择电阻量程

③ 将两个接线端接触，确认表针指0位，如果不指0位则用调整装置调整为0位。

④ 拆开接头以免部件通过电流，如图 6-54 所示。

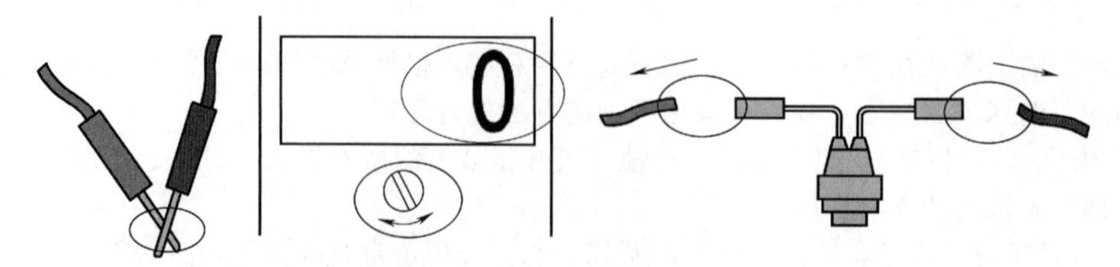

图 6-54　校准 0 位并拆开接头

⑤ 将接线端接触测量点，测量时不要用手或其他导体接触测量点。

⑥ 如果电阻过大超出测量范围时，可逐步地增加测量范围，如图 6-55 所示。

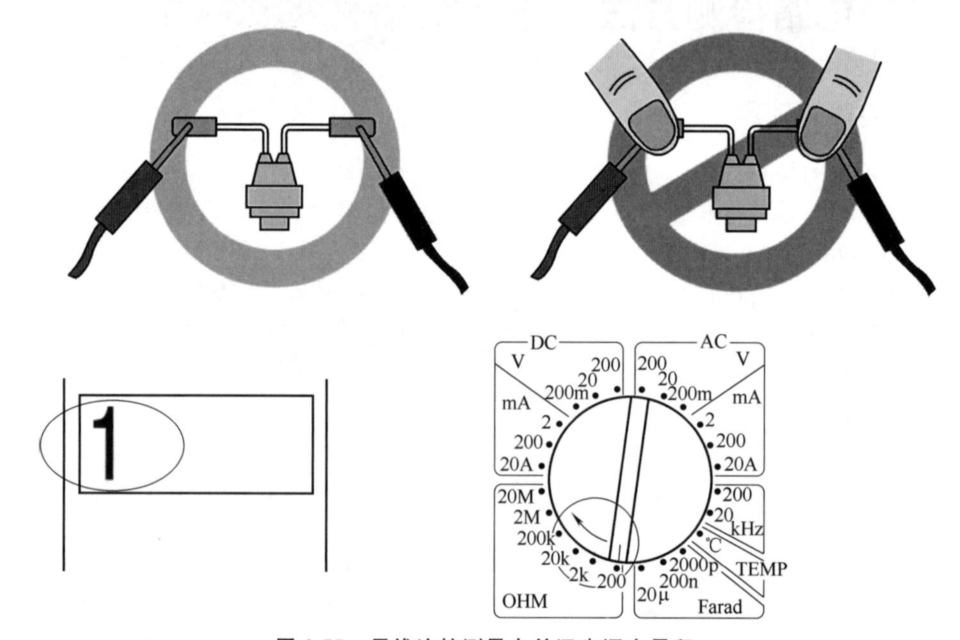

图 6-55　用线连接测量点并逐步调大量程

6.3.3　怎样检测电压

① 正确插接万用表接线端。

② 在万用表电压测量区域选择最高电压范围，如图 6-56 所示。

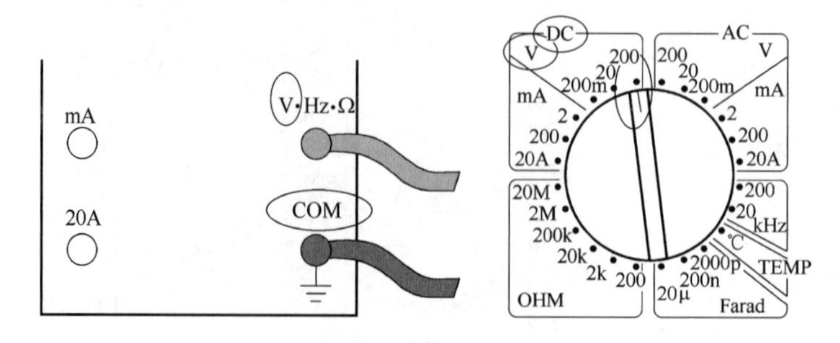

图 6-56　选择电压量程

③ 部件必须为连接电源状态。

④ 检查并匹配万用表接线端与部件接线端的极性，如图 6-57 所示。

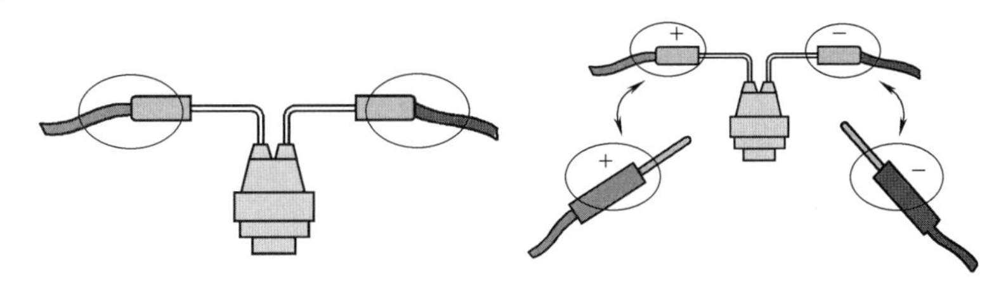

图 6-57　连接电源并对应极性测量

⑤ 将接线端接触测量点，测量时不要用手或其它导体接触测量点。

⑥ 如果电流过小难以正确认读时，可逐步地减小测量范围，如图 6-58 所示。

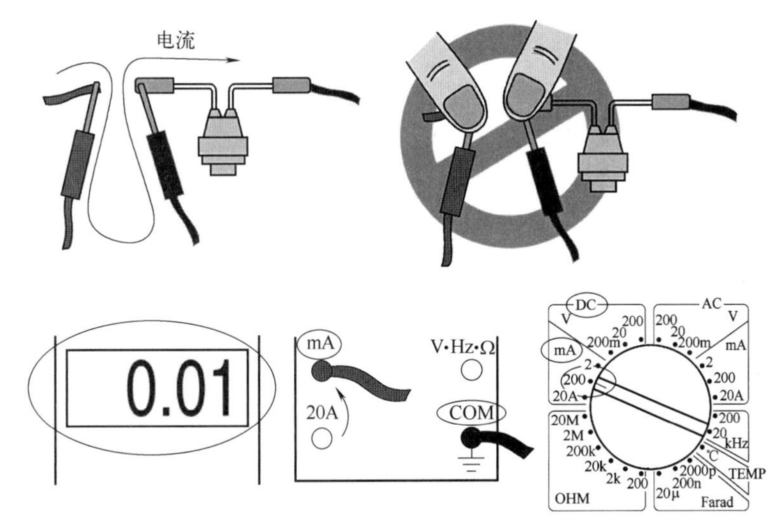

图 6-58　用线连接测量点并逐步调整量程

6.3.4　怎样检测二极管

① 将万用表接线端插接电阻测量位置。

② 将万用表测量范围设置为 20kΩ（→⊢）或者近似值，如图 6-59 所示。

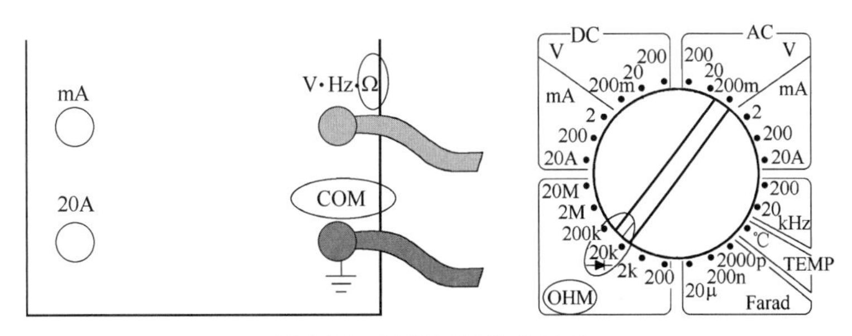

图 6-59　设置二极管测量挡

③ 为检查万用表是否正确，将两个接线端接触，确认表针是否指向 0 位。

④ 从电路中拆开二极管，如图 6-60 所示。

⑤ 将万用表的红色接线端连接于三角形标记的一侧，而黑色接线端连接于条形标记的一侧。此时核对电阻值是否与图 6-61 所示电阻值近似（根据测量条件，所测得的电阻值可

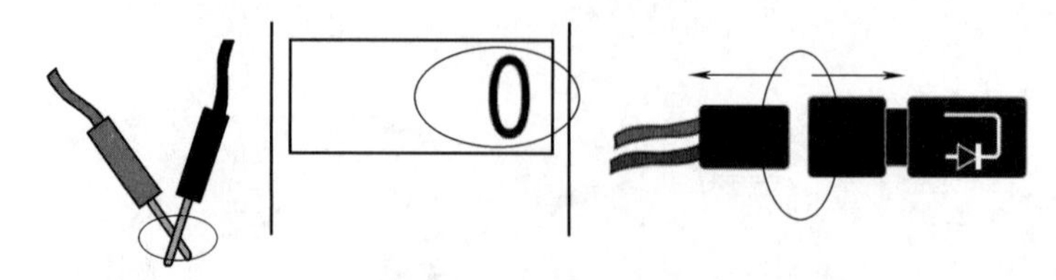

图 6-60 拆下待测二极管

能有所差异)。

⑥ 将万用表的黑色接线端连接于三角形标记的一侧，而红色接线端连接于条形标记的一侧。此时核对电阻值是否与图 6-61 所示电阻值一致（一次显示电阻值，另一次显示无限大值时正常)。

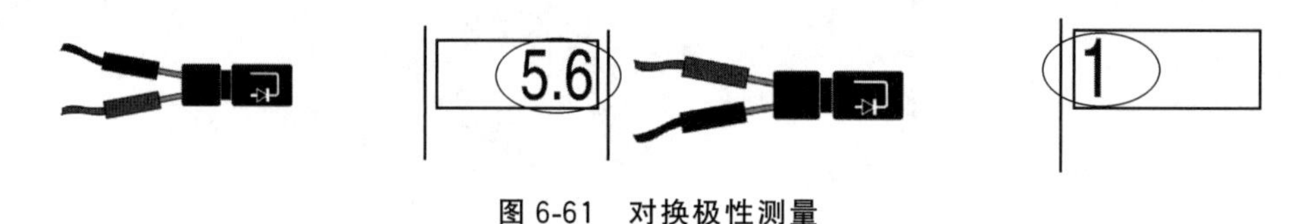

图 6-61 对换极性测量

第 4 节 电源系统

6.4.1 系统组成

6.4.1.1 蓄电池

蓄电池一直是工程机械设备中必不可少的组成部分，通过蓄电池可以为车载用电设备供电，驱动起动机，带动发动机启动等。现在的工程机械设备都带有蓄电池（俗称电瓶)，有的还不仅有一块蓄电池。

蓄电池根据电解液的性质可以分为酸性蓄电池和碱性蓄电池。酸性蓄电池是比较常见的，它的电解液为稀硫酸溶液，而碱性蓄电池的电解液为氢氧化钾水溶液。机动车辆常用的蓄电池是铅酸蓄电池，它的优点是价格低、启动性能好，缺点是使用寿命短、体积重量较大。

常见的车用蓄电池又分为三类。一类是普通铅酸蓄电池，它的极板是由铅和铅的氧化物构成，电解液是硫酸的水溶液。这种蓄电池的优点是价格便宜、电压稳定。一类是干荷蓄电池，这种蓄电池的优点是负极板有较高的储电能力，如果环境完全干燥，这种蓄电池可以在两年内保存所得到的电量，在使用时，只需加入电解液，等待 20～30min 后，便能直接使用了。另外一类是免维护蓄电池，这种蓄电池的优点是在使用寿命内基本不需要补充蒸馏水，除此之外，它还具有耐振、耐高温、体积小、自放电小等一系列优点，并且免维护蓄电池的使用寿命是一般蓄电池的两倍，大大高于普通的铅酸蓄电池的使用寿命。

铅酸蓄电池一般由正极板、负极板、隔板、电池盒、电眼、极耳、电解液等组成。免维护蓄电池的结构如图 6-62 所示。

免维护蓄电池的维护成本非常低，只需要定期查看蓄电池上的状态指示孔的颜色，来对蓄电池的使用状况进行判断。如果显示为绿色，则表示蓄电池使用状态为良好；如果显示为黑色，则表示蓄电池处于馈电状态，需要进行充电，来保证工作效果；如果显示为黄色至无色，则表示蓄电池已经达到使用寿命，需要进行更换。检视状态如图 6-63 所示。

6.4.1.2 保险丝

保险装置主要是指保护电气线路或用电设备（用电器）的易熔线和保险丝（插片式）。

(1) 易熔线

易熔线一般安装在蓄电池正极接线柱上。如图6-64所示，易熔线可分为两种，即管式易熔线、线式易熔线，其中线式易熔线比较常见。易熔线主要用来保护电源和大电流线路，如充电易熔线、点火开关电源易熔线，它们可以通过100～200A的大电流，因此绝对不允许换用比规定容量大的易熔线。当易熔线熔断时，要仔细查找原因，彻底排除故障。

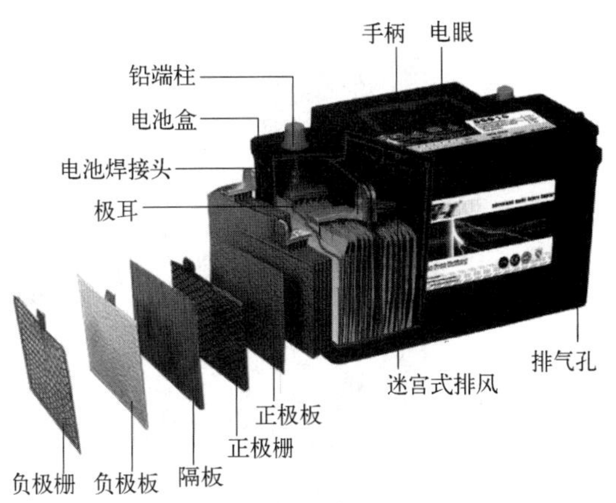

图6-62 免维护蓄电池结构

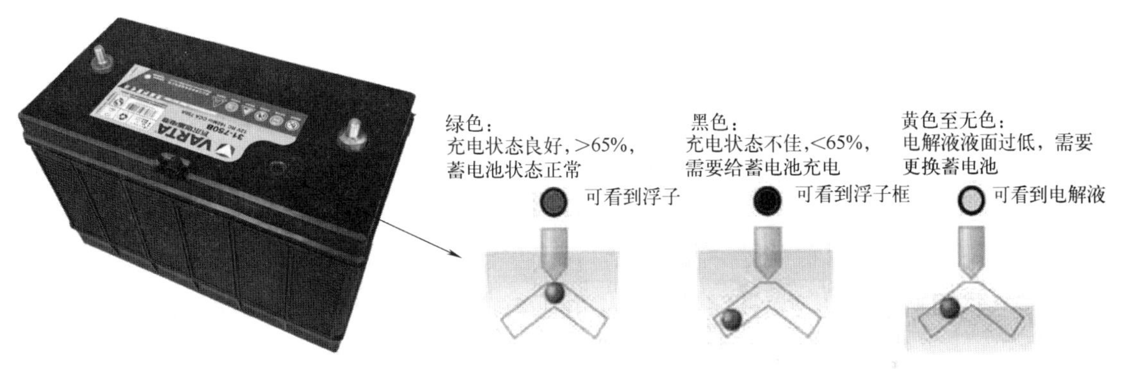

图6-63 免维护蓄电池状态指示孔（电眼）

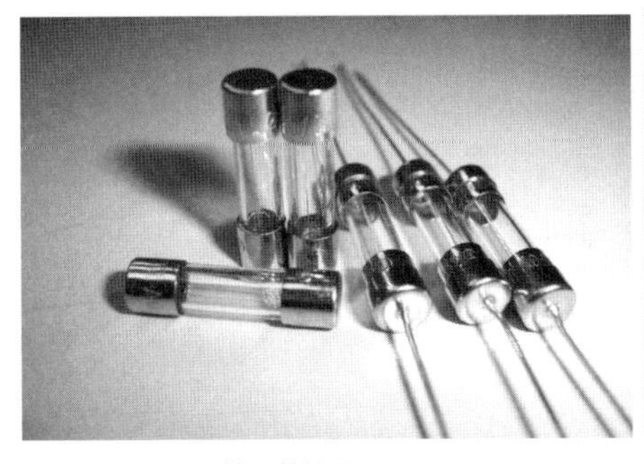

管式易熔线

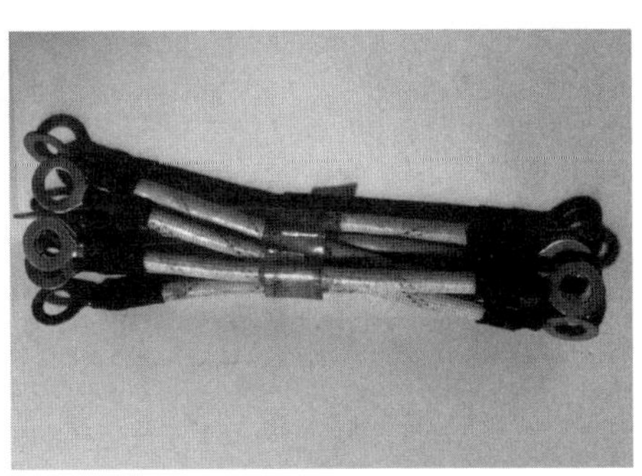

线式易熔线

图6-64 易熔线

在正常的维修中，如果易熔线熔断后找到故障点并排除，但无相同规格的易熔线，可以暂时用同容量的保险丝或导线串联在电路中代替，购买到符合要求的易熔线后应及时更换。

(2) 保险丝（插片式）

插片式保险丝装在驾驶室内保险盒或发动机舱内保险盒中，与继电器组合在一起，构成全车电路的中央接线盒。如图6-65所示为挖掘机驾驶室保险盒及保险盒盖，在保险盒盖的对应位置标有保险丝及继电器的识别标识，使检查及更换这些电气装置时更加容易查找。

保险盒

保险丝功能说明

图 6-65　挖掘机保险盒及保险盒盖

保险盒中的每个保险丝都有颜色，且标有规格容量值，这是由于全车各个用电设备的功率不同，所以消耗的电流也不同。相应地把保险丝分为如图 6-66 所示的几类，可以按颜色来判别：绿色为 30A，白色为 25A，黄色为 20A，蓝色为 15A，红色为 10A，棕色为 7.5A 或 5A。

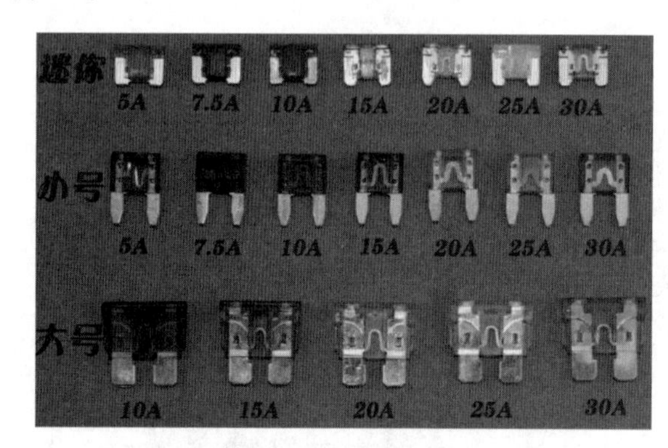

图 6-66　插片式保险丝

保险丝的检查一般可以通过观察其外观，也可以用万用表或试灯来检查，如发现损坏或熔断则必须更换相同容量的保险丝。

检查及更换保险丝的要求：

① 保险丝熔断后，必须找到故障原因，彻底排除故障。

② 更换保险丝时，一定要与原规格相同，特别注意，不能使用比规格容量大的保险丝。汽车上增加用电设备时，不能随意改用容量大的保险丝，应另外加装保险丝。

③ 保险丝支架接触不良会产生电压降和发热现象。因此，特别要注意检查有无氧化现象。若有，必须用细砂纸打磨光，使其接触良好。

6.4.1.3　继电器

继电器是自动控制电路中常用的一种元件，它是利用电磁感应原理以较小的电流来控制较大电流的自动开关，在电路中起着自动操作、自动调节、安全保护等作用。在挖掘机电气系统中所使用的继电器体积较小，触点控制的电流也较小，属于小型继电器。如图 6-67 所示分别为挖掘机上的大灯继电器、电源开关继电器。

(1) 电磁式继电器的工作原理

挖掘机上广泛使用电磁式继电器，这种继电器一般由弹簧、线圈、衔铁、触点等组成。打开外壳后的继电器如图 6-68 所示。

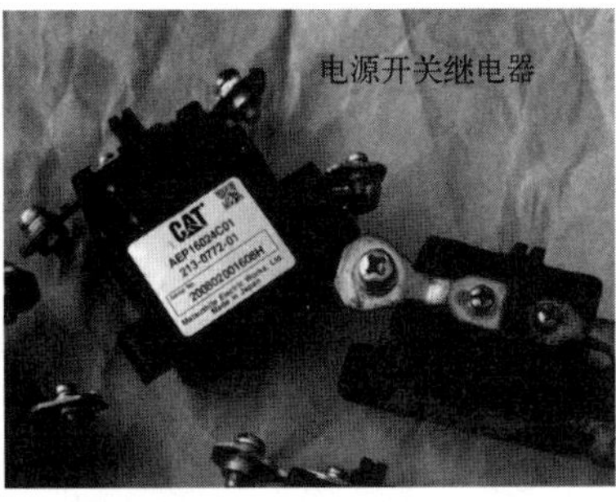

图 6-67 挖掘机继电器

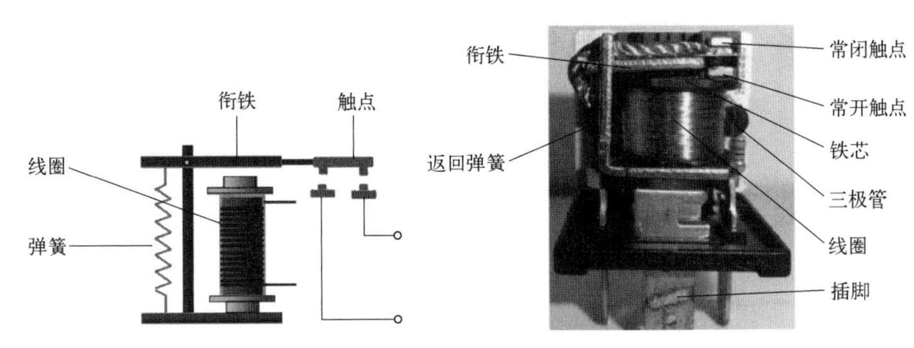

图 6-68 电磁式继电器结构

下面用电路图来说明继电器的工作原理。如图 6-69 所示，若一个由电源、开关及灯泡组成的电路要求用强电流直接接线，则开关及接线都要有承受此强电流的能力，然而，可使用一开关利用弱电流去接通和断开一继电器，然后由后者通过大电流去接通或断开灯泡。

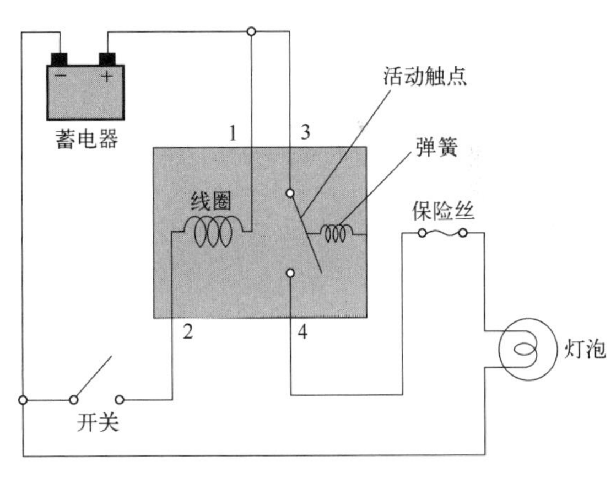

图 6-69 继电器的工作原理

当开关闭合时，电流经过触点 1 及 2 使线圈励磁，线圈的磁力吸引点 3 和 4 之间的活动触点，结果触点 3、4 接通并使电流流向灯泡。

当开关断开时，线圈断电，线圈的磁力也随之消失，活动触点就会在弹簧的反作用力下返回原来的位置，使动触点与原来的静触点分离。

(2) 继电器的类型

继电器按断开及接通方式可分为以下类型。

① 常开型。如图 6-70 (a) 和 (b) 所示，这一类型的继电器不工作时是开路的，只有在其线圈受激时才闭合。

② 常闭型。如图 6-70 (c) 所示，这种类型的触点不工作时是闭合的，只有在其线圈受激时才断开。

③ 枢纽式。如图 6-70 (d) 所示，这种类型在两个触点之间切换，由线圈受激状态决定。

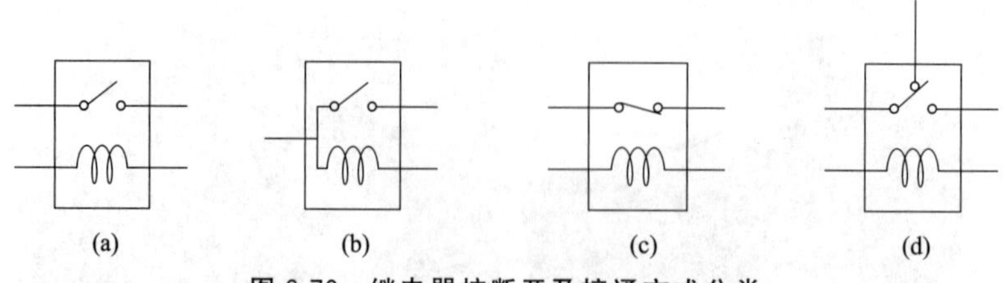

图 6-70　继电器按断开及接通方式分类

6.4.2　点火开关

挖掘机点火开关电路原理如图 6-71 所示。

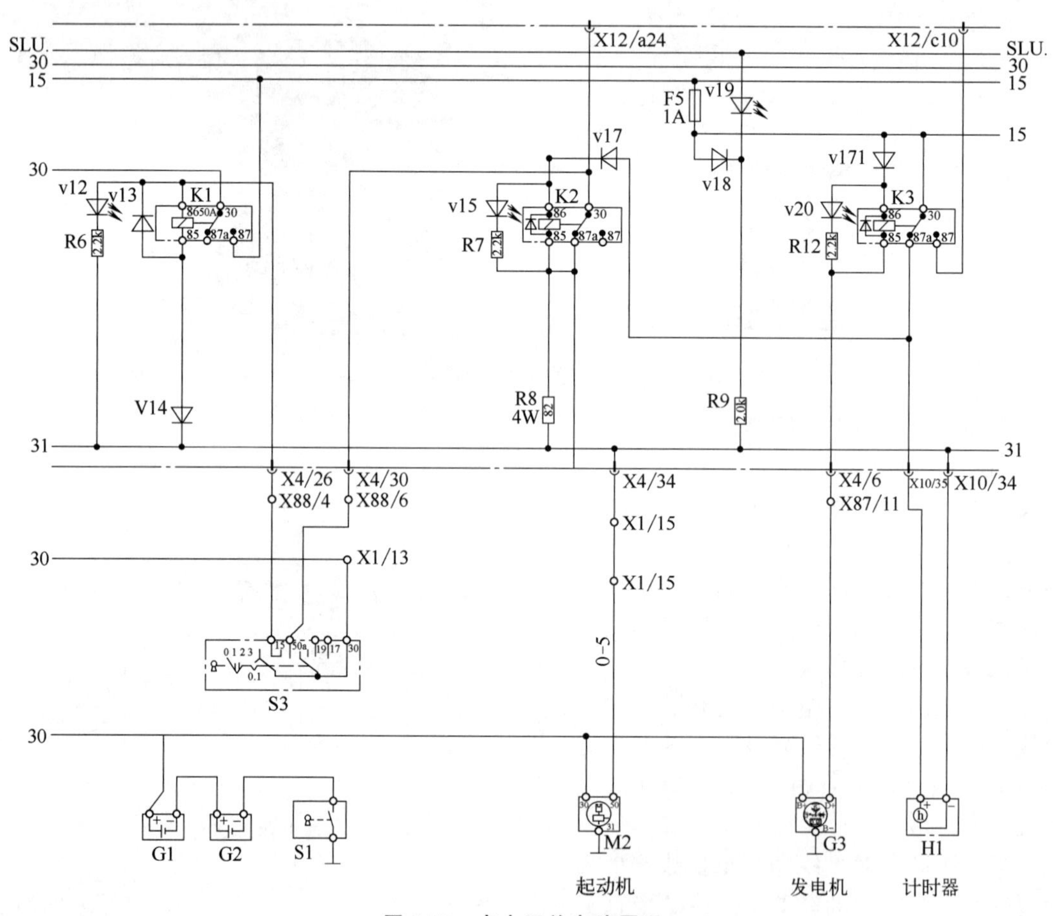

图 6-71　点火开关电路原理

打开点火开关 S1，保证 30 号线的正极电导通，点火开关 S3 处于 15（1 挡）时，继电器 K1 处于工作位置，端子 30 与 87 接通，正极 15 号线与正极 30 号线接通。点火开关 S3 处于 50a（即 3 挡，启动位置；2 挡为空位）时，继电器 K2 由于端子 86 无正电不工作。线路接通情况：30-X1/13-50a-继电器 K2 的端子 30 与 87a- X4/34-起动机 M2 的端子 50，起动机 M2 的端子 30 和 50 均与 30 号正极线接通，保证工作条件，此时起动机工作，发动机工作，发电机 G3 发电。

松开点火开关 S3，自动回到 0 位，此时发电机 G3 输出工作电流，D+至 K3 的端子 85 使 K3 停止工作，K3 的端子 30 与 87a 接通，传递 15 号正极电经 V17 到 K2 端子 86，使 K2

工作，K2 端子 30 与 87a 断开，使起动机 M2 端子 50 失去正极电，防止起动机二次启动。

6.4.3 电磁阀

6.4.3.1 熄火电磁阀

熄火电磁阀电路原理如图 6-72 所示。

在机器工作时此电路为常通电状态：当点火开关 S3 打到 2 挡通电位置时，15 号电经过 F21 保险丝，插头 X5/29、X87/22、X58/1 到达熄火电磁阀，电磁阀 Y1 处于正常工作位置（电磁阀通过 X58/2、X87/23、X5/30 接到负极 31 号线）。

当点火开关 S3 打到 0 位时，15 号线断电，电磁阀自动打到停车位置，发动机调速器齿条处于断油位置，使发动机停止工作。

6.4.3.2 启动加浓电磁阀

点火开关 S3 打到 3 挡后，30 号电输送到电脑板插头 X12/a24（见图 6-71），电脑板插头 X13/a25 接收到电信号后直接与继电器 K10 的触点 86 相接，使内部的触点 30 与 87 吸合；15 号正极电通过保险丝 F21 与继电器 K10 触点 30 相接，经过插头 X5/18 到达加浓电磁阀 Y18，电磁阀通过插头 X3/20 与 31 号负极连接，电磁阀工作，使其增大启动时的供油量，使发动机容易启动；发动机启动以后，继电器 K10 的触点 86 断电，触点 30 与 87a 接合，从而切断了加浓电磁阀的电源，这样使发动机启动后使用正常的供油量。启动加浓电磁阀电路原理如图 6-73 所示。

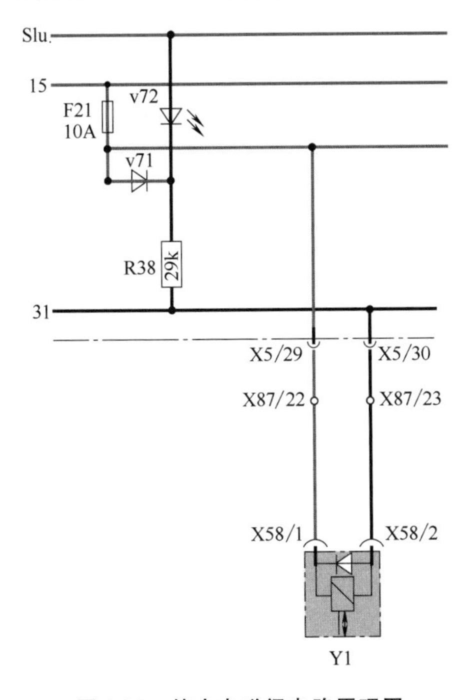

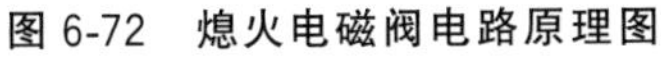
图 6-72　熄火电磁阀电路原理图

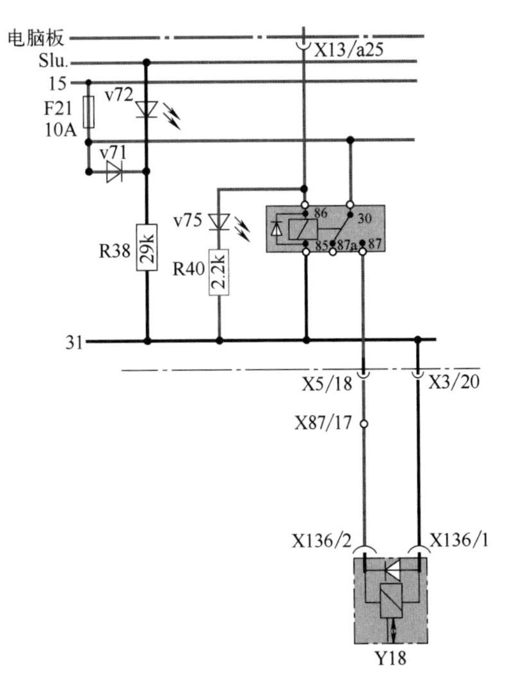

图 6-73　启动加浓电磁阀电路原理图

6.4.3.3 双泵合流电磁阀

此开关 S38 正常情况下为闭合状态，15 号正极电通过保险丝 F22 到达继电器触点 86，继电器 K9 工作，触点 30 与 87 连接，通过插头 X109/1 到达电磁阀 Y43，电磁阀通电。按下开关，继电器不工作，电磁阀断电，实现合流。双泵合流电磁阀电路原理如图 6-74 所示。

6.4.3.4 集中润滑装置

按下开关S10，X9/21将31号负极电通过X9/38传递到电脑板X12/c36，X13/c24接收电信号传递到继电器K12触点86，此时继电器工作，触点30与87相接，将15号正极电通过X6/2、X60/1传到集中润滑泵正极端，此时集中润滑泵工作（31号负极电通过X6/28、X60/2与集中润滑泵负极端连接）。集中润滑装置电路原理如图6-75所示。

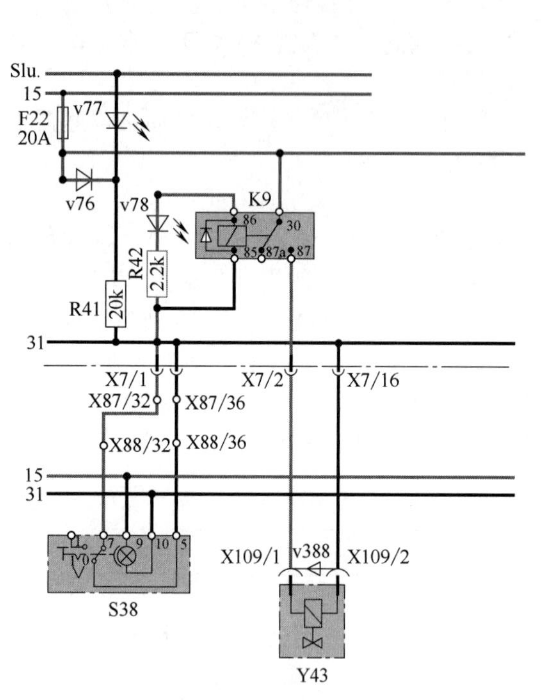

图6-74 双泵合流电磁阀电路原理图

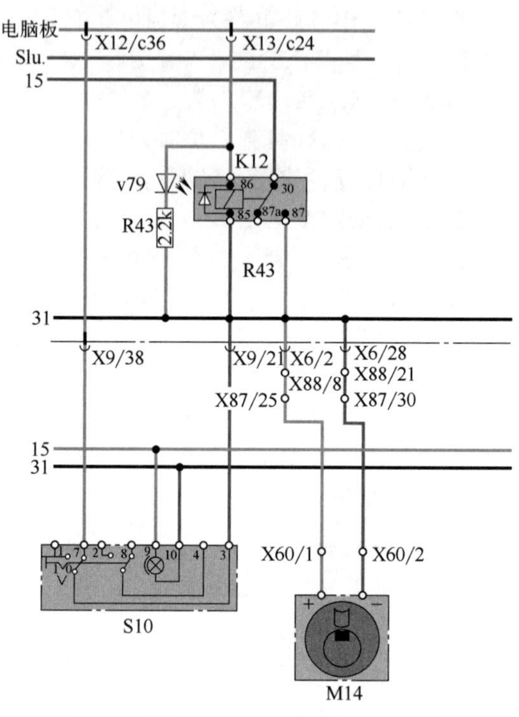

图6-75 集中润滑装置电路原理图

6.4.4 电源系统故障排除

6.4.4.1 挖掘机整车不上电故障

故障现象：大宇挖掘机除喇叭、驾驶室内饰灯外，其余电气部件都无电。

故障分析：①电池接触器问题；②点火开关故障；③电源线路问题。

故障原因：①启动回路保险丝不正常；②电磁继电器不工作；③点火开关性能不正常。

维修过程：

① 首先检查启动回路保险丝是否正常；

② 测得电池接触器线圈无24V电压；

③ 拆下右操作箱，测得点火开关上13号线无24V电压；

④ 测得点火开火上22号线也无24V电压；

⑤ 检查右操作箱内接插件，发现为22号线束的插针退出导致断路，检修电路如图6-76所示。

故障排除：修复断路的接插件端子后故障排除。

6.4.4.2 挖掘机预热烧保险丝故障排除

故障现象：大宇DH220LC-V挖掘机打到预热状态下，首先出现烧8号保险丝，随后全车无电，开关在ON位置时，启动车正常（在更换8号保险丝时，开关在ON位置）。

维修过程：

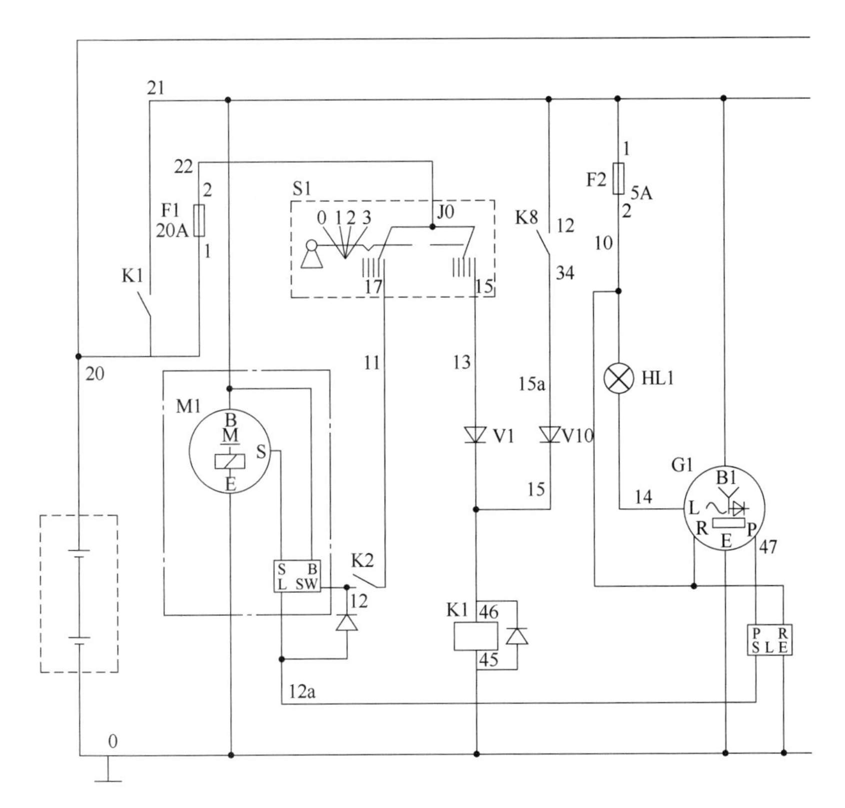

图 6-76　点火开关与电源线路图

① 开关在 ON 时启动车，烧 8 号保险丝，随后全车无电，更换 8 号保险丝后，开关处在 ON 位置不启动车时，全车有电。说明回路中有短路现象。

② 在该车预热状态下，同样烧 8 号保险丝且全车无电。检查预热故障，在断开 R2 时能正常启动车。

③ 该故障在预热电路上，逐一排除预热继电器、二极管故障后，故障依旧。预热塞阻值也正常，说明 R1 与 R2 回路中有一处搭铁。

④ 用导线逐一连接 R1 与 R2 回路，发现 R2 回路有一处绝缘线破皮，引起接地。

故障排除：重新包扎破损线束后故障排除。

第 5 节　发动机电气系统

6.5.1　启动系统

6.5.1.1　系统组成

启动系统包括起动机、启动开关和启动继电器等。

起动机将蓄电池的电能转换成机械能，启动发动机。启动开关控制起动机工作。启动继电器保护线路和点火开关。启动系统电路连接如图 6-77 所示。

启动开关接通时，①控制电流：蓄电池＋→发电机 B 端子→启动开关 B 端子→启动开关 C 端子→起动机 S 端子→车架→蓄电池－；②启动强电流：蓄电池＋ →起动机 B 端子→车架→蓄电池－。

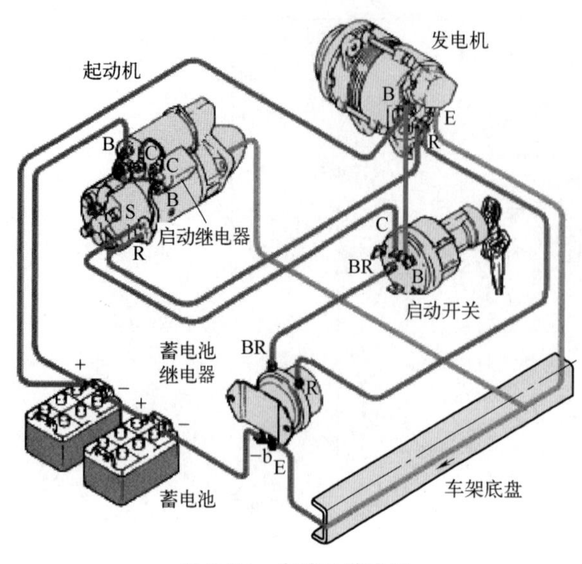

图 6-77 启动系统电路

6.5.1.2 工作原理

以德国 BOSCH 公司生产的 TB 型齿轮移动式起动机为例。齿轮移动式起动机依靠电磁开关推动啮合杆，进而带动驱动齿轮与飞轮齿圈啮合。

发动机启动前（见图 6-78），为使起动机的驱动齿轮与飞轮齿圈啮合柔和，起动机的接入分为如下两个阶段。

(1) 第一阶段

接通点火开关Ⅲ挡，蓄电池电流经过接线柱 50、继电器 5 的磁力线圈和电磁开关的保持线圈 12。常闭触点 K1 被分开，切断制动绕组 16 的电路。常开触点 K2 闭合，接通了电磁开关中吸引线圈 14 和阻尼线圈 13 的电路。电流流经蓄电池正极接线柱 30、常开触点 K2 后分成并联的两路，其中一路流经吸引线圈 14、磁场绕组 17、电枢 2、接线柱 31、搭铁到蓄电池负极，另一路流经阻尼线圈 13、磁场绕组 17、电枢 2、接线柱 31、搭铁到蓄电池负极。

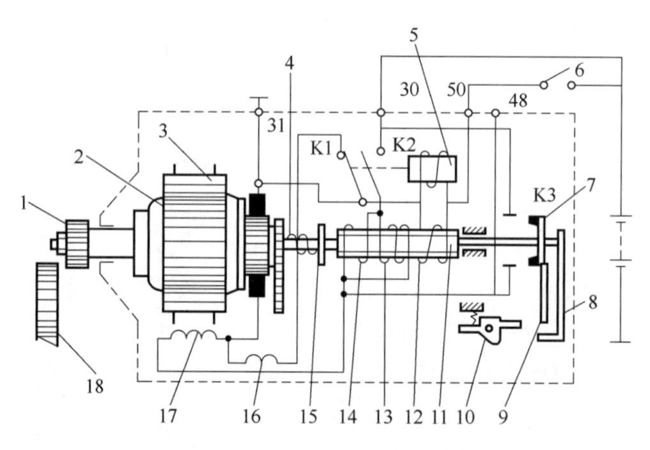

图 6-78 启动系统原理示意图

1—驱动齿轮；2—电枢；3—电枢线圈；4—回位弹簧；5—继电器；6—启动开关；7—主触点；8—释放杆；9—挡片；10—扣爪；11—活动铁芯；12—保持线圈；13—阻尼线圈；14—吸引线圈；15—啮合杆；16—制动绕组；17—磁场绕组；18—飞轮齿圈；30—蓄电池正极接线柱；31—接线柱；48—接地；50—接线柱；K1—常闭触点；K2—常开触点；K3—电磁开关主触点

在保持线圈 12、吸引线圈 14、阻尼线圈 13 等三部分磁力的共同作用下，电磁开关中的活动铁芯 11 被吸向左移动，推开啮合杆 15 使起动机驱动齿轮向飞轮齿圈方向移动。与此同时，由于吸引线圈和阻尼线圈、电枢线圈串联，相当于串联了一个电阻，使流向起动机的电流很小，所以电枢缓慢转动，驱动齿轮低速旋转并向左移动，从而柔和地啮入飞轮齿圈。

(2) 第二阶段

当驱动齿轮与飞轮齿圈完全啮合后，释放杆 8 立即将扣爪 10 顶开，使挡片 9 脱扣。于是电磁开关主触点 K3 闭合，起动机主电路接通。起动机产生的扭矩通过摩擦片式单向离合器驱动飞轮齿圈，此时吸引线圈和阻尼线圈被短路，驱动齿轮靠保持线圈的吸引保持在啮合位置；发动机启动后摩擦片式单向离合器打滑，起动机处于空转状态，但只要启动开关保持接通，驱动齿轮与飞轮齿圈仍保持啮合状态，只有断开启动开关、驱动齿轮退回，起动机才停止运转。

断开启动开关后，保持线圈和继电器 5 的磁力线圈的电路被切断，磁力消失，电磁开关中的活动铁芯与驱动齿轮均靠回位弹簧的弹力回到原来位置，扣爪也回到原位，电磁开关主触点 K3 打开，起动机主电路被切断。继电器 5 电流中断时常开触点 K2 打开、常闭触点 K1 闭合，制动绕组与电枢线圈并联。

制动绕组在起动机工作时不起作用，但发动机启动完毕、切断启动开关时，能使起动机很快制动而停止转动，即启动开关切断后常闭触点 K1 闭合，制动绕组与电枢线圈并联，起动机主电路虽已断开，但电枢由于惯性作用仍继续转动，以发电机状态运行，其电磁扭矩方向因电枢内电流方向的改变而改变，与电枢旋转方向相反，起能耗制动作用，使起动机迅速停止转动。

6.5.2　预热系统

6.5.2.1　系统类型

柴油机属于压燃式发动机，没有用于点火的火花塞。柴油机冷启动时，即使气缸内的空气被充分压缩，也会有一部分压缩压力从燃烧室泄漏出来。另外，柴油机启动慢时，柴油容易凝结。因此，在冷启动时，进入气缸的气体很难被加热到自燃温度，需要预热装置来提高进入气缸的气体的温度。预热装置有两种：一种是火焰喷射预热器（见图 6-79），一种是电热丝预热器（见图 6-80）。前者利用燃料燃烧的热量加热进气，后者利用电阻丝加热进气。火焰喷射预热器安装在进气管上；电热丝预热器安装位置：小型直喷式柴油机安装在燃烧室，大功率直喷式柴油机一般安装在进气管上。

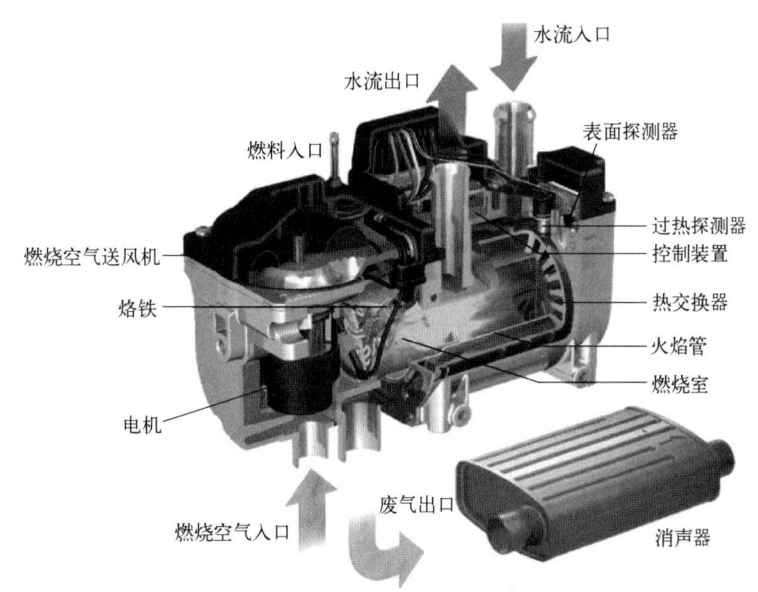

图 6-79　火焰喷射预热器

6.5.2.2　系统电路

预热系统的主要电气设备有：蓄电池、预热继电器、预热塞。

图 6-80　电热丝预热器

当钥匙开关打到预热挡时，预热继电器吸合，使蓄电池供电给预热塞（可以理解为烧水用的“热得快”），最终对发动机进气进行预热。同时，预热挡信号会发送至控制器，在显示器上提示预热指示，一般 15s 后预热指示灯灭，此时需要操作人员松开钥匙门，启动挖掘机。

以日立挖掘机装载的五十铃 6HK1 柴油机预热系统为例，当来自 ECM 的信号输入时，热线点火继电器切断至热线点火塞的电源电压（24V），并转为“ON”。ECM 识别起动机开关的“ON”信号，并输出“ON”信号至热线点火继电器。系统电路如图 6-81 所示。

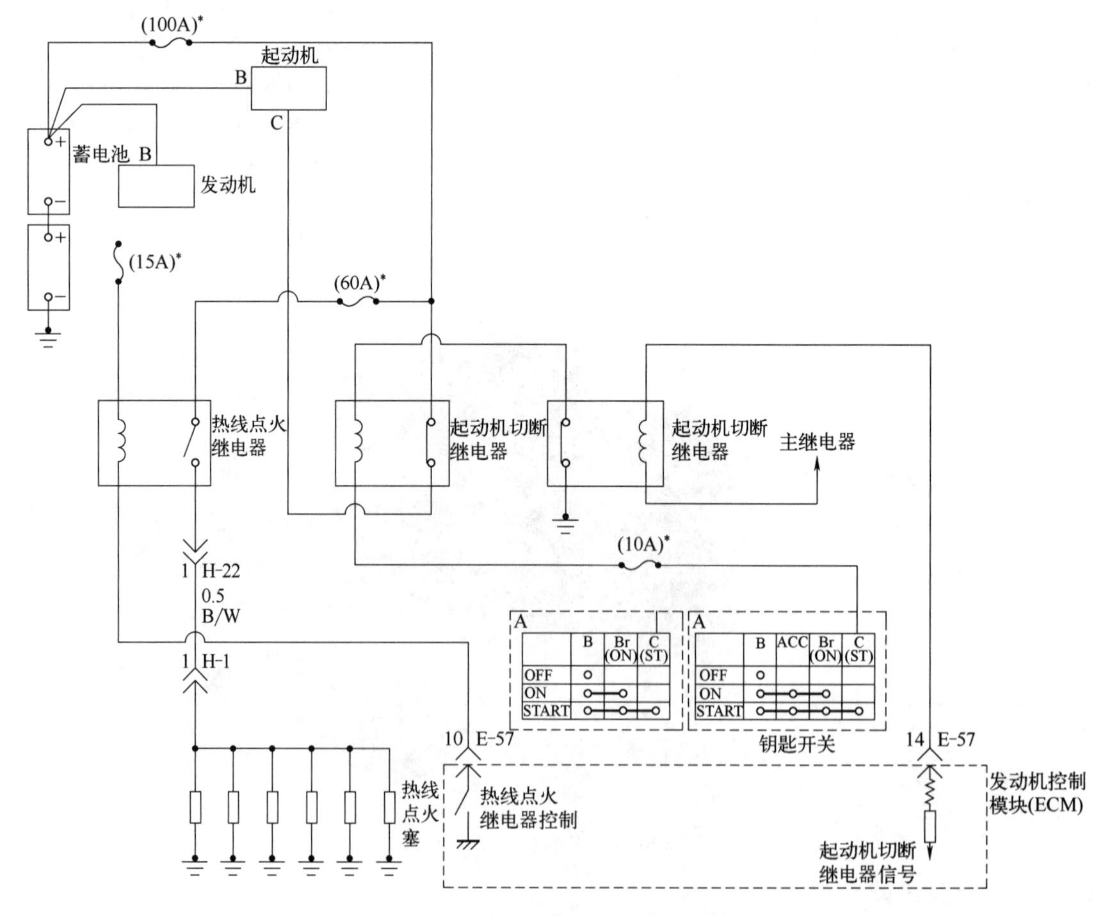

图 6-81　五十铃 6HK1 柴油机预热系统电路图

第 6 节　发动机电控系统

6.6.1　系统功能

以卡特为例，发动机采用液压电子式单体喷油器（HEUI）燃油系统。每个喷油器的电磁阀计量由喷油器输送的燃油量。被称为单体喷油器液压泵的轴向活塞泵加压机油以便作动喷油器。电子控制模块（ECM）向喷油驱动压力控制阀发送信号以便控制喷油压力。另有电信号被发送到每一个喷油器电磁阀以便控制喷油。

发动机的电控系统包括 ECM、接线束、发动机传感器、开关、喷油驱动压力控制阀、HEP 泵、HEUI 喷油器和针对某一特定应用的接口，系统组成如图 6-82 所示。电子控制模块（ECM）是计算机，闪存文件是计算机软件，闪存文件中包含工况图，工况图可确定发动机的功率和扭矩曲线。

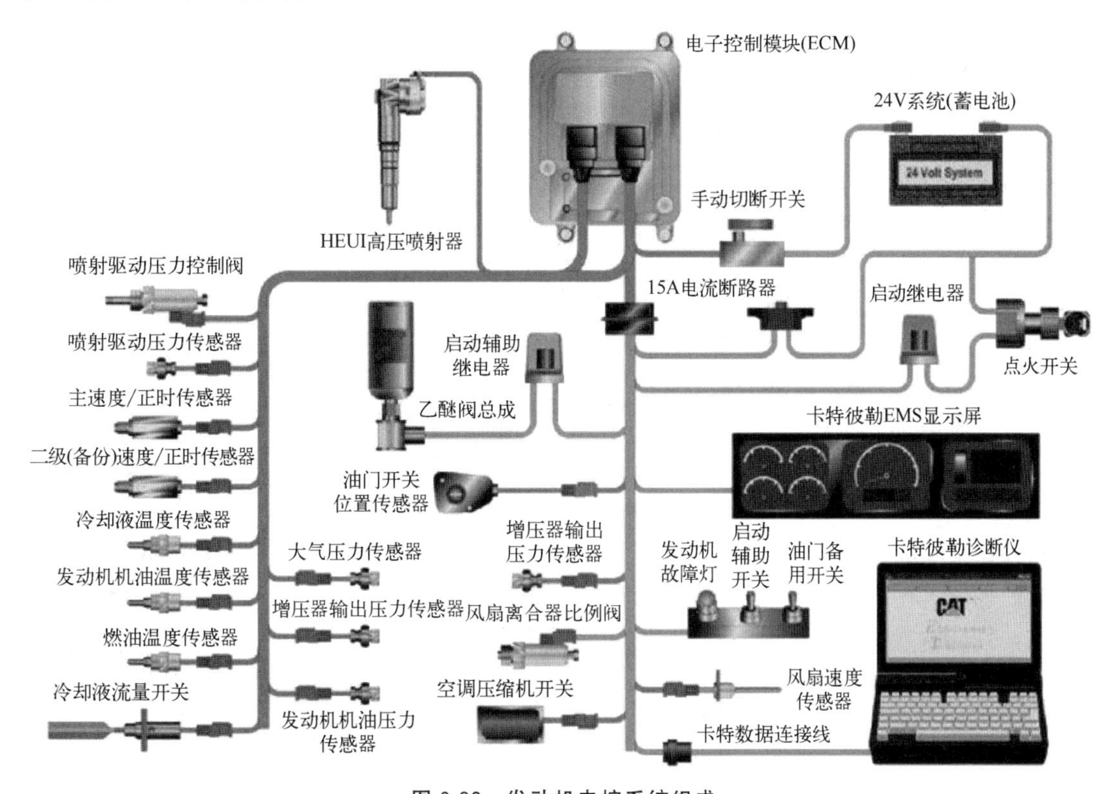

图 6-82　发动机电控系统组成

ECM 确定喷入气缸内的油量和喷油正时。此决定基于任何指定时间的实际状况与理想状况。

ECM 将发动机的理想转速与发动机的实际转速相比较。发动机实际转速通过发动机转速/正时传感器发出的信号决定。如果发动机的理想转速大于发动机的实际转速，ECM 将会增加喷油量以便提高发动机的实际转速。

ECM 通过改变通向喷油器的信号来控制喷油量。喷油器只在喷油器电磁阀被通电激励时才会泵油。ECM 向喷油器电磁阀发送高压信号。此高压信号通电激励电磁阀。通过控制正时以及高压信号的持续时间，ECM 可以控制喷油正时以及喷射的燃油量。

在冷启动模式（cold mode）操作期间，ECM 限制发动机的功率，同时也改变喷油正时。冷启动模式操作提供了下列好处：

- 改善了在寒冷天气下的启动性能；
- 缩短了暖机时间；
- 减少了白烟。

只要发动机冷却液温度降至 18℃以下，就会启动冷启动模式。冷启动模式保持激活状态，直到发动机冷却液温度升至 20℃以上或直到发动机已连续运行 14min。

ECM 中的闪存文件对可以喷射的燃油量设置了一定的限制。“空燃比控制油量限制（FRC fuel limit）”用于以排放控制为目的对空燃比进行控制。“空燃比控制油量限制”是一个基于涡轮增压器出口压力施加的限制。增大的涡轮增压器出口压力说明气缸内的空气量增多。当电子控制模块（ECM）感知到增压压力增大时，ECM 就会提高“空燃比控制（FRC）限制”。当 ECM 提高了“空燃比控制油量限制”时，ECM 就会允许更多的燃油喷入气缸内。“空燃比控制油量限制”出厂时在闪存文件中编程设置，不能被改动。

“额定油量限制（rated fuel limit）”是基于发动机额定功率与发动机转速的限制。“额定油量限制”与机械调速器发动机上的油量控制齿条挡块和扭矩弹簧很相似。“额定油量限制”为特定发动机系列与特定发动机规格提供功率曲线和扭矩曲线。“额定油量限制”出厂时在闪存文件中编程设置，不能被改动。

一旦 ECM 确定了所需的油量，ECM 就必须确定喷油正时。ECM 根据发动机转速/正时传感器传来的信号来确定每一缸的上止点的位置。ECM 将根据上止点计算何时出现燃油喷射。ECM 还在理想时间向喷油器提供信号。ECM 调整正时，以实现最优发动机性能、最优燃油经济性以及最优白烟控制。

单体喷油器液压泵内部的喷油驱动压力控制阀（IAPCV）是一个精确排量控制调节器。此调节器基于 ECM 提供的控制电流来改变液压泵的出口流量。可变排量单体喷油器液压泵仅由喷油器需要的高压油量加压。

进气加热器和乙醚喷射系统用于改善发动机在寒冷气候条件下的启动。

ECM 控制进气加热器。乙醚喷射系统可由 ECM 或操作员控制。

电控柴油机由 ECU 控制，ECU 对每个喷油器的喷油量、喷油时刻进行精确控制，能使柴油机的燃油经济性和动力性达到最佳的平衡；也就是计算出供（喷）油量和供（喷）油开始时刻，并向执行元件发出执行信号。

其主要控制功能有燃油喷射控制、怠速控制、进气控制、增压控制、排放控制、启动控制、巡航控制、故障自诊断和失效保护、柴油机与自动变速箱的综合控制等模块的控制。

同时，电控柴油机执行元件执行 ECU 的指令，调节柴油机的供（喷）油量和供（喷）油正时；柴油机电控燃油喷射系统除了控制喷油量外，对喷油正时和喷油的压力都有很高的要求。

6.6.2 高压共轨系统

燃油箱中的燃油经燃油滤清器过滤后输入至输油泵，输油泵将燃油加压送入油轨，油轨中的压力由发动机 ECU 根据油轨压力传感器以及需要进行调节，油轨内的燃油经过高压油管，根据柴油机的运行状态，由电控驱动单元（EDU）决定喷油时间，最后由喷油器向缸内喷射。高压共轨系统部件如图 6-83 所示。

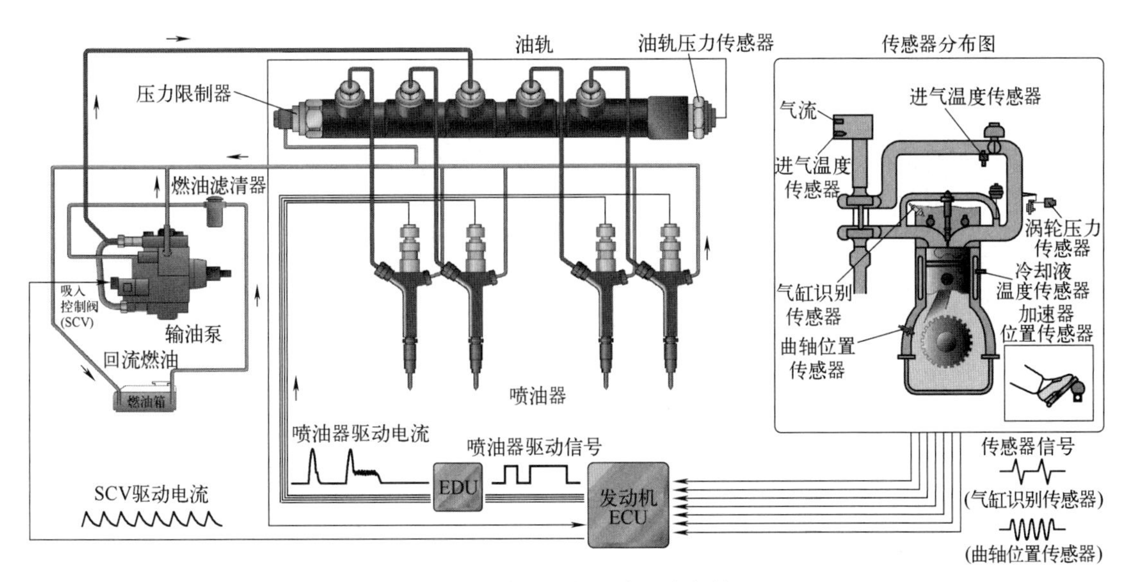

图 6-83 高压共轨系统组成部件

6.6.3 单体泵技术

单体泵技术是在每个气缸装配1个高压泵，最高喷射压力可达200MPa。它的优势是结构相对简单、性能可靠、故障率低、寿命长且维修方便。高压共轨系统多用于中小功率的柴油机，而单体泵多用于大功率的重型柴油机。

泵-管路-喷嘴（PLD）系统的燃油高压供给由各单体泵来完成，每个气缸配备一个单体泵。单体泵由凸轮轴的凸轮挺杆驱动，并通过短的高压管和耐压连接件与喷嘴座组合件中的喷油嘴相连，如图6-84所示。每个单体泵包括一个用于调节喷射开始时间和控制喷油量的快动电磁阀。电磁阀由发动机控制单元促动，一转动发动机和/或发动机运转时，此控制单元即根据发动机工况计算喷射开始时间及喷油量。单体泵总成内部构造如图6-85所示。

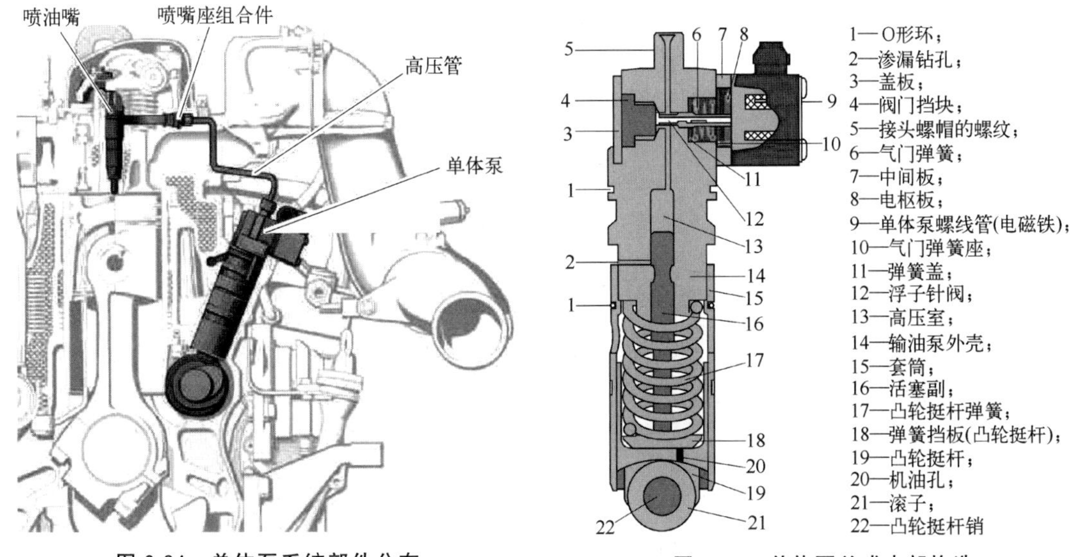

图 6-84 单体泵系统部件分布

图 6-85 单体泵总成内部构造

6.6.4 泵喷嘴技术

泵喷嘴系统（UIS，unit inject system）是由高压泵和喷嘴组成的一个紧凑的独立单元，安装于发动机缸盖的气门之间，无须冗长的高压传输管路。泵喷嘴系统由发动机顶置凸轮轴提供安装在缸盖内的单体喷油器（UI）所需的驱动力，其嘴端喷射压力最大可达到2050bar（205MPa），通过机械和液压的方式可以使全喷油量分成预喷和主喷两部分。

泵喷嘴直接集成在气缸盖中，如图6-86所示。

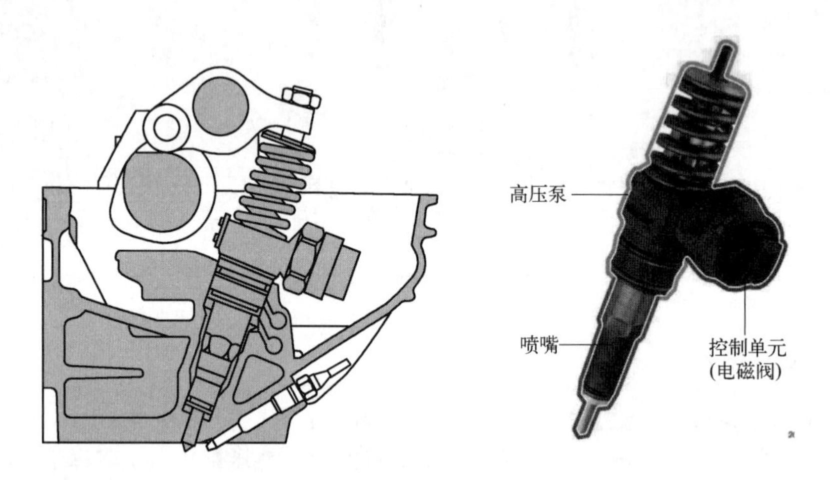

图6-86　泵喷嘴安装位置与外观

泵喷嘴剖视如图6-87所示。

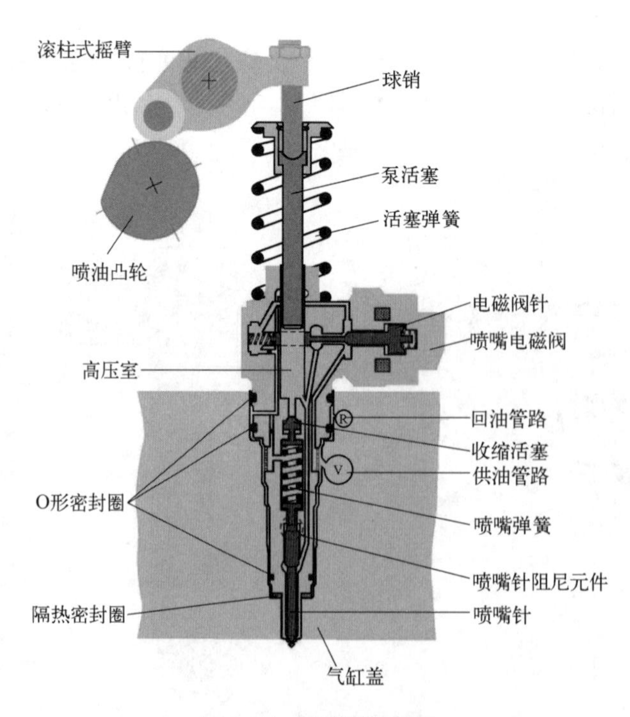

图6-87　泵喷嘴剖视图

6.6.5 发动机电脑

6.6.5.1 小松发动机电脑

当启动开关被拧到 START（启动）位置时，启动信号传输到起动机。然后，起动机转动以启动发动机。此时，发动机控制器检测来自燃油控制旋钮的信号电压并将发动机转速设定为燃油控制旋钮设定的转速。电控单元启动控制原理如图 6-88 所示。

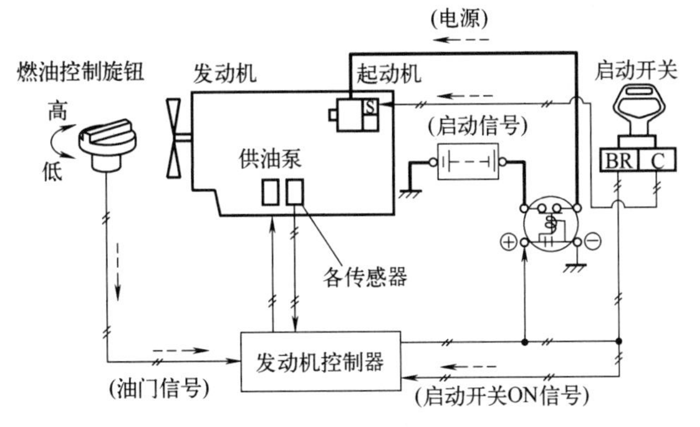

图 6-88　启动控制原理

燃油控制旋钮发送一个对应于旋转角度的信号电压到发动机控制器。发动机控制器根据信号电压发送一个驱动信号至供油泵以控制供油泵，并最终控制发动机转速。转速控制功能原理如图 6-89 所示。

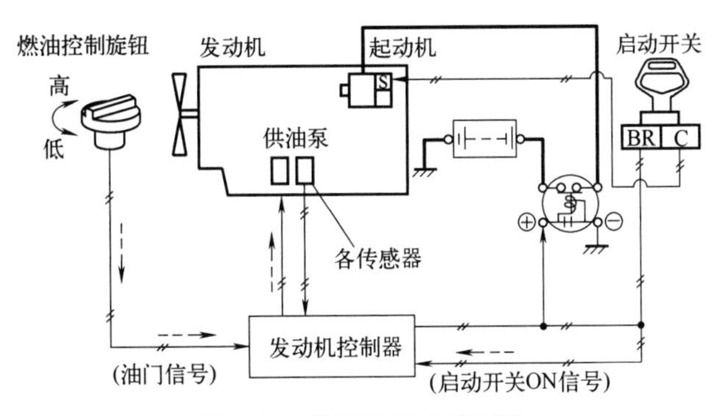

图 6-89　转速控制功能原理

当检测到启动开关被拧到“STOP”（停止）位置时，发动机控制器切断供油泵驱动电磁线圈的信号以停止发动机。停机控制功能原理如图 6-90 所示。

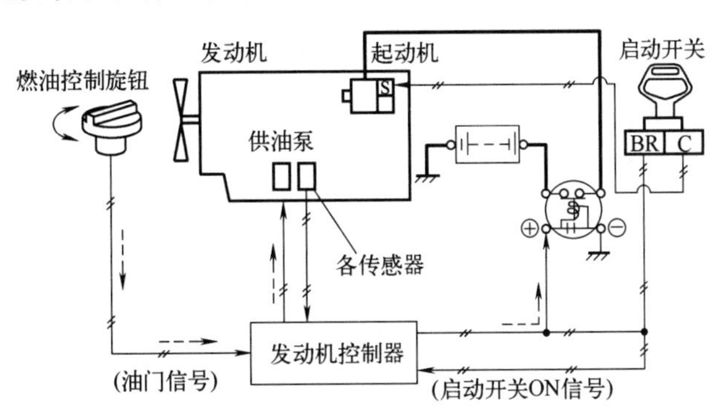

图 6-90　停机控制功能原理

小松 PC200-8/PC220-8 挖掘机，电控单元端子分布如图 6-91 所示，端子定义见表 6-5～表 6-7。

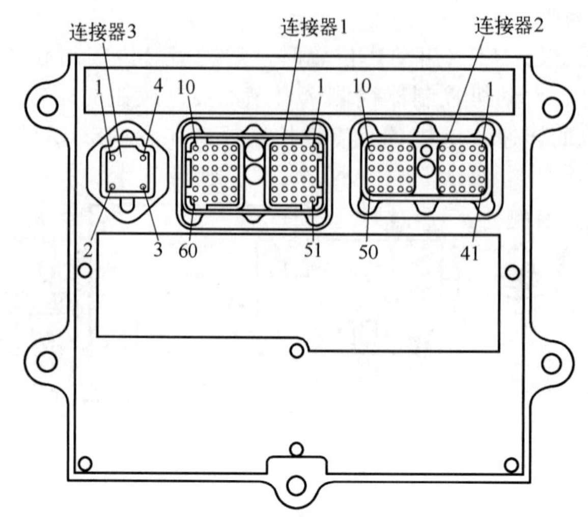

图 6-91 电控单元端子分布（小松 PC200-8/PC220-8）

表 6-5 连接器 1 端子定义

端子	功能定义	端子	功能定义
1	提升泵的电源	37	传感器的 5V 电源
2	IMA 的电源	38	接地
3	大气压力传感器	44	增压压力传感器
6	CAN(－)	45	1 号喷油器(＋)
8	CAN(＋)	46	5 号喷油器(＋)
11	提升泵返回	47	G 传感器(－)
15	冷却液温度传感器	48	NE
16	传感器的 5V 电源	51	2 号喷油器(－)
17	机油压力开关	52	3 号喷油器(－)
22	发动机制动器驱动	53	1 号喷油器(－)
23	增压温度传感器	54	2 号喷油器(＋)
25	共用油槽压力传感器	55	3 号喷油器(＋)
26	G 传感器(＋)	56	4 号喷油器(＋)
27	NE 传感器(＋)	57	6 号喷油器(＋)
28	发动机制动器返回	58	4 号喷油器(－)
32	IMA 返回	59	6 号喷油器(－)
33	传感器的 5V 电源	60	5 号喷油器(－)

表 6-6 连接器 2 端子定义

端子	功能定义	端子	功能定义
9	燃油控制旋钮(＋)	42	电子进气加热器继电器返回
22	燃油控制旋钮(＋5V)	46	CAN(＋)
23	燃油控制旋钮(－)	47	CAN(－)
39	钥匙开关(ACC)	49	PWM 输出
40	电子进气加热器继电器驱动		

表 6-7 连接器 3 端子定义

端子	功能定义	端子	功能定义
1	接地	3	电源(＋24V)

6.6.5.2 日立发动机电脑

日立部分挖掘机使用五十铃制造的 4HK1/6HK1 电控柴油发动机，该发动机电子控制系统能根据作业条件而使发动机在全部时间都能保持最佳的燃烧状态。

该系统由以下几部分组成：电子控制燃油喷射系统（共用油槽式）、EGR（排气再循环）、怠速转速控制。系统方框图如图 6-92 所示。

该发动机控制系统还包括下列除发动机控制外的系统控制功能：QOS（快速启动）系统、发动机转速信号输出、自我诊断功能、CAN（控制器区域网络）通信（SAE J1939/21、SAE J1939/11）。

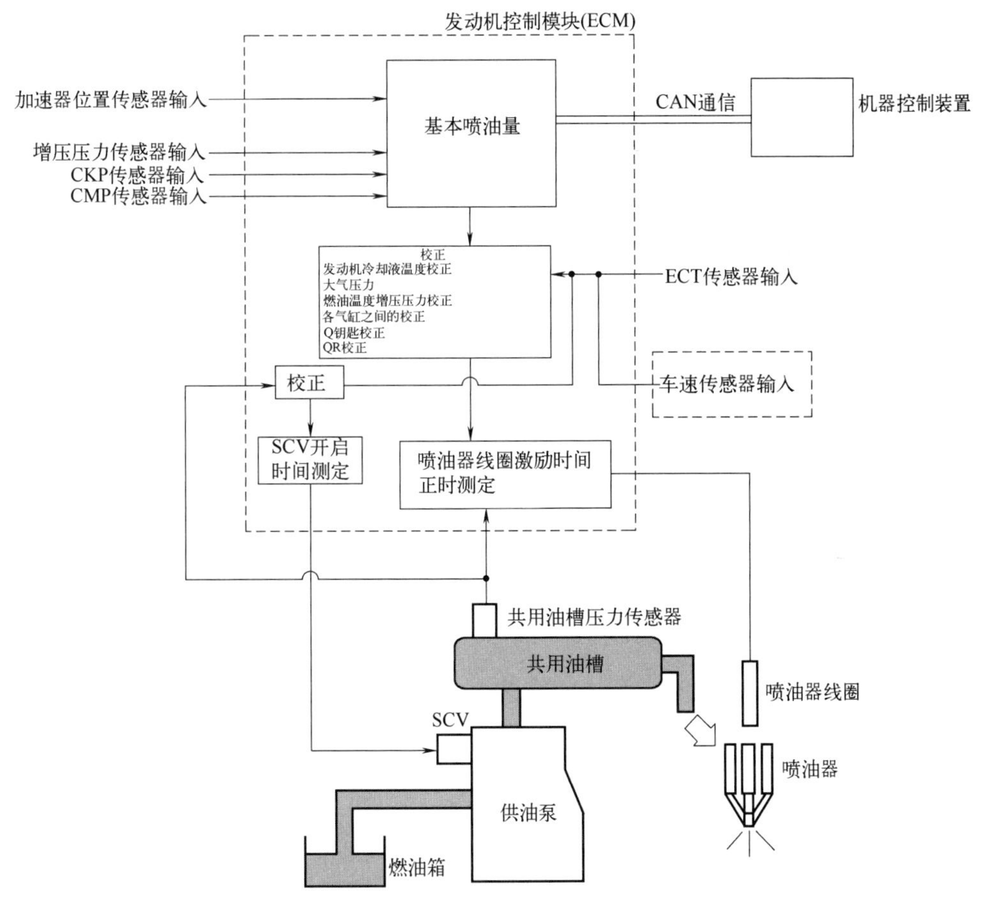

图 6-92 发动机电控系统方框图

发动机控制模块（ECM）得到了诸如发动机转速、发动机负荷等信息（来自各种传感器的信号），在这些信息的基础上，把电气信号发送到供油泵和喷油器等，以便正确地控制每个气缸的燃油喷射量和喷油正时等。ECM 输入与输出信号如图 6-93 所示。

该系统主要根据来自发动机转速和加速器开启角度或机器控制装置的设定转速的信号控制喷油器，以保持最佳的喷油量。该系统通过控制共用油槽内的燃油压力控制喷油压力。它根据发动机转速和燃油喷射量等参数计算出共用油槽内的相应压力，通过对供油泵的操作把压力输送到共用油槽，以排放出适量的燃油。该系统主要根据发动机转速、喷油量等参数计算出燃油喷射正时，并对喷油器进行控制。

为了改善气缸内的燃烧情况，该系统喷射出少量的燃油（提前喷射），并在开始的时候就对它点火，然后在第一次点火之后进行第二次喷油（主喷射）。通过对喷油器的操作而对这些喷油正时和喷油量进行控制。

在发生过热时，如果发动机冷却液温度超过 108℃（226℉），ECM 就开始限制燃油流量，以保护发动机。如果发动机冷却液温度继续升高，ECM 则进一步限制燃油流量。燃油流量被限制到相当于冷却液温度 120℃左右的水平。有些机器从 105℃就发出报警。除了报警之外，也可通过减少机器负载进行降温以避免出现限制燃油流量的情况。

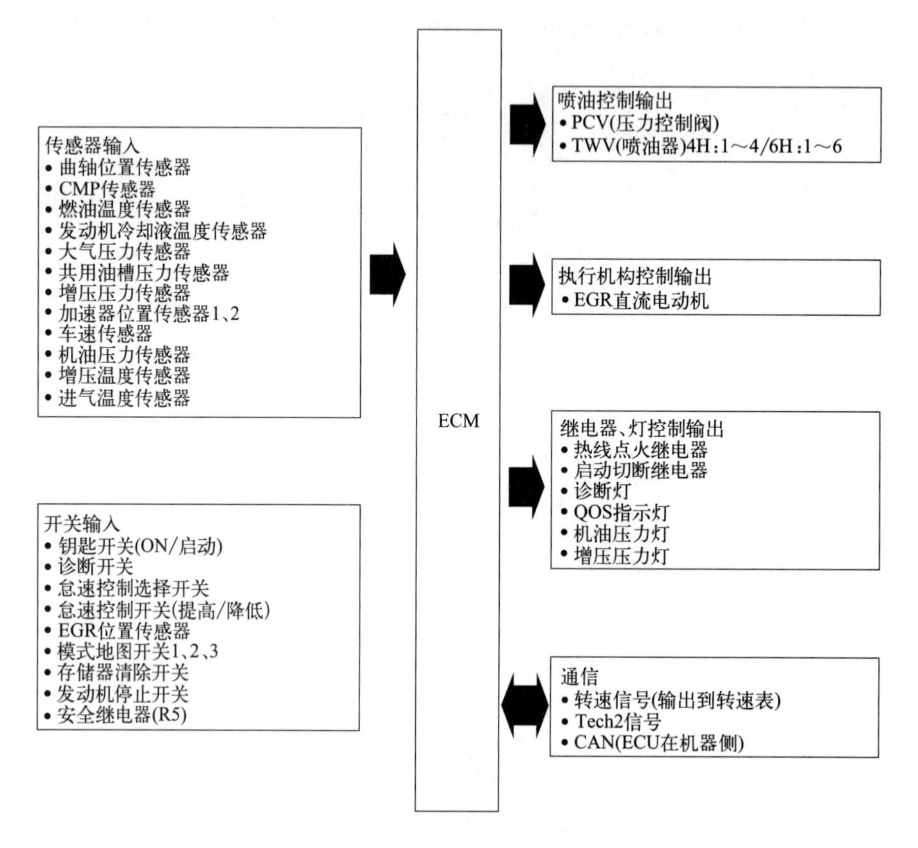

图 6-93　ECM 输入与输出信号

日立 4HK1/6HK1 电控柴油发动机 ECM 连接器端子分布如图 6-94 所示，端子定义见表 6-8、表 6-9。

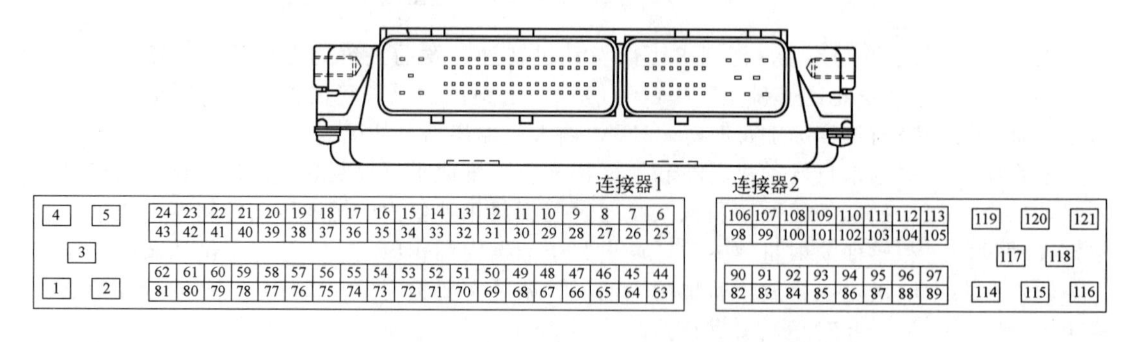

图 6-94　4HK1/6HK1 电控柴油发动机 ECM 连接器端子分布

表 6-8　连接器 1 端子定义

端子	名称	功能定义
1	PG-POWER	接地
2	PS-+B	电源
3	PG-POWER	接地
4	PG-POWER	接地
5	PS-+B	电源
6	OS-DIAGL	诊断灯
7	OS-BOOSTL	增压温度传感器先导灯
10	OS-GLOWR	热线点火继电器
11	OS-GLOWL	QOS 指示灯
17	OS-OILPL	机油压力灯
18	CC-CAN-H	CAN-高
19	IF-SPD	车辆速度传感器信号
20	SG-SLD1	加速器位置传感器 1 接地
21	OS-MAINR	ECM 主继电器
24	IS-IGKEY	钥匙开关 ON 信号
32	IS-MEMCL	存储器清除开关
37	CC-CAN-L	CAN-低
38	CC-KW200	数据链路连接器
40	OS-MAINR	ECM 主继电器
41	SG-5VRT1	加速器位置(AP)传感器接地
42	SP-5V1	加速器位置(AP)传感器电源
43	PG-SIGN	接地
46	IS-START	钥匙开关启动信号
47	ENGSTP	发动机停机开关
52	IS-DIAG	诊断开关
60	SG-5VRT2	大气压力传感器、进气温度(IAT)传感器接地
61	SP-5V2	大气压力传感器电源
62	PG-SIGN	接地
63	IA-ACCEL1	加速器位置(AP)传感器 1 信号
64	IA-ACCEL2	加速器位置(AP)传感器 2 信号
67	IA-OILPRESS	机油压力传感器信号
71	IA-BARO	大气压力传感器信号
72	IA-IAT	进气温度传感器信号
74	IA-THBST	增压温度信号
79	SG-5VRT3	机油压力传感器、燃油温度传感器、发动机冷却液温度传感器接地
80	SP-5V3	机油压力传感器电源
81	PG-CASE	接地

表 6-9　连接器 2 端子定义

端子	名称	功能定义
82	IA-PFUEL	共用油槽压力传感器信号
83	IA-THL	燃油温度传感器信号
84	IA-THW	发动机冷却液温度传感器信号
87	SP-5V5	凸轮轴位置(CMP)传感器电源
89	IA-SCVLO	PCV 低驱动
90	IA-PFUEL	共用油槽压力传感器信号
91	IA-BPRESS	增压压力传感器信号
92	IA-EBMPOS3	EGR 阀 EGR 位置传感器 W
93	IA-EBMPOS2	EGR 阀 EGR 位置传感器 V
94	IA-EBMPOS1	EGR 阀 EGR 位置传感器 U
95	SP-5V4	增压压力传感器电源
97	IA-SCVLO	PCV 低驱动
98	IF-CAMHAL	凸轮轴位置(CMP)传感器信号
99	SP-CAMHAL	凸轮轴位置(CMP)传感器电源
100	SG-SLD5	凸轮轴位置(CMP)传感器、共用油槽压力传感器屏蔽
101	SG-5VRT5	共用油槽压力传感器接地
103	OM-EBM2	EGR 阀直流伺服马达电源输入 V
105	OS-SCVHI	SCV 高驱动
106	IF-CRANK－	曲轴位置(CKP)传感器(－)
107	IF-CRANK＋	曲轴位置(CKP)传感器(＋)
108	SG-SLD4	曲轴位置(CKP)传感器屏蔽
109	SG-5VRT4	增压压力传感器、发动机冷却液温度传感器、燃油温度传感器接地
110	OM-EBM3	EGR 阀直流伺服马达电源输入 W
111	OM-EBM1	EGR 阀直流伺服马达电源输入 U
113	OS-SCVHI	SCV 高驱动
114	OS-INJ5	喷油器 2(仅限于 6H)
115	OS-INJ6	喷油器 4(仅限于 6H)
116	OP-COM2	喷油器电源 2(4H:2 号、3 号气缸/6H:4 号、5 号、6 号气缸)
117	OS-INJ3	4H:喷油器 4/6H:喷油器 3
118	OS-INJ4	4H:喷油器 2/6H:喷油器 6
119	OS-INJ1	喷油器 1
120	OS-INJ2	4H:喷油器 3/6H:喷油器 5
121	OP-COM1	喷油器电源 1(4H:1 号、4 号气缸/6H:1 号、2 号、3 号气缸)

第 7 节　整机电控系统

6.7.1　系统组成

电子控制系统包括驾驶室内的监控器（见图 6-95）和驾驶室后面舱室内的机器 ECM（见图 6-96 中 1）。电子控制系统通过机器 ECM 控制发动机转速和泵。

机器 ECM 从机器上的不同部件接收输入信号。机器 ECM 通过连续监控输入信号，对主泵的输出流速、发动机转速和机器液压系统的各部件进行控制。

图 6-95 监控器

图 6-96 机器 ECM 安装位置

机器 ECM 具有以下三项主要功能。

① 电子控制系统控制主泵的输出流速。机器 ECM 根据发动机转速和发动机转速旋钮的位置向动力换挡电磁阀发送电信号。此信号使主泵供应与机器液压负载和发动机转速匹配的最佳输出。当大负载作用到机器上时，系统允许泵减少冲程。系统采用可用的最大发动机功率。

② 电子控制系统控制发动机转速、发动机转速自动控制（AEC）。在小负载或空载工况下，系统自动降低发动机转速。AEC 系统设计用于降低燃油消耗和噪声。

③ 电子控制系统控制机器液压系统的各部件。机器 ECM 向回转停车制动器电磁阀、行驶速度电磁阀和直行电磁阀发送输出信号。电子控制系统组成如图 6-97 所示。

6.7.2 系统功能

机器 ECM 将根据输入数据信息和已经刷新到 ECM 存储器的编程参数来做出决定。当 ECM 接收到输入信号后，ECM 将确定正确的响应，并将输出信号发送到相应的设备。ECM 的内部输入电路和内部输出电路通过两个 54 触点的接头（J1 和 J2）与机器导线线束相连。

为了帮助诊断由 ECM 控制的特定类型的电路，将一个内部“上拉电压”连接到 ECM 开关和传感器信号输入触点。超出正常值的电压通过一个内部电阻器被连接到 ECM 信号输入电路上。

在正常工作期间，开关或传感器信号将会把电路保持在较低或特定的信号振幅，但是，诸如部件断电、断开连接或开路等电路状况会致使 ECM 上拉电压将电路电压拉高。上拉电压将导致 ECM 触点上的电压高于正常电压状况。因此，ECM 将激活相关电路的 FMI 03（电压高于正常值）诊断代码。具有上拉电压的 ECM 输入电路类型包括：脉冲宽度调制（PWM）传感器输入电路、开关至接地开关输入电路、有源模拟（电压）输入信号电路、无源模拟（电阻）输入信号电路。

为了帮助诊断由 ECM 控制的电路，将一个内部“下拉电压”连接到 ECM 开关和蓄电池型输入电路。

在正常操作过程中，允许连接电压源的开关触点将使电路保持高电压状态。当遇到诸如

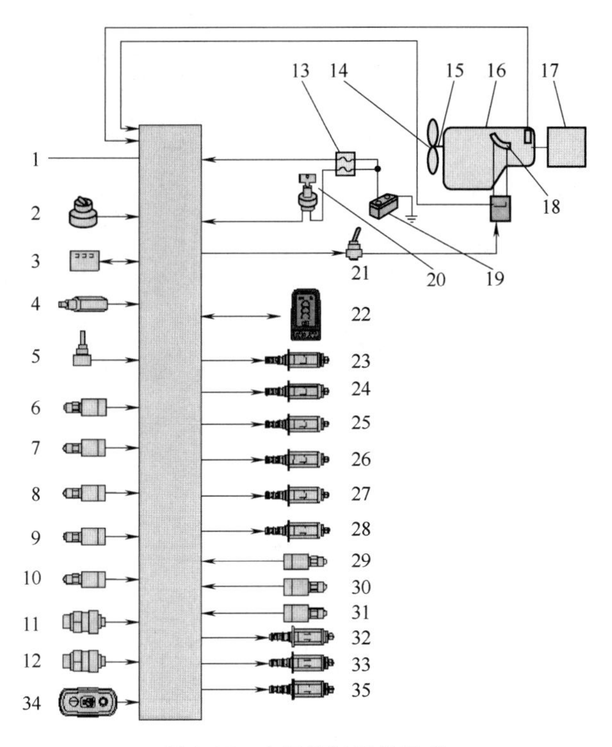

图 6-97 电子控制系统组成

1—机器 ECM；2—发动机转速旋钮；3—开关面板；4—握持压力传感器（附件）；5—手动低怠速开关；6—机具压力开关；7—回转压力开关；8—右行驶压力开关；9—左行驶压力开关；10—直线行驶压力开关；11—传动泵压力传感器；12—惰轮泵压力传感器；13—保险丝面板；14—黏滞离合器；15—风扇转速传感器；16—发动机；17—主泵；18—发动机转速传感器；19—蓄电池；20—发动机启动开关；21—备用开关；22—监控器；23—起重电磁阀（如有配备）；24—直行电磁阀；25—行驶速度电磁阀；26—回转制动器电磁阀；27—液压锁定电磁阀；28—流量限制阀（附件泵）；29—压力开关（附件泵）；30—附件踏板压力开关（左）；31—附件踏板压力开关（右）；32—辅助液压装置的比例减压阀；33—动力换挡电磁阀；34—回转微调开关（如有配备）；35—起重电磁阀（如有配备）

开关断电、开关电路断开连接或开路等电路状况时，ECM 下拉电压将拉低电路电压。下拉电压将导致 ECM 触点上出现低于正常电压的状况。结果，ECM 将会激活相关电路的 FMI 04（电压低于正常值）诊断代码。

机器具有多种不同类型的输入装置。ECM 接收来自输入设备的机器状态信息并确定所需要的正确输出动作，以便根据内存和软件参数控制机器的工作。机器采用以下输入类型：开关型和传感器型。

开关向 ECM 的开关输入提供信号。开关的可能输出如下：开路信号、接地信号和蓄电池正极信号。传感器向 ECM 提供持续变化的电气信号。到 ECM 的传感器输入可能为多种不同类型的电气信号之一，例如：脉冲宽度调制（PWM）信号、电压信号和频率输入信号。

ECM 通过输出发送电气信号。输出可以产生一个动作或者向 ECM 提供信息。ECM 可以向系统部件发送多种不同电气信号类型之一的输出信号，例如：驱动器输出、反相驱动器输出、传感器电源输出和数据链路输出。

以卡特 325D 挖掘机为例，机器 ECM 安装位置如图 6-98、图 6-99 所示。

图 6-98 机器 ECM 舱室（典型）

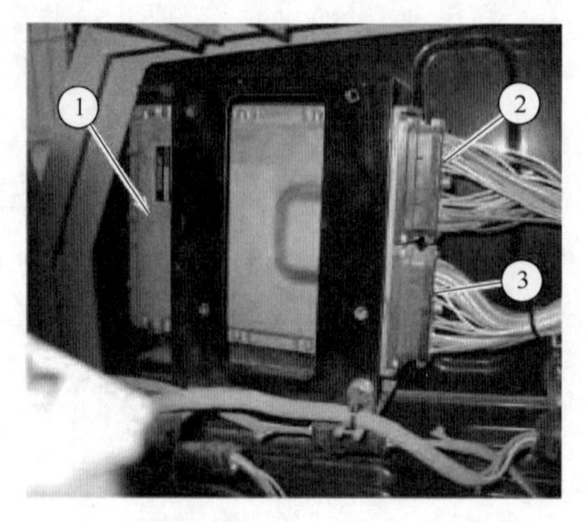

图 6-99 机器 ECM（位于驾驶室后方舱室中）

1—控制器；2—J1 接头；3—J2 接头

机器 ECM 连接器端子外观及分布如图 6-100、图 6-101 所示，端子功能描述见表 6-10。

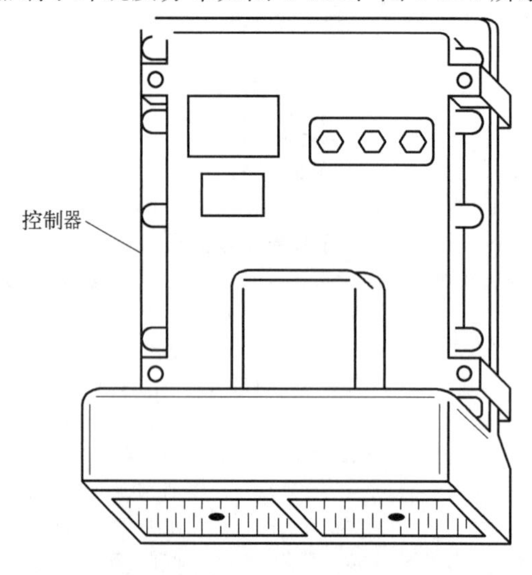

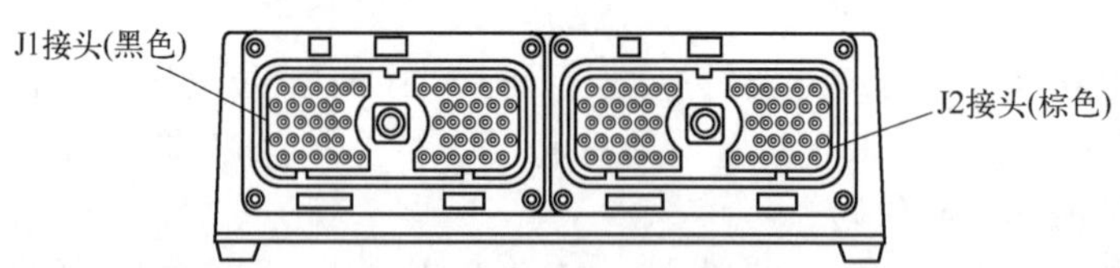

图 6-100 机器 ECM 连接器端子外观

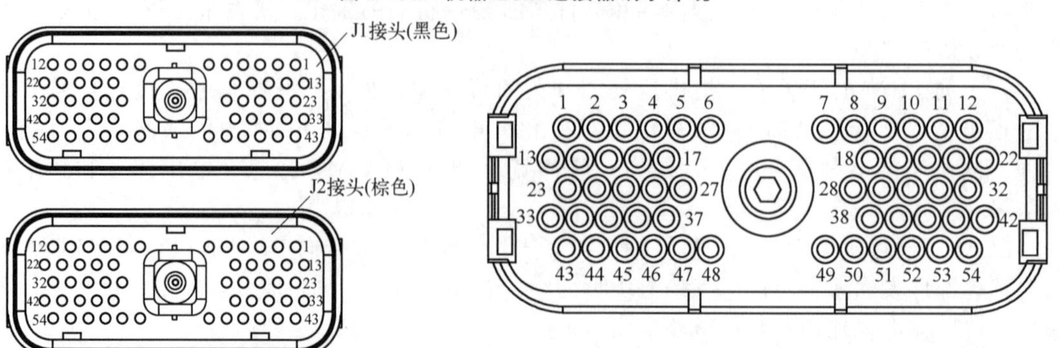

图 6-101 机器 ECM 连接器端子分布

表 6-10　机器 ECM 连接器端子功能

连接器 J1 端子定义			连接器 J2 端子定义		
端子	功能	类型	端子	功能	类型
1	蓄电池正极	电源	1	直线行驶电磁阀	输出
2	接地	接地	2	附件杆 4 回缩 PRV	输出
3	RS422 RX＋	输入/输出	3	行驶速度电磁阀	输出
4	环境温度(滑臂位置传感器)	输入	4	PS 压力 PRV	输出
5	动臂角度传感器	输入	5	附件杆 4 伸出 PRV	输出
6	斗杆角度传感器	输入	6	备用(STB)	
7	附件杆 4 状态	输入	7	可变风扇马达 PRV(黏滞离合器、风扇马达)	输出
8	5V 电源	功率	8	反转风扇电磁阀(330D)	输出
9	作业机具压力开关	输入	9	限流压力 PRV	输出
10	油门 1	输入	10	2 泵流量合并电磁阀	输出
11	油门 4	输入	11	单/双向变换电磁阀	输出
12	单触低怠速开关信号	输入	12	动臂升起限制 PRV(用于起重机)	输出
13	＋B	电源	13	Flex 风扇标准电磁阀	输出
14	接地	接地	14	备用(OC)	输出
15	RS422 RX－	输入/输出	15	CAN 3(S)带阀门 ECM-1	接地
16	挤压压力传感器	输入	16	发动机转速－	输入
17	PWM	输入	17	偏置角度传感器	输入
18	模拟返回	接地	18	可变安全阀-1PRV	输出
19	油门 2	输入	19	液压锤回油管	接地
20	油门 3	输入	20	液压锤回油管	接地
21	左侧手柄前部开关	输入	21	液压锤回油管	接地
22	左侧手柄上部开关	输入	22	液压锤回油管	接地
23	钥匙开关	输入	23	回转制动器电磁阀	输入
24	RS422 TX＋	输入/输出	24	风扇转速	输入
25	RS422 TX－	输入/输出	25	发动机转速 ＋	输入
26	PWM 输入	输入	26	CAN 4(S)带阀门 ECM-2	接地
27	8V 电源	功率	27	液压锁取消开关	输入
28	备用开关	输入	28	可变安全阀-2 PRV	输入
29	右侧手柄前部开关(用于智能动臂)	输入	29	可调安全-1 单向阀	输入
30	右侧手柄上部开关(踏板)	输入	30	可调安全-2 单向阀	输入
31	向左行驶压力开关	输入	31	重载提升电磁阀	输入
32	附件杆 1 状态	输入	32	附件杆-1 回缩 PRV	输入
33	Cat 数据链路＋	输入/输出	33	STK 伸出限制电磁阀(用于起重机)	输出
34	泵压力传感器 1	输入	34	BKT 锁止电磁阀(用于起重机)	输出
35	泵压力传感器 2	输入	35	液压锤回油管	接地
36	动臂油缸活塞杆压力	输入	36	CAN 4(＋)带阀门 ECM-2	输入/输出
37	动臂油缸缸盖压力	输入	37	CAN 4(－)带阀门 ECM-2	输入/输出
38	指轮-左侧	输入	38	附件杆-1 伸出 PRV	输入
39	直线行驶压力开关		39	附件杆-2 回缩 PRV	输入
40	向右行驶压力开关	输入	40	附件杆-2 伸出 PRV	输入
41	附件杆 2 状态	输入	41	附件杆-3 回缩 PRV	输入
42	附件杆 3 状态	输入	42	附件杆-3 伸出 PRV	输入
43	Cat 数据链路－	输入/输出	43	备用(PRV)	输出
44	指轮-右侧	输入	44	发动机转速命令	输出
45	取消开关(用于起重机)	输入	45	CAN 3(＋)带阀门 ECM-1	输入/输出
46	铲斗伸出压力开关(用于起重机)	输入	46	CAN 3(－)带阀门 ECM-1	输入/输出
47	脚踏开关	输入	47	CAN 2(＋)带 MSS	输入/输出
48	动臂升起压力开关	输入	48	CAN 2(－)带 MSS	输入/输出
49	备用(PWM IN/STG)	输入	49	CAN 2(S)带 MSS	接地
50	手动后退开关	输入	50	CAN 1(＋)带监控器和开关面板	输入/输出
51	备用(PWM IN/STG)	输入	51	CAN 1(－)带监控器和开关面板	输入/输出
52	备用(PWM IN/STG)	输入	52	CAN 1(S)带监控器和开关面板	接地
53	左侧辅助踏板	输入	53	液压锁电磁阀	输出
54	右侧辅助踏板(直行)	输入	54	备用(频率输入)	输入

6.7.3 系统电路

以小松挖掘机机器控制器为例，此模块允许操作人员根据机器的工作内容不同选择发动机扭矩和泵吸收扭矩。

工作模式分为五种：P、E、L、ATT 和 B（机器的“无 ATT”规格为三种模式：P、E 和 L）。要选择工作模式，需使用机器监控器的工作模式选择器开关。

泵控制器控制泵以使其能够吸收发动机输出点的所有扭矩，这些扭矩取决于各模式的泵吸收扭矩规格、燃油控制旋钮的设定以及实际发动机转速。系统控制简图如图 6-102 所示，详细的系统电路原理见图 6-103。

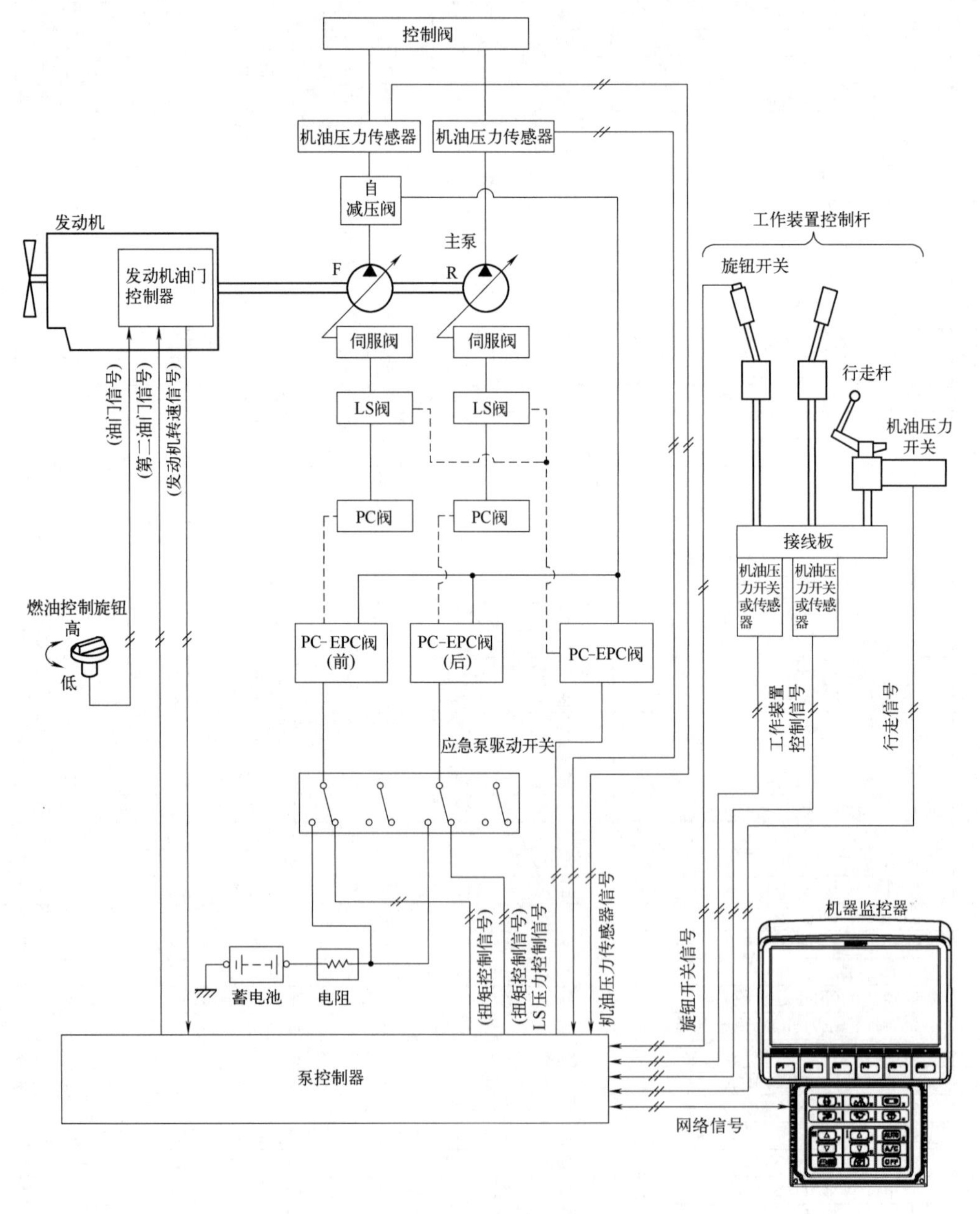

图 6-102 系统控制简图

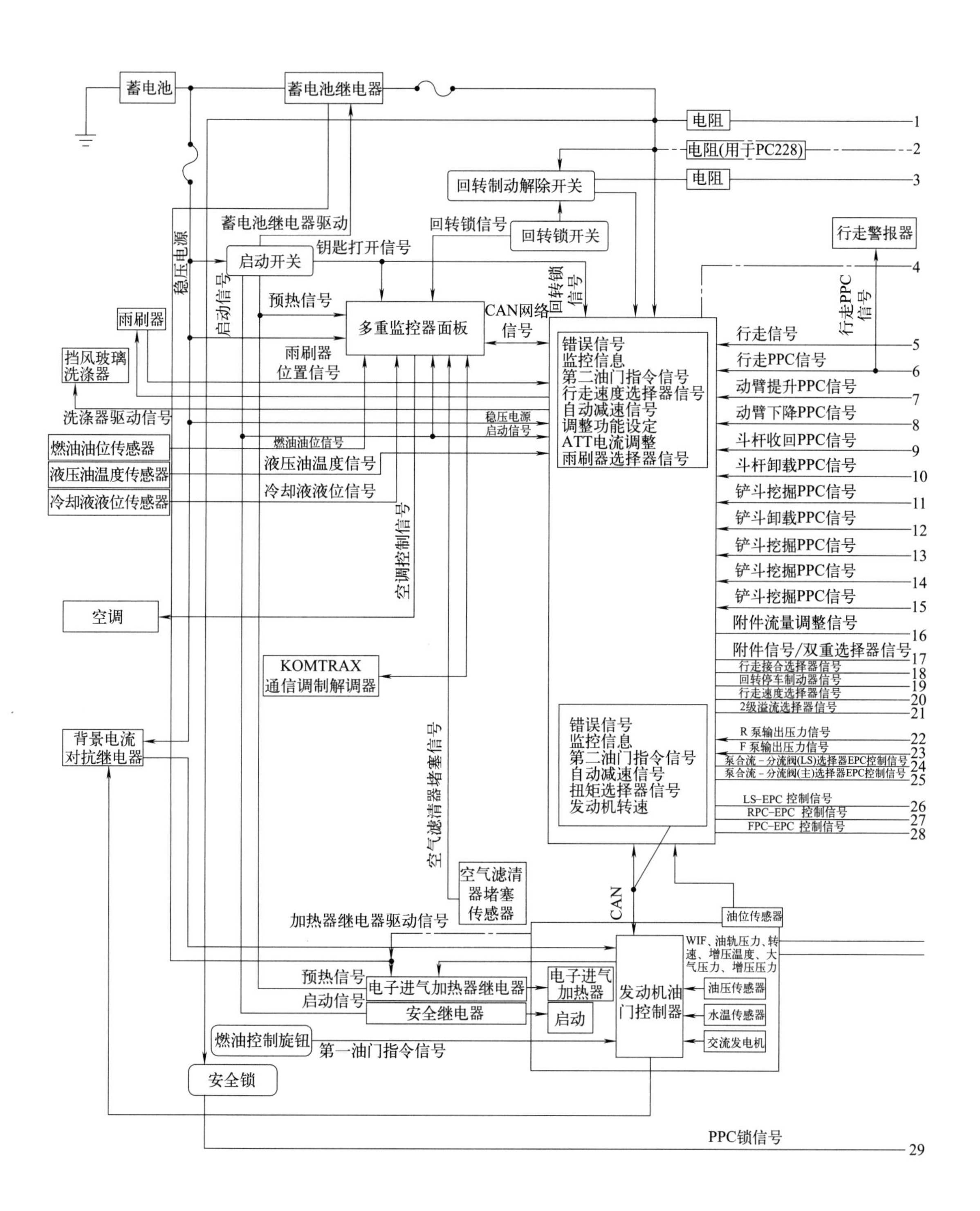

蓄电池
蓄电池继电器
电阻
电阻(用于PC228)
回转制动解除开关
蓄电池继电器驱动
回转锁信号
回转锁开关
行走警报器
稳压电源
启动开关
钥匙打开信号
启动信号
回转锁信号
预热信号
多重监控器面板
CAN网络信号
行走PPC信号
雨刷器
挡风玻璃洗涤器
雨刷器位置信号
洗涤器驱动信号
错误信号
监控信息
第二油门指令信号
行走速度选择器信号
自动减速信号
调整功能设定
ATT电流调整
雨刷器选择器信号
稳压电源
启动信号
燃油油位传感器
燃油油位信号
液压油温度传感器
液压油温度信号
冷却液液位传感器
冷却液液位信号
行走信号
行走PPC信号
动臂提升PPC信号
动臂下降PPC信号
斗杆收回PPC信号
斗杆卸载PPC信号
铲斗挖掘PPC信号
铲斗卸载PPC信号
铲斗挖掘PPC信号
铲斗挖掘PPC信号
铲斗挖掘PPC信号
附件流量调整信号
附件信号/双重选择器信号
行走接合选择器信号
回转停车制动器信号
行走速度选择器信号
2级溢流选择器信号
R泵输出压力信号
F泵输出压力信号
泵合流－分流阀(LS)选择器EPC控制信号
泵合流－分流阀(主)选择器EPC控制信号
LS-EPC 控制信号
RPC-EPC 控制信号
FPC-EPC 控制信号
空调控制信号
空调
KOMTRAX
通信调制解调器
背景电流对抗继电器
空气滤清器堵塞信号
空气滤清器堵塞传感器
错误信号
监控信息
第二油门指令信号
自动减速信号
扭矩选择器信号
发动机转速
CAN
油位传感器
加热器继电器驱动信号
WIF、油轨压力、转速、增压温度、大气压力、增压压力
预热信号
电子进气加热器继电器
电子进气加热器
启动信号
安全继电器
启动
发动机油门控制器
油压传感器
水温传感器
交流发电机
燃油控制旋钮
第一油门指令信号
安全锁
PPC锁信号
1
2
3
4
5
6
7
8
9
10
11
12
13
14
15
16
17
18
19
20
21
22
23
24
25
26
27
28
29

图 6-103

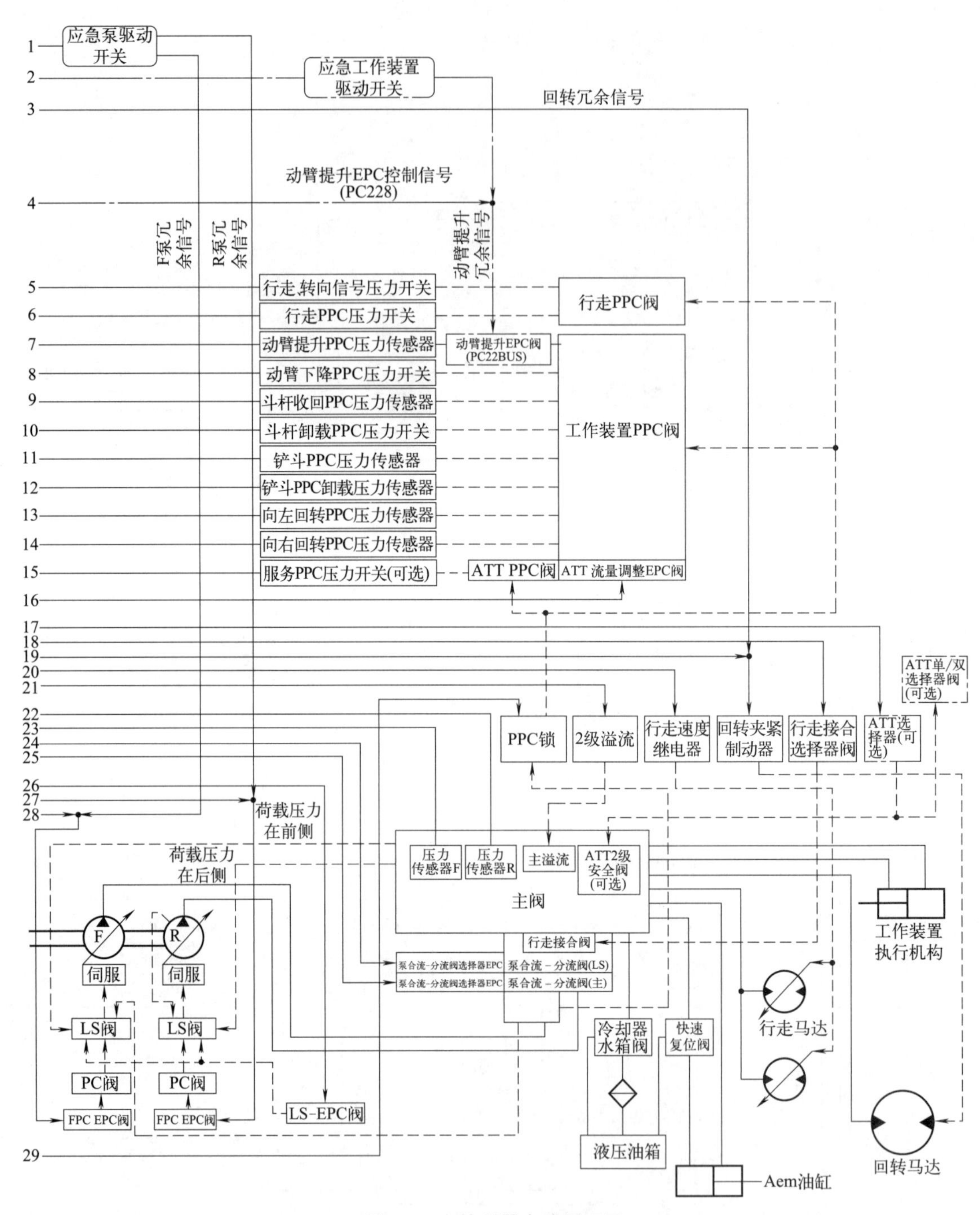

图 6-103 控制器电路原理图

6.7.4 故障诊断

6.7.4.1 控制器故障致监控器显示屏无法断电

故障现象：三一 SY215C8M 挖掘机工作中突然熄火；断电后显示屏（图 6-104）亮，按钮失灵；整车动作慢，不能工作；显示屏现多个报警。

故障原因：①OPUS 显示屏出现故障；②控制器损坏；③各压力信号传感器损坏；④线

路故障。

控制系统原理框图如图 6-105 所示。

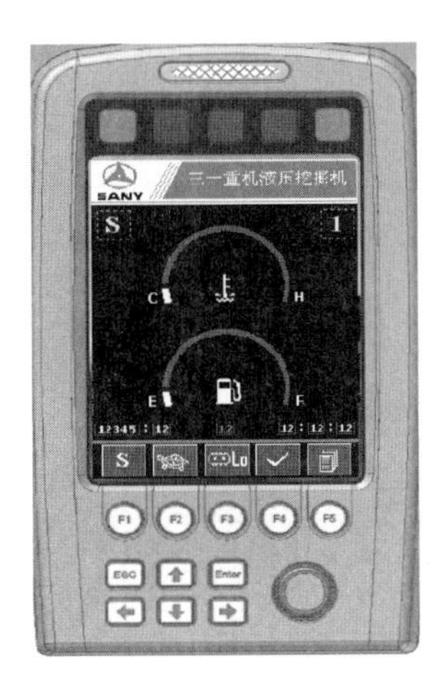

图 6-104　OPUS 显示屏

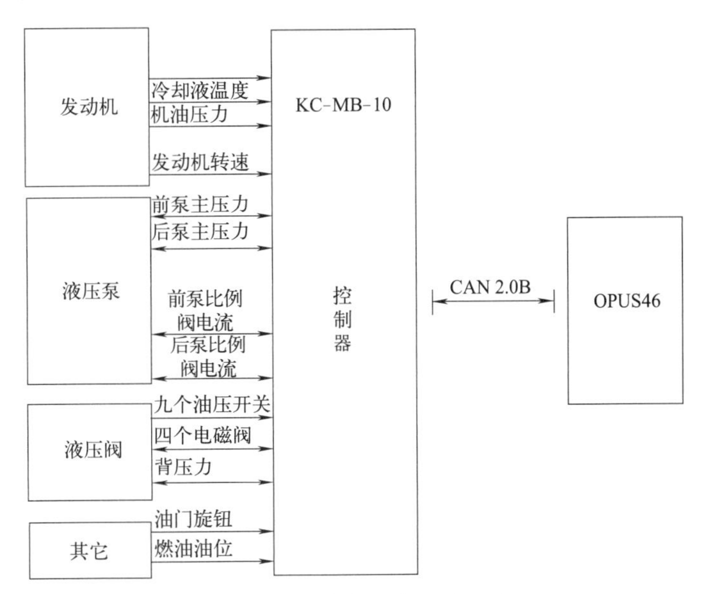

图 6-105　控制系统原理框图

维修过程：

① 测得各压力传感器的电压为 0.2V，控制器 50 号线也为 0.2V；

② 通过观察控制器，发现以下故障代码：17、20、21、22、23、24、29；

③ 将行走压力信号传感器拆下，该故障消除，显示屏能正常断电，更换行走压力信号传感器后，机器工作正常。

故障排除：更换行走压力信号传感器。

维修小结：单个传感器内部出现短路故障，将导致机器整个 5V 电压下降，控制器不能正常工作，使 OPUS 显示屏出现多个（5 个及以上）故障代码，导致显示屏死机，将损坏的传感器更换或修复线路便可消除故障。

6.7.4.2　转速传感器引起的闷车故障

故障现象：小松 PC200-8 挖掘机在进行挖掘作业时，发动机严重闷车，监控器显示用户代码为 E15，故障代码为 CA689。

维修过程：

① 查阅用户代码与故障代码含义，见图 6-106，确定为转速传感器故障。

用户代码	代码说明	故障代码	代码说明
E02	PC-EPC系统	CA115	发动机转速传感器与备用转速传感器故障
E03	回转停止制动系统	CA234	发动机超速
E10	发动机控制器电源故障，或驱动系统回路故障	CA238	转速传感器电源电压故障
E11	发动机系统故障	CA689	发动机转速传感器故障
E14	反馈系统异常	CA731	备用传感器信号相位故障
E15	发动机传感器异常	CA778	备用转速传感器故障
E0E	网络故障		

图 6-106　用户代码与故障代码信息

② 首先检测传感器与齿轮外观发现并无损坏，又查看转速传感器与齿轮之间距离发现正常。

③ 根据电路图（图 6-107）进一步检查，CE01（凹）（27）与转速传感器（凹）（3）之间的导线电阻实测为无穷大。

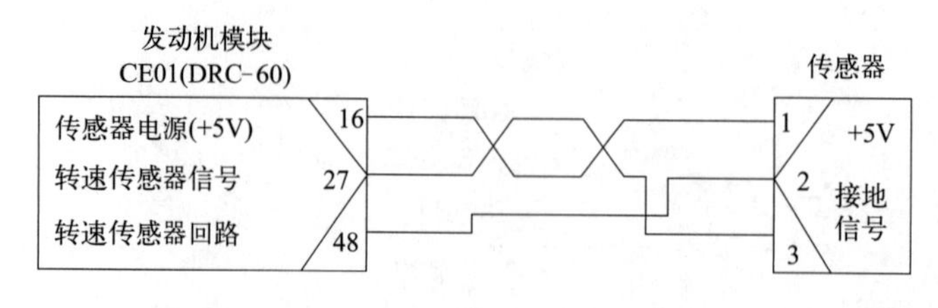

图 6-107　转速传感器电路

④ 根据图 6-108 中 CE01（凹）（27）与转速传感器（凹）（3）之间导线电阻的判断原则，推定导线线束接地故障，把接地短路恢复正常后，发动机运转也恢复正常。

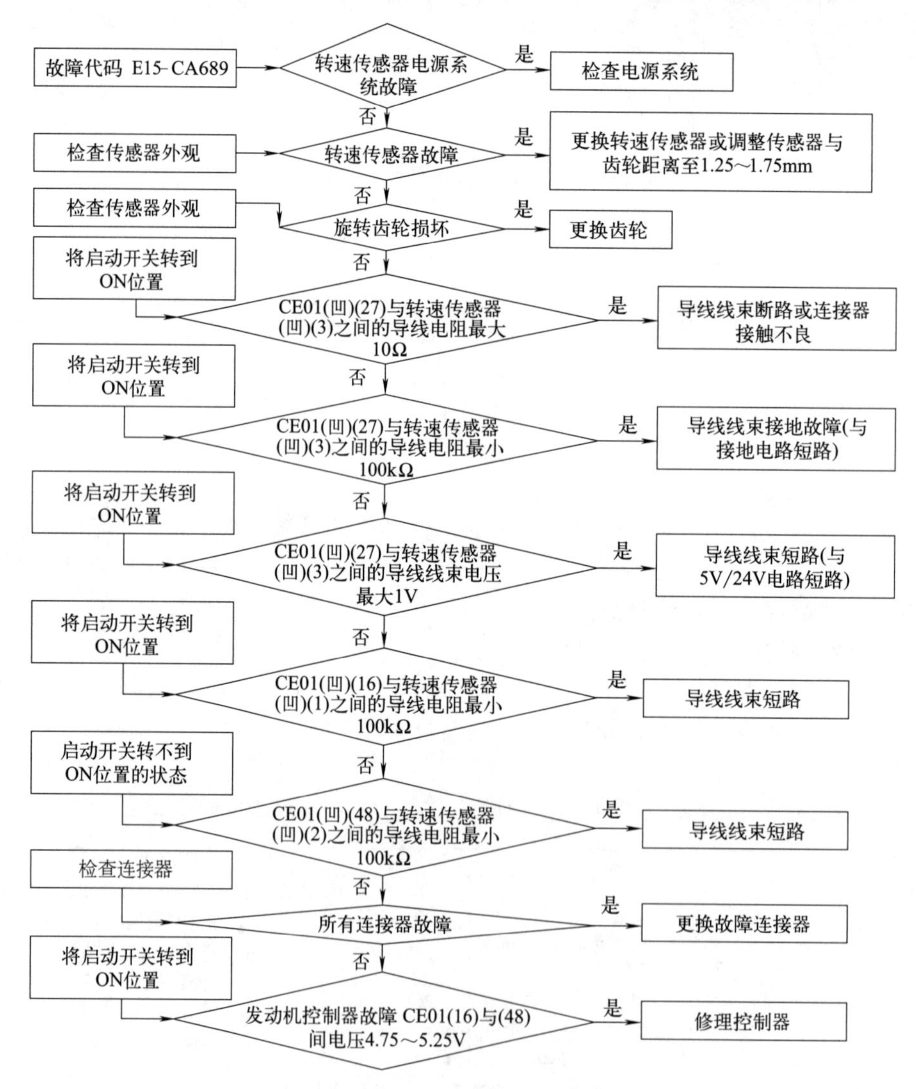

图 6-108　故障排查流程图

故障排除：修复短路接地的线束。

第 8 节　基本电器

6.8.1　喇叭

喇叭电路原理如图 6-109 所示。

15 号正极电经过保险丝 F21 后，一路到达继电器 K9 触点 30；一路经过插头 X47/3 到达喇叭开关 S9，当按下此开关后将 15 号正极电通过插头 X47/6 传到电脑板插头 X12/a2，插头 X13/c25 接到此信号后，通过二极管 V73 到达继电器 K9 触点 86，此时继电器工作（触点 85 与 31 号负极连接），触点 30 与 87 连接，将正极电通过 X6/1 传至喇叭 H12 正极，喇叭开始工作（喇叭负极通过插头 X6/12 与 31 号负极相接）。

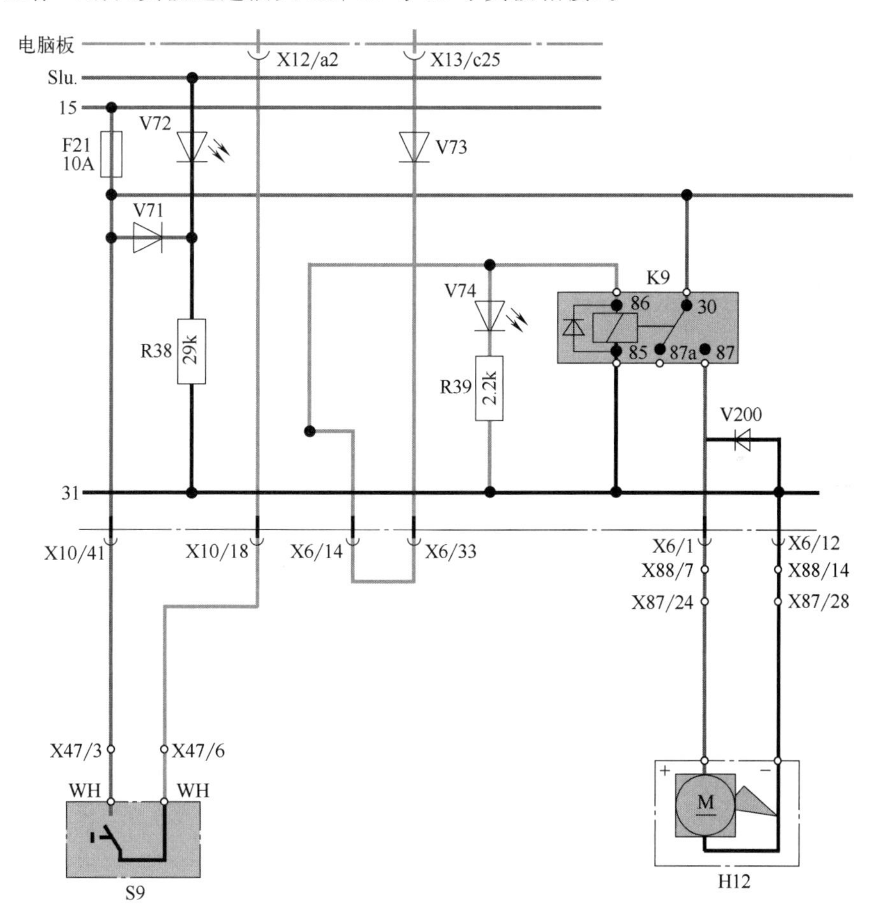

图 6-109　喇叭电路原理图

6.8.2　雨刮器与洗涤器

雨刮器与洗涤器电路如图 6-110 所示。

使用雨刮器前，须确认前窗完全放下，确保雨刷限位器 B26 处于接通位置，使继电器 K13 触点 85 与 31 号负极相接。

15 号正极电经过保险丝 F23 后，经过插头 X6/13 到达雨刷电机 M5 的触点 1。

慢速：当雨刷开关 S11 处于位置“5”时，经过保险丝 F23，通过插头 X9/40、雨刷开关 S11 触点 3、插头 X9/15、二极管 V82，到达继电器 K13 触点 86，此时 K13 工作，触点 30 与 87 接通，之后将 15 号正极电传到继电器 K14 触点 30，触点 30 与 87a 连接（继电器 K14 没有工作），通过插头 X6/25 传到雨刷电机触点 4，最终雨刷实现慢速动作。

快速：当雨刷开关 S11 处于位置“1”时，经过保险丝 F23，通过插头 X9/40、雨刷开关 S11 触点 3、插头 X9/16，一路经过二极管 V84，到达继电器 K13 触点 86，此时 K13 工作，触点 30 与 87 接通，之后将 15 号正极电传到继电器 K14 触点 30；另一路到达继电器 K14 触点 30，继电器 K14 工作，触点 30 与 87 连接，通过插头 X6/21 到达雨刷电机触点 2，最终雨刷实现快速动作。

清洗开关 S6 触点 15 接通时，将 15 号电经过插头 X4/13 传到电脑板插头 X12/c3，并将电信号分别传给插头 X13/a24 与 X13/a23。

插头 X13/a23 将正极信号传给继电器 K15 触点 86，继电器 K15 工作，触点 30 与 87 接通，通过插头 X6/5 与玻璃清洗泵 M6 正极接通，M6 工作（其负极通过 X6/35 与 31 号负极相连）。

综上，实现了雨刷电机慢速运转和喷水壶同步工作，起到间歇清洗的作用。

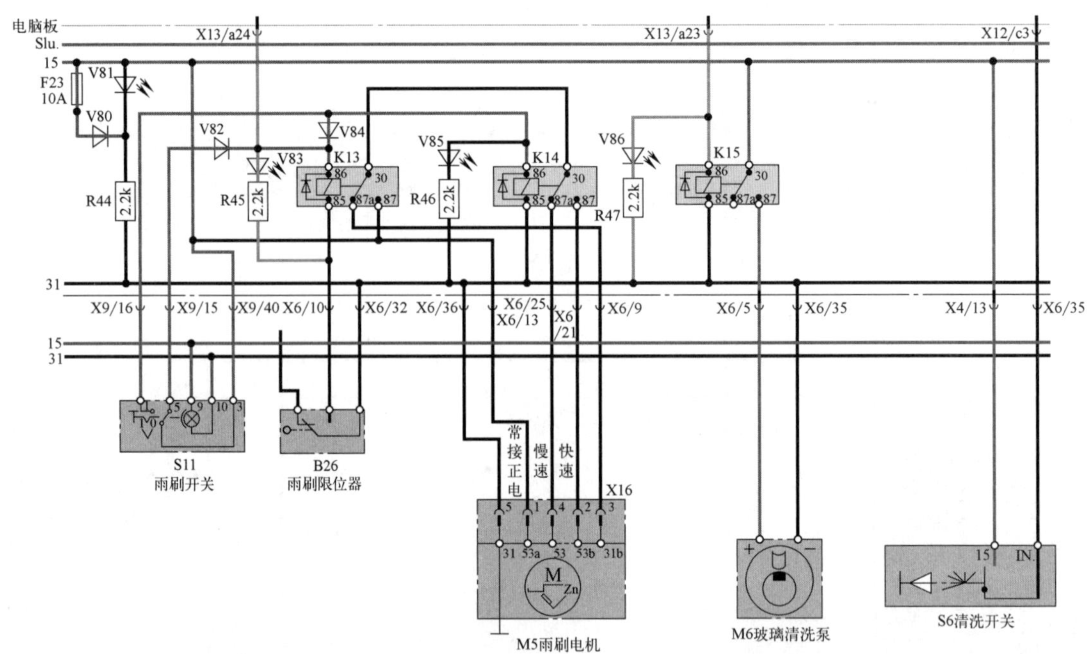

图 6-110　雨刮器与洗涤器电路

6.8.3 故障诊断

6.8.3.1 雨刷电机不工作故障排除

故障现象：大宇挖掘机的雨刷电机不工作，保险丝烧毁。

维修过程：

① 雨刷开关打到第二挡位时烧保险丝，第一挡位工作正常。

② 根据故障现象分析，雨刷电机和控制器无故障。

③ 测得雨刷控制器 3 号端子电线对地电阻为 0Ω，不正常，判断 0.5LY 电线短路，见图 6-111。

故障排除：将 0.5LY 电线破损处包扎后恢复正常。

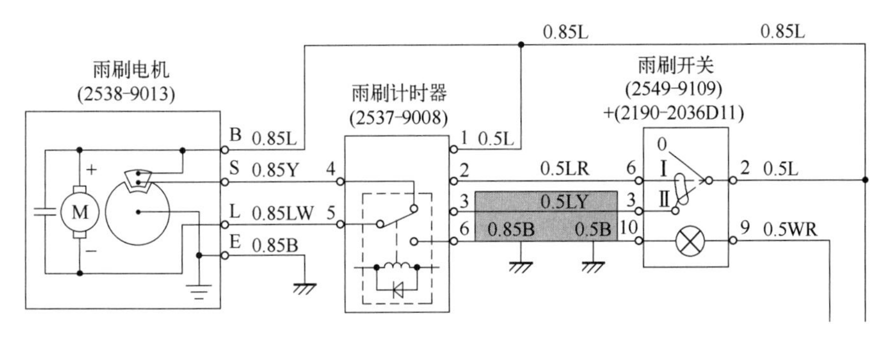

图 6-111　故障点电路图

6.8.3.2　雨刮器工作不正常故障

故障现象：雷沃挖掘机雨刮器工作不正常。

维修过程：

① 当雨刷开关打开时，查看翘板开关指示灯是否点亮，若不亮则检查雨刷保险丝。

② 若指示灯点亮，则检查雨刷开关输出线快（62＃）、慢（63＃）（见图 6-112，下同）是否有电，有电则检查翘板开关到电机之间的连线（62＃、63＃）。

③ 连接线正常则检查回位（64＃）和电源（15 ＃）是否有电，有电可判断雨刷电机损坏，更换雨刷电机。

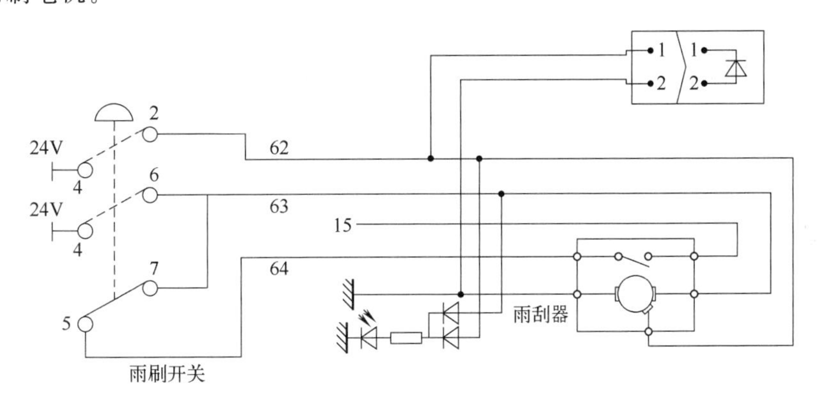

图 6-112　雨刮检修电路图

故障排除：更换雨刷电机。

第 9 节　空调系统

6.9.1　空调系统原理

空调是对空气进行冷却或加热、净化或过滤，并将经过这种处理的空气以一定方式送回室内，使之符合人们舒适性需要的设备。空调制冷的原理是利用液体蒸发从驾驶室内吸收热量使驾驶室内温度降低，并将吸热后的气化物质排出驾驶室使其散热液化，这样反复循环达到制冷目的。

为使在蒸发器中蒸发了的制冷剂再利用，必须使制冷剂由气态还原到液态，气态制冷剂在高温高压下容易液化，因此有必要使用压缩机和冷凝器。空调系统制冷循环回路如图 6-113 所示。

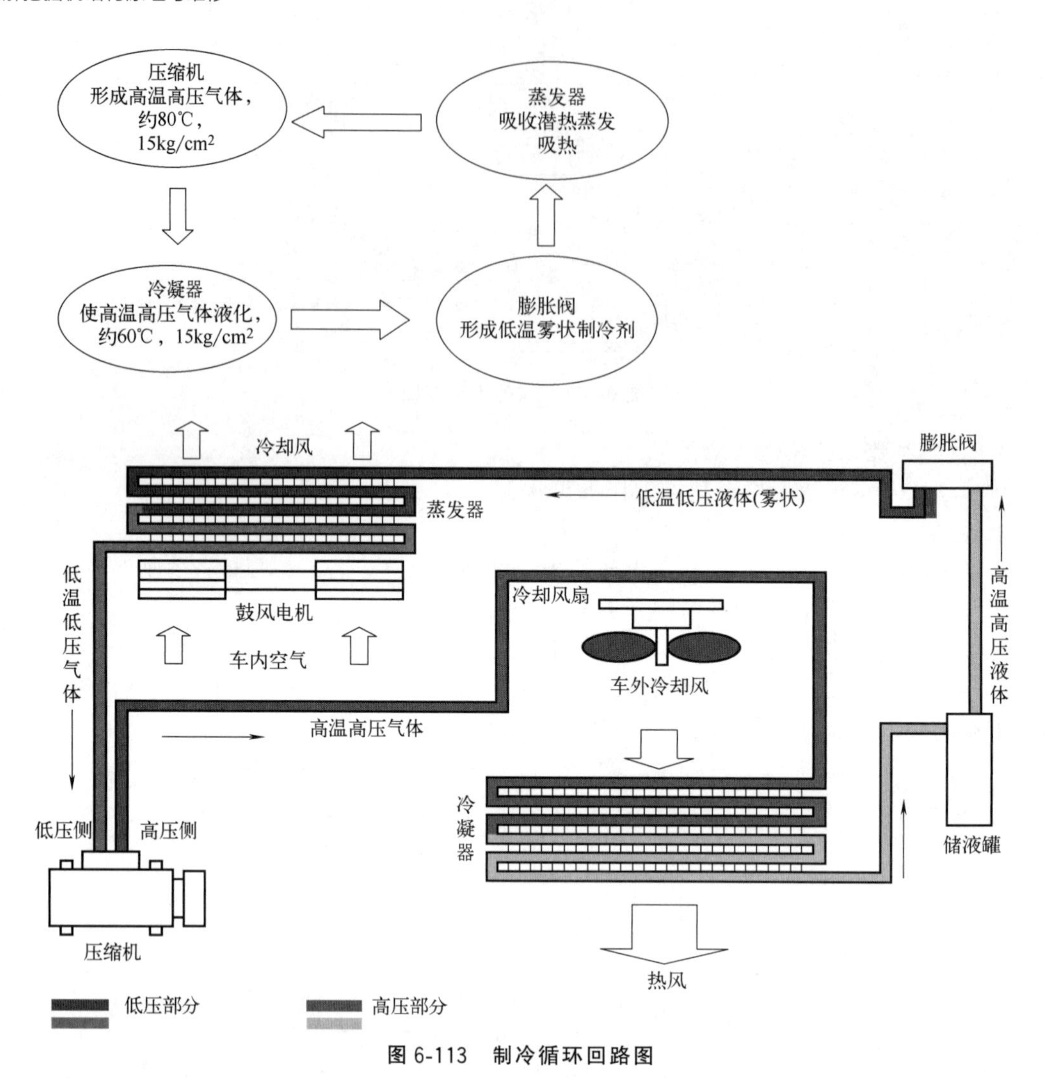

图 6-113　制冷循环回路图

挖掘机暖风系统的原理主要是利用发动机冷却液作为热源，通过暖风芯体加热冷风，从而产生暖风。暖风系统制热循环如图 6-114 所示。

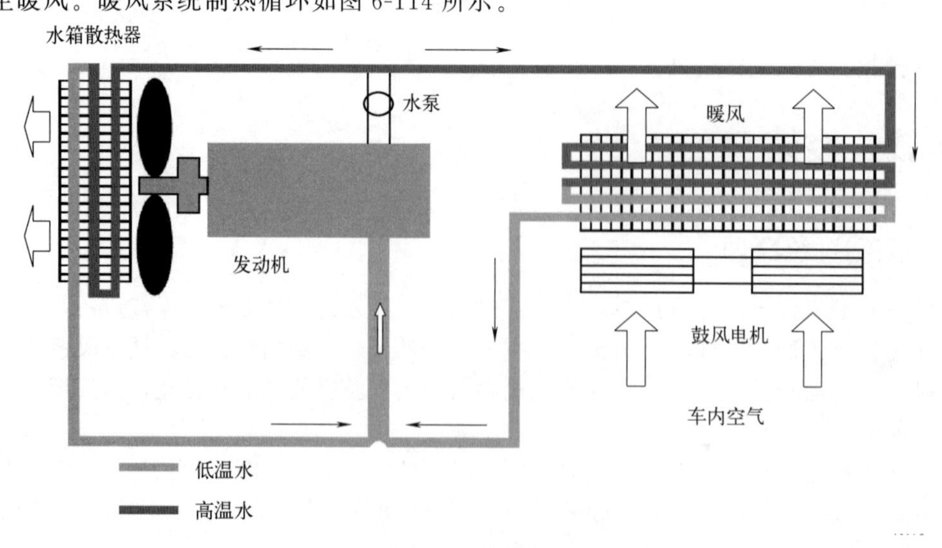

图 6-114　制热循环

挖掘机暖风系统的制热部分一般采用水暖式，这意味着它利用发动机冷却液作为热源。这种制热系统的结构相对简单，且环保经济。发动机产生的冷却液经过暖水管进入暖风芯体，通过温度风门的开合和鼓风机的鼓风，使吸入的冷风经过加热器芯体加热而变成暖空气。这种利用发动机冷却液加热的过程，可以看作是对发动机热量的再利用，因此在开启暖风时，对油耗的影响基本可以忽略。

6.9.2　空调系统组成

空调制冷循环系统组成部件如图 6-115 所示。

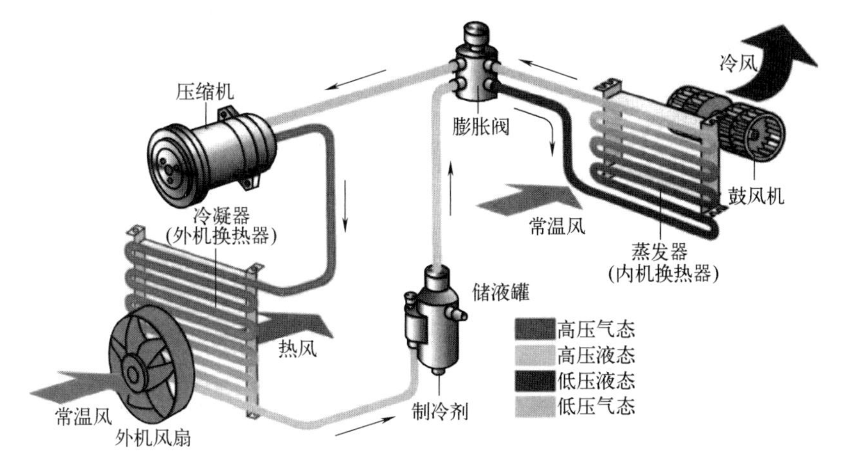

图 6-115　制冷循环系统

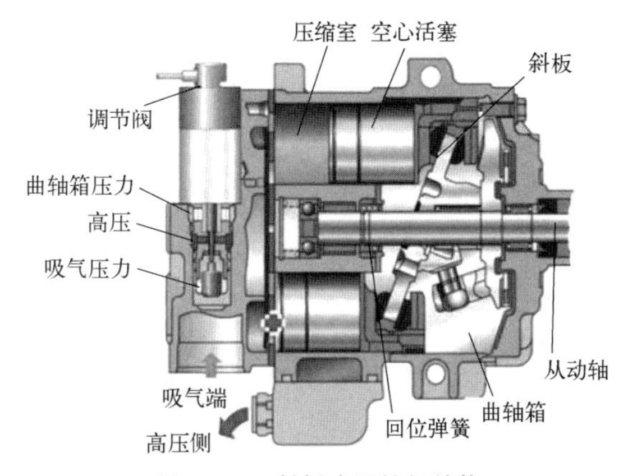

图 6-116　斜板式压缩机结构

压缩机的作用是吸入蒸发器内低压低温气态制冷剂，经压缩机形成高温高压的气态制冷剂。斜板式压缩机特点：驱动扭矩变化小；转动部分平衡优良；振动小，噪声低；发动机装配性能优良。斜板式压缩机内部构造如图 6-116 所示。

冷凝器的作用是把压缩机压送来的高温高压气态制冷剂冷却，使之变成液态制冷剂。冷凝器工作原理示意如图 6-117 所示。

储液罐的作用是暂时储存制冷剂，除去制冷剂的水分，过滤掉制冷剂的灰尘，检测制冷剂量。储液罐构造原理如图 6-118 所示。

电磁离合器是控制压缩机的，在发动机运转时，压缩机不一定工作，只有在空调制冷时，电磁离合器才控制压缩机工作。电磁离合器结构如图 6-119 所示。

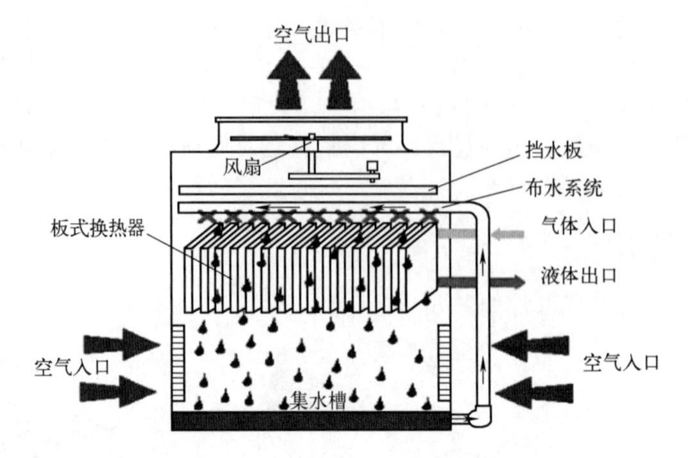

图 6-117　冷凝器工作原理示意

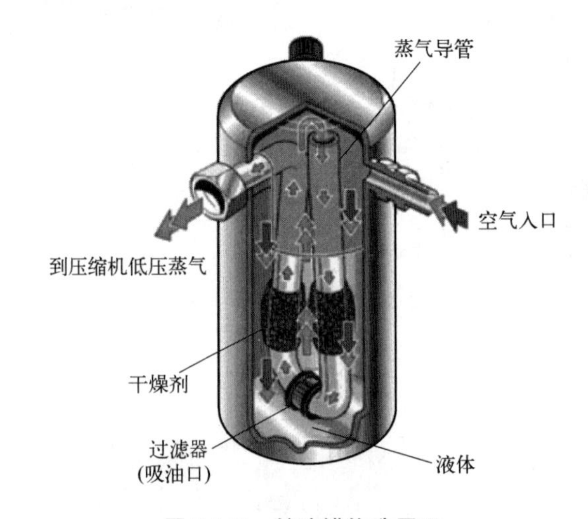

图 6-118　储液罐构造原理

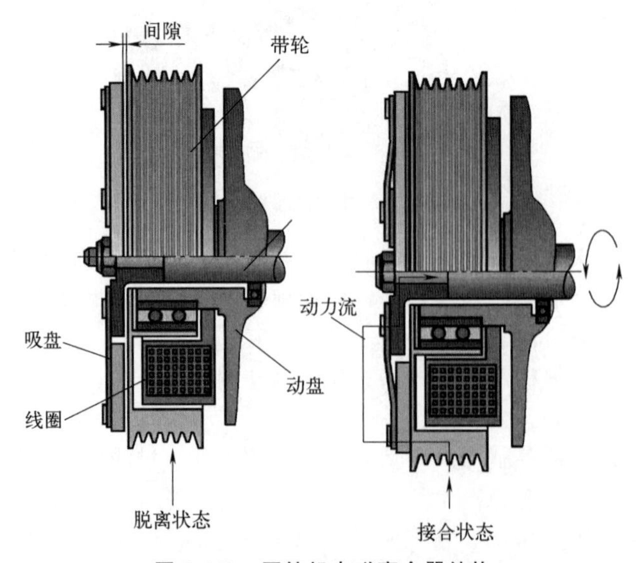

图 6-119　压缩机电磁离合器结构

6.9.3 空调部件功能

6.9.3.1 压缩机

压缩机的作用是将蒸发器内的低压制冷剂吸入，经压缩形成高温高压气体，常见的有曲轴式与斜板式。曲轴式具有体积小、重量轻和安装自由度大的优点，斜板式则有驱动扭矩变化小、转动部分动平衡优良、振动小、噪声低、装配性能优良等优点。典型的斜板式空调压缩机内部结构如图6-120所示。

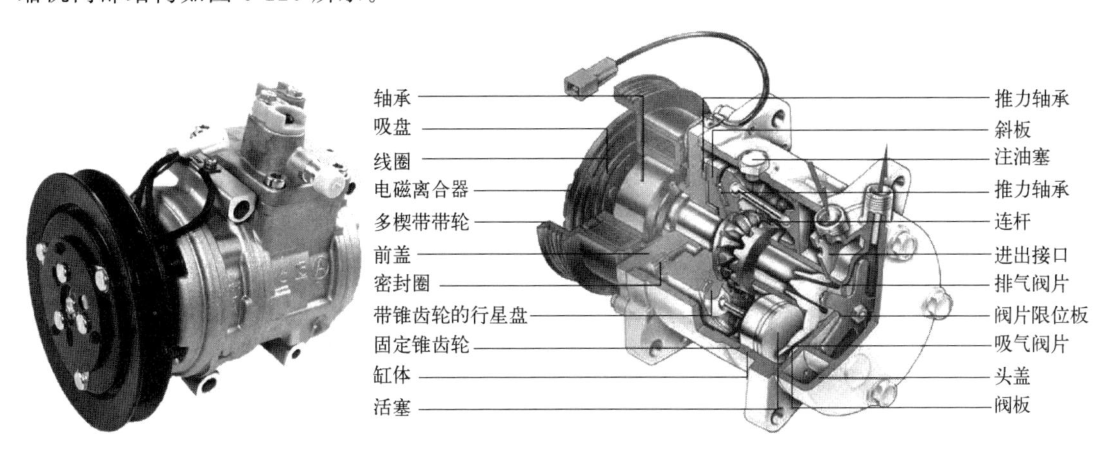

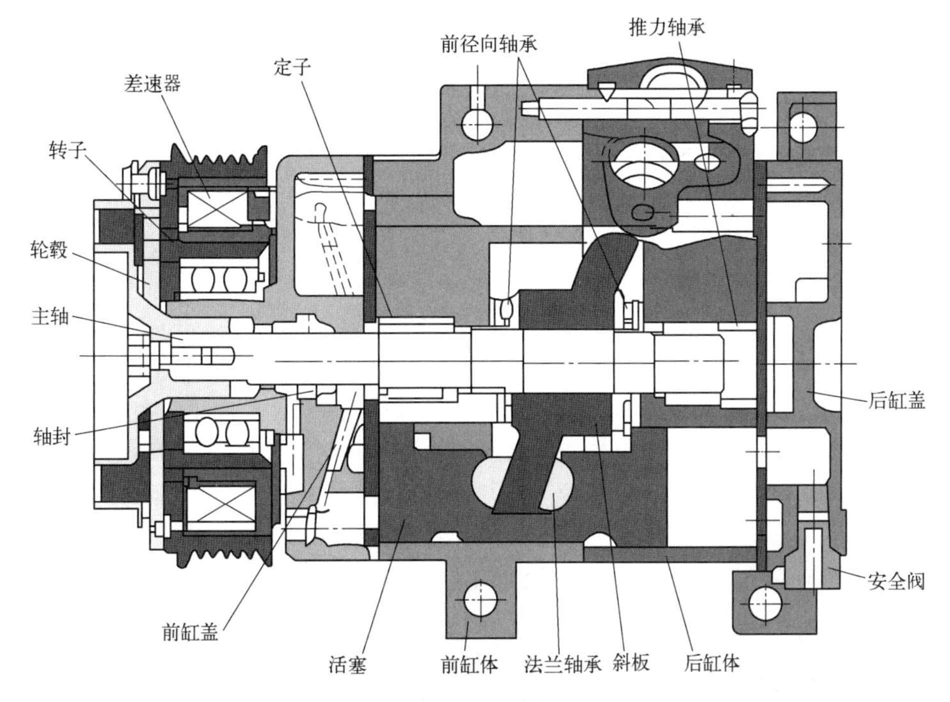

图6-120 压缩机内部结构

三一SY335C9H采用10S15C型压缩机，此压缩机共有5个柱塞，每个柱塞前后各一个活塞，共10个活塞，前5个，后5个。斜板的转动带动活塞往复运动，将从蒸发器内吸入的低温低压气态制冷剂变成高温高压态。压缩机工作流程如图6-121所示。

空调压缩机的驱动一般都是由发动机通过皮带驱动。在压缩机的头部有一个电磁离合器，当它通电后，离合器吸合，将压缩机驱动轴与带轮结合在一起，带动压缩机中的斜板转

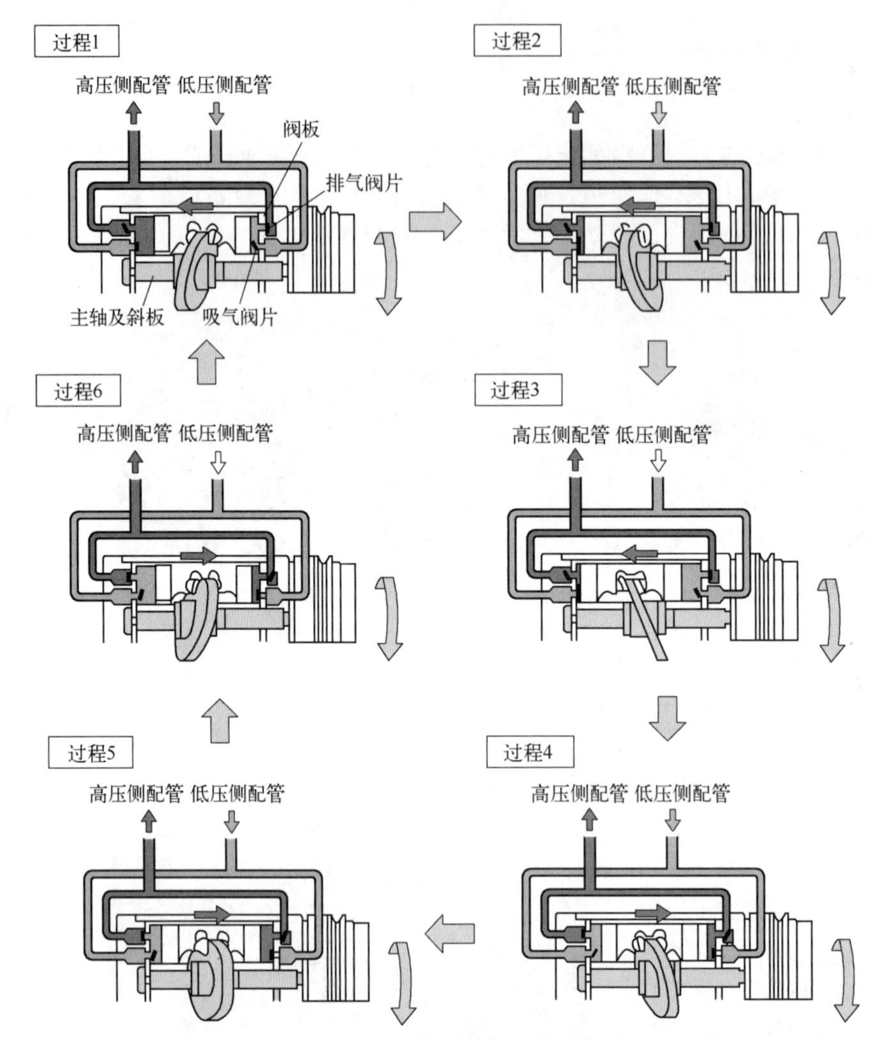

图 6-121 空调压缩机工作流程

动，使柱塞往复运动，吸入和压缩制冷剂，使其在系统中循环流动。定排量的空调压缩机工作是间歇式的，由电磁离合器来控制它的工作时间；而变排量的空调压缩机工作是连续式的，只要空调系统开启，它的电磁离合器始终是吸合的，通过改变排量来调整空调系统的负荷。电磁离合器实体和工作原理如图 6-122 所示。

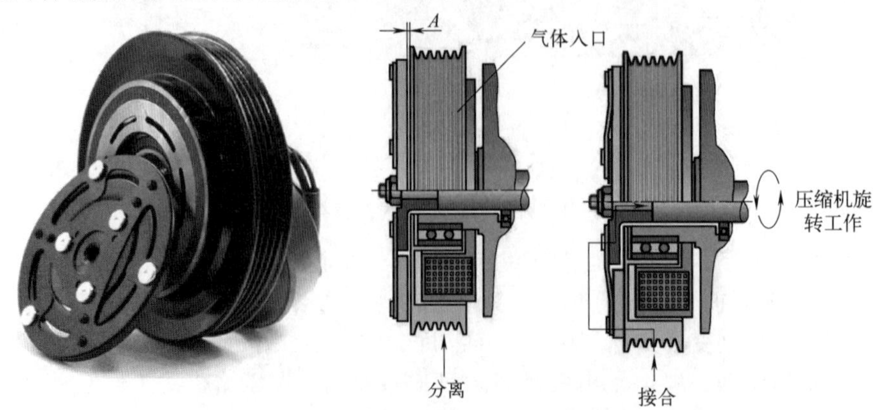

图 6-122 空调压缩机的电磁离合器

6.9.3.2　冷凝器

冷凝器一般安装在发动机散热器的前面或车身两侧通风良好的地方，并安装风扇提高散热效果。冷凝器的作用是把压缩机压送来的高温高压气态制冷剂冷却，使之成为液态的制冷剂，然后输入干燥罐。如图 6-123 所示。

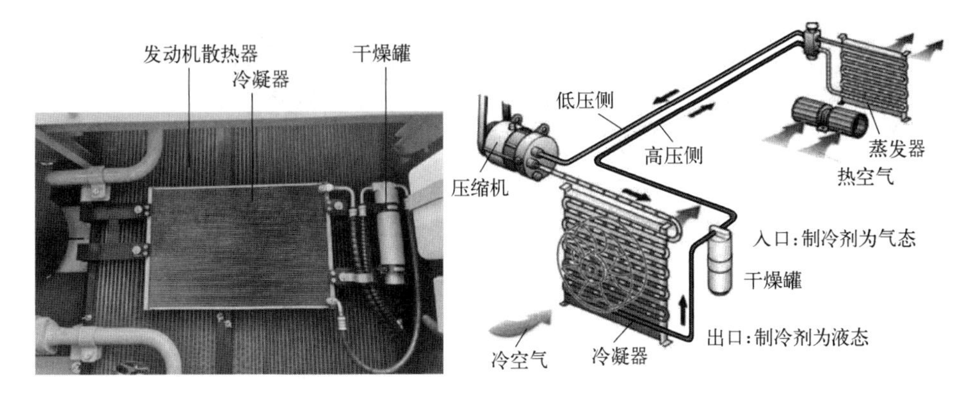

图 6-123　空调冷凝器位置与作用

6.9.3.3　储液罐

储液罐的作用：储存制冷剂、除去制冷剂中的水分、过滤杂质、检测制冷剂量、高低压保护。挖掘机 R134a 空调系统储液罐内采用的干燥剂为新型的沸石干燥剂，其吸水性能更强。如图 6-124 所示。

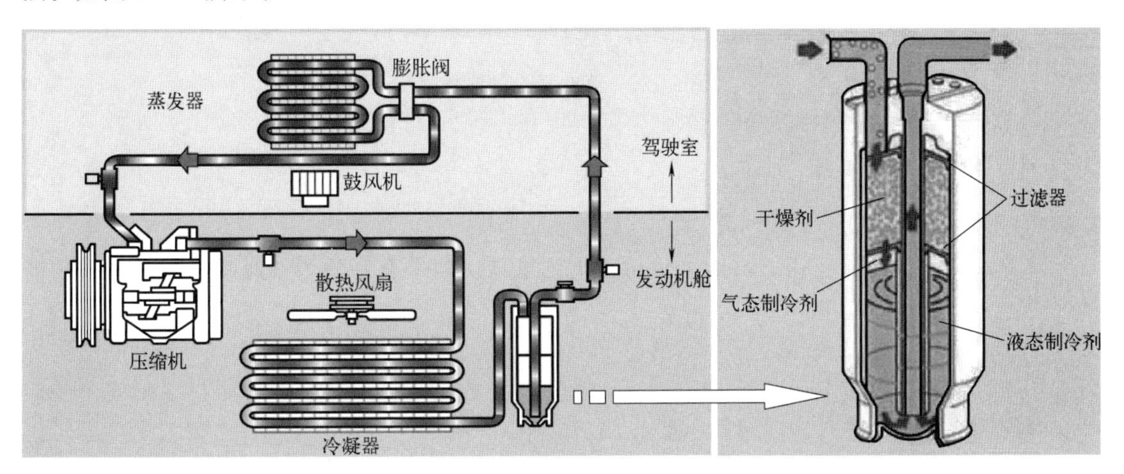

图 6-124　储液罐内部结构

6.9.3.4　膨胀阀

膨胀阀的位置在蒸发器的进风口侧。膨胀阀的功能：从储液罐过来的液态制冷剂由膨胀阀小孔喷出，形成低温、低压、雾状的气态制冷剂，根据制冷负荷的大小自动调节制冷剂的流量。如图 6-125 所示。

6.9.3.5　蒸发器

由膨胀阀喷出的低温、低压、雾状制冷剂经蒸发器吸收热量而气化，使流过散热器的热气流冷却，达到驾驶室降温的作用。蒸发器的吸热能力决定了空调的制冷性能。如图 6-126 所示。

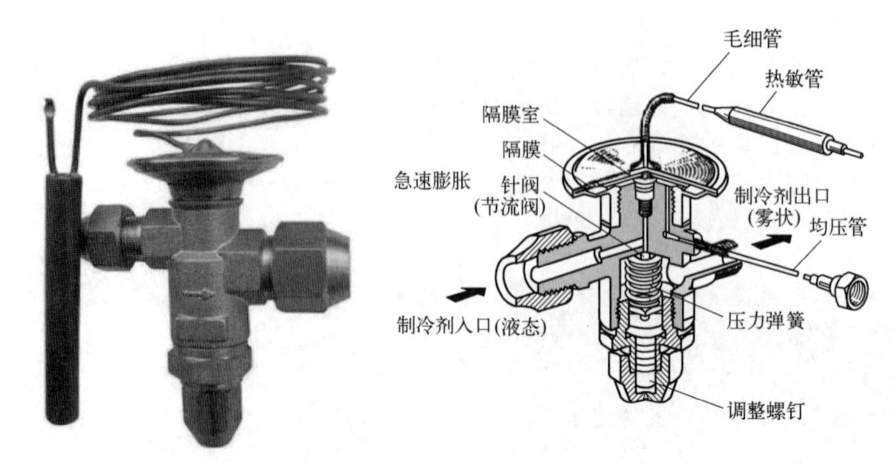

图 6-125 膨胀阀外观及内部结构

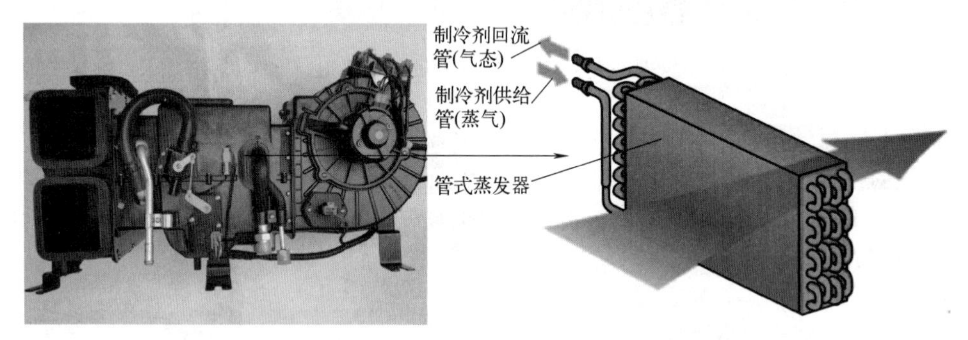

图 6-126 蒸发器位置与原理

6.9.4 空调系统检修

6.9.4.1 检查制冷剂（气体）量

缺少制冷剂会削弱空调的性能。请检查下述事项。如果有迹象表明制冷剂量过低，则进行充填。

① 在下述条件下运行空调：

发动机转速：大约 1500r/min；

温度调节手柄：最大冷却位置（最右侧）；

风扇开关：最大风量（3）；

空调开关：ON。

② 通过检视窗确认制冷剂是否在其回路中流过（如图 6-127 所示）。只充填 R134a（而不是 R12）制冷剂（气体）。

6.9.4.2 空调气体的排放、回收

有关气体排放，尽量使用气体回收机，不向大气中排放。排放速度过快的话，压缩机润滑油会喷出。

① 关闭仪表歧管的高压（HI）阀、低压（LO）阀。

② 将 2 根充填软管 L 侧与快速接头连接，与压缩机和蓄气罐的备用阀连接：

红色软管→高压侧（蓄气罐的 H 标志侧）；

蓝色软管→低压侧（压缩机的 L 标志侧）。

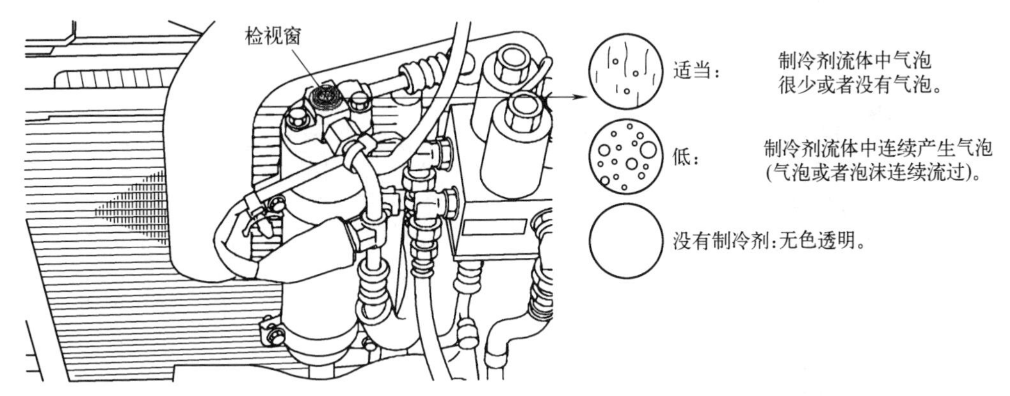

图 6-127　检视窗位置

③ 将充填软管（绿色）连接至仪表歧管的中央部分。

④ 逐渐打开仪表歧管的低压阀，排出低压回路的气体。

⑤ 逐渐打开高压阀，排出高压回路的气体。

仪表管路连接如图 6-128 所示。

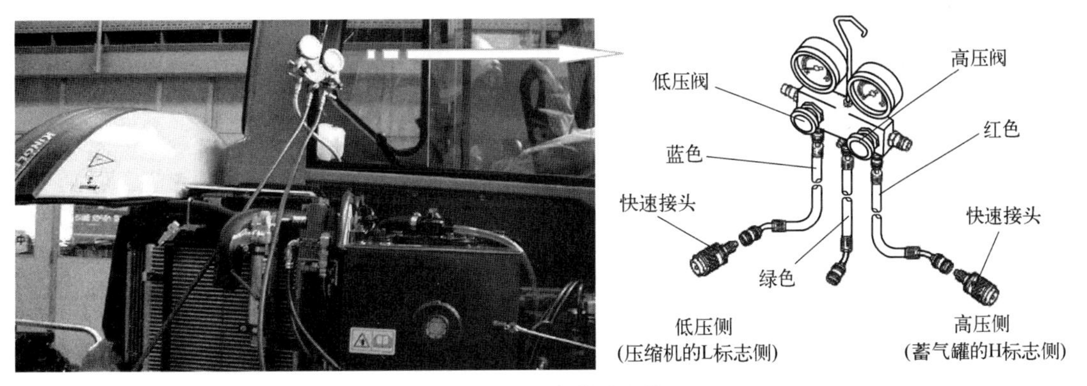

图 6-128　仪表管路连接

6.9.4.3　制冷剂压力测试

正常运行时压力开关（内置有高压、低压开关）为导通（ON）状态。当压力异常时，开关动作，变为不导通（OFF）状态。

(1) 仪表歧管的连接（如图 6-129）

① 切实关闭仪表歧管③的 HI（高压侧）阀⑤和 LO（低压侧）阀④。

图 6-129　仪表歧管的连接

② 将红色充填软管⑥连接到 HI（高压侧）注入阀①，如图 6-130 所示，将蓝色充填软管⑦连接到 LO（低压侧）注入阀②上，如图 6-131 所示。

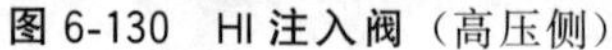
图 6-130　HI 注入阀（高压侧）

图 6-131　LO 注入阀（低压侧）

③ 稍微打开仪表歧管的 HI（高压侧）阀⑤，按下气门，排掉充填软管⑥中的空气。然后切实关上 HI（高压侧）阀⑤。

④ 稍微打开仪表歧管的 LO（低压侧）阀④，按下气门，排掉充填软管⑦中的空气。然后切实关上 LO（低压侧）阀④。

(2) 制冷剂压力上升时（OFF）

① 启动发动机，将转速设定为 1500r/min。打开控制面板上的空调开关，将风扇开关设定为 HI，将温度控制阀设定到最强制冷位置。

② 用瓦楞纸盖住冷凝器的前部，提高空气循环的高压侧压力。

③ 高压侧的压力上升后，高压开关动作，压缩机的电磁离合器 OFF。此时，读取仪表歧管的 HI（高压侧）压力，如果该压力与设定压力相差很大，则更换压力开关⑧，位置如图 6-132 所示。

压力开关高压侧的设定压力参考值：当压力上升到 3.14MPa（$32kgf/cm^2$）以上时，压力开关 OFF。

(3) 制冷剂压力下降时（OFF）

① 拆下压力开关的两个 2P 连接器。

② 用万用表测试压力开关端子间的电阻值。

③ 如果因制冷剂泄漏而导致气体压力不足，或压力开关发生不良时，则显示 0Ω。

压力开关低压侧的设定压力参考值：当压力下降到 0.196MPa（$2.0kgf/cm^2$）以下时，压力开关 OFF。

图 6-132　压力开关

6.9.5 空调故障排除

空调系统的一些常见故障可以参考表 6-11 进行分析和排除。

表 6-11　空调系统常见故障分析与排除

故障现象	原因分析	排除方法
风扇不转	1. 电气或接插件接触不良	修理或更换
	2. 风量开关、继电器或温控开关损坏	
	3. 保险丝断或电池电压太低	

续表

故障现象		原因分析	排除方法
风扇运转正常，但风量小		1. 吸气侧有障碍物	清理
		2. 蒸发器或冷凝器的翅片堵塞，传热不畅	
		3. 风机叶轮有一个卡死或损坏	
压缩机不运转或运转困难		1. 电路因断线、接触不良导致压缩机离合器不吸合	修理
		2. 压缩机皮带张紧不够，皮带太松	
		3. 压缩机离合器线圈断线、失效	更换离合器线圈
		4. 储液罐高低压开关不起作用	制冷剂量太少或太多
冷媒（制冷剂）量不足		1. 制冷剂泄漏	排除泄漏点后充入适量制冷剂
		2. 制冷剂充注量太少	
正常工作情况下高低压表的读数		当环境温度为30～50℃时 高压表读数1.47～1.67MPa 低压表读数0.13～0.20MPa	
低压表压力偏高	低压管表面有霜附着	1. 膨胀阀开启太大	更换膨胀阀
		2. 膨胀阀感温包接触不良	正确安装感温包
		3. 系统内制冷剂超量	排出一部分达到规定量
低压表压力偏低	高低压表压力均低于正常值	制冷剂不足	补充制冷剂到规定量
	低压表压力有时为负压	低压管有堵塞，膨胀阀有冰堵或脏堵	修理系统，冰堵应更换储液罐
	蒸发器冻结	温控器失效	更换温控器
膨胀阀入口侧凉，有霜		膨胀阀堵塞	清洗或更换膨胀阀
膨胀阀出口侧不凉，低压表压力有时为负压		膨胀阀感温管或感温包漏气	更换膨胀阀
高压表压力偏高	高压表压力偏高，低压表压力偏高	循环系统中混有空气	排空，重抽真空后充制冷剂
		制冷剂充注过量	放出适量制冷剂
	冷凝器被灰尘杂物堵塞，冷凝风机损坏	冷凝器冷凝效果不好	清洗冷凝器清除堵塞，检查更换冷凝风机
高压表压力偏低	高低压表压力均偏低，低压表压力有时为负压，压缩机有故障	制冷剂不足	修理并按规定补充制冷剂
		低压管路有堵塞或损坏	清理或更换故障部位
		压缩机内部有故障，压缩机及高压管发烫	更换压缩机
热水阀未关闭，热水阀损坏，关不住	暖风抵消冷气，制冷效果差	关闭热水阀	更换热水阀

6.9.6 空调故障诊断

6.9.6.1 空调压缩机爆炸故障

故障现象：三一SY200C5B挖掘机空调无法工作，压缩机爆炸。

原因分析：

空调无法工作，压缩机爆炸，有以下故障原因：①压缩机故障；②干燥罐上压力开关失效；③膨胀阀堵死；④感温包损坏；⑤系统管路堵死。

维修过程：

① 首先清理空调系统中压缩机爆炸带来的杂质。

② 因压缩机损坏，空调管路与空气连通，更换干燥罐。

③ 检查膨胀阀，发现膨胀阀的阀芯内有铜粉，更换膨胀阀。

④ 更换感温包（因感温包在空调壳内，更换困难且价格便宜，在拆开机壳后为消除故障隐患，先更换感温包）。

⑤ 清理并重新安装好系统后，抽真空检查系统是否漏气。

⑥ 检查系统安装不漏气后，重新充入制冷剂，试机。

⑦ 试机时发现，空调压缩机高压端压力上升很快，制冷效果很差。

⑧ 引起高压端压力上升快的部件除管路外已全部更换完毕，放掉制冷剂后检查管路，发现从压缩机高压接口出来的胶管内部有堵塞。

⑨ 更换高压管，再重新充入制冷剂后空调运作正常。

故障排除：更换高压管。

6.9.6.2 空调制冷效果差故障

故障现象：小松PC200-8挖掘机空调制冷效果差。

原因分析：①压缩机缺氟或漏氟；②冷凝器风扇不转，不散热，制冷剂循环不良；③压缩机皮带较松。

维修过程：

① 空调启动后风量不足且吹出的风不冷。

② 经过检查发现，该机器空调的内外循环滤芯有大量的脏物（图6-133）。

③ 滤清器透气太差导致进气循环不良。

故障排除：清洗滤清器并重新安装。

图6-133 脏堵的空气滤清器

第10节 监控系统

6.10.1 概述

监控系统是机器控制系统的输入和输出。机器控制系统在CAN Data Link中来回进行通信。监控系统包含以下部件：具有数字屏幕和菜单的显示屏、键盘、指示灯和仪表。

监控系统会通知操作员机器的状态。监控系统包括图形显示，可以让操作员查看与机器功能相关的信息，如图6-134所示。

监控系统显示屏显示有关机器状况的各种警告和信息。监控系统显示屏有三块仪表和许多报警指示灯。每块仪表为机器系统内的一个参数所专用。用户可以使用监控系统进行以下操作：查看系统状态信息；查看参数；查看维修间隔时间；执行标定；诊断和排除机器系统故障。

机器系统的某些可能参数如下所示：燃油油位、发动机冷却液温度和液压油温度。仪表从连接至控制器的传感器和发送器接收信息。控制器使用来自各传感器输入的信息计算仪表中显示的值。

当机器系统中出现异常情况时，报警指示灯会通知操作员。控制器使用来自压力开关、传感器和其他输入的信息，以便确定异常情况出现的时间。控制器发送一条消息到监控系统显示屏，然后，监控系统将显示具有异常情况的机器系统的弹出式报警指示。

如图 6-135 所示的小键盘用来提供输入和浏览监控系统的菜单结构。

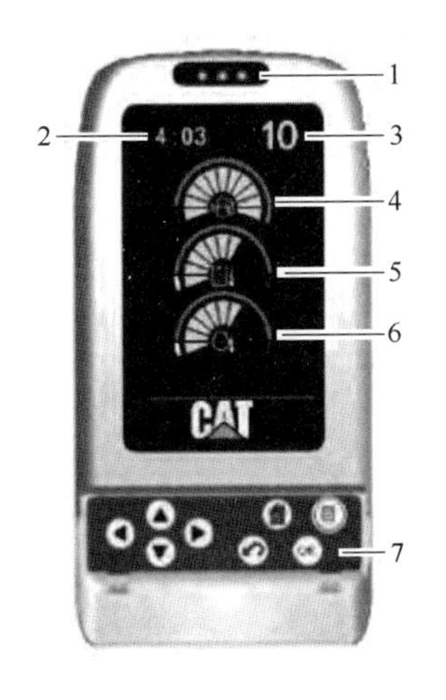

图 6-134 监控系统显示屏

1—指示灯；2—时钟；3—发动机转速旋钮指示器；4—油量表；5—液压油温度表；6—发动机冷却液温度表；7—键盘

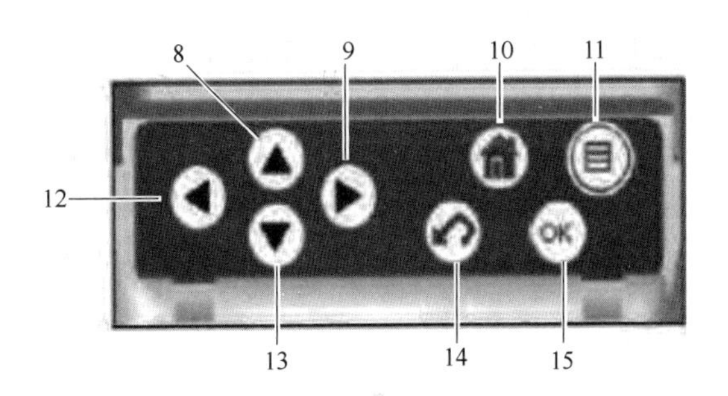

图 6-135 小键盘

8—向上键；9—向右键；10—归位键；11—主菜单键；12—向左键；13—向下键；14—取消键或返回键；15—确定键

6.10.2 监控器

6.10.2.1 小松监控器

以小松 PC200-8 挖掘机为例，监控系统可以告知操作员机器的状况。它通过安装在机器各部分上的传感器监控机器的状态，进行处理并立刻将所获得的信息显示在面板上。

显示在面板上的内容大体分为以下部分：

① 当机器发生故障时的报警；

② 机器状况（冷却液和液压油的温度、燃油油位等）。

同样，机器监控器也有各种模式选择器开关以作为机器控制系统的操作装置。监控器工作原理如图 6-136 所示。

机器监控器具有显示各项目以及选择模式和电子部件的功能。机器监控器内部有一个 CPU（中央处理器）以处理、显示和输出信息。监控器显示使用一个 LCD（液晶显示器）。开关为平板开关。监控器连接器分布如图 6-137 所示，端子定义见表 6-12～表 6-15。

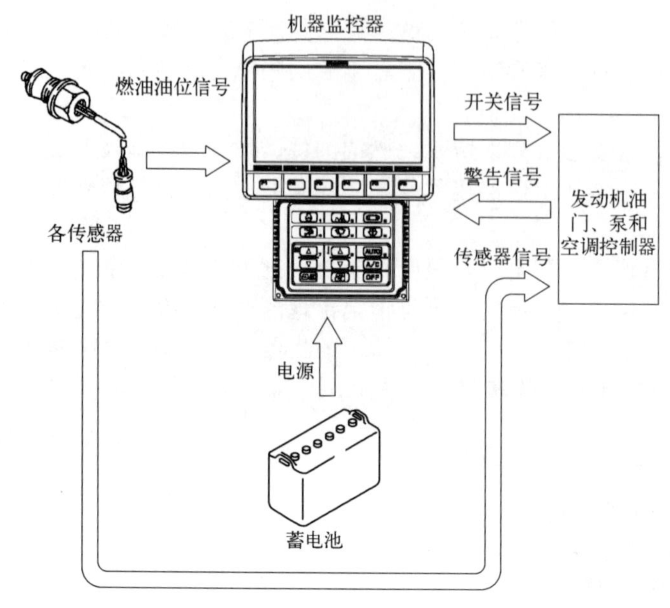

图 6-136　监控器工作原理

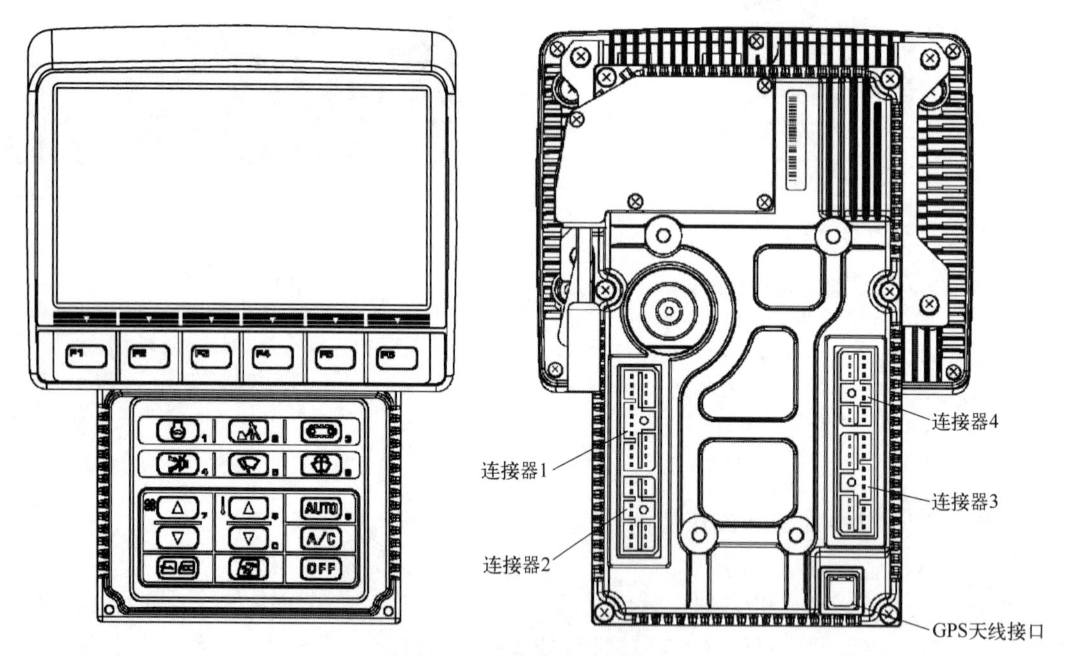

图 6-137　监控器连接器分布

表 6-12　连接器 1 端子定义

针脚号	信号名称	输入/输出	针脚号	信号名称	输入/输出
1	蓄电池电源(+24V 恒压)	输入	10	NC(＊)	—
2	蓄电池电源(+24V 恒压)	输入	11	充电量	输入
3	蓄电池电源接地	—	12	底盘模拟信号接地	—
4	蓄电池电源接地	—	13	照明开关	输入
5	唤醒	输入/输出	14	钥匙开关(ACC)	输入
6	继电器输出	输出	15	钥匙开关(C)	输入
7	底盘信号接地	—	16	预热	输入
8	NC(＊)	—	17	NC(＊)	—
9	燃油油位	输入	18	NC(＊)	—

表6-13　连接器2端子定义

针脚号	信号名称	输入/输出	针脚号	信号名称	输入/输出
1	NC(＊)	—	7	底盘信号接地	—
2	机油油位传感器	输入	8	CAN终端电阻	—
3	冷却液液位传感器	输入	9	CAN_H	输入/输出
4	空气滤清器堵塞传感器	输入	10	CAN_L	输入/输出
5	回转锁	输入	11	NC(＊)	输入/输出
6	NC(＊)	输入	12	NC(＊)	输入/输出

表6-14　连接器3端子定义

针脚号	信号名称	输入/输出	针脚号	信号名称	输入/输出
1	用于通信端子的RS232C CD	输入	10	用于通信端子的RS232C CTS	输入
2	用于通信端子的RS232C RXD	输入	11	用于通信端子的RS232C RI	输入
3	用于通信端子的RS232C SG	—	12	用于通信端子的电源接地	—
4	用于通信端子的信号接地	—	13	用于通信端子状态的输入CH1	输入
5	通信端子选择信号	输入	14	用于通信端子电源控制的输出	输出
6	用于通信端子的RS232C RTS	输出	15	用于通信端子控制的输出CH1	输出
7	用于通信端子的RS232C TXD	输出	16	用于通信端子控制的输出CH2	输出
8	用于通信端子的RS232C DTR	输出	17	用于通信端子状态的输入CH2	输入
9	用于通信端子的RS232C DTR	输入	18	用于通信端子的电源	输出

表6-15　连接器4端子定义

针脚号	信号名称	输入/输出	针脚号	信号名称	输入/输出
1	用于照相机的电源	输出	5	用于照相机的电源接地	—
2	照相机NTSC信号输入1	输入	6	照相机信号接地1	—
3	照相机NTSC信号输入2	输入	7	照相机信号接地2	—
4	照相机NTSC信号输入3	输入	8	照相机信号接地3	—

6.10.2.2　三一显示器

通过安装在机器各部分上的传感器监控机器的状态，通过控制器进行处理，并立刻将所获得的信息显示在面板上，以告知操作员机器的状况。显示器连接如图6-138所示。

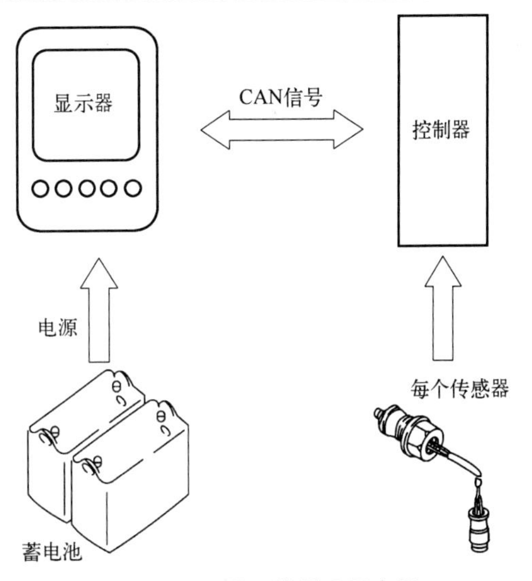

图6-138　显示器原理示意图

显示在面板上的内容大体分为以下两个部分：

① 当机器上发生故障时的报警信息；

② 机器状况（冷却液和液压油的温度、燃油油位等）。

显示器面板同样也有各种模式选择开关和功能键以操作机器控制输出等。

显示器具有显示监测信息以及选择工作模式的功能。显示器内部有一个CPU（中央处理器）用于处理、显示和输出信息。显示屏为一个LCD（液晶）显示器。显示器外观及连接端子信息如图6-139所示。

6.10.3　监控系统故障诊断

6.10.3.1　监控器面板监控灯异常显示故障

故障现象：小松PC200-6挖掘机监控器面板监控灯异常显示。

原因分析：监控器面板内部故障；电气系统网络线路故障。

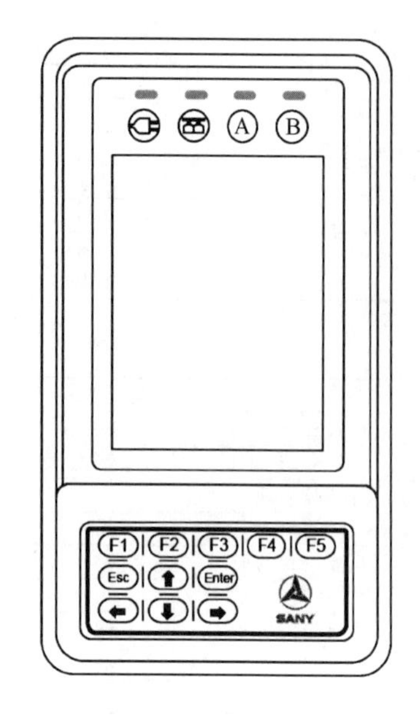

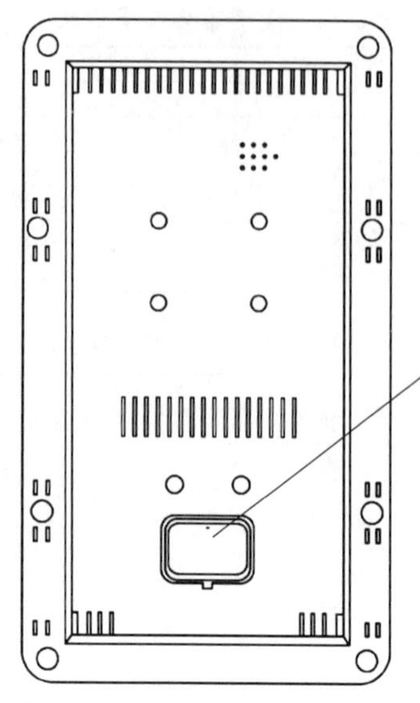

针脚号	信号名称
1	数字输入A
3	CAN高
4	CAN低
7	数字输入B
8	触发电源(24V)
9	电源(24V)
10	接地
11	数字输入C
12	接地

图 6-139　显示器外观及连接端子

维修过程：

① 将启动开关打在 ON 上，在 3s 自检时监控器面板上机油压力监控灯不亮，其余监控灯都亮；自检后，充电量、散热器水位和液压油油位监控灯亮。

② 检查副水箱水位、液压油油位、机油油位，均在标准范围内。

③ 测得 CN-P02 第 8、14 和 1、9 针之间电压为 24.5V（标准值 20～30V），CN-P01 第 9 针与车体之间电压为 24.5V（标准值 20～30V）。保险丝与车体之间电压为 24.5V（标准值 20～30V）。

故障排除：更换监控器面板。

6.10.3.2　显示器背景显示条纹故障

故障现象：三一 SY310A 挖掘机发动机启动后显示屏背景显示条纹，无法看清数据。

维修过程：

拆开显示屏的外壳，发现电路板 1 和电路板 2 之间的接插件松脱，如图 6-140 所示。

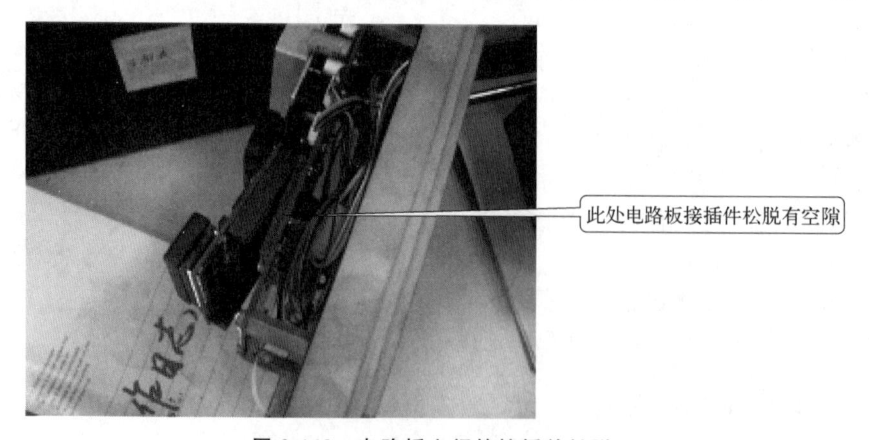

图 6-140　电路板之间的接插件松脱

故障排除：重新连接并紧固接插件。